国外计算机科学教材系列

用户界面设计

——有效的人机交互策略（第六版）

Designing the User Interface

Strategies for Effective Human-Computer Interaction, Sixth Edition

〔美〕 Ben Shneiderman 等著

郎大鹏 刘海波 马春光
李 晋 李健利 张国印 白 玉 等译

电子工业出版社
Publishing House of Electronics Industry
北京·BEIJING

内 容 简 介

用户界面设计能够充分体现交互系统中人与计算机有效交互的策略。本书集计算机科学、心理学、社会学、人因工程学于一体，用生动的事例、实用的设计指南，详细阐述了用户界面设计的基本概念及理论、开发过程、各种交互风格和诸多具体设计问题。本书内容引导读者关注普遍可用性问题，建立以用户为中心的设计理念，要求用户界面的设计不仅要适应桌面计算机，还要适应基于 Web 的服务和日益多样化的移动设备。

本书案例丰富，网上配有相关的支持材料，是用户界面设计、人机交互的软件工程方法等人机交互课程的权威教材，也适合交互系统的用户界面设计人员参考阅读。

Authored translation from the English language edition, entitled Designing the User Interface: Strategies for Effective Human-Computer Interaction, Sixth Edition, ISBN: 9780134380384 by Ben Shneiderman, Catherine Plaisant, Maxine Cohen, Steven Jacobs, Niklas Elmqvist, Nicholas Diakopoulos, published by Pearson Education, Inc., Copyright © 2017 Pearson Education, Inc.

All rights Reserved. No part of this book may be reproduced or transmitted in any forms or by any means, electronic or mechanical, including photocopying recording or by any information storage retrieval systems, without permission from Pearson Education, Inc.

CHINESE SIMPLIFIED language edition published by PEARSON EDUCATION ASIA LTD., and PUBLISHING HOUSE OF ELECTRONICS INDUSTRY, Copyright © 2017.

版权贸易合同登记号 图字：01-2016-9452

图书在版编目（CIP）数据

用户界面设计：有效的人机交互策略：第六版/（美）本·施耐德曼（Ben Shneiderman）等著；郎大鹏等译.
北京：电子工业出版社，2017.12
书名原文：Designing the User Interface: Strategies for Effective Human-Computer Interaction, Sixth Edition
国外计算机科学教材系列
ISBN 978-7-121-31402-5

I. ①用… II. ①本… ②郎… III.①人机界面－程序设计－高等学校－教材 IV. ①TP311.1

中国版本图书馆 CIP 数据核字（2017）第 085005 号

策划编辑：谭海平
责任编辑：谭海平　　　　特约编辑：许菊芳
印　　刷：三河市鑫金马印装有限公司
装　　订：三河市鑫金马印装有限公司
出版发行：电子工业出版社
　　　　　北京市海淀区万寿路 173 信箱　　邮编：100036
开　　本：787×1092　1/16　　印张：24.25　字数：651.80 千字
版　　次：2010 年 11 月第 1 版（原著第 5 版）
　　　　　2017 年 12 月第 2 版（原著第 6 版）
印　　次：2023 年 1 月第 5 次印刷
定　　价：89.00 元

译 者 序

用户界面设计人员常常自问的一个问题是：界面需要给用户带来怎样的一种体验？是愉悦、放松、便捷、开放，还是某种形式的实用主义？苹果公司产品的成功，将产品设计推向了前所未有的新高度，导致许多其他公司都竞相模仿。

"社会心理学之父"——德国心理学家库尔特·卢因（Kurt Lewin）曾提出过著名的卢因行为模型，该模型认为人的行为是由个性和后天环境共同影响决定的。用户在使用产品时，沉浸在用户界面构造的使用环境中，产品界面决定了用户是否能够进行某种特定的操作和互动。尤其是在消费电子领域，用户界面的设计水平甚至决定了产品的生命周期。优秀的用户界面，不但会给用户带来视觉上的享受，还会体现出企业和研究机构对其产品设计哲学的深刻理解。

那么，优秀的用户界面设计究竟是一项普通设计人员难以企及的灵光乍现，还是一门可以衡量和传承的学科技能呢？本书为研究人员、学者、从业人员开启了一扇窥视用户界面设计奥秘的大门。经过六个版本的修订，本书不断去粗取精，增加新内容、去掉旧资料，从计算机科学、心理学、社会学、人因工程学等多个学科领域，综合论述和介绍了用户界面设计中的若干理论和实践。书中既包含了用户界面设计过程中的重要准则，如"界面设计的 8 条黄金规则"，给读者以理论上的指导，又包含了许多最新的优秀用户界面设计实例，如美国马里兰州的交通管控界面。通过大量的理论和实例，可为不同行业和研究领域的读者提供帮助，具有极强的参考价值。

全书分为四部分，首先引导读者从用户界面设计的普遍可用性的基本目标、基本理论、原则和指南出发，对用户界面设计进行全面深入的研究。第一部分是引言，概述交互系统的普遍可用性问题，表述用户界面的设计指南、原则和理论；第二部分是设计过程，讨论设计过程的管理和界面设计的评估；第三部分是交互风格，探索直接操纵及其扩展领域的进展，涉及的内容广泛，包括直接操纵与虚拟环境、菜单、表格填充与对话框、命令与自然语言、交互设备、协同与社会媒体参与；第四部分是设计问题，重点介绍服务质量和一系列重要的设计问题，讨论服务质量、功能与时尚的平衡、用户文档与在线帮助、信息搜索、信息可视化。后记中，讨论了用户界面对社会和个体的影响，包括未来的界面、信息时代的十大玩疾和持续争论的客观陈述。

本书内容的编排独具匠心：每章开头用名人名言来点出主题；通过大量应用程序的截图来说明具体的案例；用框图的形式来概括每章中总结的设计要点。本书畅销欧美，适时反映了该学科的发展。在前一版的基础上，新版增加了许多新的思想、示例和图表，引导读者关注普遍可用性问题，建立以用户为中心的设计理念，要求用户界面的设计不仅要适应桌面计算机，还要适应基于 Web 的服务和日益多样化的移动设备。书中案例丰富，并配有相关的网上资源，是用户界面设计、人机交互的软件工程方法等课程的权威教材，也适合交互系统的用户界面设计人员参考阅读。

本书的第 1～3 章由刘海波翻译，前言、后记、第 4～6 章由李健利翻译，第 7～11 章由张国印翻译，第 12～16 章由郎大鹏、马春光、白玉翻译。全书由郎大鹏、李晋共同审校。初译完成后，由史长亭、陈志远、南瑞涛、王东方、张伟、俞博、胡新良、张梦奇、程媛、迟荣华、薛迪、姜昊辰、刘嘉、王晓昀等，对照英文原稿进行了认真校对，对译文讹误和欠妥之处进行了订正。

　　书中涉及的内容既广又新，因此翻译难度很大，有些词汇甚至没有准确或唯一的中文词汇与其对应。译者一方面通过广泛查阅参考资料加深理解，另一方面通过与美籍研究人员交流具体含义，力求做到翻译准确且符合中文的表达习惯。但是，由于水平有限，译稿难免存在错误和疏漏，欢迎读者批评指正。

译　者

2017 年 11 月

前　言

本书广泛介绍为交互系统开发高质量用户界面的一些研究成果，主要面向学生、研究人员、设计人员、管理人员和交互系统的评估人员，可为不同知识背景的读者提供各种新颖且有价值的资料，譬如针对计算机科学、工程学、信息科学、信息研究、信息系统、商业、心理学、社会学、教育和通信的读者。本书鼓励人们更多地关注用户体验设计问题，在社会媒体参与等热点领域，进一步提升人机交互的科学研究。

自本书的前五版出版以来，人机交互（HCI）领域的从业人员和研究人员越来越多，影响也越来越大。在不同用户群体差异性明显增加的同时，界面的质量也得到了明显提升。在将信息和通信技术用于造福全球 70 多亿人这一方面，研究人员和设计师甚至可以和摩尔定律社区平分秋色。除桌面计算机以外，设计人员还要考虑基于网络的服务和各种各样的移动设备。对用户界面和用户体验的设计，正逐步向新的方向发展。一些改革者使用虚拟现实和增强现实来吸引人们的注意力，其他改革者则采用普适计算、嵌入式设备和实体用户界面来吸引大众。

这些创新很重要，但对于改进新用户和专家用户的体验来说，仍有许多工作要做，因为新用户和专家用户仍在荆棘与挫折中前行。如果我们能实现普遍可用性的目标，那么这个问题就一定可以解决，并且每个国家的公民都能享受到新技术带来的好处。本书的目的在于协助学者、指导设计师和激励研究人员来寻求这些解决方案。

跟上人机交互变革的脚步是一件费力的事情。本书的每一版本一经推出，更新内容的要求就接踵而至。领域的拓展，使得本书前三版的作者 Ben Shneiderman 不得不求助于其长期伙伴 Catherine Plaisant 合著本书的第四版和第五版。此外，Maxine S. Cohen 和 Steven M. Jacobs 对本书的早期版本有长期的教学经验，他们为所有读者和教师提供了提升图书内容质量的新观点。在第六版的筹备过程中，我在马里兰大学的新同事 Niklas Elmqvist 和 Nick Diakopoulos 也加入了写作团队。通过图书、期刊、互联网、会议和同事收集信息后，就开始写作。初稿完成后，通过不断咨询同事、HCI 从业人员和学生，获得了大量的反馈意见。完成终稿后，我们身心俱疲，但满足之感溢于言表。我们真心希望读者能将本书中的思想付诸实践，并加以创新，这样我们就可以在以后的版本中加入这些内容。

本版中的新内容

第六版中增加了许多关于人机交互领域的最新进展。可喜的是，现在很多大学都设置了相关课程，有些设在计算机科学学院、信息学院或其他学院中。在不同的教育层次，全球范围内都设置有人机交互、人本计算、用户体验设计等方面的普通课程和学位课程。虽然许多专注于"可用性"的从业人员必须拼尽全力才能引起人们的注意，但公司和政府对"可用性工程"的投入每天都在增加。可用性在商业上的例子层出不穷，有些专业网站中描述了许多项目，表明在可用性方面的投入往往会获得高回报。

基于以往使用过本书的教师的评价，我们做了诸多改进，主要如下：（1）在设计方法中引入了更多的案例研究；（2）重新调整了对社会媒体参与和用户生成内容部分的介绍，尤其是关于移动设备的部分。我们对本书的每个章节都进行了大量的修订，几乎修改了每幅插图，并大幅更新了参考文献。

第 1 章列举了 HCI 和用户体验设计中的成功案例。此外，随着用户的多样化和数量的增加，交互式系统面临的通用性问题也不断增加，因此我们将这类问题单独列为一章。随后的几章介绍了设计的方针、原则和理论，更新过的这些内容，大体上反映了当前的新思维方式。第二部分介绍开发方法学和评估技术的改进；第三部分探讨"直接操纵"及其扩展方面的研究进展，诸如虚拟现实和增强现实，以及新平台（特别是移动设备）带来的对菜单、表格填充和命令语言的改变。由于协同和社会媒体参与已不可或缺，因此，我们对这一部分进行了大量扩展和更新。第四部分重点探讨高质量和及时的用户体验。讲解用户手册的一章做了彻底修订，以便能够反映良好的设计文档和用户支持对提高通用性的重要性。最后，由于信息搜索与可视化正变得越来越重要，因此将这些主题各列一章进行讲解。

我们尽量客观地陈述有争议的问题（如 3D、语音和自然语言界面），并谨小慎微地处理哲学领域的争论（如人类控制的程度和动画人物的角色），以给出公允的观点，而这些观点与我们自己的观点有时并不相同。我们也为同事提供了对这些章节发表自己的观点的机会，并在说清楚我们自己的观点的同时，努力给出中立的阐述。至于效果如何，请读者评判。

教师们希望获得更多的指南和总结性表格，这些材料分散在全书中的框图中。各章末尾的"从业人员的总结"和"研究人员的议程"小节，仍然深受欢迎，我们也对其进行了修改。本书中引入了一些新的数据源，因此扩充和更新了参考文献，同时保留了经典的论文。我们努力选择那些普遍易得并且可从网上下载的参考文献。图片，特别是显示屏幕设计的图片，很快就会过时，因此本书中列出了许多新的用户界面。

使用本书的方法

我希望看过本书的从业人员和研究人员，能将其摆放在书架上，并在研究新课题或查找有关文献时查阅它。

教师既可按书中的顺序为学生讲授所有内容，也可选择其中的一部分进行讲授。对于大多数学生而言，第 1 章是很好的起点；第 2 章可在帮助读者理解通用性带来的挑战方面打下坚实的基础；第 3 章讲解基本方针、原则和理论。我们认为，所有读者都应从这些基础内容开始学习。以此为起点，教师也可按照课程要求自主安排教学顺序。按照专业的不同，下面列出相应的重点章节：

- 计算机科学：4, 5, 7, 8, 9, 10, 15, 16。
- 心理学与社会学：5, 9, 10, 11, 12。
- 工业工程学：4, 5, 11, 13, 16。
- 图书馆与信息研究：5, 8, 9, 11, 12, 15, 16。
- 商业与信息系统：4, 5, 6, 9, 10, 12, 13, 14。
- 教育技术：4, 5, 11, 12, 14。
- 通信艺术与媒体研究：4, 5, 7, 11, 12, 13, 14。
- 科技写作与图形设计：4, 5, 6, 12, 14, 16。

本书的配套网站

本书的配套网站为 www.pearsonhighered.com/csresources。由于互联网对研究人员、设计人员、教育工作者、学生都有着深远的影响，因此我们鼓励读者经常使用这些网上资源。然而，互联网的易变性与印刷图书的持久性明显不同。书中发布的大量网站链接有一定的风险，因为网站链接每天都在改变。尽管如此，每章末尾仍然列出了一些重要的网站。同时，为了提供更多的网址并保证它们的有效性，我们为本书建立了一个配套网站，感兴趣的读者可以访问该网站并提出宝贵的意见，以便帮助我们改进。

除了包含可访问的网络资源外，也可在网站上找到本书的许多补充资料。所有购买了本书并注册的读者，可以获得如下资料：

- 海量人机交互资源、实例，以及每章中附加和扩展的研究资料
- 章节总结
- 自测题和每章的讨论题
- 课后作业和项目

读者通过 Addison Wesley 的教师资源中心（http://www.personhighered.com/irc/）可以获得本书的 PowerPoint 格式的课件。要了解这些教师补充资料的信息，可访问教师资源中心或发送电子邮件至 computing@aw.com[①]。

致谢

写作是一个寂寞的过程，修订则是一个社交过程。感谢同事们和学生们对本书以前版本的改进意见。经过了两天的启动会议，我们通过电子邮件畅所欲言，通过 Dropbox 分享草稿，通过 Google Docs 完成小组编辑工作列表，并且每隔 1～3 周进行一次持续 1 小时的电话会议。这些能力卓著的作者具备极强的合作精神，从而在有限的时间内顺利完成了这一艰巨任务。

感谢 Nick Diakopoulos 撰写了"沟通与协作"一章，其中给出了大量新颖的观点。感谢如下同事对草稿的评审：Sriram Karthik Badam、Gilles Bailly、Andy Cockburn、Jim Dabrowski、Eck Doerry、Steven Dow、Laura Downey、Pierre Dragicevic、Laurie Dringus、Cody Dunne、Jason Dykes、Massoud Ghyam、Marti Hearst、Harold Henke、Pourang Irani、Jonathan Lazar、Clayton Lewis、Kurt Luther、Ethan Munson、Alan Newell、Whitney Quesenbery、Karthik Ramani、Dan Russell、Helen Sarid、Cees Snoek、Erik Stolterman、Pawel Wozniak 和 Adil Yalcin。

感谢所有同仁及相关业内人士帮助我们组织了书中的 170 多幅插图。感谢马里兰大学人机交互实验室与我日夜奋战的同事们，他们也为本书提出了诸多有益的意见。

感谢如下同仁组成的社区所提供的支持：June Ahn、Ben Bederson、Marshini Chetty、Allison Druin、Leah Findlater、Jon Froehlich、Jen Golbeck、Kent Norman、Doug Oard、Jennifer Preece 和 Jessica Vitak。感谢 Liese Zahabi 设计了书中的章首，感谢本科生和硕士生为本书提供的改进建议。感谢本书的编辑和制作人员 Kristy Alaura、Scott Disanno、Tracy Johnson、Timothy Nicholls、Carole Snyder、Camille Trentacoste 和 Katie Ostler。

最后要感谢全球的学生和研究人员，感谢你们的鼓励和建设性意见。希望本书能帮助到那些致力于人机交互、用户体验设计的学生和专家。

Ben Shneiderman (ben@cs.umd.edu)

Catherine Plaisant (plaisant@cs.umd.edu)

Maxine Cohen (cohenm@nova.edu)

Steven Jacobs (steven.jacobs@nau.edu)

Niklas Elmqvist (elm@umd.edu)

Nicholas Diakopoulos (nad@umd.edu)

---

① 也可联系 Te-Service@phei.com.cn 获取教师资源。——编者注

作者简介

Ben Shneiderman（http://www.cs.umd.edu/~ben），美国工程院院士，马里兰大学计算机科学系杰出教授，人机交互实验室（http://www.cs.umd.edu/hcil/）首任主任（1983—2000 年），马里兰大学高级计算机研究所（UMIACS）成员，AAAS、ACM、IEEE、NAI 和 SIGCHI 等学术组织会员。

Catherine Plaisant（hcil.umd.edu/catherine-plaisant），法国巴黎第六大学博士，研究员，ACM SIGCHI Academy 会员，马里兰大学高级计算机研究所（UMIACS）成员，人机交互实验室副主任。

Maxine Cohen（http://cec.nova.edu/faculty/cohen.html），佛蒙特大学学士，伯明翰大学硕士和博士，《ACM 计算评论》审稿专家，ACM、IEEE 和 UPE 会员。目前为美国佛罗里达大学工程与计算学院教授，讲授的课程有人机交互、交互设计、社交媒体等；曾任职于 IBM，任教于伯明翰大学。

Steven Jacobs（http://cefns.nau.edu/~smj93/），加州大学洛杉矶分校计算机专业硕士，ACM高级会员，退休前从事航空和航天领域的工作，目前为北亚利桑那大学信息学院、计算机学院和网络系统学院讲师。曾任职于诺斯罗普·格鲁门信息系统公司和南加州大学计算机系。

Niklas Elmqvist（http://sites.umiacs.umd.edu/elm/），瑞典哥德堡查尔姆斯理工大学博士，ACM 和 IEEE 高级会员，马里兰大学帕克分校信息研究所副教授，人机交互实验室（HCIL）成员。

Nicholas Diakopoulos（http://www.nickdiakopoulos.com/），佐治亚理工学院计算机科学博士，马里兰大学帕克分校助理教授，信息研究所和计算机学院客座教授，人机交互实验室（HCIL）成员。

目　　录

第一部分　引　言

第三部分 交 互 风 格

第一部分

引言

概要

　　第 1 章广泛介绍用户界面设计和交互系统，内容涵盖可用性目标、度量和动机，以及人机交互专业的一般目的。同时，本章末尾列出了一些重要的资源，包括参考文献、指南性文档、相关期刊和专业组织。

　　第 2 章讨论通用性并介绍用户的多样性，其中包括来自身体、认知、知觉、个性和文化差异的挑战。

　　第 3 章综述人机交互领域中可帮助实现优秀设计的指南、原则和理论。

第1章 交互系统的可用性

> 设计对象时，要想既简单又清晰，设计人员至少需花费比一般设计方法多一倍的时间。首先，要集中精力了解简单系统的工作方式，然后确保该系统按照这种方式工作。通常，这些步骤与实现普通系统的步骤相比，要困难和复杂许多。实现这种系统需要我们不懈地追求简明性，即使障碍重重，也决不放弃。
>
> T. H. Nelson, *the Home Computer Revolution*, 1977

1.1 引言

用户界面设计人员正在成为导致具有深远影响转变的时代英雄。由于他们的工作，个人计算机已发展成为当今大获成功的移动设备，用户因此能以不同寻常的方式进行交流和协作。桌面应用软件曾经只服务于专业人员，如今这些软件正日益让位于强大的社交工具，为全球各地的社区带来卓越的用户体验。通过开展业务、与家人交流、获得医学建议、创建用户生成内容等方式，这些活跃的社区可被数十亿彼此相连的用户共享。

这些巨大的转变之所以成为可能，是因为研究人员和用户界面设计人员利用了先进技术来满足人类的需要。研究人员通过强大的计算机科学工具，应用实验心理学方法创立了人机交互这门跨学科的设计科学。然后，他们综合了多个领域的专家的经验教训，包括教育和工业心理专家、教学和图形设计人员、技术作家、人因或人类工程学的专家、信息架构师、人类学家和社会学家。随着这些社会工具和服务不断扩散，研究人员和设计人员正在不断收集关注可持续性发展的活动家、消费者权益保护者、民间科学家和人道主义灾难响应小组的新见解。

用户体验设计人员创造了许多经典的商业案例、好莱坞英雄和华尔街神话，同时也引发了激烈的竞争、著作权侵权诉讼、知识产权之战、巨型并购和跨国合作关系。作为勇于开拓的互联网梦想家，谷歌公司的 Eric Schmidt 执著地倡导免费获得信息和娱乐资源。另一方面，为保护创作型艺术家而投入大量精力的歌手 Taylor Swift 则认为付费是天经地义的事情。由于在个人身份认证、国防、打击犯罪和电子健康记录等方面，用户界面处于中心地位，因此也使之充满争议。

有效的用户体验改变了很多人的生活：医生的诊断更精确；飞行员的驾驶更安全；孩子们的学习更有效率；残疾人的生活更高效；平面设计师的创造力更丰富。然而，有些变化是破坏性的，比如不再需要那么多的电话接线员、打字员和旅行社代理人。当用户遇到过于复杂的菜单、高深的术语或混乱的导航路径时，就会产生挫折感，进而害怕使用或感到失落。

在社会层面，互连社区开启了新形式的集体行为和政策参与。面临法律、健康或公民挑战时，让更多的公民知情，可能会形成更好的决定、更加透明的治理和更大的公平。但是，极端组织可能会造成更大的危险，如恐怖主义、压迫性的社会政策或种族仇恨。社交媒体和协同技术日益增长的影响力，意味着须在法律保护、警察权力和隐私之间寻求一种新的平衡。

设计人员渴望改进用户体验，以便使人们对人机交互越来越感兴趣（图 1.1 到图 1.3 显示了一些流行的应用软件）。在商业背景中，更好的决策支持和文档共享工具，能为企业家提供支持；而在家庭环境中，数码照片库和网络会议会增强家庭成员之间的关系。成千上万的人可通过万维网访问精品教育资源、文化遗产，如中国举世无双的艺术品、印度尼西亚的音乐、巴西的体育、好莱坞或宝莱坞的娱乐节目告示（图 1.4 和图 1.5 展示了一些流行网站）。移动设备丰富了用户的日常生活，包括残疾用户、教育程度较低的用户和低收入用户。在全球范围内，全球化的倡导者和反对者不断争论技术在国际发展中的作用，而行动主义者则通过工作努力实现联合国的千年发展目标（United Nations Sustainable Development Goals）。

图 1.1　智能手机配备高质量屏幕，提供快速网络连接和一些传感器，并支持各种应用。左：Google Now 提供搜索、查看提醒模块和语音指令等功能；中：Zombies, Run!是一款赛跑和音频冒险游戏，它鼓励奔跑者像被僵尸追赶一样地奔跑，并收集物品来帮助社区幸存；右：Ben Shneiderman 发布 HCI Pioneers 网站之后，Twitter 简讯中置顶了该推文

迅速普及的移动设备（包括智能手机、平板电脑、游戏设备、健身追踪器等）支持个人通信、协作和内容创建。在发达国家和发展中国家，移动设备的数量正以惊人的速度增长。一些经济学家发现，手机普及率与经济增长正相关，因为通信使得商务更便捷，并且刺激了企业的风险投资。移动设备也提升了社会福利，使得及时的医疗服务成为可能，并可提供救灾响应服务。

"爆炸性增长"也适应于社交网络和用户生成内容领域。类似报纸和电视这样的老一代媒体，已经失去大量读者和观众，因此转而投入社交媒体阵营，如 Facebook、Twitter、YouTube 和维基百科（所有这些网站都在十大网站之列）。这些引领型网站仅是对未来的一种尝试，企业家则通过基于网络的应用和小型移动设备，开始更多的社交媒体参与活动。

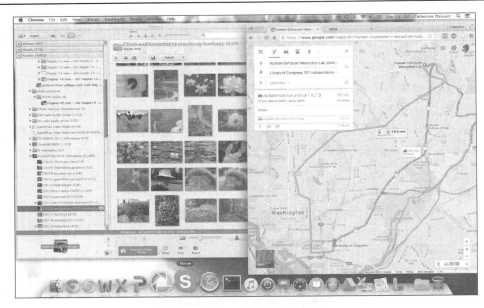

图1.2　苹果Mac OS X操作系统展示Picasa（谷歌的照片处理工具）在浏览器中浏览图片和谷歌
地图。屏幕底部还显示了停靠栏和经常访问的菜单项，鼠标放在上面时，图标会变大

图1.3　Ben Shneiderman的办公桌上有两台高
分辨率显示器。可以看到Windows系
统下有一个Word文档（6页）、两个
网页浏览器和一个电子邮件应用程序

设计人员可使得用户能创建、编辑和发布3D打印对象、沉浸式的虚拟现实游戏、交互式动画和越来越多的高清音乐、语音和视频。因此，即使是在移动设备上，也产生了日益丰富的体验和大量有创造力的用户生成内容。

社会学家、人类学家、政策制定者和管理人员，正在研究社交媒体参与如何改变教育、家庭生活、购物和医疗、金融咨询等服务，以及政治组织。他们也在探究组织影响、工作再设计、分布式团队工作、居家工作场景和长期的社会变化等问题。随着面对面交流让位于屏幕对屏幕交流，如何保留个人信任和组织忠诚？如何激发共鸣和提高公众参与度？

对设计人员而言，在小型显示器、壁挂式显示器和巨型显示器上提供服务［包括从珠宝、服装（见图1.6）、智能手机、平板电脑（见图1.7）、大型仪表、投影显示器和照明建筑等］是不小的挑战。如果设计的可塑性能够在不同显示器尺寸间无缝切换，那么消费者的体验就会很愉悦；反之，用户体验就不会很好。用户界面的可塑性必须扩展至多语言、对残障人士的访问性支持，以及适应不同带宽的网络环境。

有些革新者认为，桌面计算机及其用户界面将会消亡，取而代之的新界面会变得无处不在，是普适的和不可见的，并且会融入周围的环境中。他们坚信新奇的设备将是情境感知的、专注的和可理解的，并且能感知用户的需求，然后通过周围显示器的发光、声响、形变等来提供反馈。设计人员已经提供了一些可穿戴或控制植入（皮肤）设备的界面，如心脏起搏器、胰岛素泵及各种生物监视器。其他类型的传感器已经能够跟踪联邦快递包裹、进入建筑物的用户和在收费站的汽车。这些传感器将逐步发展成传感器网络，能够跟踪人群、流行病和污染情况。

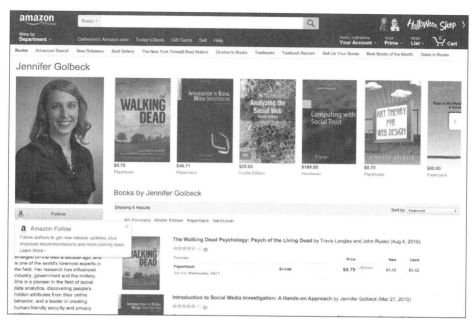

图 1.4　Amazon.com 网站（http://www.amazon.com/）中展示了 Jen Golbeck 出版的书籍。Facebook 将根据用户使用网站的个人历史向用户推荐图书和产品

图 1.5　YouTube 中一个展示 NASA 电视的视频和其他一些相关视频。NASA 视频展示了一个控制中心的例子，其中包括多个大型电视墙和工作站

其他设计人员则倡导能改变用户行为的劝导技术、方便使用的多模态或手势界面，以及对用户情绪状态做出反应的情感界面。

图1.6　图中的两个小孩正借助于可穿戴的电子衬衫学习人体运作机理。衬衫上带有嵌入式 LED
　　　　并能发出声音，设备通过各种"器官"实时显示人体是如何工作的（Norooz et al., 2015）

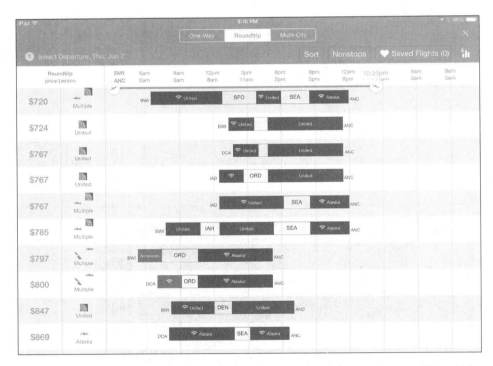

图 1.7　在 iPad 平板电脑上可以看到 HIPMUNK 旅游搜索显示的空闲航班。用户可以用
　　　　屏幕顶部的滑块来缩小结果显示范围。图中只能看到晚上 10 点之前降落的航班

　　我们生活在一个令用户界面开发人员兴奋的时代。尽管技术预言家鼓舞人心的声明令人
振奋，但极有可能是那些努力工作、用设计满足人们真实需要的设计人员，最终实现突飞猛
进的发展。设计人员会严格评估那些急于尝鲜的早期用户，以及不情愿的后来者的实际使用
情况，并认真研究抵制使用的非用户。人们相信，人机交互的下一阶段，将受到那些专注于
通过有意识地倡导普遍可用性，以及强调社会媒体参与来扩大用户群体的人的极大影响。提
供优秀用户体验的用户界面，是提高医疗保健、创造可持续经济、保护自然资源和解决冲突
的关键因素（Froehlich et al., 2010; Friedman et al., 2014）。

本章将从研究人员和从业人员的角度对人机交互进行广泛综述。可用性目标、度量和动机编排在 1.2 节和 1.3 节，而阐述写作本书的目的放在结尾。本章中引用的特定参考文献附在正文后面，然后是一组普通引用文献，包括相关图书列表、指南文档、期刊、专业组织和视频，以供读者进一步研究。

第 2 章介绍通用性，提醒读者要抓住机会，为各种各样的用户提供定制的素材，不管用户的年龄、教育程度如何，是国际用户还是残疾用户，这些素材都有帮助。

第 3 章综述本书中采用和改进的指南、原则与理论。第 4 章至第 6 章介绍设计过程和评估方法，并采用案例研究进行演示。第 7 章至第 9 章涉及各种交互风格，其范围从图形化直接操纵到文本命令，以及通过普通交互设备来具体实现这类风格的方式。协同也包含在此部分中，以强调每位设计者都需要超越个人计算机的范围，考虑多种形式的社会计算。第 10 章至第 16 章涉及关键设计决策，这些决策通常会决定产品的成败，而且可能会产生突破，为新的可能性提供机会。后记探讨的则是技术对社会和个人的影响。

1.2 可用性目标与度量

每名设计者都希望实现高质量的界面，以便获得同行赞许、用户欣赏，甚至被竞争者效仿。然而，要受到这样的关注，浮夸的承诺和时尚的广告并不够，而要通过提供可用性、通用性和实用性等质量特征来赢得。这些目标需要通过周到的计划、对用户要求的敏感、对需求分析的奉献和费尽心血的测试来实现，所有这些工作都要在预算内按计划完成。

追求用户界面卓越性的管理人员，首先会选择有经验的设计者，然后做好切合实际的计划，包括需求收集、指南准备和重复测试。设计者从确定用户需求开始，然后生成多个设计备选方案，并进行广泛的评估（见第 4 章至第 6 章）。此后，现代用户界面设计工具就能够帮助实现者很快构建工作系统，并进行进一步的测试。

成功的设计人员超越了"用户友好""直觉""自然"这些模糊的概念，他们所要做的不只是简单地罗列主观的指导方针，还要透彻了解不同的用户群体和必须完成的任务。他们研究基于证据的指南，并在必要时查阅研究文献。伟大的设计者坚定地以提升用户体验为己任，这种精神使得他们在面临困难的选择、时间压力和预算紧张时也会坚定不移。优秀的设计人员懂得激发情绪反应、用动画吸引注意力和给用户带来惊喜等方式的重要性。

管理人员和设计人员出色地完成工作后，他们设计的有效界面应能在用户群体中产生"成功"、"可胜任"和"精通"等正面评价。用户会产生一个清晰的界面心智模式，通过这种模式，用户可以自信地预测他们的动作会产生什么样的结果。最好的情况下，界面几乎可以无视，用户能够专注地工作、探索或娱乐。这种平静的环境能让用户将感受融入其中，在完成任务的过程中保持最佳状态。

与用户社区的紧密交互，可形成一组精心挑选的基准任务，以作为可用性目标和度量的基础。对于每个用户类型和每个任务而言，精确的可测量目标会在整个测试过程中指导设计者。ISO 9241 标准《人机交互系统的人类工效学》（ISO, 2013）关注令人向往的目标：有效性、效率和满意度。而下面列出的可用性度量只关注后两个目标，更直接地指导实际评估：

1. 学习时间。典型的用户群体需要花多长时间来学习如何使用与一组任务相关的动作？

2．运行速度。执行基准任务需要花多长时间？

3．用户出错率。人们在执行基准任务时会犯多少错误？是哪些类型的错误？尽管犯错和改错的时间可能会被加到运行速度中，但错误处理是非常关键的界面使用组件，所以值得对其进行广泛研究。

4．记忆保持时间。一小时、一天或一周后，用户还能记住多少知识？记忆力可能与学习时间紧密相关，而使用频率也起到重要作用。

5．主观满意度。用户喜欢使用界面各个方面的程度如何？答案可通过访谈或通过包含满意度和自由评论空间的书面调查来获得。

每名设计者都希望在每种度量中获得成功，但经常被迫进行折中。如果允许长时间学习，则可以使用缩写、隐藏的快捷方式和最大限度地减少滚动的紧凑设计，来减少任务执行时间。要将出错率保持在极低的水平，就会牺牲运行速度。在有些应用中，主观满意度可能是成功的决定性因素；而在另一些应用中，短的学习时间或快速的性能可能最为重要。懂得折中的项目经理和设计人员，若能使选择更加清晰和公开，则会更有效率。使重要目标更清晰的需求文档和市场手册，更可能受到重视。

在提出多个设计备选方案后，设计人员和用户应评审最可能的方案。低精度的纸上模型是有用的，而高精度的交互原型为专家评审和可用性测试创建了更真实的环境。在线帮助这样的用户培训和支撑材料在执行前即可生成，因此可从另一个角度对设计进行重新评审。下一步，要通过适当的软件工具来执行。如果设计完整且准确，那么这项任务不会太难。然后，验收测试证实所交付的界面符合设计者和客户的目标。最后，应将持续的评估和改进作为一种普遍做法。第4章至第6章将更全面地描述这些设计进程、评估程序和软件工具。

可用性的商业案例很有说服力（Bias and Mayhew, 2005; Tullis and Albert, 2013）。对那些在预算内按时完成的项目而言，用户界面设计成功的故事，往往也是管理成功的故事。一组完全文档化的用户需求，可使设计过程变得清晰，经过精心测试的原型在实现过程中变更较少，因此可避免发布后的成本高昂的更新。对实现进行完整的验收测试，会产生符合用户要求的健壮界面。最后，可使用基于日志和用户评论的连续性评估来进行改进。

1.3　可用性动机

优秀的用户界面设计带来的好处，激发了人们对界面可用性的浓厚兴趣。这个增加的动机源于消费电子的设计人员和经理，他们设计和推出移动设备、电子商务网站和社交媒体。在这些领域，长远来看，优秀的用户体验是在激烈竞争的市场中取得成功的必要条件。为了生存，可用性已经从"希望"变为"必需"。同样，对游戏和娱乐的巨大兴趣也促进了设备的性能、网络和用户界面的提高，目标就是确保游戏的流畅和生动，确保照片、音乐和视频流的速度，确保共享的优雅和简单。对可用性质量的强烈动机，来自高功能型的专业人员。在生命攸关系统、工业厂房、法律办公室和警察机构的环境中，他们不断追求卓越。优秀的可用性精神不但被多样化的社会技术系统所期待，而且也被探索、创新和协同的界面用户所期待。

1.3.1　消费电子、电子商务和社交媒体

用户体验设计师通过提供有效和令人满意的设计，在急剧增长的消费电子产品中发挥了关键作用，而且其设计还在个人通信、教育、医疗等方面被广泛采用。如今，在全球许多地方不断重复的年度消费电子展上，成千上万的参展商和数十万与会者，都渴望尝试由领先的供应商提供的最新产品。

在产品发布会上，全球各大新闻媒体争相报道好莱坞或体育界知名人士代言的最新产品。同样，著名音乐家、超模和其他名人通过媒体炒作，让每个人都了解到产品的新颖设计、吸引人的特点和必备的功能。例如，苹果公司的设计总监 Jony Ive 就因被称为"英雄"而闻名，他一边接受英国女王的封爵，一边被记者纠缠着介绍下一代产品。

消费电子强大的革新能力，增进了家庭沟通，改善了医疗，促进了商业发展，并且提供更广泛的教育。一部分人看到各种各样的改变后，已开始庆祝。以 Facebook 为代表的社会媒体应用，以及在线餐厅、电影或产品评论等用户生成的内容，已成为许多用户日常生活中不可或缺的一部分。由于用户可以自由选择，而市场竞争又如火如荼，加之具有容易学习、低错误率和主观满意等特性，其界面的体现就显得尤为重要。如果用户不能很快成功，就会放弃或改用其他竞争对手的产品。评论家们更关心的是隐私泄露、分心驾驶带来的危险，以及人际关系越来越差的问题。

1.3.2　游戏和娱乐

可用性的另一个利益来源是迅速扩展的家庭和娱乐应用。个人计算应用包括电子邮件客户端、搜索引擎、手机、数码相机和音乐播放器。娱乐应用的蓬勃发展，使得计算机游戏成了比好莱坞还大的产业。而游戏输入设备，如任天堂 Wii 和微软 Kinect 的无控制器游戏（见图 1.8），在体育、教育和康复领域创造了新的可能。

图 1.8　Dance Central 是一款成功的舞蹈类游戏，用户随着流行歌曲跳舞，越能跟上音乐节奏，就越能赚到更多的点数。网站允许用户购买额外的歌曲，并可以主持在线活动和社区论坛

兼顾功能和成本非常困难。对新用户来说，使用简单受限的动作最好。但随着用户越来越有经验，他们需要更多扩展的功能以及更快的性能。采用分层或分级结构的设计，可以帮

助用户从新手顺利成长为专家：当用户需要更多功能或有时间学习这些功能时，就能提升至更高层次。设计搜索引擎就是一个简单的例子：搜索引擎一般同时具有基本搜索界面和高级界面（见第 15 章）。赢得新用户的另一种方法是谨慎地裁减功能，通过简单的设备或应用程序使用户容易上手。

1.3.3　专业环境

小到超市、大到空间站，专业环境中的界面能使多数消费电子用户受益。控制空中交通、核反应堆、电力设施、警务或消防调度、军事行动和临床护理的系统（见图 1.9），属于生命关键系统。这些系统成本高昂，但同时应该具备高可靠性和有效性。为了获得快速、无误的性能，即使用户有压力，也要接受长时间的培训。通过对常用功能的重复使用以及应急行为的实习培训，可以增强记忆。

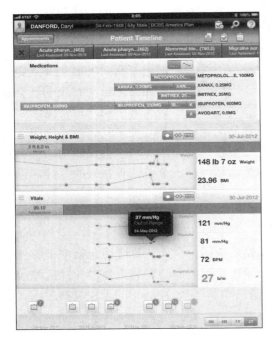

图 1.9　图中是一位患者的健康记录的柱状时间轴视图，这是 Allscript 创造的动态电子健康记录的 iPad 应用程序的界面

典型的工业和商业应用包括银行、保险、生产管理、飞机和旅馆预订、公用事业收费和 POS 终端界面。在这些情况下，很多决策依成本而定。因为操作者的培训时间非常昂贵，所以易学性很重要。由于很多业务是国际性的，因此有必要进行语言翻译并适应当地文化。性能速度和出错率之间的折中，以及系统生命周期的整体成本，决定了运行速度和错误率之间如何平衡（见第 12 章）。主观满意度是很重要的，而记忆力可通过频繁使用来提高。虽然由于事务数量巨大，对于大部分应用来说，运行速度是关键，但是关注操作者的疲劳、压力和倦怠也是理所应当的。减少 10%的平均交易时间，就意味着减少 10%的操作者、10%的工作站和 10%的硬件成本。

1.3.4　界面的探索性、创造性和协同

越来越多的计算机应用领域支持开放式的探索，这一方面促进了人类的创造力，另一方面又降低了合作门槛。探索性应用包括网页浏览器、搜索引擎、数据可视化和团队协同支持。创造性应用包括设计环境（见图 1.10）、音乐创作工具、动画生成器和视频编辑系统。而协同界面能借助于文本、语音和视频等方式，使两人或多人一起工作（即使这些用户时空分隔）；通过系统来进行面对面会议；通过大量的观众参与在线研讨会；或通过分享工具帮助远程协同人员在文档、地图、日程表或图像上同时工作。

在这些探索性、创造性和协作的系统中，用户虽然可能具有丰富的任务领域知识，但对计算机的基本概念所知甚少。他们的积极性通常很高，期望同样也很高。由于这些应用系统本质上是探索性的，所以较难描述它们的基本任务。这些应用有的使用频繁，有的很少使用。

简而言之，这些系统难以设计和评估。设计人员追求的目标，是让计算机"消失"，因为用户完全被吸引到他们的任务中。计算机提供动作世界的直接操纵表示，并辅以键盘快捷键时，似乎能很好地满足这一目标（见第 7 章）。然后，可通过快速而熟悉的选择或手势来执行任务，并立即得到反馈和一组新的选择。用户能够把精力集中在任务上，并最小化会使人分心的操作界面。

图 1.10　由 Autodesk 公司为数字艺术家开发的一款设计工具 Sketchbook，它通过一组丰富的菜单和工具调色板，为用户提供大量的工具和选项（http://www.sketchbook.com）

1.3.5　社会技术系统

长期以来，可用性领域在健康保障、公民科学、灾难响应和社会犯罪报告等社会系统中日益增长。这些系统的界面往往由政府组织制作，用于处理信任、隐私和责任等事务，同时还要处理恶意篡改、欺骗和不正确信息造成的不良结果，以及出现故障时用户应向谁求助、正常运转时可以感谢谁的信息（Whitworth and de Moor, 2009）。

例如，在电子投票系统（Jones and Simons, 2012）中，民众需要重新确认系统是否正确记录了他们的投票。这种反馈可能是一张打印的收条。另外，政府官员和反对党的专职观察员需要某些方法来验证每个选区和地区汇总的选票是否被正确上报（见图 1.11）。如果有投诉，调查员就需要借助一些工具来审查每个阶段的过程。

社会技术系统的设计人员必须考虑不同角色用户所具有的不同专业水平。针对大量新用户或首次用户，应设计强调易学性并提供建立信任的反馈机制。针对专业管理员和经验丰富的研究者的设计，则可以加快复杂的过程，或许还能提供可视化工具来发现异常模式，或检测使用日志中的欺骗行为。

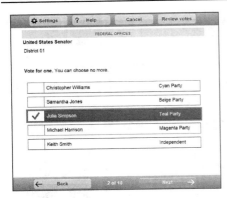 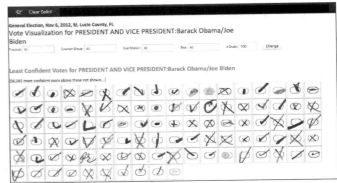

图 1.11 左图为一个触摸屏投票站界面（Summers et al., 2014）。可以看到 10 页
候选人中的第 2 页，其中列出了 5 位候选人，选中的候选人会被凸显。
有些选区先使用纸质选票，然后再将其数字化。右边的界面，允许快速
审查所有手写标志。供图：Clear Ballot（http://www.clearballot.com）

1.4 写作本书的目的

本书的目标非常清晰：不但有助于界面开发，而且对教育和专业机构也有所裨益。似乎
三个扩展目标也可以实现：（1）影响学术和业界的研究人员；（2）为商业设计人员提供工具、
技术和知识；（3）提升普通大众的计算机意识。

1.4.1 影响学术和行业界的研究人员

人机交互的研究人员有丰富的研究成果，他们每年发表的论文超过 10000 篇。他们
的研究包括在实验室中进行传统的控制实验，但越来越多的研究人员开始与真实用户进
行在线测试，在用户家中或工作场所进行人类学的观察，并对用户进行长期、深入的案
例研究（见第 5 章）。

新颖的研究方法包括源于群体的用户研究，如邀请成百上千的用户或花钱请用户使用像
亚马孙土耳其机器人（Amazon's Mechanical Turk）这样的系统。另一种新方法是使用用户日
志数据、观察和访谈等形式提供互补，因为这些策略在实时设置中能够显示实际性能。综合
多种方法往往会引导人们深入理解人机交互的基本原则。

这些基于受控实验的科学界面研究方法的基本要点如下：

- 可理解实际问题和相关理论
- 可清晰地描述可测试假设
- 可处理少量的自变量
- 可测量特定的因变量
- 可仔细选择和分配受试体
- 可控制受试体、过程和材料的偏差
- 可应用统计测试
- 可解释结果、改进理论和指导实验者

实验材料和方法必须通过中间试验测试，结果必须在不同环境中经过多次重复并确认后，建议才会更加可靠。

当然，基于受控试验的科学方法也有其缺点。找到适当的受试体可能非常困难或昂贵，且实验条件可能使情形失真过大，以至于结论毫无价值。受控试验通常处理短期使用情况，所以难以理解长期客户行为或有经验用户的策略。受控实验强调统计聚合，因此可能会忽略个体偏好。另外，由于统计学的权威影响，可能不会对轶事证据或调查员的经验给予足够的重视。

因为这些担心，研究人员需在受控实验和另外两种研究方法中折中：人种学观察方法和长期深入的案例研究。比如将轶事经历和主观反应记录下来，使用有声思维方法，采取实地研究或案例研究的方式。其他研究方法包括源于人群的用户研究、用户日志分析、调查、重点小组和采访。

在计算机科学和信息研究中，人们逐渐意识到需要更多地关注可用性问题。人机交互方面的课程已成为有些本科学位的必修课，而且许多课程都加入了界面设计问题。对提出新编程语言、隐私保护方案或网络服务的研究人员而言，他们更加了解人类认知技能和偏好相一致这一需求。高级图形系统、3D 打印工具或消费产品的设计人员逐渐认识到，他们的成功依赖于构建高效的用户界面及创造吸引人的用户体验。

现在正是把传统心理学（和认知心理学等子领域）的知识和技术应用于人机交互系统研究的大好时机。心理学家正通过用户界面研究人类问题求解和创造力，以进一步了解认知进程和社会动力学。这对心理学是非常有好处的，而心理学家也有着绝好的机会对计算机这门重要且使用广泛的技术产生巨大影响。同样，社会学家和通信理论学家也正在积极参与人机交互的研究。

商业和管理、教育、社会学、人类学及其他学科的研究人员，也正在从人机交互的研究中受益，并为其做出贡献。许多领域取得了丰硕的成果，以下列举若干。

- 减少对使用计算机的焦虑和害怕。虽然计算机已广泛使用，但有些人尽管有条件却不愿使用电子邮件并从事电子商务，因为他们担心甚至害怕弄坏计算机、犯令人尴尬的错误或其隐私受到侵犯。此时，可以在增加用户对其体验控制的同时提升安全和隐私，通过这种改进的设计，也可以减少用户对诈骗的担心和垃圾邮件带来的挫折感。
- 逐步推进。虽然新用户刚开始与计算机交互时仅使用几个功能，但之后可能希望进一步使用功能更强大的设备。所以，需要精炼的多层界面设计和培训资料，来实现从新用户到知识丰富的用户再到专家用户的平稳转换。新用户和专家用户对提示信息、出错消息、在线帮助、显示复杂性、控制点、节奏和反馈信息方面的要求差异很大，这些都需要研究。可能允许用户定制的界面，远不止改变背景、字体大小和铃声，但指导用户通过这一进程的方法是一个开放的主题。
- 社交媒体。社交媒体风起云涌，这预示着更大的变革即将到来。移动设备中产生的用户共享内容可广泛传播，仍有许多工作要做，如提高产品质量、进行有效注释，并使这些资料可访问，以及在保护隐私或利润的前提下，保证资料的复用性。
- 输入设备。过多的输入设备对界面设计人员来说既是机遇也是挑战（见第 10 章）。关于多点触摸屏、语音、手势和触觉反馈的优点的讨论非常激烈。多任务和多用户的实验可以解决分歧。需要讨论的基本问题包括速度、精确度、耐久度、错误更正和主观满意度。

● 信息浏览。随着人们对多媒体数字图书馆和万维网的导航、浏览与搜索越来越普及，对更有效的策略和工具的需要也显著增加（见第 15 章）。用户希望能轻松且快速地过滤、选择和重组信息，而不必担心晕头转向或陷入误导信息中。随着信息可视化和可视化分析工具的不断涌现，人们将能更轻松地访问文本、图像、图形、声音、视频，以及科学数据和大数据。

1.4.2　为行业设计人员提供工具、技术和知识

用户界面的设计和开发这两个主题很热门，在全球范围内的竞争也很激烈。以前把可用性放到次要地位的雇主们，开始逐渐雇佣用户界面设计人员、信息架构师、移动 APP 实现人员和可用性测试人员。雇主们认识到，高质量的用户界面和雇员表现的提高，可带来竞争优势。今天，人们渴望获得软件工具、设计指南和测试技术知识。用户界面开发工具支持快速原型开发和界面开发，同时还可支持或改进设计一致性、普遍可用性和简化演进性。

目前，研发人员已针对普通读者和特定读者撰写了很多指南文档（见本章最后的列表）。大多数项目采用了编写自身指南这一卓有成效的方法。这些指南与应用环境及用户存在的问题紧密相关，是根据对现有界面的体验、实验结果和广博的知识建立的。

在界面设计过程中，迭代可用性研究和验收测试是适当的。设计出初始界面后，就可通过在线或书面调查、个人/团体访谈，或采取更加受控的新策略，对初始设计进行改进（见第 5 章）。"敏捷过程"为指导设计人员，注重实时评估设计工作室的成果及多个备选方案的快速审核。

设计过程中的用户反馈和演进性改进的细化，可为设计人员提供有用的洞察力和指南。用户可通过电子邮件、网络工具和短信把评论直接发送给设计人员，用户行为日志可为设计师提供哪些内容需要修改的进一步依据。目前可搜索的用户问题数据库，往往能解决问题并为设计人员提供指导。同时，在线用户顾问和其他用户也能够提供帮助和支持鼓励。

1.4.3　提升普通大众的用户界面意识

媒体上到处都是有关用户界面的故事，因此似乎没有必要去提升大众对这些工具的认识。然而，仍有许多人对他们使用的技术感到很不安。他们在使用银行机器、手机或电子邮件时，可能会害怕犯错并担心把机器弄坏，担心不会用或受到计算机"比自己更聪明"的威胁。这些担心在某种程度上是糟糕设计导致的，比如设计中通常包含大量的复杂命令、不一致的术语、令人困惑的错误提示、冗长啰嗦的动作序列等。

我们的目标之一，是鼓励用户把他们内心的担忧转化为"愤怒的"行动。当用户收到类似"数据错误"这样的消息时，他们不应有负罪感，而应向粗心和考虑不周的用户界面设计人员表达他们的愤怒。用户也不要因未能记住复杂的动作而觉得力不从心或自怨自艾，而应向未提供更方便机制的设计人员抱怨，或干脆转投具备更方便机制的其他产品。

可用性最终应成为国家层面优先考虑的问题。电子投票和其他服务的拥护者、电子医疗和电子学习的倡导者，逐渐认识到需要去影响政府资源的分配和商业研究的议程。政策制定者和行业领袖，如果能使得访问更便捷并提升访问质量，就会被人们视为英雄；而当失败威胁到儿童、打乱旅行或危及客户时，也会被人们视为罪魁祸首。

随着成功且令人满意的界面实例变得越来越多，粗糙的设计会变得过时并造成商业上的失败。随着设计人员不断地改进用户体验，一些用户的担心将会消失，并不断给出"胜任"、"擅长"和"满足"的正面评价。

从业人员的总结

交互系统的设计人员透彻地分析用户和任务后，见解可能会变得更深刻，因此可进一步指导自身进行更合适的功能设计。注意了可靠性、可用性、安全性、完整性、标准化、可移植性、集成性和计划与预算的管理问题后，就更有可能获得正面的成果。提出设计备选方案时，可从以下多个方面评估其作用：是否提供更短的学习时间、更快的任务性能、更低的出错率、更易保持的记忆和更高的用户满意度。适应儿童、老年人和残疾人要求的设计，能够为所有用户提高生活质量。改进和实现设计时，要经过多个步骤来加速设计的改进，包括试点研究、专家评审、可用性测试、用户观察、用户日志分析和验收测试等。产品设计得成功与否，要通过是否达到通用性来衡量（而非少数几个热心用户的客户评价）。在指南中增加文献和证据，有助于设计项目，以适应日益多样化且不断壮大的用户群体。

研究人员的议程

适用于广泛用户群体的行规促进了创新，且在未来很长的一段时间内，这种情况会持续。同时，研究人员正尽一切努力了解什么样的产品能吸引、留住并满足不同的群体。对研究人员而言，机会无限。许多项目要么让人兴趣盎然，要么举足轻重，要么可行性很高，让人难以取舍。通过界面设计的可塑性来实现通用性，这一目标将让研究人员忙碌多年。只有摒弃以往模糊不清的承诺，转而通过备选的界面来衡量用户表现，这才是获得快速进展的核心。每项研究都有两个前提：设计人员面对的实际问题，以及基于人类行为和界面设计理论的基本准则。实验都以提出一个清晰、可测试的假设开始，然后考虑适当的研究方法学，接着进行研究，收集数据并分析结果。每项研究也都有三个结果：对实际问题的具体建议、理论的改进和对未来研究人员的指南。

万维网资源

本书的配套网站（www.pearsonhighered.com/cs-resources）中包含了许多与每章内容相关的补充资源链接。此外，该网站还为教师、学生、从业人员和研究人员专门提供了一些信息。关于本章的链接，包含了关于人机交互的通用资源，如专业团体、政府机构、公司、参考书目和指南文档。

如果读者正在寻找科技期刊和会议论文集，那么可以在线查阅具有搜索功能的人机交互参考书目（http://www.hcibib.org/）。从 1989 年起，在 Gary Perlman 的领导下，人机交互参考书目包含了 120000 多种期刊、会议和图书摘要，以及许多主题的链接，如咨询公司、教育、历史和国际性开发。

下面是一些很好的网络资源：

- 有关美国政府可用性方法和指南的重要资源：http://www.usability.gov/
- IBM 以用户为中心设计方法的扩展指南：https://www.306.ibm.com/software/ucd/
- 有关交互设计基础的免费网上教学资源：https://www.interaction-design.org/
- Diamond Bullet Design：http://www.usabilityfirst.com/

公告性质的电子邮件列表和讨论列表，由美国计算机协会人机交互特别兴趣小组（ACM SIGCHI，http://www.acm.org/sigchi/）和英国人机交互小组（British HCI Group，http://www.bcs-hci.org.uk/）维护，同时也赞助一些频繁更新的可用性新闻（http://usabilitynews.bcs.org/）。

参考文献

以下为本章的参考书目，之后会列出一些常规信息资源。

Bias, Randolph and Mayhew, Deborah (Editors), *Cost-Justifying Usability*: *An Update for the Internet Age,* 2nd Edition, Morgan Kaufmann, San Francisco, CA (2005).

Center for Information Technology Accommodation, Section 508: The road to accessibility, General Services Administration, Washington, DC (2015). Available at http:// www.section508.gov.

Friedman, C., Rubin, J., Brown, J., Buntin, M., Corn, M., Etheredge, L., Gunter, C., Musen, M., Platt, R., Stead, W., Sullivan, K., and Van Houweling, D., Toward a science of learning systems: A research agenda for the high-functioning learning health system, Journal of the American Medical Informatics Association (2014), 1–6.

Froehlich, Jon, Findlater, Leah, and Landay, James, The design of eco-feedback technology, *Proceedings CHI 2010 Conference*: *on Human Factors in Computing Systems,* ACM Press, New York (2010), 1999–2008.

Jones, Douglas W., and Simons, Barbara, *Broken Ballots*: *Will Your Vote Count?* Center for the Study of Language and Information (2012).

Norooz, L., Mauriello, M., McNally, B., Jorgenson, A., and Froehlich, J., BodyVis: A new approach to body learning through wearable sensing and visualization, *Proceedings* CHI 2015 Conference: Human Factors in Computing Systems, ACM Press, New York (2015), 1025–1034.

Summers, K., Chisnell, D., Davies, D., Alton, N., and McKeever, M., Making voting accessible: Designing digital ballot marking for people with low literacy and mild cognitive disabilities. *USENIX Journal of Election Technology and Systems (JETS) 2,* 2 (2014).

Tullis, Thomas, and Albert, William, *Measuring the User Experience*: *Collecting, Analyzing, and Presenting Usability Metrics*, 2nd Edition, Morgan Kaufmann (2013).

Whitworth, Brian and De Moor, Aldo (Editors), *Handbook of Research on Socio-Technical Design and Social Networking Systems*, IGI Global, Hershey, PA(2009).

常规信息资源

重要期刊

ACM Interactions: *A Magazine for User Interface Designers*, ACM Press

ACM Transactions on Accessible Computing, ACM Press

ACM Transactions on Computer-Human Interaction (TOCHI), ACM Press

AIS Transactions on Human-Computer Interaction, AIS

Behaviour & Information Technology (BIT), Taylor & Francis Ltd.

Computer Supported Cooperative Work, Springer

Human-Computer Interaction, Taylor & Francis Ltd.

Information Visualization, Sage

Interacting with Computers, Oxford University Press

International Journal of Human-Computer Interaction, Taylor & Francis Ltd.

International Journal of Human-Computer Studies, Elsevier

Journal of Usability Studies, User Experience Professionals Association

Universal Access in the Information Society, Springer

通常刊载相关文章的其他期刊

ACM: Communications of the ACM (CACM)

ACM Transactions on Graphics

ACM Transactions on Information Systems

ACM Transactions on Interactive Intelligent Systems

ACM Transactions on the Web

Cognitive Science

Computers in Human Behavior

Ergonomics

Human Factors

IEEE Computer

IEEE Computer Graphics and Applications

IEEE Transactions on Human-Machine Systems

IEEE Transactions on Visualization and Computer Graphics

Journal of Computer-Mediated Communication

Journal of Visual Languages and Computing

Personal and Ubiquitous Computing

Presence

Psychology

Technical Communication

User Modeling and User-Adapted Interaction

Virtual Reality

美国计算机协会（ACM）旗下有一个人机交互特别兴趣小组（SIGCHI，Special Interest Group on Computer-Human Interaction），它会定期举办相关会议。ACM 还出版一份广受关注的刊物：*Transactions on Human-Computer Interaction* 和一份百家争鸣的杂志 *Interactions*。还有一些其他方面的特别兴趣小组，如图形和交互技术特别兴趣小组（SIGGRAPH）、无障碍计算特别兴趣小组（SIGACCESS）、多媒体特别兴趣小组（SIGMM）、超文本和网络特别兴趣小组（SIGWEB）。这些小组也会举办一些会议并发布简讯。其他相关的 ACM 小组包括：计算机与社会特别兴趣小组（SIGCAS）、通信设计特别兴趣小组（SIGDOC）、组件特别兴趣小组（SIGGROUP）、信息检索特别兴趣小组（SIGIR），以及系统、用户、数据和移动计算特别兴趣小组（SIGMOBILE）。

国际计算机学会（IEEE Computer Society）召开的一些会议、出版的通讯和杂志，也会涉及用户界面方面的议题。无独有偶，面向商业领域的信息系统学会（AIS），也下设了一个人机交互特别兴趣小组（SIGHCI），负责出版相关的杂志，并在有些会议中主持一些专题。久负盛名的人因及人机工程学会，每年也会组织相关的会议，并成立了一个计算机系统技术小组，负责维护一份简讯。此外，技术通讯学会（STC）、美国平面设计协会（AIGA）、国际人体工程学会、人机工程协会等，也对用户界面给予了越来越多的关注。用户体验人机专业协会（UXPA）在商业领域具有广泛的影响力，它出版杂志 *UX—User Experience* 和在线杂志 *Journal of Usability Studies*。此外，UXPA 还在每年 11 月发布一份称为 *World Usability Day* 的年度杂志，其中会介绍几百个相关案例。

国际信息处理联合会下设了一个技术委员会（TC.13）和一个人机交互工作小组。英国计算机学会人机交互研究团队，从 1985 年就开始就负责主办一项国际会议。法国人机交互联盟（AFIHM）、西班牙人机交互协会（AIPO）和其他一些协会，也在各自的语言社区内不断提升 HCI 的影响力。其他一些工作组则在南非、澳大利亚、新西兰、北欧、亚洲、拉丁美洲和其他一些地方举办了许多颇具影响力的活动。

ACM（尤其是 SIGCHI）、IEEE、人因及人机工程协会、IFIP 这些组织，会举办一些国际会议，且通常会发表和出版一些相关的论文。在 INTERACT、人机交互国际、计算机系统协作这样的会议中，还广泛涵盖了用户界面领域的一些议题。许多专业会议也对这一课题颇感兴趣，如用户界面软件和技术、超文本、计算机支持的协同工作、智能化用户界面、计算机及可访问性、普适计算、计算机和认知、设计交互式系统等。

Brad Myser 曾撰写过一篇介绍 HCI 发展简史的文章，并于 1998 年 3 月发表在 *ACM Interactions* 上。对于希望了解 HCI 领域的诞生和发展的人来说，这篇文章值得一看。1973 年，James Martin 在其著作 *Design of Man-Computer Dialogues* 中，描述了一份详尽且实用的交互系统调查。Ben Shneiderman 在 1980 年撰写的著作 *Software Psychology: Human Factors in Computer and Information Systems* 中，提出了采用受控实验技术和科学研究的方法。Rubinstein 和 Hersh 在 1984 年共同撰写了 *The Human Factor: Designing Computer Systems for People* 一书，书中介绍了若干颇具感染力的计算机系统设计和许多有用的指南。该书的第一版于 1987 年出版，其中针对一些关键的议题进行了讨论，为设计人员提供了多项指南，并指出了未来的研究方向。

一系列影响深远的著作，使得可用性广受媒体和公众的关注，如 Nielsen 的 *Usability Engineering*（1993），Landauer 的 *The Trouble with Computers* (1995)，以及 Nielsen 的 *Designing Web Usability*（1999）。Don Norman 于 1988 年出版的著作 *The Psychology of Everyday Things*（该书于 2013 年再版并修订），在心理学方面的观点让人眼前一亮，其内容主要是与人们日常生活紧密相关的科技问题。

随着这一领域日趋成熟，围绕专业主题涌现出了许多小的工作组和出版物。与此同时，移动计算、网页设计、在线社区、信息可视化、虚拟环境等也崭露头角。下面列出的一些指南文档和书籍，可作为深入阅读更多参考资料的起点。

指南性文档

Apple Computer, Inc., *Human Interface Guidelines, Version for the Mac OS X, iPhone, iPad, and Apple Watch*, Apple, Cupertino, CA (April 2015). 参见 http://developer.apple.com/。

— 针对苹果公司的产品，该书阐述了如何设计一致性视觉特性和行为特性。

International Organization for Standardization, *ISO 9241 Ergonomics of Human-System Interaction*, Geneva, Switzerland (updated 2013). 参见 http://www.iso.org/。

— 对很多国家和企业来说，它是一个非常重要的资源，概述了许多领域的内容，如对话原则、可用性指导、信息呈现、用户指南、菜单对话框、命令对话框、直接操作对话框、表单填充对话框等。

Microsoft, Inc., *The Microsoft Windows User Experience Interaction Guidelines*, Redmond, WA (2015). 参见 https://msdn.microsoft.com/。

— 指南中介绍了一些与设计原则、控制、文本、交互、窗口和美学相关的内容。

United Kingdom Health & Social Care Information Centre, *User Interface Guidance* (June 2015). 参见 http://systems.hscic.gov.uk/data/cui/uig。

— 这是一个面向医疗系统的详细指南。

United Kingdom Ministry of Defence, *Human Factors for Designers of Systems*, Defence Standard 00-250 (June 2013). 参见 http://www.dstan.mod.uk/data/00/250/00000100.pdf。

— 介绍了人类因素、交互过程、需求和验收测试。

U.S. Dept. of Defense, *Human Engineering Design Criteria Standard*, Military Standard MIL-STD–1472G, U.S. Government Printing Office, Washington, DC (2012).

— 资料中包含许多传统的人体工程学和测量方面的问题，后续版本更多地关注人机界面这一领域。这些资源还让人想起了一些有趣而发人深省的人类因素。

U.S. Federal Aviation Administration, *The Human Factors Design Standard*, Atlantic City, NJ (updated May 2012). 参见 http://hf.tc.faa.gov/hfds/。

— 资料中包含了大量人类因素标准的内容，可为承包商，尤其是飞机和空中交通管制方面的承包商们，提供参考。

U. S. National Cancer Institute, *Research-based Web Design and Usability Guidelines*, Dept. of Health & Human Services, National Institutes of Health (2006, updated on the web 2015). 参见 http://guidelines.usability.gov/。

— 资料中包含了许多关于信息化网站的例子，这些例子权威而又栩栩如生。

World Wide Web Consortium's Web Accessibility Initiative, *Web Content Accessibility Guidelines 2.0* (2008). 参见 http://www.w3.org/WAI/。

— 这一资料针对残疾用户，介绍了三个优先级的网页设计指南，内容实用且操作性强。网页可读性倡议（WAI）中制定了若干策略、指导方针和其他的一些参考资源，可帮助残疾人方便地浏览网页。这一资源中还提出四条准则：直观性、可操作性、可理解性、健壮性。

World Wide Web Consortium, *Web Accessibility Evaluation Tools* (2014). 参见 http://www.w3.org/WAI/ER/tools/.

— 这是一个不定期更新的可访问软件列表，旨在演示一些在线活动。

图书

Allen, J., and Chudley, J., *Smashing UX Design*: *Foundations for Designing Online User Experiences*, Wiley, Chichester (2012).

Anderson, S., *Seductive Interaction Design*: *Creating Playful, Fun, and Effective User Experiences*, New Riders (2011).

Barnum, Carol M., *Usability Testing Essentials*: *Ready, Set... Test*! Morgan Kaufmann (2011).

Baxter, Kathy, and Courage, Catherine, *Understanding Your Users*: *A Practical Guide to User Requirements Methods, Tools, and Techniques*, 2nd Edition, Morgan Kaufmann (2015).

Bell, Genevieve, and Dourish, Paul, *Divining a Digital Future*: *Mess and Mythology in Ubiquitous Computing*, MIT Press (2011).

Berkman, Eric, and Hoober, Steven, *Designing Mobile Interfaces,* O'Reilly, Sebastopol, CA (2011).

Boy, Guy, *Handbook of Human-Machine Interaction*, Ashgate (2011).

Boy, Guy, *Orchestrating Human-Centered Design*, Springer (2013).

boyd, danah, *It's Complicated*: *The Social Lives of Networked Teens*, Yale University Press (2014).

Buley, Leah, *The User Experience Team of One*: *A Research and Design Survival Guide*, Rosenfeld Media (2013).

Cairns, P., and Cox, A. L. (Editors), *Research Methods for Human-Computer Interaction*, Cambridge University Press (2008, reprinted 2011).

Calvo, Rafael A., and Peters, Dorian, *Positive Computing*: *Technology for Wellbeing and Human Potential*, MIT Press (2014).

Carroll, J. (Editor), *Creativity and Rationale*: *Enhancing Human Experience by Design*, Springer (2013).

Chandler, C., and Unger, R., *A Project Design to UX Design*: *For User Experience Designers in the Field or in the Making*, 2nd Edition, New Riders (2012).

Chandler, C., and van Slee, A., *Adventures in Experience Design*, New Riders (2014)

Chapman, C., *The Smashing Idea Book*: *From Inspiration to Application*, Wiley (2011).

Colborne, Giles, *Simple and Usable Web, Mobile, and Interaction Design (Voices That Matter)*, New Riders, Berkeley, CA (2011).

Cooper, A., Reimann, R., Cronin, D., and Noessel, C., *About Face*: *The Essentials of Interface Design*, 4th Edition,

John Wiley & Sons (2104).

Crabtree, Andrew, Rouncefield, Mark, and Tolmie, Peter, *Doing Design Ethnography,* Springer, London (2012).

Craig, Alan B., *Understanding Augmented Reality*: *Concepts and Applications*, Morgan Kaufmann, San Francisco, CA (2013).

Cunningham, Katie, *Accessibility Handbook,* O'Reilly Publishing (2012).

Dannen, Chris, *iPhone Design Award-Winning Projects (The Definitive Guide)*, Apress, Berkeley, CA (2010).

Ferster, Bill, *Interactive Visualization*: *Insight through Inquiry*, MIT Press (2012).

Garrett, J. J., *The Elements of User Experience*: *User-centered Design for the Web and Beyond*, 2nd Edition, New Riders Press (2010).

Goodman, E., Kuniavsky, M., and Moed, A., *Observing the User Experience*, 2nd Edition, Morgan Kaufmann (2012).

Gothelf, J., and Seiden, J. (Editors), *Lean UX*: *Applying Lean Principles to Improve User Experience*, O'Reilly Media (2013).

Greenberg, S., Carpendale, S., Marquardt, N., and Buxton, B., *Sketching User Experiences*: *The Workbook*, Morgan Kaufmann (2012).

Harris, D., *Writing Human Factors Research Papers*: *A Guidebook. Ashgate Publishing*(2012).

Hartson, R., and Pyla, P., *The UX Book*: *Process and Guidelines for Ensuring a Quality User Experience*, Morgan Kaufmann (2012).

Hearst, Marti A., *Search User Interfaces,* Cambridge University Press, New York, NY (2009).

Hinman, Rachel, *The Mobile Frontier*: *A Guide for Designing Mobile Experiences*, Rosenfeld Media, Brooklyn, NY (2012).

Holtzblatt, Karen and Beyer, Hugh, *Contextual Design Evolved*, Morgan & Claypool (2014).

Horton, Sarah and Quesenbery, Whitney, *A Web for Everyone*: *Designing Accessible User Experiences,* Rosenfeld Media (2015).

Johnson, Jeff, *Designing with the Mind in Mind*: *Simple Guide to Understanding User Interface Design Rules*, 2nd Edition, Morgan Kaufmann, San Francisco, CA (2014).

Jones, P., *Design for Care*: *Innovating the Healthcare Experience, Rosenfeld Media* (2013).

Katz, J., *Designing Information*: *Human Factors and Common Sense in Information Design.* John Wiley (2012).

Kim, Gerard Jounghyun, *Human-Computer Interaction*: *Fundamentals and Practice*, CRC Press (2015).

Kipper, Greg, and Rampolla Joseph, *Augmented Reality*: *An Emerging Technologies Guide to AR*, Syngress (2012).

Klimczak, E., *Design for Software,* Wiley (2013).

Kolko, J., *Thoughts on Interaction Design*, 2nd Edition, Morgan Kaufmann (2011).

Koskinen, I., Zimmerman, J., Binder, T., Redstrom, J., and Wensveen, S., *Design Research through Practice from the Lab, Field, and Showroom*, Morgan Kaufmann (2011).

Kraft, C., *User Experience Innovation*: *User Centered Design That Works*, Apress (2012).

Krug, Steve, *Rocket Surgery Made Easy*: *The Do-it-yourself Guide to Finding and Fixing Usability Problems*, New Riders (2010).

Krug, Steve, *Don't Make Me Think, Revisited*: *A Common Sense Approach to Web Usability*: 3rd Edition (Voices That Matter), New Riders, Berkeley, CA (2014).

Lazar, J., Feng, J. H., and Hochheiser, H., *Research Methods in Human-Computer Interaction*, Wiley (2010).

Lazar, Jonathan, Goldstein, Daniel F., and Taylor, Anne, *Ensuring Digital Accessibility through Process and Policy*, Morgan Kaufmann (2015).

Levin, Michal, *Designing Multi-Device Experiences*: *An Ecosystem Approach to User Experiences across Devices*, O'Reilly Media, Sebastopol, CA (2014).

Lund, A., *User Experience Management*: *Essential Skills for Leading Effective UX Teams*, Morgan Kaufmann

(2011).

MacKenzie, I. Scott, *Human-Computer Interaction*: *An Empirical Research Perspective,* Morgan Kaufmann, San Francisco, CA (2013).

Mariani, Joseph, Rosset, Sophie, Garnier-Rizet, and Devillers, Laurence (Editors), Natural Interaction with Robots, Knowbots and Smartphones: Putting Spoken Dialog Systems into Practice, Springer (2014).

McKay, E., *UI Is Communication*: *How to Design Intuitive, User-centered Interfaces by Focusing on Effective Communication*, Morgan Kaufmann (2013).

Moffett, Jack, *Bridging UX and Web Development*, Morgan Kaufmann (2014).

Monk, Andrew (Editor), *Fundamentals of Human-Computer Interaction*, Morgan Kaufmann/Academic Press (2014).

Nagel, Wolfram, *Multiscreen UX Design*: *Developing for a Multitude of Devices*, Morgan Kaufmann (2015).

Nakano, Y., Conati, C., Bader, T. (Editors), *Eye Gaze in Intelligent User Interfaces*: *Gazebased Analyses, Models, and Applications*, Springer (2013).

Neil, Theresa, *Mobile Design Pattern Gallery*: *UI Patterns for Smartphone Apps*, 2nd Edition, O'Reilly (2014).

Nielsen, Jakob, and Pernice, Kara, *Eyetracking Web Usability,* New Riders, Berkeley, CA (2010).

Nielsen, Jakob, and Budiu, Raluca, *Mobile Usability,* New Riders, Berkeley, CA (2012).

Nielsen, Lene, *Personas*: *User Focused Design,* Springer, London (2013).

Norman, D., *The Design of Everyday Things*: *Revised and Expanded Edition*, Basic Books (2013).

Nudelman, G., *Android Design Patterns*, John Wiley (2013). Available at http://www.androiddesignbook.com.

Olson, J. S., and Kellogg, W. A. (Editors), *Ways of Knowing in HCI*, Springer (2014).

Oviatt, Sharon, and Cohen, Philip, *The Paradigm Shift to Multimodality in Contemporary Computer Interfaces*, Morgan & Claypool (2015).

Parush, Avi, *Conceptual Design for Interactive Systems*: *Designing for Performance and User Experience*, Elsevier/Morgan Kaufmann (2015).

Pratt, A., and Nunes, J., *Interactive Design*: *An Introduction to the Theory and Application of User-Centered Design*, Rockport Publishers (2012).

Preece, J., Rogers, Y., and Sharp, H., *Interaction Design*: *Beyond Human-Computer Interaction*, 4th Edition, Wiley, New York, NY (2015).

Purchase, Helen, *Experimental Human-Computer Interaction*: *A Practical Guide with Visual Examples*, Cambridge University Press (2012).

Quesenbery, Whitney, and Szuc, Daniel, *Global UX*: *Design and Research in a Connected World*, Morgan Kaufmann (2011).

Redish, Janice, *Letting Go of the Words*: *Writing Web Content That Works (Interactive Tech-nologies)*, 2nd Edition, Morgan Kaufmann, San Francisco, CA (2012).

Reiss, E., *Usable Usability*: *Simple Steps for Making Stuff Better*, Wiley (2012).

Ritter, Frank E., Baxter, Gordon D., and Churchill, Elizabeth F., *Foundations for Designing User-Centered Systems*: *What System Designers Need to Know about People*, Springer, London (2014).

Robinson, Simon, Jones, Matt, and Marsden, Gary, *There's Not an App for That*: *Mobile User Experience Design for Life*, Morgan Kaufmann (2015).

Salgado, L. C. C., Leitão, C. F., and de Souza, C. S., *A Journey through Cultures*: *Metaphors for Guiding the Design of Cross-Cultural Interactive Systems*, Springer (2012).

Sauro, J., and Lewis, J., *Quantifying the User Experience*: *Practical Statistics for User Research, Morgan Kaufmann* (2012).

Schlatter, T., and Levinson, D., *Visual Usability*: *Principles and Practices for Designing Digital Applications*,

Morgan Kaufmann (2013).

Sharon, Tomer, *It's Our Research*: *Getting Stakeholder Buy-in for User Experience Research Projects*, Morgan Kaufmann (2012).

Stephanidis, Constantine, *The Universal Access Handbook (Human Factors and Ergonomics)*, CRC Press, Boca Raton, FL (2009).

Tullis, Thomas, and Albert, *William, Measuring the User Experience*: *Collecting, Analyzing, and Presenting Usability Metrics*, 2nd Edition, Morgan Kaufmann (2013).

Weinschenk, S., *100 Things Every Designer Needs to Know about People*, New Riders (2011).

Wigdor, Daniel, and Wixon, Dennis, *Brave NUI World*: *Designing Natural User Interfaces for Touch and Gesture*, Morgan Kaufmann, San Francisco, CA (2011).

Wilson, Chauncey, *Brainstorming and Beyond*: *A User-Centered Design Method*, Elsevier/ Morgan Kaufmann, Burlington (2013).

Wilson, Chauncey, *Interview Techniques for UX Practitioners*: *A User-Centered Design Method*, Elsevier/Morgan Kaufmann, Burlington (2013).

Wilson, Chauncey, *User Interface Inspection Methods*, Elsevier/Morgan Kaufmann, Amsterdam (2014).

Wilson, C. (Editor), *User Experience Re-Mastered*: *Your Guide to Getting the Right Design*, Morgan Kaufmann (2010).

Wilson, Max L., *Search User Interface Design (Synthesis Lectures on Information Concepts, Retrieval, and Services)*, Morgan & Claypool Publishers, San Rafael, CA (2011).

视频

在展示用户界面的动态性、图形和交互属性时，视频是一种十分有效的手段。读者可以在斯坦福大学编号为 CS547 的人机交互研讨会上，找到一段非常精彩的演讲视频，其网址为 http://hci.stanford.edu/ courses/cs547/。

在每年一度的 TED 大会上，许多视频颇具启发性。这些视频的话题广泛，其中包括颇具远见的用户界面主题：http://www.ted.com/index.php/talks/。YouTube（http://www.youtube.com/）也是非常不错的资源，搜索"用户界面"，会找到成百上千个最新的产品展示、研究报告，还有一些非常巧妙又有趣的技术演示。

第2章 通 用 性

社会科学家指出，如果团队和组织中的成员在许多主要方面具有截然不同的表现，如技能、教育水平、工作经历、对问题的见解、文化取向等，则往往比同质团队在创新方面更具潜力。

Beryl Nelson，*Communications of the ACM*, 2014.11

我感受到一种知识在人类社会中广泛转播的强烈欲望，传播到最后甚至会形成社会的两个极端：乞丐和国王。

Thomas Jefferson，*Reply to American Philosophical Society*，1808

2.1 引言

人的能力、背景、动机、个性、文化和工作风格方面的显著差异，对界面设计人员形成了挑战。受过计算机训练、需要使用排列紧凑的屏幕进行快速交互的、年轻女设计师，可能难以为工作方式悠闲、自由且惯用左手的法国男艺术家设计成功的界面。为扩大市场份额、支持所需的政府服务并尽可能让最广泛的用户群体创造性地参与，理解不同用户在身体、智力和个性方面的差异极其重要。作为专业人士，用户会因为我们满足了他们的需求而记住我们。这就是我们的终极目标：满足所有用户的需求（见图 2.1）。

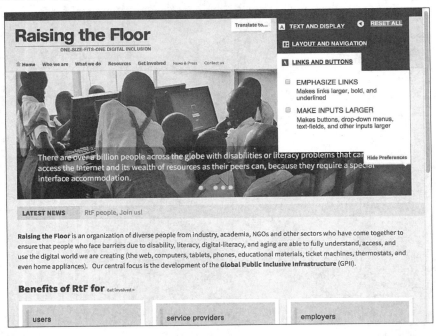

图 2.1　网站 Raising the Floor 包括一些通用的访问功能，比如强调链接的多选框或让按钮更大，提供多种大小的字体、对比度、照片的文字描述、翻译服务等（http://www.raisingthefloor.net）

移动设备的巨大国际消费市场，陡然提高了对普遍可用性设计的压力。虽然怀疑者建议通过弱智化或最小公分母（更通用、更简单的）策略来适应多样性的需要，但我们的经验是，针对不同情况重新思考界面设计，往往会产生适合所有用户的更好产品。为适应某一群体特殊要求的措施，如为轮椅用户在人行道上开辟的小路，往往能给很多其他群体带来益处，诸如推婴儿车的父母、滑板极客、拖着有轮行李箱的旅客和推着小车的快递小哥。考虑到这一点，本章将从身体、认知、感知、个性和文化等方面的差异着手，介绍我们所面临的挑战。本章将考虑残疾用户、老年用户和年轻用户，最后讨论硬件的多样性。第 3 章讲解不同的使用情况（新用户、间歇用户和专家用户）、范围广泛的任务概况，以及多种交互风格等问题。

2.2 个体差异和不同的使用场所

对设计者而言，适应不同人的感知、认知和运动能力都是一种挑战。所幸的是，人类工程学研究者和一些从业者，已从汽车、飞机和手机等设备的设计中积累了大量经验，因此可以将这些经验应用于交互用户界面和移动设备的设计中。

人体尺寸的基本数据来自人体测量学的研究（Preedy, 2012）——人的数百个特征（男性和女性、年轻的和年长的、欧洲的和亚洲的、过轻的和过重的、高的和矮的）都进行过数千次测量，构成了设计中用到的 5%～95% 的数据。对于不同人群来说，头、嘴、鼻、颈、肩、胸、臂、手、指、腿和脚的尺寸已被清晰分类。这些静态测量数据的巨大差异提醒我们，不能存有"平均"用户的印象，必须进行折中或构建多个版本的系统。

手机小键盘设计参数——按键之间的布局、键的大小和距离等（见 10.2 节），应不断发展以适应用户身体能力的差异。那些手特别大或特别小的人，虽然使用标准手机或键盘时可能会有困难，但一种设计应能很好地服务某一类人。另一方面，由于屏幕亮度偏好的差异很大，因此设计人员经常让用户控制这个参数。同样，可以让用户个别调整座椅和靠背的高度及显示角度。当某种设计不能适应大部分人时，多种版本或调整控制就会派上用场。

物理测量静态的人体尺寸是不够的。测量动态动作，如坐时的可触距离、手指按压的速度或抬起的力量，也是必要的。

由于许多工作与感知有关，设计人员需要知晓人类感知能力的范围，特别是与视觉相关的范围（Ware, 2012）。例如，研究人员要考虑人对不同视觉刺激的反应时间，或适应暗光或亮光的时间，要检验人在特定环境中识别物体的能力，或确定移动点的速度或方向的能力。视觉系统对各种颜色的反应不同，此外有些人还是色盲。人的光谱范围和敏感度也各不相同，且外围视觉与中央凹（视网膜的中心部分）感知的图像全然不同。设计人员需要研究闪烁、对比度、光移动敏感度和深度感知，以及眩光和视觉疲劳的影响。最后，设计师还须考虑那些佩戴隐形眼镜、有视觉障碍或失明的用户的需要。

其他的感官也很重要。例如，对键盘和触摸屏输入的触觉，以及对可听见信号、语调和语音输入或输出的听觉（见第 10 章）。痛觉、温敏性、味觉和嗅觉很少用于交互系统的输入/输出，但仍留有应用的想象空间。

这些身体能力会影响到交互系统设计的要素，在工作场所或工作站的设计中也有显著作用。美国《计算机工作站的人因工程学》（*Human Factors Engineering of Computer Workstations*）（HFES, 2007）标准列出了以下需要关注的地方：

- 工作桌面和显示器的高度
- 工作桌面下方为腿留出的空间
- 工作桌面的宽度和纵深
- 座椅和工作桌面的高度与角度的可调整性
- 姿势：座位的高低和角度，靠背的高度和腰部支撑
- 扶手、脚踏板和搁手板的可用性
- 椅轮的使用

为确保较高的工作满意度、良好的工作表现和低出错率，工作场所的设计至关重要。不合适的桌子高度、不舒服的椅子或拥挤的文档放置空间，很大程度上会影响到工作。标准文档还讨论了以下问题：照度（200～500 流明）；眩光隔绝（防眩光涂层、挡板、网孔、定位）；亮度平衡和闪烁；设备反射率；噪声和振动；空气温度、流动和湿度；设备温度。

嘈杂的环境、阴暗的光线或不通风的房间，会严重影响优雅的屏幕设计，进而导致工作效率下降、错误率上升，甚至会使积极的用户感到气馁。诸如在工作区提供轮椅入口和良好照明这样周到的设计，会更多地赢得残疾用户和老年用户的赞许。

另一些物理环境因素包括房间布局和人际交往社会学。教室或办公室中有多个工作区时，不同的布局会对人际交往、协同工作和问题求助产生影响。用户经常互相帮助来快速解决小问题，因此将几个终端放在一起，或让督导员或教师从后面看到所有屏幕，可能会有利。另一方面，程序员、订票员或艺术家则可能更重视其工作场所的安静和私密性。

移动设备在散步或开车时使用得越来越多，而在餐厅或火车车厢等公共场所，照明、噪声、移动和振动是用户体验的一部分。针对这些更为流动的环境设计界面和产品，为设计从业人员和企业家提供了机遇。

2.3　不同的认知和感知能力

对交互系统的设计人员而言，首先要理解用户的认知和感知能力（Radvansky and Ashcraft, 2013）。期刊《人机工程学摘要》（*Ergonomics Abstracts*）将人类认知过程分为以下几类：

- 短期和工作记忆
- 长期和语义记忆
- 问题求解和推理
- 决策和风险评估
- 语言交流和理解
- 搜索、表象和感官记忆
- 学习、技能开发、知识获取和概念获得

其中还列出了一些影响感知和运动性能的因素：

- 警醒度和警惕性
- 疲劳和睡眠不足
- 感知（精神）负担

- 结果和反馈知识
- 单调和乏味
- 感觉剥夺
- 营养和饮食
- 害怕、焦虑、情绪和情感
- 毒品、吸烟和酒精
- 生理周期

虽然本书并不深入讨论这些重要的话题，但它们对用户界面的设计有着深远的影响。上述列表中并未包含"智能"一词，因为该词本身就充满了争议，且智能的测量很困难。

在所有应用软件中，任务域和界面域的背景经验和知识，对学习和性能起着关键作用。任务或计算机技能的积累，有助于预测性能。

2.4 个性差异

有些人愿意使用计算机和移动设备，而另一些人则不太愿意使用计算机。即便是对技术钟情之人，也可能对交互风格、交互速度、图形与表格显示、密集与稀疏数据显示等有着不同的喜好。清晰地理解个性和认知风格，有助于为不同用户群体设计界面。

男性和女性之间存在明显差异，但设计人员目前并未发现与性别有关的界面喜好。虽然大多数电子游戏玩家和设计人员是年轻的男性，但有些游戏（如 The Sims、Candy Crush Saga 和 Farmville）也吸引了大量女性玩家。设计人员会热烈争论有些女士偏爱某些游戏的原因，并经常推测女性不喜欢暴力动作而喜欢安静的配乐。有些人的推测是女性偏爱社交游戏、有个性魅力的人物、较柔和的色彩模式，以及封闭感和完整感。然而，这些非正式的推测能够转换为可测量的标准并得到验证吗？

如果希望退出游戏而进入其他应用程序，有些术语可表达这一想法，如 KILL（停止）一个进程或 ABORT（中止）一个程序。更多地关注用户之间的个体差异，就有可能避免用户界面与用户之间的错位。

遗憾的是，目前为止还没有一种针对用户个性类型的简单分类法。流行但有争议的一种技术是基于 OCEAN 模型（Wiggins, 1996）的"大五测试"（Big Five Test）：经验/智力的开放性（封闭/开放）、责任感（无组织/有组织）、外向性（内向/外向）、宜人性（不愉快/使人愉快）、神经质（冷静/紧张）。此外，还存在数个其他心理量表，包括：冒险/避险；内部/外部的控制点；冷静/冲动的行为；收敛/发散的思维；高/低的焦虑；压力承受；对模糊、动机或强制的承受力、场地依赖性与场地独立性、过分自信与消极的个性；左脑与右脑倾向。设计人员探索家庭、教育、艺术、音乐和娱乐应用软件时，可能会因为更关注个性类型而得到回报。以消费者为导向的研究人员，非常了解跨区域的个性差异，因此在面对深谙科技的年轻人和顾家的父母们这样的不同人群时，能更好地为小众产品调整广告策略。

另一种个性评估方法是研究用户行为。例如，有些用户把成千上万的电子邮件归档到组织有序的文件夹的层次结构中，而其他用户则把它们放在收件箱中，并在需要时使用搜索策略来查找想要的电子邮件，不同的处理方法可能与个性相关，因此设计人员的设计须能满足人们的各种需求。

2.5　文化多样性和国际多样性

另一种个体差异体现在文化、人种、种族或语言等方面（Quesenbery and Szuc, 2011; Marcus and Gould, 2012; Salgado, 2012）。有些用户从小就会学习日文或中文，另一些用户则阅读英文或法文，因此它们浏览屏幕的方式很不相同。喜欢沉思或传统文化的用户，可能会更喜欢稳定显示的界面，并选择其中的单项；好动或喜欢新奇文化的用户，可能会偏爱动画屏幕并在屏幕上多次点击。不同人所喜好的万维网页面内容也不相同。例如，某些大学的主页会突出漂亮的建筑物和教授给学生上课的画面，而另一些大学的主页则会突出学生团队项目和社交生活。不同文化对移动设备的喜好也不相同，因此成功的应用需要迅速变换风格，包括有趣的设计、音乐和一些类似于游戏的特性。

尽管对不同文化背景的计算机用户有了越来越多的了解，但用户体验设计师们依然在努力寻求一种能够跨语言、跨文化的准则（Sun, 2012; Pereira and Baranauskas, 2015）。全球的计算机和移动设备市场正在快速增长，设计人员必须为国际化做好准备。便于定制本地版本用户界面的软件体系结构显示出了竞争优势（Reinecke and Bernstein, 2013）。例如，将所有文本（说明书、帮助、出错消息和标签等）都保存在文件中，则生成其他语言版本时所需要的编程量就会很少。硬件问题包括字符集、键盘和特殊输入设备。国际化用户界面设计应关注如下方面：

- 字符、数字、特殊符号和变音符号
- 从左到右和从右到左，以及垂直输入和阅读
- 日期和时间格式
- 数字和货币格式
- 质量和度量单位
- 电话号码和地址
- 姓名和头衔
- 社保号、身份证号和护照号
- 大写和标点符号
- 排序
- 图标、按钮和颜色
- 多元化、语法和拼写
- 成规、政策、音调、礼节和隐喻

这一清单长到无法全部列出。关于消费者使用的最近研究表明，对信息密度、动画、可爱角色、热衷于及时更新、对社会参与的鼓励和类似游戏的特性来说，性能和偏好都大相径庭。尽管我们对疏忽文化和语言的早期设计人员持宽容态度，但今天激烈的竞争态势表明有效的本地化会形成巨大的优势。为了开发有效的设计，公司应与来自不同国家、不同文化和不同语言群体的用户进行可用性研究。

信息技术在国际化开发中的作用正稳步增加，但为了适应语言并满足技术要求迥异的用户需求，还有大量的工作要做。为推动在全球范围内成功实现信息技术，各国的代表会定期

召开联合国信息社会全球峰会（United Nations World Summit on the Information Society）。他们宣称：

> （我们的）愿望与承诺是建设一个以人为本、具有包容性和面向发展的信息社会。在这个信息社会中，人人可以创造、获取、使用并分享信息和知识，使个人、群体和各国人民均能充分发挥各自的潜力，促进可持续发展并提高生活质量。这一信息社会以《联合国宪章》的宗旨和原则为前提，并完全尊重和维护《世界人权宣言》。

这一计划要求所有应用系统应"人人可获取、价格可承受、适应本地语言和文化的需要，并支持可持续发展"。联合国千年发展目标包括：消灭极端贫穷和饥饿；降低儿童死亡率；与艾滋病、疟疾和其他疾病抗争；确保环境的可持续能力。信息和通信技术可在用于实现这些目标所需的基础设施的开发过程中发挥重要作用（见图 2.2）。

图 2.2　手机设计会面向更多用户（Medhi et al., 2011）。例如，在发展中国家，功能手机往往是访问互联网的唯一方式，其读写性较差，且用户每月的数据流量也很少

2.6　残疾用户

数字内容和服务能以不同格式灵活地呈现时，所有用户都能受益（Horton and Quesenbery, 2014）。然而，从灵活性中受益最多的应是残疾用户，今天他们可以通过种输入/输出设备访问内容和服务。盲人用户可以使用屏幕阅读器（如 JAWS 或苹果公司的 VoiceOver 的语音输出），或使用可以更新的盲文显示器，弱视用户可以放大内容进行浏览。听力存在障碍的用户，可能需要在视频中添加字幕。行动迟缓或有运动障碍的人，可以使用语音识别、眼球跟踪，或使用其他类型的键盘和指向设备（见图 2.3）。现有技术中已整合了越来越多便于使用的特种输入/输出设备，这在苹果公司的产品中尤为明显。其他笔记本电脑、平板电脑和智能手机，也提供附加的屏幕阅读器和放大功能，少部分笔记本电脑甚至内置有眼动跟踪功能。

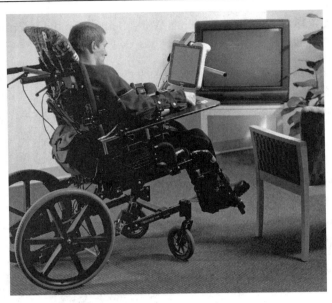

图 2.3　图中的年轻人正使用轮椅上的通信和控制设备来控制普通电视。新的通用遥控标准可把通信设备和其他个人电子设备当作数字电子设备的可选界面（http://trace.wisc.edu）

人们一直致力于研究有认知障碍和运动障碍的用户如何与技术互动（如上所述），且目前对智力和认知障碍的研究已越来越多（Blanck, 2014; Chourasia et al., 2014）。在某些情况下，对于存在智力障碍的人，需要转换内容；在另一些情况下，则不需要改进技术或提供辅助。提高访问性的设计对每个人都有好处。存在听力障碍的用户观看视频时需要添加字幕，添加了字幕的视频同样适用于体育馆、酒吧和机场等嘈杂场所。许多访问特性能在移动设备的小屏幕上灵活显示，或用音频输出来代替视频输出，进而有助于以多种格式来展示内容。随着用户越来越多地经历"情境障碍"，他们可能无法观看屏幕（例如在开车时），或无法将音量放大（如乘飞机时）。因此，可访问特性可以帮助这类用户。

为残疾用户设计的界面，通常需要遵循一组访问性设计指南。无障碍网页倡议（Web Accessibility Initiative，WAI）是万维网联盟（World Wide Web Consortium，W3C）支持的一个项目，它制定了可访问性的国际标准。最知名的标准是"网站内容无障碍指南"（Web Content Accessibility Guidelines，WCAG），其当前版本为 WCAG 2.0（2008 年发布，见 http://www.w3.org/TR/WCAG20/）。还有一些其他的指南，如针对开发者的"编写工具可访问性指南"（Authoring Tool Accessibility Guidelines，ATAG）和针对浏览器的"用户代理无障碍指南"（User Agent Accessibility Guidelines，UAAG）。还有一些专门针对电子书的指南，如 EPUB3。全球范围内，由于 WCAG 2.0 是接受度最广、理解最深、文档最多的可访问性指南，因此人们为其制定了一套参考指南，称为"WCAG 2.0 非网络信息和通信技术应用指南"（Non-Web Information and Communications Technologies，WCAG2ICT），以便将 WCAG 概念应用于非网络技术（Cunningham, 2012）。

数字可访问性并不是新概念。WCAG 的首个版本于 1999 年发布，其视频上的字幕已有 30 多年的历史。可访问特性在技术上的实现也不难。例如，WCAG 有如下要求：所有图形都包含描述该图形的 ALT 文字，网页中不能包含可能引发癫痫的闪烁，表格上要用适当的标签

进行标注（如名、姓、住址等，而不能用 FIELD1、FIELD2、FIELD3 代替），以便识别。WCAG
的另一个要求为：即使不能通过键盘访问来使用指向设备，页面上的所有内容也应可以访问。
仅通过良好的编码，就可创建可访问的数字内容，并且信息的可视化呈现不会有任何改变。

类似的概念也适用于创建字处理文档、演示文稿和 PDF 文件——适当的标签和描述可确
保对文档和演示文稿的访问。以多种方法完成一项任务，可使得多元化的用户人群能够成功
地完成任务。即使能正确地应用像 WCAG 2 这样的指南，通过多种方式来评估其优劣仍是明
智的选择，比如对残疾用户的可用性测试、专家意见、自动访问测试等方法。

网站内容无障碍指南（WCAG）已成为全球各地许多法律和法规的基础。美国康复法案
第 508 条要求，联邦政府在开发、采购、维护或使用电子和信息技术时，残疾雇员也须能使
用。该法案适用于所采购的硬件和软件技术，并要确保网站可以访问（Lazar and Hochheiser,
2013; Lazar et al., 2015）。

联邦法院和美国司法部的解释指出，美国残疾人法案要求州政府和地方政府的网站，以
及“公共场所”的私营企业和组织（商店、博物馆、酒店、录像带出租店等）的网站，也须
具有可访问性。美国司法部还强调了大学网站和教材的可访问性。对 Target、Netflix、哈佛大
学和麻省理工学院的诉讼，大大提高了可访问性的重要性和期望值。

欧盟决议第 376 条（http://www.mandate376.eu/）也要求采购和开发由欧盟各国政府倡导
的可访问技术，这与美国康复法案的第 508 条款相呼应。第 376 条要求采用 WCAG 2.0 标
准，以便开发人员能遵守美国和欧盟的法律要求。许多欧洲国家（如英国、意大利、德国）
和其他国家（包括澳大利亚和加拿大）在欧盟决议的第 376 条出台之前，也有信息技术的
可访问性需求。根据报告的要求，覆盖范围（政府部门或公共场所）和对违约行为的处罚，
因国家而异。

《联合国残疾人权利公约》（http://www.un.org/disabilities/convention/conventionfull.shtml,
CRPD），是一份国际人权协议，它也强调了可访问性技术。CRPD 第 9 条呼吁各国“促进残
疾人有机会使用新的信息和通信技术与系统，包括互联网”。第 21 条鼓励各国“将面向大众
的信息，以适合各类残障人士可访问的格式和技术，提供给残疾人。”

可访问性是现代信息系统的核心功能，因此最初就应整合到开发中。遵循编码标准和
WCAG 2.0 指南的程序员，在开发中投入的成本最低，但可为所有用户提供有价值的服务。相
反，对可访问性进行再次改造的人，则会发现需要付出更大的努力（Wentz et al., 2011）。

人们要想在经济上取得成功，越来越依赖于机会均等地访问数字内容和服务。今天，很
多大学课程已上网，招聘信息也已上网，求职申请必须在网上提交。访问公司的网站与直接
打电话相比，往往更能成功。残疾人能平等地访问数字内容和服务时，就有机会获得全方位
的机遇。有利的一面是，计算机科学家、软件工程师、开发者、设计师和用户体验的专业人
士，都有机会通过良好的设计、适当的编码标准及适当的测试和评估，确保均等的访问。

2.7　老年用户

“年长”能给人带来许多快乐和体验经验所带来的益处，但“变老”在身体、认知和社
交方面也会产生负面效果。理解“变老”的人性因素，能够帮助设计人员创造出便于老年用
户访问的用户界面（见图 2.4），增大他们的工作机会和使用电子邮件及其他计算机工具的机

会，以及他们对教育、娱乐、人际交往和挑战的满足感（Newell, 2011; Czaja and Lee, 2012）。老年人是健康团体的积极参与者，而健康团体会增加老年人的接触机会。

图 2.4　这套 HomeAssist 系统安装在法国波尔多的居民家中，它是一个面向老年人的辅助生活平台。平板电脑不但具有警报（如前门打开时）和提醒功能，还能显示幻灯片（http://phoenix.inria.fr/research-projects/homeassist）

美国国家研究理事会的报告《老龄人口需求的人性因素研究》将老龄化描述如下：

> 老年人在生理和心理功能方面出现了不同程度的变化……随着年龄的增长，视觉和听觉的平均敏感度明显下降，同时下降的还有反应的平均强度和速度……（人的体验）丧失了至少几种记忆功能，感觉的灵活性下降，对"刺激编码"的速度变慢，很难获得复杂的思维技巧……随着年龄的增长，视觉功能，包括对静态物体的分辨力、对黑暗的适应能力、调节能力、对比度的敏感性和外围视力，平均水平都有所下降（Czaja, 1990）。

虽然上述事实有令人沮丧的一面（老年人尤其可能出现多种障碍），但很多老年人受到的影响很轻微，即使 90 多岁时还能积极地参与社会事务。

更多的好消息是，界面设计人员为适应老年人用户可做很多事情（Chisnell et al., 2006）。通过改进用户体验，老年人可获得计算机和网络通信的诸多益处，进而带来许多社会优越性。年轻人的生活会由于与祖父母或曾祖父母互通邮件而变得丰富；商务活动可能因与有经验的老年人进行电子咨询而受益；政府机构、大学、医疗中心或律师事务所可从与知识丰富老者的沟通中推进目标。我们应如何从老年人在文学、艺术、音乐、科学或哲学方面的创造性工作中受益呢？

随着世界人口的老龄化，很多领域的设计人员正在调整他们的工作来为老年人服务，从而使所有的用户都受益。"婴儿潮"一代已开始推动使用更大的街道名牌、更亮的交通灯、更好的夜间照明，以确保司机和行人的安全。同样，通过为用户提供对字体大小、显示对比度和音量大小的控制，桌面、网络应用和移动设备能够为所有用户提供改进。为提升针对老年人甚至所有用户访问而设计的界面，提供了更易于操作的指向设备、更清晰的导航路径和一致的布局（Hart et al., 2008; Czaja and Lee, 2012）。

设计过程中若考虑老年人和残疾用户的需求，则通常会产生新颖的设计（Newell, 2011），如圆珠笔（面向不够灵巧的人）、盒式磁带录音机（用于盲人用户收听有声读物）、自动完成软件（减少敲击按键）。文字输入界面提倡"文字补全"或"网址补全"设计，目的是减少老年人和残疾用户（或所有移动设备、网站浏览器的用户）的数据输入，并且今天已成为一项默认的功能。在非正常环境下提供这些便利功能十分重要。例如，旅行时，受伤时，紧张时，或要求迅速正确地完成任务而压力很大时。这些便利功能也引发了一些新问题，如认知负荷、感知困难或需要电机控制时。同样，虽然字幕（隐藏式字幕）和用户控制的字体大小是为存在听觉和视觉障碍的用户设计的，但现在很多用户都能从中受益。

研究人员和设计人员正积极为老年人改进界面（Czaja and Lee, 2012）。在美国，AARP 的 Older Wiser Wired 倡议为老年人提供教育，为设计人员提供指南。在欧盟，也展开了许多针对老年人的计划和研究。

诸如旧金山 SeniorNet 这样的联网项目，正在为超过 50 岁的中老年人提供对计算技术和互联网服务的访问与教育，以便"提高他们的生活质量，并使他们能够共享知识和智慧"（http://www.seniornet.org）。任天堂 Wii 的意外成功表明，计算机游戏对老年人是有吸引力的，因为它们促进了人际交往，提供了感觉运动技能的锻炼，如手眼协调、增强灵敏性和缩短反应时间。此外，对任何人来说，面对挑战并获得成就感和优越感，有助于提高自信心。

我们曾将计算技术引入两所老年公寓。在这两次经历中，遇到过居民害怕计算机并坚称他们没有能力使用计算机的情况。有过几次正面体验后，这些害怕迅速消失。那些尝试使用过电子邮件、照片共享和教育游戏的老年人，对自己的表现非常满意，并渴望学习更多的东西。重获的热情激励他们去尝试使用银行自动柜员机和超市的触摸屏计算机。同时，出现了一些为满足老年用户（和其他潜在用户）的需求而重新设计的建议。例如，与鼠标相比，高精度触摸屏具有很大的吸引力（见第 10 章）。

总之，要让计算技术对老年人更有吸引力，且更容易使用，只有这样，老年人才能更好地利用技术，进而让其他人也在参与的过程中不断受益，使技术对每个人来说变得越来越简单。有关这一主题的更多信息，可访问美国人因工程学会的网站 http://www.hfes.org，学会下设一个老龄化技术小组（Aging Technical Group），其职责是发布行业信息和培训。

2.8　儿童

另一个活跃的用户群体是儿童。儿童在使用应用的过程中，注重娱乐性和教育性（Hourcade, 2015）。即便是学龄前儿童，也可以使用计算机控制的玩具、音乐生成器和艺术工具。随着儿童的成熟，学会朗读和一些键盘技巧时，就能够使用更广的桌面应用、Web 服务和移动设备（Foss and Druin, 2014）。当儿童成为青少年时，就有可能成为经常帮助父母或其他成年人的熟练用户。这一理想的成长轨迹需要有两个保障条件：首先，要能够容易地接触到技术；其次，要有父母或同伴提供帮助。然而，许多孩子往往缺少经济基础或支持性的学习环境，因而需要付出很多努力才能接触科技。他们在使用技术时经常遭受挫折，并受到隐私、疏远、色情、无益的同伴和不怀好意的陌生人的各种危害。

儿童软件设计人员通常具有崇高的志向，包括促进教育、鼓励同龄人交往和通过掌握技能来提升自信心（见图 2.5）。教育游戏的拥护者把提升内在动机和有建设性的活动作为目标，但反对者经常抱怨那些反社会和暴力游戏会产生有害效果。

青少年有许多使用新技术的机会。他们通常会首先尝试新模式的沟通，如手机上的文字短消息，同时创造令设计者都吃惊的文化或时尚（如玩模拟和幻想类游戏）。

为儿童设计软件的原则，印证了年轻人对于交互性参与的热切需要，交互性参与使用恰当的反馈让年轻人自己掌握控制权，并通过与更多伙伴建立社会交往来为年轻人提供支持（Bruckman et al., 2012; Fails et al., 2014）。设计人员还必须在儿童对挑战的渴望与父母对安全的要求之间折中。

对孩子来说，挫折或恐怖并不是什么大问题，但必须明确地确认他们了解如何清屏、如何重做，并在没有严厉惩罚的条件下再行尝试。他们无法忍受傲慢的评论或自以为是的幽默，但对熟悉的人物、探索性的环境和可重复性情有独钟。小一些的孩子有时会在成年人都觉得累的情况下，反复地玩某个游戏、阅读某个故事或演奏一段音乐。虽然太多的"屏幕时间"会干扰儿童的发育，但是精心设计的应用程序可帮助他们改善体格、人际关系和情感问题（Börjesson et al., 2015）。

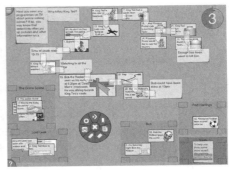

图 2.5　两名小学生正在平板电脑上使用 Digital Mysteries 应用一起阅读信息清单，对其分组，并回答"谁杀死了国王特德"这样的问题，弹出的饼状菜单允许选择工具。如果有更多参与者，还可以使用桌面版本（http://www.reflectivethinking.com）

有些设计人员会观察儿童并与儿童共同测试软件。让儿童成为技术设计伙伴这一创新方法，可让儿童参加到长期的协同调查过程中。在这一过程中，儿童和成年人会一起设计新奇的产品和服务。国际儿童数字图书馆就是这样的一个成功产品，它在开发时就将儿童当作设计伙伴。该图书馆提供 50 多种语言的 4500 多本优秀儿童图书，使用了包含 19 种语言的界面，且同时支持低速和高速网络。

用户对象为年幼儿童时，则需要注意到他们的局限性。他们正在发展的灵敏性意味着不能总是使用鼠标拖动、双击小目标；他们的早期读写能力会使得书面说明书和出错消息无效；他们的较低抽象思维能力意味着除非成年人参与进来，否则不能使用复杂的序列。其他需要关注的是，他们的注意力不集中，且并行做事的能力有限。儿童软件设计人员，有责任注意环境中存在的危险，特别是基于 Web 应用的环境中。遗憾的是，父母必须在这些环境中加强对暴力、种族主义或色情资料的控制。另外，还需要提供相关的信息，教育儿童注意隐私问题及来自陌生人的威胁。

艺术、音乐和写作方面的创造力，以及科学和数学领域教育活动的价值，仍是从事儿童软件开发人员的重要推动力。通过这些软件制作高质量的图像、照片、歌曲或诗歌，然后与朋友和家人共享，可加快儿童自身和社交的发展。提供对图书馆、博物馆、政府机构、学校和商业资源的访问机会，可丰富儿童的学习经历，并奠定他们构建自己的万维网资源、协同工作并为社区服务做出贡献的基础。

Scratch 工程（https://scratch.mit.edu/）为较大的孩子提供编程和仿真工具，以便他们能够面对复杂的认知挑战，并创建出优秀的产品供其他人使用。越来越多的机会鼓励人们努力为全球各地的儿童提供更低廉的计算机（如"每名儿童一台笔记本电脑"，http://one.laptop.org/）。支持者表现出了对采用这一技术的热情，并开始到处宣讲那些个人的成功故事。然而，批评者们则认为应摆脱以技术为中心这一目标，而更注重丰富的内容和社会参与，针对家长提供指南资料，并进行有效的教师培训。

2.9　适应软硬件的多样性

除了要适应不同类别的用户和技能水平外，设计人员还要支持广泛的软硬件平台。技术的快速进步，意味着较新的系统可能具有大得多的存储容量、更快的处理器和更大的网络带宽。然而，设计人员仍需要适配较旧的设备并使用较新的移动设备，这些移动设备可能只有低带宽连接和小屏幕（见图 2.2）。

适应不同硬件的挑战，与确保可以访问多个版本软件的需求交织在一起。新的操作系统、万维网浏览器、电子邮件客户端和各种应用程序，应在用户界面设计和文件结构方面提供向后兼容性。怀疑论者会说这种需求会减慢创新，但事先通过精心计划来支持灵活界面和自定义文件的设计人员，会得到更大的市场份额。

未来 10 年中我们面临的三个主要技术挑战如下：

● 在高速（宽带）和低速（拨号和某些无线）连接上，均能产生令人满意且有效的互联网交互。在减少图像、音乐、动画甚至视频文件大小的压缩算法领域，人们已经取得了一些技术突破，但仍需改进。需要一些新的技术才能实现预先下载或按计划下载功能。每次请求的资料下载数量都由用户控制，这被证明是有益的。例如，允许用户指定大图像应被缩减到较小尺寸，用较少的色彩发送图像，将图像转换成线条图，仅用文本描述替代或在互联网收费较低的晚上来下载。

● 自适应设计能让人们通过大型显示器（大于等于 3200×2400 像素）和小型移动设备（小于等于 1024×768 像素）访问 Web 服务。为适应不同显示器尺寸而重新编写每个网页，可能会产生最好的质量，但对大多数万维网提供者而言，这种方法可能成本高昂且过于耗费时间。和级联样式表（Cascading Style Sheets，CSS）一样，软件工具允许设计者定制内容，定制后的内容能够根据显示器的尺寸而自动调整。

● 易维护或支持对多种语言的自动转换。商业经营者认识到，如果能够提供跨语种和跨国访问，就能进一步开拓市场。也就是说，需要分离文本，以便能更为容易地进行替换，选择适当的隐喻和色彩，满足不同文化的要求（见 2.5 节）。

从业人员的总结

好消息是，设计师仔细思考不同用户的需求时，很可能会想到台式机、笔记本电脑、网络和移动设备的设计。成功的常用方法是参与，即让设计师与其预期用户频繁接触。有些情况下，改进的工具和设计意味着某种设计可以非常灵活，进而自动呈现在文本中（大量不同的字号、颜色和对比度）、演讲中（男性或女性的风格及不同的音量和语速）和各种不同尺寸的显示器上。在不同文化、人格、残疾、年龄、输入设备和偏好之间调整，可能需要更多的设计工作，但回报是拥有更大的市场和更多满意的用户。在成本方面，存在适当软件工具的情况下，电子商务供应商发现，在设计方面多做一些工作能将市场份额提升 20%。尽管这样做需要加倍努力，但为不同的用户进行设计是有利可图的，有时甚至会实现重大突破。

研究人员的议程

虽然市场需求驱动了变革，但相关的法律和政策干预也会加速变革进程，因此要确保所有用户都能使用桌面计算机、笔记本电脑、网络和移动设备的用户界面。目前，全球范围内的研究社区不断扩大，尤其是 ACM 的无障碍计算特别兴趣小组（Special Interest Group on Accessible Computing，SIGACCESS），它经常举办国际会议、出版刊物并鼓励进一步研究。

多样性研究通常能为所有用户带来创新。例如，电机驱动控制不尽如人意时，输入设备就能派上用场，同时也有助于小汽车、公交车、火车或飞机上的乘客。对于不同的语言和文化，改进的自动辅助转换功能可提高设计师的生产力，适应价格、尺寸和颜色等因素带来的变化。针对具有新特征（如表情、动画、个性化、游戏化、音乐伴奏）的不同用户群体的可访问性，还要进行文化多样性方面的研究。

万维网资源

一些主流供应商提供了提高访问性的不同工具：

- Apple: https://www.apple.com/accessibility/
- Microsoft: http://www.microsoft.com/enable/
- Google: https://www.google.com/accessibility/

此外，许多以客户为中心的政府组织也在贡献着一己之力：

- AARP: http://www.aarp.org/home-family/personal-technology/
- Older Adults Technology Services: http://oats.org/
- U.S.Section 508: http://www.section508.gov/
- Resource list from Trace Center: http://trace.wisc.edu/resources/

参考文献

Blanck, P., *eQuality: The Struggle for Web Accessibility by Persons with Cognitive Disabilities*, Cambridge University Press（2014）.

Börjesson, P., Barendregt, W., Eriksson, E., and Torgersson, O., Designing technology for and with developmentally diverse children: A systematic literature review, *Proceedings of ACM SIGCHI Interaction Design and Children Conference,* ACM Press, New York (2015), 79–88.

Bruckman, Amy, Bandlow, Alisa, Dimond, Jill, and Forte, Andrea, Human-computer interaction for kids, in Jacko, Julie (Editor), *The Human-Computer Interaction Handbook,* 3rd Edition, CRC Press (2012), 841–862.

Center for Information Technology Accommodation, Section 508: The road to accessibility, General Services Administration, Washington, DC (2015).Available at http://www.section508.gov/.

Chisnell, Dana E., Redish, Janice C., and Lee, Amy, New heuristics for understanding older adults as web users, *Technical Communications 53*, 1 (February 2006), 39–59.

Chourasia, A., Nordstrom, D., and Vanderheiden, G., State of the science on the cloud, accessibility, and the future, *Universal Access in the Information Society 13*, 4 (2014), 483 – 495.

Cunningham, Katie, *Accessibility Handbook,* O'Reilly Publishing (2012).

Czaja, S. J. (Editor), *Human Factors Research Needs for an Aging Population*, National Academy Press, Washington, DC (1990).

Czaja, S.J., and Lee, C.C., Older adults and information technology: Opportunities and challenges, in Jacko, Julie (Editor), *The Human-Computer Interaction Handbook,* 3rd Edition, CRC Press (2012), 825–840.

Fails, J.A., Guha, M.L., and Druin, A., Methods and techniques for involving children in the design of new technology, *Foundations and Trends in Human-Computer Interaction 6*, 2, Now Publishers Inc., Hanover (2014), 85–166.

Foss, E., and Druin, A., *Children's Internet Search: Using Roles to Understand Youth Search Behavior*, Morgan & Claypool Publishers (2014).

Hart, T.A., Chaparro, B.S., and Halcomb, C.G., Evaluating websites for older adults: adherence to "senior-friendly" guidelines and end-user performance, *Behavior & Information Technology 27*, 3 (May 2008), 191–199.

Horton, Sarah, and Quesenbery, Whitney, *A Web for Everyone: Designing Accessible User Experiences,* Rosenfeld Media (2014).

Hourcade, J.P., *Child-Computer Interaction,* CreateSpace Independent Publishing (2015).Available at http://homepage.divms.uiowa.edu/~hourcade/book/index.php.

Human Factors & Ergonomics Society, *ANSI/HFES 100–2007 Human Factors Engineering of Computer Workstations*, Santa Monica, CA (2007).

Lazar, Jonathan, Goldstein, Daniel F., and Taylor, Anne, *Ensuring Digital Accessibility through Process and Policy*, Morgan Kaufmann (2015).

Lazar, J., and Hochheiser, H., Legal aspects of interface accessibility in the U.S., *Communications of the ACM 56*, 12 (2013), 74–80.

Marcus, Aaron, and Gould, Emile W., Globalization, localization and cross-cultural user-interface design, in Jacko, Julie (Editor), *The Human-Computer Interaction Handbook,* 3rd Edition, CRC Press (2012), 341–366.

Medhi, I., Patnaik, S., Brunskill, E., Gautama, N., Thies, W., and Toyama, K., Designing mobile interfaces for novice and low-literacy users, *ACM Transactions on ComputerHuman Interaction 18*, 1 (2011), Article 2, 28 pages.

Newell, Alan, *Design and the Digital Divide: Insights from 40 Years in Computer Support for Older and Disabled People*, Synthesis Lectures on Assistive, Rehabilitative, and HealthPreserving Technologies (Ron Baecker, Editor), Morgan & Claypool Publishers (2011).

Pereira, Roberto, and Baranauskas, Maria C.C., A value-oriented and culturally informed approach to the design of interactive systems, *International Journal of HumanComputer Systems 80* (2015), 66–82.

Preedy, V. R. (Editor), *Handbook of Anthropometry: Handbook of Human Physical Form in Health and Disease*, Springer Publishers (2012).

Quesenbery, Whitney, and Szuc, Daniel, *Global UX: Design and Research in a Connected World*, Morgan Kaufmann (2011).

Radvansky, Gabriel A., and Ashcraft, Mark H., *Cognition,* 6th Edition, Pearson (2013).

Reinecke, Katharina, and Bernstein, Abraham, Knowing what a user likes: A design science approach to interfaces that automatically adapt to culture, *MIS Quarterly 37*, 2 (2013), 427–453.

Salgado, L.C.C., Leitão, C.F., and de Souza, C.S., *A Journey through Cultures: Metaphors for Guiding the Design of Cross-Cultural Interactive Systems*, Springer (2012).

Sun, Huatong, *Cross-Cultural Technology Design*, Oxford University Press (2012).

Ware, Colin, *Information Visualization: Perception for Design, 3rd Edition, Morgan Kaufmann Publ.*, San Francisco, CA (2012).

Wentz, B., Jaeger, P., and Lazar, J., Retrofitting accessibility: The inequality of after-the-fact access for persons with disabilities in the United States, *First Monday 16*, 11 (2011).

Wiggins, J.S., *The Five-Factor Model of Personality: Theoretical Perspectives*, Guilford Press (1996).

第 3 章 指南、原则与理论

> 我们所需的原则，不是秘密且古板的，而是经过实践检验、来源于生活的。
>
> Horace Mann，*Thoughts*，1867
>
> 没有哪种理论可以说是准确无误的。最多只能声称某种理论通过了所有其他理论能通过的实验，并至少通过了其他理论无法通过的另一个实验。
>
> A. J. Ayer，*Philosophy in the Twentieth Century*，1982

3.1 引言

用户界面设计人员已经积累了丰富的经验，研究人员也已创立了越来越多的实验证据和理论。这些经验、证据和理论分为如下几类：

1. 指南。关注低层次良好实践和危险防范的一些意见。
2. 原则。中级策略和规则，用于分析和比较设计备选方案。
3. 理论。广泛适用的高级框架，在设计和评估过程中需要借鉴，同时需要支持交流与教学。理论也可预测，比如那些按人统计点击次数或社区事务的参与率。

当前的很多系统中通过采用现有的指南来清理杂乱的屏幕显示、不一致的布局和不必要的文本，因此设计人员有很多机会来改进用户界面。这些颇具影响的压力和挫折来源，还能导致表现不佳、小纰漏或严重错误，这些因素都导致了工作满意度降低和消费需求的下降。

近年来，针对上述问题提供预防性方法和措施的指南、原则与理论（Grudin, 2012）日趋成熟。预测点击和输入次数的可靠方法（见第 10 章）、更好的社会劝导原则（见第 11 章）和有用的认知或感知理论（见第 13 章），现已成为研究项目并开始指导设计。国际标准或国家标准越来越有影响力，因此我们应使这些标准获得普遍认可并对其进行精确定义，进而使之具有可执行力（Carroll, 2014）。

本章首先给出一些指南范例，如导航、显示布局安排、吸引用户注意力和方便数据输入（见 3.2 节）。然后，3.3 节将给出一些基本的界面设计原则，如处理用户技能水平、任务配置和交互风格等。该节还将给出界面设计的 8 条黄金法则，探索如何防止用户犯错。最后讨论如何在增大自动化程度的同时确保人对其的控制。3.4 节将回顾界面设计中的几种微观人机交互（micro-HCI）和宏观人机交互（macro-HCI）理论。

3.2 指南

从早期的计算时代开始，界面设计人员就已开始编写指南来记录他们的想法，并试图指导未来设计人员的工作。苹果公司和微软公司的早期指南，影响了无数桌面界面设计人员，且很多万维网和移动设备的指南文档都遵从这些文档（见图 3.1）（见第 1 章最后的列表）。指南文档使用一种共同的语言为大家提供帮助，并且能在术语使用、外观和动作序列方面提升多名协同工作的设计人员的一致性。通过合适的例子和反例，指南记录可从实际经验或实证中得出最佳做法。指南文档的创建，吸引了设计社区的激烈讨论，具体涉及输入/输出格式、动作序列、术语和硬件设备等问题（Lynch and Horton, 2008; Hartson and Pyla, 2012; Johnson, 2014）。

批评家抱怨指南太不精确、完整且难以应用，有时甚至是错误的。支持者们则辩解道：依据设计主管的经验来进行构建，有利于稳步地进行改进。这两个群体均认识到了激烈的讨论在增强意识方面的价值。

图 3.1　苹果公司设计 iWatch 菜单的指南

接下来的四节将给出指南的实例，4.3 节讨论如何将其结合到设计过程中。这些实例介绍了一些关键的主题，而这些主题仅是从成千上万个指南中选择的范例。

3.2.1　界面导航

对很多用户而言，导航可能很困难，因此提供清晰的规则会有帮助。这里给出的指南范例，尽管来自美国政府机构努力提升信息丰富的网页设计的过程（美国国家癌症研究院，NCI, 2006），但它们应用广泛。大多数是肯定陈述（如"减少用户工作量"），但有些则是否定陈述（如"不要显示未经请求的窗口或图形"）。NCI 的 388 个指南列出了令人信服的例子，以及令人深刻印象的研究支持，其中包含了设计过程、通用原则和具体规则。下面的指南范例给出了一些有用的建议，以及适合它们的风格：

● 将任务序列标准化。允许用户在相似的条件下以相同的顺序和方式执行任务。
● 确保链接是描述性的。使用链接时，链接文字应准确描述链接目标地址。
● 使用一致的描述性标题。使用彼此区分的标题，并使其与所描述的内容相关。
● 对互斥选择使用单选钮。需要从互斥选项列表中选择答案时，应提供单选钮。
● 开发适合于打印的页面。如果需要打印页面，应将其宽度设置成适合于打印。

- 使用缩略图预览较大的图像。对于全尺寸图像，应首先提供缩略图。

美国康复法案中包含了促进残疾用户访问性的指南。第 508 条是关于网页设计的指南，由 Access Board（http://www.access-board.gov/508.htm）发布，它是一个致力于残疾人可访问性的独立美国政府机构。W3C 改编了这些指南（http://www.w3.org/TR/WCAG20），将它们划分为三个优先级，并提供了自动检查工具。其中的几个可访问性指南如下：

- 替代文本。为所有非文本内容提供替代文本，以便转换成人们需要的其他形式，诸如大字印刷、盲文、语音、符号或较简单的语言。
- 基于时间的媒体。为基于时间的媒体（如电影或动画）提供备选项。将等价的备选项（如标题或视觉跟踪的听觉描述）与演示同步。
- 可辨识。使用户更易看到和听到内容，包括将前景与背景分离。不能把色彩作为传达信息、指示动作、提示响应或辨识可视元素的唯一可视手段。
- 可预测。使网页以可预测的方式出现和运行。

这些指南的目标是让残疾用户能够通过使用屏幕阅读器或其他专门的技术，来访问页面内容。

3.2.2　组织显示

显示设计在很多特殊案例中都是一个大话题。一个影响力较大的早期指南文档（Smith and Mosier, 1986）提出了数据显示的 5 个高级目标：

1. 数据显示的一致性。设计过程中，应使用术语数据字典对术语、缩写、格式、颜色、大写规则等进行标准化和控制。
2. 用户对信息的有效获取。格式应是操作者熟悉的，并应与需要使用这些数据来执行的任务相关。这一目标通过以下规则实现：数据列要保持整齐，字母数字数据左对齐，整数右对齐，小数点排成列，间隔适当，使用易于理解的标签、适当的度量单位和十进制数。
3. 用户记忆负担最小化。不应要求用户记住在一个屏幕上使用来自另一个屏幕上的信息。任务应按只需很少动作就能完成的方式来安排，以便使得忘记执行某个步骤的机会降至最低。应给新用户或间歇用户提供标签和通用格式。
4. 数据显示与数据输入的兼容性。显示信息的格式，应与数据输入格式清晰地关联起来。在可能且适当之处，输出域也应充当可编辑的输入域。
5. 用户控制数据显示的灵活性。用户应能从最方便当前任务的显示中获取信息。例如，用户应能轻易地改变行和列的顺序。

这些高级目标仅为基础，每个项目都需要把这些目标扩展为特定于应用的与硬件相关的标准和做法。

3.2.3　引起用户注意

为使用户正常工作，可能要给他们提供大量信息，因此异常状态或与时间有关的信息，必须要以引起注意的方式来显示（Wickens et al., 2012）。下面这些指南详细描述了可引起用户注意的几种技术：

- 亮度。仅使用两级，有限地使用高亮度来吸引注意。
- 标记。在项下面加下画线、封装在框图中、通过箭头指向或使用指示符，诸如星号、项目符号、破折号、加号或叉号。
- 尺寸。最多使用 4 种尺寸，用较大的尺寸吸引更多的注意。
- 字体选择。最多使用 3 种字体。
- 闪烁。在有限的域中谨慎使用闪烁显示（2～4Hz）或闪烁的颜色变化，因为闪烁会令人分心并可能引发癫痫。
- 颜色。最多使用 4 种标准色，保留其他颜色以便偶尔使用。
- 音频。使用柔和的音调表示正常的正反馈，使用刺耳的音调表示少见的紧急情况。

必要时，需要提供几句警示。过度使用这些技术的情况是存在的，并且很危险。有些万维网设计人员使用闪烁广告或动画图标来吸引用户的注意力，而用户几乎普遍不认同这种做法。动画提供有意义的信息（如用作进度提示或显示文件移动）时，才会得到普遍认同。

新用户需要简单的、按逻辑组织的、标注清楚的显示来指导他们的动作。而专家用户偏爱有限的域标签，以便更容易地提取数据；对变化值进行高亮显示或利用定位表示就已足够。显示格式须与用户共同测试，以便增强理解。

同样，所有突出显示项将被用户理解为是相关的。颜色编码在将相关项关联起来方面的功能特别强大，但这种用法会使得人们在聚焦跨颜色编码项目时更为困难（见 12.5 节）。用户更喜欢自己来控制突出显示，例如允许手机用户为亲友联系人选择颜色，或为重要的会议选择颜色。

键盘击键声或手机铃声这样的音调，能够提供有关进度的反馈信息。紧急情况下的警报声确实会迅速向用户报警，但必须提供禁止警报的机制。如果要使用几种类型的警报，就须对它们进行测试，以确保用户能从中分辨出警报的等级。预先录音或合成的语音消息是另一种有用的选择，但它们可能会干扰操作者之间的交流，因此应谨慎使用（见 9.3 节）。

3.2.4 便于数据输入

数据输入任务会占用大量用户时间，也是造成挫折和潜在危险之源。Smith and Mosier（1986）提出了 5 个高级目标作为数据输入指南的一部分：

1. 保证数据输入业务的一致性。类似的动作序列能够加快学习进度。
2. 将用户输入动作最小化。较少的输入动作意味着较高的操作者生产率和较少的错误率。采用单击鼠标或手指触压来选择，比输入冗长的字符串来做出选择更受欢迎。在选项列表中进行选择，用户就不需要记忆，也不需要决策任务的结构，还消除了输入错误的可能性。该指南的第二个方面是应避免冗余数据的输入。在两个位置输入相同的信息，对用户来说是一场噩梦，比如账单和送货地址相同时，若需要输入两次就很恼人。重复输入既浪费时间，又会是产生错误的温床。
3. 将用户记忆负担最小化。用户进行数据输入时，不应要求他们记住冗长的代码清单。
4. 保证数据输入与数据显示的兼容性。数据输入信息的格式，应与显示信息的格式紧密相连，如在电话号码中使用破折号。

5．保持用户控制数据输入的灵活性。有经验的用户可能更喜欢按照他们可控的顺序输入信息，例如购买衣服时，是先选颜色还是先选尺寸。

对于设计人员而言，指南文档是获取经验的绝佳起点（见图 3.2）。然而，文档的形成需要时间，进而才能促进教育、实施并不断增强（见 4.3 节）。

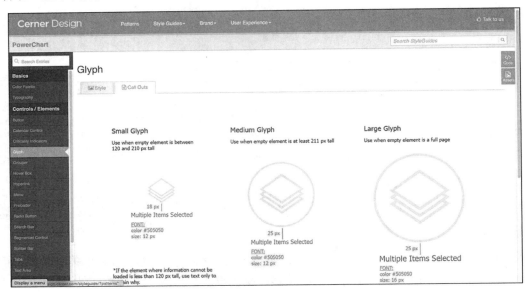

图 3.2　Cerner 公司设计人员和开发人员的指南网站。指南详细描述了用于所有电子健康记录产品（每种产品都由数百个屏幕图形组成）的图标或字形的三种尺寸。开发用户界面的100 多名程序员可以访问代码实例。每个指南都包括参考文献（http://design.cerner.com）

3.3　原则

指南关注的是范围狭窄，原则往往更为基本、广泛和持久。然而，原则往往需要更多的说明。例如，认识到用户多样性原则对每位设计者而言都是有意义的，但必须对其细心地加以解释。玩电脑游戏的学龄前儿童，与为焦急而又匆忙的律师查找案例文本的法务图书管理员相比，存在很大差别。同样，发送文本消息的祖母级用户，与经过严格训练且熟练的空中交通管制员相比，也相差甚远。这些例子突出了用户在背景知识、使用频率和目标方面的差异，以及用户犯错时产生的不同影响。没有哪种设计适用于所有的用户和场景，因此能够描述用户和使用环境特性的设计人员更可能创造出成功的产品。

第 2 章介绍了设计人员在追求通用性时必须讨论的个性差异。本节主要探讨几项基本原则，且探讨从适应用户技能水平和编写任务及用户需求概况开始。本节讨论 5 种主要的交互风格（直接操纵、菜单选择、表格填充、自然语言和命令语言）及界面设计的 8 条黄金法则。接下来讲解错误预防，最后探讨在增大自动化程度的同时如何确保人对其的控制。

3.3.1　确定用户的技能水平

不要认为了解用户是一个简单的过程，实际上这是一个经常被低估的困难目标。尽管没有人会反对这条共识，但很多设计人员都自认为他们了解用户和用户任务。成功的设计人员会意识到人们按照不同的方式学习、思考和解决问题：有些用户更喜欢处理表格而非图形；喜欢使用文字而非数字；愿意使用网格状而非开放式表格。

所有设计都应从了解预期使用者开始，包括他们的年龄、性别、身体状况、认知能力、教育水平、文化程度、种族背景、培训经历、动机、目标和个性等。一个界面经常有多个用户群体，特别是 Web 应用和移动设备，因此设计工作量会成倍增加。应该意识到典型用户角色（如护士、医生、店主、高中生或儿童）具有知识和使用模式的各种组合形式。来自不同国家的每个用户角色，都应值得特别关注，而同一个国家的用户也常存在地域差别。表示用户角色特点的其他变量，包括地域（如城市与农村）、经济概况、残疾程度和对使用技术的态度等。对于阅读技能差、教育程度低和动机较低的用户，设计人员需要特别注意。

除了这些角色外，了解用户对界面和应用域的技能也很重要。可能需要测试用户对界面特征的熟悉程度，诸如遍历层次结构的菜单或绘图工具。其他测试可能包含特定领域的能力，诸如机场城市代码、证券交易术语或地图图标的知识。了解用户的过程永无休止，用户一直在变化，因此需要了解的内容不计其数。即便如此，不断了解用户，并把用户的观点与设计人员本身区别对待的过程，都会向成功迈进一步。

将用户进行分类，如分为新用户或首次用户、知识丰富的间歇使用用户和常用专家用户，可能会导致下面不同的设计目标：

1. 新用户或首次使用的用户。真正的新用户（如完成第一笔手机支票存款人银行顾客）几乎不了解任务或界面的概念。相反，首次使用的用户通常是那种对任务概念相当了解的专业人士，但他们对界面的概念知之甚少（如使用新租车导航系统的出差旅客）。对于界面设计人员来说，通过用说明书、对话框和在线帮助来克服这些不确定性是一项严峻的挑战。有必要将词汇表限定为只有少量熟悉的常用概念术语。还应减少动作的数量，使新用户和首次用户能够成功地完成简单的任务，进而减少他们的焦虑情绪、树立他们的信心。任务完成情况的每个反馈信息都是有帮助的，用户犯错时应提供建设性的具体出错消息。精心设计的用户文档、视频演示和在线教程也可能是有效的。

2. 知识丰富的间歇用户。很多人对各种系统都有一定的了解，但仅会偶尔使用它们（如申请报销差旅费的商务旅行者）。他们具有扎实的任务概念和广博的界面知识，但可能很难记住菜单的结构或功能的位置。使用有条理的菜单结构、一致的术语和界面，可减轻他们的记忆负担，因为这种方法强调识别而非回忆。这些特性也将帮助新用户和某些专家用户，但主要受益人是知识丰富的间歇用户。此外，还有必要采取措施以预防混乱情况的出现，比如随意体验各种功能或用户忘记部分动作序列的情形。这些用户将从上下文相关的帮助中受益，以补足缺失的部分任务或界面知识。

3. 专家型常用用户。专家用户对任务和界面概念十分熟悉，力求让工作快速完成。他们要求快速的响应时间、简短且不令人困惑的反馈，以及只需几次点击或手势就可完成工作的快捷方式。

为某一类用户设计系统很容易，但为好几类用户设计则要困难得多。当一个系统必须适应多个用户类别时，基本策略是采用多层（有时也称为多级或螺旋）学习方法。开始时，新用户只需学习对象和动作的一个最小子集。当他们的选择不多且有保护措施防止犯错（使用辅助措施界面）时，最有可能做出正确的选择。从亲自动手的经验中树立信心后，这些用户就能够继续学习更高级的任务概念和相应的界面概念。用户的学习计划可以由用户学习任务概念的进度来控制，因此当用户需要支持更复杂的任务时，就能够接受新的界面概念。对那些十分了解任务和界面概念的用户来说，可以加快这一进度。

例如，手机新用户首先能够很快地学会接打电话，然后学会使用菜单改变铃声，接着学会设置隐私保护。多层次的学习方法，可以帮助具有不同技能水平的用户使用并提升通用性（Shneiderman, 2003）。

另一种适应不同使用类别的选择，是允许用户将菜单内容个性化。第三个选择，是允许用户控制界面所提供的反馈信息的密度。新用户希望获得更多的反馈信息以确认其动作，而常用用户则只需要一些不会使人分神的反馈信息。同样，常用用户似乎比新用户更喜欢排列紧凑的显示。最后，交互的节奏可能需要变化，对新用户要慢一些，对常用用户则要快一些。

3.3.2　识别任务

仔细描写用户概况后，设计人员必须确定要执行的任务。尽管所有设计人员都认同必须首先确定任务，但任务分析经常完成得不正式或不完整。任务分析历史悠久（Hackos and Redish, 1998; Wickens et al., 2012），但成功的策略通常需要长期观察并采访用户，以帮助设计人员理解任务频率和序列，确定需要支持什么样的任务，但这样的需求往往很难明确。有些实现者偏爱包含所有可能的动作，并寄希望于有些用户发现它们是有帮助的，但这种做法会引起混乱。然而，移动应用设计人员是成功的，因为他们为保证简单性而严格限制了功能（如日历、电话簿、待办事项和记事本）。

高级任务动作能够分解成多个中级任务动作，进而细化为用户使用单个菜单选择或其他动作来执行的原子动作。选择最适当的原子动作集合是一项困难的任务。原子动作太小，用户将会因为完成较高级任务需要大量动作而心情沮丧。原子动作过大且过于详尽，用户就要在界面中找到特别的选项达成目标。

形成一组菜单树时，任务的相对使用频率很重要。频繁使用的任务应靠近菜单树顶部，以便可以快速地执行；使用不那么频繁的任务则可放在较低的位置。使用频率的高低，是形成体系结构设计决策的基础之一。例如，在文字编辑器中会有如下情况：

- 可通过按压特殊键来执行常规动作，如 4 个箭头键、Insert 键和 Delete 键。
- 对于不太常用的动作，可通过按压单个字母加上 Ctrl 键或从下拉菜单中进行选择来执行，比如加下画线、加粗或保存。
- 对于不常用的动作或复杂的动作，可能需要经过一系列的菜单选择或表格填充，如改变页边距或修改默认打印机。

同样，手机用户能够为其密友和家人分配快速拨号，以便按一个键就能拨打常用电话。

创建用户和任务矩阵可帮助设计人员对这些问题分类（见图 3.3）。在每个框中，设计人员用星号表示用户执行此任务。较精确的分析则包括用频率标记代替简单的星号。这样，用户需求评估就表明了什么任务对设计是必要的，哪些任务可以省去，从而保证系统的简单和易学。

职　业	任　务				
	单个病人咨询	更新数据	多个病人咨询	添加关系	评估系统
护士	**	**			
医生	**	*			
医院主管	*	*	**		
预约人员	****				
医疗记录维护员	**	**	*	*	
临床研究员			***		*
数据库程序员		*	**	**	*

图 3.3　按职业划分的任务频率。根据医疗临床信息系统的使用频率数据，应答预约人员为单个病人预约的咨询，是最高频率的任务（****）。较低频率依次用***、**或*表示

3.3.3　选择交互风格

完成任务分析并识别出任务对象和动作时，设计者就可从以下主要交互风格中选择：直接操纵、导航与菜单选择、表格填充、命令语言和自然语言（分别见框 3.1 和框 3.2）。第 7 章至第 9 章将详细探讨这些风格，下面的小节对其进行简要比较。

框 3.1　5 种主要交互风格的优缺点

优点　　　　　　　　　　　　　　　　　　　**缺点**

直接操纵
- 可视化表示任务概念
- 允许容易地学习
- 允许容易地记忆
- 允许避免错误
- 鼓励探索
- 提供较高的主观满意度

缺点：
- 可能难以编程
- 可能需要图形显示器和指向设备

导航与菜单选择
- 缩短学习时间
- 减少按键
- 使决策结构化
- 允许使用对话框管理工具
- 允许轻松地支持错误处理

缺点：
- 提供很多菜单的危险
- 会使常用用户的速度变慢
- 占用屏幕空间
- 需要快速的显示速率

表格填充
- 简化数据输入
- 提供方便帮助的措施
- 允许使用表格管理工具

缺点：
- 占用屏幕空间

命令语言
- 强大

缺点：
- 需要学习和保留

- 允许简单的脚本语言和历史保持   ● 易出错

自然语言
- 减轻学习句法的负担   ● 需要说明对话框
-                        ● 可能不显示上下文
-                        ● 可能需要更多按键
-                        ● 不可预测

框 3.2   直接操纵的演进

向更直接操纵演进的一个例子：更少的记忆/更多的识别、更少的按键/更少的点击、更低的出错机会/更可见的上下文。

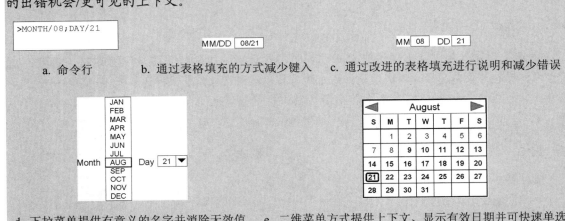

a. 命令行   b. 通过表格填充的方式减少键入   c. 通过改进的表格填充进行说明和减少错误

d. 下拉菜单提供有意义的名字并消除无效值   e. 二维菜单方式提供上下文、显示有效日期并可快速单选

直接操纵   如果设计者能够创建动作世界的可视化表示，就可大大简化用户任务，用户就有可能直接操作熟悉的对象。这类可视化和清晰的用户界面的例子，包括桌面隐喻、绘图工具、图片编辑和游戏。通过点击对象和动作的可视化表示，用户能够快速执行任务，并能够立即看到结果（例如，把某个图标拖放到回收站中）。上下文感知、嵌入式、自然和穿戴式的这类用户界面，通常具有能扩展"直接操纵设计"的能力，比如用户可通过手势、指向、移动甚至舞蹈动作来实现目的。"直接操纵"对新用户有吸引力，对间歇使用的用户来说也容易记忆。如果精心设计，常用用户也能很快上手。第 7 章将描述直接操纵及其应用。

导航与菜单选择   在导航和菜单选择系统中，用户首先查看选项，然后选择最适合自己任务的选项，并观察结果。如果选项的术语和含义是可理解的、独特的，那么用户几乎不必学习和记忆，只需几个动作就能完成任务。其最大的好处是有清晰的决策结构，因为所有可能的选择会同时呈现出来。这种交互风格适合新用户和间歇用户，如果显示和选择机制呈现速度够快，还能吸引常用用户。对设计人员来说，需要对菜单选择系统进行细致的任务分析，以确保所有功能都得到方便的支持，同时应精心选择并一致地使用术语。通过确保一致的屏幕设计、确认完整性和支持维护来支持菜单选择，用户界面开发工具能够获得巨大的收益。导航和菜单选择将在第 8 章讨论。

表格填充   需要输入数据时，菜单选择通常难以单独处理，因此合理的方法是使用表格填充（也称填空）。用户看到相关区域的显示，在这些区域之间移动光标，并在需要的地方输入数据。使用表格填充交互风格时，用户必须了解域标签，知道允许值和数据输入方法，并能对出错消息进行响应。由于需要了解键盘、标签和允许值，所以可能需要某些培训。这种交互风格最适合于知识丰富的间歇用户或常用用户。第 8 章将详细探讨表格填充。

命令语言　对常用用户而言，命令语言（在 9.4 节讨论）给人一种强烈的控制感。用户学习句法，并经常会在不需要阅读令人分神的提示信息时迅速表达复杂的可能性。然而，这样做通常出错率很高，必须经过培训，而且还很难记忆。由于存在各种可能性，因此难以提供出错消息和在线帮助。命令语言和查询及编程语言等，都属于常用专家用户的领域，他们经常因掌握复杂语言而得到很大满足。脚本语言和历史记录是这些语言的强大优势。

自然语言　越来越多的用户界面对任意语言（如 iPhone 中的 Siri）或输入自然语言语句（如 Web 搜索短语）都能做出合理的响应。语音识别对熟悉的短语（如"告诉 Catherine，我会在 10 分钟内到"）很有帮助，但在某些情况下，用户可能会对结果失望（在第 9 章中讨论）。

可能需要混合几种交互风格应对具有不同要求的任务和用户。例如，用于购物结账的表格填充界面中，可以包括接受哪些信用卡之类选项的菜单，而直接操纵环境能够允许右键弹出带有颜色选择的菜单。对专家来说，键盘命令的快捷方式比鼠标选择速度更快。

更进一步，可通过使用上下文、传感器、手势、语音命令和超出屏幕范畴的方式来执行这五种不同的交互风格，比如开门、调整音量或打开水龙头等。例如，在汽车、游戏中心、投影显示、可穿戴式界面、乐器和声音空间中，这些"富环境"超越了桌面和移动设备的范围，产生了许多有趣和有用的效果。将用户界面扩展到服装、家具、建筑、植入医疗设备、移动平台（如无人机）和物联网，丰富了传统的策略，扩大了设计的可能性。

第 7 章至第 9 章扩充了上面介绍的使用不同交互风格的建设性指南，第 10 章描述了输入和输出设备如何影响这些交互方式，第 11 章探讨了使用协同界面和参与社交媒体时的交互。

3.3.4　界面设计黄金法则

本节探讨的 8 条规则，称为"黄金法则"，适用于大多数交互系统和富环境。尽管源于经验并经过了 30 多年的改进，但这些规则在针对特定的设计领域时，还需要进行验证和调整。这些规则已被学生和设计人员当作有用的指导而广泛接受。8 条黄金法则如下：

1. **坚持一致性。** 在相似的环境中应要求一致的动作序列；在提示、菜单和帮助界面中应使用相同的术语；应始终使用一致的颜色、布局、大小写和字体等；要求确认删除操作、不回显口令字符等，这些应该始终坚持且应尽量限制它们的使用。

2. **寻求通用性。** 认识到不同用户和可塑性设计的要求，可使内容的转换更便捷。新手到专家的差别、年龄范围、残疾程度、国际变化和技术多样性，这些都扩大了需求的范围，从而指导设计过程。为新用户添加特性（如注解）和为专家用户添加特性（如快捷方式和更快的节奏），能够丰富界面设计并提高用户体验。

3. **提供信息反馈。** 对每个用户动作都应有反馈界面。对于常用和较少的动作，中等响应即可；对于不常用的主要动作，应有更多响应；为感兴趣的对象提供可视化表示，为明确地展示变化提供了方便的环境（见第 7 章中对直接操纵的讨论）。

4. **通过对话框产生结束信息。** 应将动作序列分组，每组分为开始、中间和结束三个阶段。

每完成一组动作就提供信息反馈，会使用户感到满足和轻松，忘掉那些应急方案，并提示将准备下一组动作。例如，用户在电子商务网站首先选择产品，然后结账，最后以完成交易的清晰确认页面结束。

5．预防错误。要尽可能通过设计界面使用户不至于犯严重的错误。例如，将不适用的菜单项变为灰色，不允许在数值输入域中出现字母（见 3.3.5 节）。如果用户犯错，界面应提供简单、有建设性和具体的说明来恢复。例如，如果用户输入了无效的邮政编码，则不必重新键入整个姓名-地址表格，而应有指导提示他修改出错的部分。界面状态在错误的动作下应保持不变，否则界面中应给出恢复状态的说明。

6．提供回退操作。应尽可能允许回退操作。因为用户知道错误能够撤销后，就能够减轻焦虑，进而尝试不熟悉的选项。可回退的单元可能是一个动作、一个数据输入任务或一个完整的任务组，诸如姓名-地址信息的输入。

7．用户掌握控制权。有经验的用户强烈希望他们能够掌控界面，且界面能够响应他们的动作。他们不希望熟悉的行为会出现意外的结果或发生改变，并且会对乏味的数据输入、难以获得必要的信息和无法得到期望的结果而感到烦闷。

8．减轻短期记忆负担。由于人类利用短期记忆进行信息处理的能力有限（一般认为人们能够记忆 5～9 个信息块），这就要求设计人员在其设计的界面中，应避免用户必须记住屏幕上显示的信息，然后在另一个界面上使用这些信息。这意味着不应要求在手机上重新输入电话号码、网站位置应保持可见、将冗长的表格压缩为能在一个界面中显示。

必须结合不同的环境消化、改进和扩展这些基本规则。虽然它们都有局限性，但为移动、桌面和 Web 领域的设计人员提供了一个很好的起点。后面几节给出的规则集中于通过以下方式来提高用户的生产率：提供简化的数据输入过程、可理解的显示和快速的反馈信息，以增强对系统的胜任感、支配感和控制感。

3.3.5　预防错误

没有药物可以阻止死亡，也没有规则能防止错误。

西格蒙德·弗洛伊德

预防错误（黄金法则 5）非常重要，因此应单独对其进行阐述。对于手机、电子邮件、数码相机、电子商务网站和其他交互系统的用户而言，他们犯错的频率远比预期的要高。

改进由界面给出的错误消息，是减少因错误而造成生产力损失的一种方式。较好的出错消息能够提高纠错率、降低未来出错率并提高主观满意度。良好的出错消息更具体、语气更积极并更有建设性（它们告诉用户做什么而不仅是报告问题）。鼓励设计人员使用通知消息，诸如 Printer is off, please turn it on（打印机关闭，请打开）或 Months range from 1 to 12（月份范围为 1～12），而不使用含糊的消息（?或 What?）或不友善的消息，如 Illegal Operation（非法操作）或 Syntax Error（语法错误）。

然而，改进的出错消息只是辅助手段，更有效的方法是预防错误的发生。在很多界面中，这一目标看起来似乎更容易实现。

第一步是了解错误的性质。一种观点是设计人员按功能来组织屏幕和菜单，设计独特的命令和菜单选项，并使用可逆操作，以此来避免犯错或疏漏（Norman, 1983）。Norman

也提供了其他指南，诸如提供界面状态反馈（如改变光标以显示地图界面是处于放大还是选择模式）、设计一致的动作（如保证是/否按钮总是按同一顺序显示）。Norman 的分析提供了实用的例子和有用的理论。减少错误的其他设计技术还包括如下几项：

正确的动作。 工业设计人员认识到成功的产品必须是安全的，并且必须防止用户危险地误用产品。比如，在起落架未放下之前，飞机发动机不能挂倒挡；汽车以高于 8 千米/小时的速度向前行驶时，也不能挂倒挡。同样的原则也适用于交互式系统。例如，将不适用的菜单项变为灰色，用户就不会选中该菜单项；Web 用户可以在日历上单击日期，而不必手工键入期望的航班起飞日期。同样，手机用户能够在常用电话或最近拨打的电话列表中滚动，然后单击即可选中某个电话号码，而不必再次输入电话号码。另一种办法是在打字、从菜单中选择、输入网址时，提供自动补全功能。

完整的序列。 有时，一个动作需要几个步骤来完成。由于用户可能忘记其中的步骤，因此设计人员应尽量将这些步骤序列设计为一个动作。比如开车时，司机不必按两个开关来发出左转弯信号，一个动作就可以使汽车左侧的两个（前和后）转向灯闪烁。与此类似，飞行员按开关放下起落架时，数百个相关的机械步骤和检查就会自动启动。

再举一个例子，文字编辑器的用户需要让所有章节标题居中、设置为大写字母并加下画线，不需要在每次输入章节标题时，都重复进行这一系列操作。然后，如果用户希望改变标题风格（如去除下画线），一个操作就能保证同时修改所有章节的标题。最后一个例子，空中交通管制员可能要制订计划，让飞机分两次将高度从 4267 米拉升至 5486 米。然而，在把飞机拉升至 4867 米之后，管制员可能受到干扰而未完成这一动作。管制员应能够记录这一计划，然后让计算机提示需继续拉升飞机。完整动作序列的想法可能难以实现，因为用户可能既需要执行原子动作又需要执行完整序列。这时，应该允许用户定义自己的序列。通过研究人们实际采用的动作序列和实际所犯的错误模式，研究人员可搜集有关潜在完整序列的信息。

考虑普遍可用性也有助于减少错误。例如，针对老年用户或行动控制能力有限的用户，过多的小按钮可能会造成难以接受的高出错率，因此增大按钮会使所有用户受益。4.6 节将讨论记录用户错误日志的想法，这样设计人员就能够持续改进设计。

3.3.6　增大自动化程度的同时确保人对其的控制

前几节描述的指南和原则，主要致力于简化用户任务。原始方法未取得成功时，需要在意想不到的情况下采取行动，以便让用户能够避免常规的、冗长的和易于出错的动作，集中精力做出关键决定，并选择替代方法。用户也可做出基于主观价值的判断，寻求他人帮助，并开发新的解决方案（Sanders and McCormick, 1993）。框 3.3 给出了人与机器能力的详细比较。

框 3.3　人和计算机的相对能力

人类通常擅长
- 来自听觉、视觉、触觉等的感知
- 在喧闹的背景中发觉熟悉的信号
- 利用经验并适应情况
- 若原方法失败则选择替代方法

计算机通常擅长
- 感知人的范围以外的刺激
- 快速且一致地响应预期事件
- 精确检索详细信息
- 预期模式的过程数据

- 在无法预知的情况下行动
- 应用规则来解决不同的问题
- 做出基于主观价值的判断
- 开发新的解决方案
- 从外部环境中使用信息
- 请求来自他人的帮助
- 可靠地执行重复的动作
- 同时执行数个活动
- 随时间推移保持性能

　　随着时间的推移，要求流程更加标准化及提高生产率的压力也随之增加，计算机系统设计人员一般会逐步增大自动化的程度。对常规任务而言，自动化是可取的，因为它降低了出错的可能性，减少了用户的工作量（Cummings, 2014）。但即使增大了自动化的程度，了解实际情况的设计人员仍能为用户提供他们喜欢的可预测且可控的界面。现实世界是一个开放系统（即不可预测事件和系统错误的数量可能未知），因此人的监督角色必须得以保留。相反，计算机组成的是一个封闭系统（仅能适应软硬件中数量可数的正常情况和故障情况）。

　　例如在空管系统中，常见动作包括：改变飞机的高度、方向或速度。这些动作很好理解，并有可能用调度和路径分配算法来自动化。但人类管制员必须在场，以便应对高度可变的和不可预测的紧急情况。自动化系统能够胜任巨大的交通量，但如果机场管理员因恶劣天气而关闭了跑道将会如何？管制员不得不快速给飞机重定路线。现在假设一名飞行员因引擎故障而请求紧急着陆，而另一名飞行员报告说一位胸痛乘客需要及时治疗。这时，哪架飞机应先着陆？转移正常交通量的成本和危险性有多大？对于这样的决定，怎么做才合适？也许基于价值的判断（可能有其他管理者的参与）才是必要的。空中交通管制员不能只是陷入紧急情况中，如果他们打算做出明智的快速决定，就必须在情况发展中设身处地地想到解决办法。总之，很多现实世界的情况非常复杂，以至于不可能对每种意外事故进行预测和编程。在决策过程中，人的判断和价值观不可或缺。

　　空中交通管制中另一个生死攸关的复杂例子是飞机失火。此时，管制员会清理航道上的其他飞机，并引导失火飞机着陆。然而，烟雾太浓使得飞行员很难读取仪表上的数据，且不久后机上的应答机烧毁，空中交通管制员再也无法从仪表上读取飞机的高度。虽然故障很多，管制员和飞行员仍得设法让飞机尽快降落，以便挽救乘客的生命。对于这一系列的意外事件，不可能通过计算机编程来处理。

　　飞往哥伦比亚卡利市的航班就曾发生过由于自动化而导致的悲剧。飞行员依赖自动驾驶仪，而没有意识到飞机转了一个大弯又回到了曾飞过的位置。当与地面碰撞的警报响起时，飞行员已失去方向感，因而未能及时上拉。最后，飞机在山顶下方61米处坠毁，机上除4人外全部遇难。

　　很多应用中的系统设计目标，是将有关当前状态和活动的足够信息提供给用户。必须实施干预时，甚至在出现部分故障的情况下，他们具有正确实施操作的知识和能力（Endsley and Jones, 2004）。美国联邦航空管理局（FAA）强调，设计应让用户处于控制地位，而自动化的目标只是"提高系统的性能，而不能减少人的参与"（U. S. FAA, 2012）。这些标准也鼓励管理人员"培训他们何时对自动化提出质疑"。

　　整个用户界面不仅必须为正常情况下设计，还要为能够预料到的大量异常情况而设计和测试。测试条件的扩展集可作为需求文档的一部分。用户需要获得足够的信息来为自己的行为负责，除了决策和处理故障之外，用户还起到改进界面设计的作用。

在无人驾驶汽车或飞机方面增强自主性的拥护者，相信快速的自主反应可以提高性能，并产生更少的错误。然而，因为天气变化或不寻常的商业活动等意外情况，自主性会存在风险。2015 年，丰田在无人驾驶汽车领域的研究，从自主设计转到由驾驶员控制的设计方向。因为无人飞行器（UAV，Unmanned Aerial Vehicles）存在发生意外情况的危险，因此转而设计由人类控制的遥控飞行器（RPV，Remotely Piloted Vehicles）来提高可靠性。尽管自主性有其优点，但让人类管理控制、活动日志及失败后审查日志能力的设计，似乎可以提高性能。

对于高成本业务（如快速股票市场交易），明确对故障的责任能够改进设计。提前明确义务和责任，可以鼓励设计者更仔细地思考潜在的风险。"算法问责"的倡导者希望系统（如谷歌公司的搜索排名或员工招聘系统）的开发者开放访问，以限制偏见并揭示错误。

在消费产品的用户界面中，关于将人的控制与自动化结合的问题也浮现出来。很多设计人员急于创建一种自治代理，这种代理会根据人们的好恶做出合适的推理，响应新情况，并在缺少指导的情况下顺利地执行。他们相信人-人交互是人-机交互的良好模型，并设法创造基于计算机的伙伴、助手或代理。

相比之下，有些设计人员相信，像工具一样的界面往往要比自治、自适应或拟人化的代理更具吸引力，因为它能实现用户的意图和预期需求。代理的场景也许是显示一个打着领带的男管家，比如 1987 年苹果公司的著名《知识导航员》（Knowledge Navigator）视频中的那位助人为乐的年轻人。1995 年，微软公司使用卡通人物的 BOB 程序命运多舛，导致其取消了广受批评的大眼夹（Clippit）角色。类人的银行机器或邮政服务点也在很大程度上销声匿迹。然而，代表用户而非计算机的网络虚拟角色则在游戏和三维社会环境中持续流行。用户似乎很享受创建有着新身份的夸张体验（见 7.6 节），有时会碰上五颜六色的头发和衣服。

苹果公司的 Siri 语音识别和个性丰富的语音应答系统的成功，表明细心的开发会形成有用的工具，但针对虚拟聊天脸谱的好处的证据依然缺乏（Moreno and Mayer, 2007）。机器人设计者一直使用人和动物的形态作为灵感，这促进了一些从事照顾老年人或在工作场合中作为团队成员的仿生机器人的研究。这些设计吸引了新闻记者，颇具娱乐价值，但还未被用户广泛接受。

代理场景的一个变体是计算机程序中内建有指导自适应界面的用户模型，但不包含拟人化的实现。这类程序会追踪用户的使用情况，并调整界面以适应用户的需求。例如，当用户开始快速选择菜单时，表明用户对此精通，这时可能会出现高级菜单项。人们已对界面特性提出了自动适应方法，诸如菜单内容、菜单项顺序和反馈类型（图形或表格方式）。针对电子游戏，随着用户在游戏中过关斩将，游戏的速度或危险性也应增加。然而，游戏与大多数工作情形明显不同，在工作情形中用户有完成任务的目标和动机。

对自适应用户模型而言，还有机会来裁减设计（诸如垃圾电子邮件过滤器或搜索结果排序）。但意外的界面行为也会导致阻碍使用。如果自适应系统出现让人意外的变化，例如改变搜索结果排序，那么用户可能会对结果感到困惑。用户可能会焦虑，因为他们无法对下一个变化进行预测，无法对将要发生的情况进行解释，或是无法返回到之前的状态。用户也可能会对另一些情况感到恼火，如在某次购买儿童书作为礼物后，又收到了更多儿童书籍的推荐。

在网页应用中，用户建模的一种应用是"推荐者系统"。在这种情况下，不存在代理或界面自适应，但它会以某种专用方式汇集多个来源的信息。此类方法对于推荐电影、图书或音乐等有很高的实用价值，因为用户通常希望了解其购物模式会形成什么建议。亚马孙和其他电子商务公司，就因为通过对用户建议"购买了 X 的顾客也买了 Y"而获得成功。

对代理和用户建模的一种哲学选择是设计一个可理解的系统，它能提供一致的界面、用户控制和可预测的行为。强调直接操纵风格的设计人员，相信用户有强烈的欲望去管控和支配系统，进而对自己的行为负责并获得成就感（Shneiderman, 2007）。历史证据表明，用户寻求的是可理解和可预测的系统，而回避复杂或不可预测的系统。例如，当飞行员察觉自动驾驶系统不像自己期望的那样运行时，可能会解除自动驾驶功能。

代理倡导者提倡自治，但这意味着他们须承担失败的责任。当代理侵犯版权、隐私或破坏数据时，谁来负责？如果代理设计支持性能检测，同时允许用户检查和修订当前的用户模型，就会有更多的人接受代理设计。

具有用户模型的代理的替代方案可能需要扩展控制面板模型。计算机的控制面板（有时也称设置、选项或偏好设置），类似于汽车的导航控制机制和电视机遥控，设计用来传达用户可能期待的控制感。用户使用控制面板来设置物理参数（如光标闪烁速度或扬声器音量）和建立个人偏好（如时间/日期格式、颜色方案或开始菜单的内容），如图 3.4 所示。有些软件包允许用户设置参数，如游戏速度。用户从第一层开始，然后选择何时前进到较高级；他们经常宁愿停在第一层的复杂界面充当"专家"，也不愿意在较高层处理不确定性。在文字处理的样式表、查询设施的说明框和信息可视化工具中，存在更详细的控制面板。

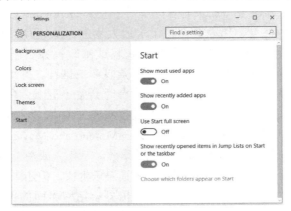

图 3.4　Windows 10 系统的偏好设置包括个性化的控制面板。这里可以看到启动选项，它允许用户控制哪些项目将在开始菜单和任务栏中显示

3.4　理论

人机交互学的一个目标是超越指南的细节，在广泛原则的基础上开发出经过测试的、可靠的和应用广泛的理论。当然，对于用户界面设计这么大的主题，需要很多理论（Carroll, 2003；Rogers, 2012；Bdker, 2015）。

有些理论是描述性的，有助于为对象和动作开发一致的术语和有用的分类，从而支持协同和训练。其他理论是解释性的，用于描述事件序列，并在可能的地方描述原因和结果，使得干预成为可能。还有一些理论是规定性的，为设计人员提供明确的选择指南。最后，最精确的理论是预测性的，能让设计人员按照执行时间、出错率、转换率或信任等级来比较所提出的设计。

划分理论的另一种方式是按照所涉及的技能类型来分类，如动作（用鼠标指点）、感知（查找显示器上的物体）或认知（计划支付账单所需的步骤序列）（Norman, 2015）。动作技能的性能预测理论已得到确认，在预测击键或点击次数方面也很准确（见 10.3 节的菲茨定律）。感知理论在预测自由文本、列表、格式化显示和其他可视或听觉任务的阅读次数方面很成功。认知理论涉及短期的工作和长期的记忆，是问题求解的核心，并在将生产率理解为系统响应时间的功能方面起关键作用（见第 12 章）。然而，预测复杂认知任务（子任务组合）的性能非常困难，因为其中可能会使用很多策略，并存在走偏的可能性。新用户与专家用户之间，或首次用户和常用用户之间，执行复杂任务所需的次数之比高达 100∶1。实际上，这种对比甚至会更加强烈，因为新用户和首次用户会经常因为犯错而无法完成任务。

Web 设计人员强调具有导航功能的信息体系结构理论是用户成功的关键。我们可认为 Web 用户是在"觅食"信息，因此链接的"信息气味"的有效性就是关键（Pirolli, 2007）。相对于具体的任务而言，高质量的链接为用户提供了目的地有什么样的"好气味"（或"迹象"）。例如，如果用户正试图查找一个软件包的演示，那么具有"下载演示"文字的链接就有好的气味。设计人员面临的挑战是要充分了解用户任务，进而设计出这样的网站：即使需要点击 3 或 4 次鼠标，用户也能够成功地从主页定位到正确的目标地址。信息觅食理论试图在给定一组任务和一个网站的情况下，通过预测用户的成功率来指导界面设计如何改进。

框 3.4 总结了这些理论模型。

框 3.4 评估用户界面时采用的理论类型

按照理论类型
- 描述性的　　　用一致的术语和分类描述用户界面及其使用
- 解释性的　　　用因果关系描述事件顺序
- 规定性的　　　为设计者做决定提供指南
- 预测性的　　　基于速度或误差的数字预测，使设计备选方案的比较更容易

按照人类能力
- 运动神经　　　对指向、点击、牵引或其他运动熟练
- 知觉对象　　　视觉、听觉、触觉和其他的人类感觉输入
- 认知　　　　　具有短期记忆和长期记忆的问题解决能力

分类法是描述性和解释性理论的重要组成部分。分类法通过将复杂的一组现象分成可理解的类别来强加次序。例如，可以对不同种类的输入设备进行分类：直接的与间接的，线性的与旋转的，一维的、二维的、三维的或更高维的，以此类推（Card et al., 1990）。其他分类法可能涉及任务（结构化的或非结构化的、新奇的或正常的）或用户界面风格（直接操作、菜单、表格填充）。分类法的一个重要分类涉及用户之间的个体差异，如个性（内向型与外向型，场地依赖型与场地无关型）、技术专长（空间可视化、推理）和用户经验等级（新手、熟手、专家）。分类法使得上面这些有用的比较更为便捷，能为新加入的人组织主题，还能指导设计人员，并经常为新奇的产品提供更多的展示机会。例如，第 16 章中将给出一个按类型分类的任务如何将信息可视化的例子。

任何能帮助设计人员预测性能的理论，都有其贡献，即便只是针对有限的用户或任务。今

天，这一领域充斥着数百种理论，它们在引起人们注意的同时，还得到了倡导者的改进，评论家的扩展，以及急切并抱有希望（但存在怀疑）的设计人员的应用（Carroll, 2003, 2014；Rogers, 2012）。这种发展对新兴的人机交互学科是健康的，但同时也意味着从业人员不仅要紧跟软件工具和设计指南的快速发展，还要紧跟理论的快速进展。批评家们则提出了两大挑战：

1. 理论应比研究和实践更重要。好的理论应指导研究人员理解概念和所产生结果之间的关系。在从业人员对产品做出设计折中时，理论也应指导从业人员。在菲茨定律等聚焦理论中，理论塑造设计的强大能力已显而易见。演示解释性理论还比较困难，其主要影响可能在于教育下一代设计人员方面。

2. 理论应先于实践而非落后于实践。批评家认为，理论已太过频繁地用于解释商业产品设计人员的制成品。健壮的理论应预测或至少能够指导从业人员设计新产品。在帮助改进现有产品和服务时，有效的理论应能对新产品和服务给出建议。

理论家的另一个方向是预测用户的主观满意度或情感反应。媒体和广告界的研究人员已经认识到预测人们的情感反应是有难度的，因此他们采用直觉判断和扩展的市场测试来补充理论上的预测（Nahl and Bilal, 2007）。

人们正在证明更广泛的小群体行为、组织动态学和社会学理论，对于理解社交媒体和协同界面的用途（见第 11 章）。同样，人类学或社会心理学的方法，在理解技术使用及克服因新技术带来的改变而引起抵制方面，都是有用的。

可能"没有比一个好的理论更实用的东西"，但提出一个有效的理论通常非常困难。按照定义，理论、分类法或模型是现实的抽象，因此一定是不完整的。然而，好的理论至少应该是可以理解的，所有采用这一理论的人应能得出类似的结论，并有助于解决具体的实际问题。接下来的几节将回顾一系列描述性和解释性理论。

3.4.1　层次设计理论

发展描述性理论的一种方法是按级分离概念。这类理论对软件工程和网络设计很有帮助。适用于界面的一种有吸引人且易于理解的层次设计理论分为 4 级：概念模型、语义模型、句法模型和词法模型（Foley et al., 1995）：

1. 概念级是交互系统的用户"心智模型"。用于图像创建的两个心智模型分别称为"绘画程序"和"绘图程序"，前者用于操纵像素，后者用于操纵对象。绘画程序的用户思考像素的组合，而绘图程序的用户思考对象的组合。有关心智模型的判定，会影响到更低的其他等级。

2. 语义级描述用户的输入和计算机的输出显示所传达的含义。例如，在绘图程序中删除一个对象，可通过撤销一个最近的动作或调用删除对象动作来完成。每个动作都应去除一个对象而不影响其他对象。

3. 句法级定义传达的语义，表示用户动作如何组装成完整的句子来执行某些特定任务。例如删除文件动作，可通过把一个对象拖到回收站，然后在确认对话框中点击按钮来调用。

4. 词法级处理设备的依赖性和精确机制，用户借助词法级指定句法（如功能键或 200 毫秒内的鼠标双击）。

对设计人员来说，这种四级理论很方便，因为其自顶向下的性质易于解释，并且与软件体系结构相匹配，还考虑到了设计过程中有用的模块化。多年以来，图形直接操纵界面的成功，已把人们的注意力上移到最接近任务域的概念级（Parush, 2015）。例如，个人财务界面的设计人员经常使用直接操纵界面，这些界面直接向用户显示需要填写的支票图像，构建用户书写支票的心智模型。同样的支票图像可以作为查询模板，这样用户就能够指定日期、收款人或金额。

动作正越来越多地通过新的视觉表现展示。例如，可以用垃圾桶表示删除操作，或用播放按钮表示启动视频播放。用户需要了解语义。例如，他们可通过打开回收站来恢复文件，或通过点击暂停按钮来中止视频播放。但是，若设计人员选择熟悉的对象来与动作关联，则用户就能迅速获得操作用户界面的正确心智模型。当然，用户还须学习拖动对象或通过点击发起动作的句法，但这些机制是常用的，且已为人所熟知。

在具有许多对象和动作的复杂系统中，分级设计的思想也很成功。例如，可以从神经、肌肉、骨骼、生殖、消化、循环和其他子系统的角度来讨论人体，反过来又可从器官、组织和细胞的角度来描述。大多数真实世界的对象也存在类似的分解：建筑物分解为楼层，楼层分解为房间，房间分解为门、墙、窗，等等。同样，电影能够分解为场景，场景分解为镜头，镜头分解为对白、图像和声音。由于大多数对象能够以很多方式加以分解，因此设计者的工作就是创建可理解且便于记忆的对象等级。

在进行对象分解的同时，设计人员还需要将复杂的动作分解为若干较小的动作。例如，棒球比赛有击球、投球、跑垒、得分和出局；建筑施工方案能够简化为一系列步骤，如测量、打地基、做框架、封顶和完成室内工程。大多数动作也能以很多方式分解，所以需要再次强调的是，设计者的工作就是创建可理解且便于记忆的动作等级。简化界面概念的同时，要提供所涉及对象和动作的可视化表示，这一目标是直接操纵设计方法的核心（见第 7 章）。

实现一个完整的用户界面设计后，可用一系列动作来描述用户任务。简单计算完成所有步骤需要的毫秒数，这些精确的描述能够作为预测执行任务所需时间的基础。例如，调整照片的大小可能需要几次鼠标拖动、选择菜单项、点击对话框按钮和输入尺寸，但其中的每个动作都要花费可预测数量的时间。几名研究人员通过计算每个组件动作所需的时间，成功预测了复杂任务所需的时间。这种可预测方法基于"目标、操作符、方法和选择规则"（Goals, Operators，Methods and Selection rules，GOMS），它把目标分解为许多操作符（动作），然后再分解为方法。用户通过"选择规则"从备选方法中进行选择来达到目标（Card et al., 1983；Baumeister et al., 2000）。

因为专家和常用用户通常是独立工作的，注意力完全集中在任务上，而且很少犯错，因此 GOMS 方法运行得最好。GOMS 的倡导者已开发了软件工具来简化和加速建模进程，以期增加使用（John, 2014）。批评家认为，预测新用户的行为、熟悉界面的过渡过程、出错率和记忆保持时间等，都还需要更广泛的理论。

设计人员发现，使用层次设计理论推动了高级对象和行动的明确定义，这些对象和行动需要通过倾听任务域中使用的语言获得。音乐可以认为是按艺术家、唱片和体裁来组织的歌曲。用户能够找到一首歌，然后播放它，或把它加到播放列表中。这种清晰的概念结构使其获得了专利，并促进了多项商业上的成功。

3.4.2　行动阶段理论

形成解释性理论还有一种途径，即描写用户使用交互产品如信息家电、Web 界面或移动设备（如音乐播放器）时所经历的行动阶段。Norman（2013）提出 7 个行动阶段，它按循环模式安排，是人机交互的解释性理论：

1. 形成目标
2. 形成意图
3. 指定行动
4. 执行行动

5. 感知系统状态
6. 解释系统状态
7. 评估结果

Norman 的一些阶段与 Foley 等人的多个不同关注点大致对应（Foley et al., 1995），即用户形成概念上的意图，再用几个命令语义的形式来表示它，然后构造所需的句法，最终通过移动鼠标在屏幕上选择某个点的行动来生成词法符号。Norman 的贡献是把各个阶段放到"行动和评估循环"的上下文中，所需时间在分秒之间。动作的这种动态过程将 Norman 的方法与其他理论区分开来，而其他模型主要处理位于用户头脑中的知识。进一步而言，"7 阶段行动"很自然地导致了对执行鸿沟（用户意图与允许的行动不匹配）与评估鸿沟（系统表示与用户期望不匹配）的识别。

这一理论使得 Norman 提出了优秀设计 4 原则：

1. 状态和可选行动应该是可见的。
2. 应该有一个优秀的概念模型，该模型具备一致的系统图像。
3. 界面中应包括能够展示各个阶段之间关系的良好映射。
4. 用户应该获得持续的反馈。

Norman 的研究重点是出错信息，他在从目标转移到意图、再到行动直至执行的过程中，描述了错误是如何产生的。

行动阶段理论可帮助设计人员描述用户对界面的探索（Polson and Lewis, 1990）。当用户试图完成任务时，很容易在 4 个关键点上导致失败：（1）可能形成不完善的目标；（2）可能因不能理解标签或图标而无法找到正确的界面对象；（3）可能不知道如何指定或执行所需的行动；（4）可能收到不适当的或令人费解的反馈。

其他领域也已开发出了改进的行动阶段理论。例如，信息查询已按如下这些阶段来标识：（1）识别；（2）接收信息问题；（3）形式化查询；（4）表示查询；（5）检验结果；（6）重新形式化该问题；（7）使用结果（Marchionini and White, 2007）。当然，有些用户会跳过某个阶段，或返回到较早的某个阶段，但模型有助于指导设计人员和用户。

商业网站设计人员了解明确的行动阶段理论对指导用户通过复杂过程的优点。例如，亚马逊网站（Amazon.com）把有可能引起混淆的结账过程转换成了可理解的 4 阶段过程：（1）登录；（2）运输和支付；（3）包装；（4）下单。用户只能在这 4 个阶段间移动或返回以前的阶段来做出变更。亚马孙也了解频繁下单用户的"一键送达"需求，比如购买 Kindle 图书产品的用户。

只要深入思考开始、中间和结束阶段，设计人员就能应用行动阶段理论来确保它们涵盖足够广泛的使用范围。将新特性加入定义明确的过程中，衍生出了许多新产品。例如，可以扩展音乐播放过程，使其包含前期的音乐购买或创作阶段，以及后期的音乐共享或审查/评价阶段。

3.4.3　一致性理论

设计人员的一个重要目标是"一致的"用户界面。一致性的观点如下：如果对象和动作的术语可通过很少几个规则来排序与描述，那么用户将能够容易地学习和记住它们。下面的实例演示了一种一致性和两种不一致性（中间列表示缺乏一致性，右列演示除了一个反例以外的一致性）。

一致的	不一致的 A	不一致的 B
删除/插入表格	删除/插入表格	删除/插入表格
删除/插入列	去掉/增加列	去掉/插入列
删除/插入行	清除/创建行	删除/插入行
删除/插入边框	擦除/绘制边框	删除/插入边框

在表示一致性的左列中，每个动作都是相同的；而在不一致的版本 A 中，动作出现不同。不一致动作的动词是可接受的，但由于其变化，暗示它们将占用较长的学习时间，这将造成更多错误，减慢用户速度，并且更难以记住。不一致的版本 B 更让人吃惊，因为只有一个不可预测的不一致性。它相当突出，以至于这种语言可能因为独特的不一致性而被记住。

对象和动作（名词和动词）的一致性是较好的起点，但设计人员要仔细考虑很多其他形式的一致性。一致地使用颜色、布局、图标、字体、字号和按钮大小等，对于让用户清晰理解界面极为重要。在按钮定位或颜色等元素方面的不一致，将使用户的速度减慢 5%～10%，而术语的改变将使用户的速度减慢 20%～25%。

一致性是一个重要的目标，但可能存在有冲突的一致性形式，并且有时不一致甚至是优点（如让人们注意危险操作）。一致性的竞争形式，要求设计人员做出困难的选择，或发明新的策略。例如，尽管汽车界面设计人员都认同应将油门踏板放到刹车踏板的右侧，但并无协议规定转向信号控制应在方向盘的哪一侧。

设计移动设备时，一致性问题至关重要。在成功的产品中，用户习惯于一致的模式，如用左侧按钮启动动作，用右侧按钮结束动作。同样，应该一致地使用垂直排列的按钮来完成上下滚动操作。常见的问题之一是，电话键中字母 Q 和 Z 总是不一致地排列。

通过为设计开发详细的指南文档，说明所有的一致性要求，设计人员能够强制执行一致性（见 4.3 节）。然后，用户界面评审专家就能验证设计的一致性。这需要小心翼翼的观察和深思熟虑的考虑，如每个屏幕如何布局、每个动作序列如何执行及每种声音如何播放。

3.4.4　情境理论

层次设计理论、行动阶段理论和一致性理论，探讨的是对象和行动如何在显示器上显示，以及用户应采取什么行动来执行任务。这些理论和设计可称为微观人机交互，因为它们包括速度和误差方面的重要可度量性能。对于致力于确定任务的小组的显著差异，微观人机交互是最好的科学方法，因为它采用了 30～120 分钟的受控实验、统计学检验的实验心理学，以及认知心理学。

微观人机交互一直是一个成功的故事，但越来越多的人意识到，严格受控的实验室孤立研究仅是故事的一部分。强调用户体验、使用环境和社交的宏观人机交互的兴起，为研究者和从业者开辟了新的可能性。微观人机交互研究更多的是实验室研究，目的是为可识别任务收集明确的绩效评估（例如，查找 7 月 4 日从华盛顿特区飞往伦敦的最后一个航班需要多少秒）。宏观人机交互研究得更多的是用户人种学的观察，它长期研究用户在自身熟悉的环境下工作或游戏。微观人机交互研究的效果是统计学上的明显差异，它支持或反驳某个假设，而宏观人机交互研究的结果是对某一个现象的深刻见解，比如什么会导致增加用户满意度，如何使用事件的环境，新的应用如何改善教育、健康、安全和环境。

宏观人机交互的思想导致了多种理论，但其中最知名的是上下文理论，因为它考虑了情感、身体和使用的社会情景。乐观的用户会坚持面对挫折，应对来自邻居的干扰，并在需要帮助时寻求帮助。总之，物理环境和社会环境，与信息和通信技术的使用是紧密交织在一起的。设计不能脱离使用模式。框 3.5 总结了前面提到的各种理论模型。

框 3.5　组织用户界面评价和指南设计的理论类型

微观人机交互理论	在实验室环境中花费几秒钟或几分钟，专注于多层标准任务的可度量性能（如速度和误差）
● 层次设计	从高级设计开始，并转移到更小的对象和动作
● 行动阶段	考虑用户行为，因为他们形成意图，并试图实现他们的目标
● 一致性	争取对象和行动的一致性，通过文字、图标、颜色、形状、手势、菜单选择显示出来
宏观人机交互理论	在具有丰富社会参与的现实使用环境下花几周和几个月时间，专注于用户体验的案例研究
● 上下文	支持深度融入情感、自然和社会环境中的用户
● 动态	为用户行为的进化而设计，因为用户会在掌握程度、性能和指引中前进

Suchman（1987）在其著作 *Plans and Situated Action* 中重新探讨了人机交互的问题，她的分析广受赞誉。她认为只有在需要时才执行有序的人工计划的认知模型，不足以描述更丰富、更活跃的工作或个人使用世界。她建议用户的行动应依照时间和地点而定，这样用户行为就会对人和环境的偶然事件高度敏感。如果用户在使用界面时卡住，他们可能会求助（取决于谁在旁边）或查阅手册（取决于是否有手册可用）。如果时间紧迫，用户可能冒着危险走捷径。如果这项工作生命攸关，那么他们将会格外小心。用户没有固定计划，他们不断根据情况改变计划。分布式认知的论点，是知识不仅存在于用户的头脑中，也分布在他们的环境中——存在于纸质文档上的知识，可通过访问电子文档或从同事那里获得。

情境理论也解决了从计算机的使用到富设备环境交互的转换问题，这些环境中充满传感器、响应设备、显示墙和音频发生器。用户激活自动门、干手器或灯的开关，而不需要拿起某个设备。有时，用户处在设备内部（如汽车中），这就要求设计者必须考虑周围的空间和车内的其他人，以及声音、振动和加速度的力量。情境理论往往强调社会环境。在社会环境中，用户可以与提供帮助或引起干扰的其他人达成一致。

　　情境理论的提倡者相信，实际使用的混乱（与理想化的任务说明相反）意味着用户除了必须是测试对象外，还必须是设计过程的参与者。情境理论的支持者鼓励观察者的参与，要更多地关注详细的人种学观察、纵向案例研究和行为研究（Boellstorff et al., 2012; Crabtree et al., 2012; Horst and Miller, 2013）。

　　故障往往被视为设计的洞察力之源，鼓励用户成为善于自省的从业者，并不断参与设计细化的过程。从新手到专家的转变，他们的技能水平差异巨大，了解这些内容已经成为关注的焦点。在经过 1 个月或更久的体验之后，对于长达 1 小时的实验室测试结果，或半天的可用性测试研究作为用户的行为指南，则备受质疑。

　　情境理论与移动设备和普适计算的创新极为相关。此类设备是便携式的，或安装在物理空间中，常用来专门提供具体的位置信息（例如，便携式计算机上的城市指南，或提供关于附近绘画作品信息的博物馆指南）。全球定位系统（GPS）提供的位置信息，一方面使得新的服务成为可能，另一方面也引起了人们对滥用跟踪信息的高度关注。

　　通过观察用户在其环境中完成工作、进行社交活动、参加体育活动或游戏，设计人员能够应用情境理论。有关用户如何选择和执行任务的详细记录，包括与他人协同、内部或外部中断及发生的错误，奠定了界面设计的基础。情境理论，关注的是人如何形成意图、愿望如何具体化、同情心如何受到鼓励及信任如何形成，这些也与兴奋或沮丧、实现目标的喜悦、失败时的失望等情感状态有关。这些强烈的反应难以用数学公式预测，但重要的是需要对其加以研究和了解。为此，很多研究人员正在将他们的方法从受控实验转移到人种学观察、目标人群探讨及长期的案例研究上。调查和访谈能够为急需的理论（设计变量如何影响用户的满意度、恐惧、信任和协作的程度）提供定量的数据。

　　虽然情境理论强调对观察和研究的变化，但也可以指导设计。如果中断会使系统无法前行，那么应为用户提供停止中断的选项；如果要求在户外使用，那么对比度设置或字体大小应能很容易调整；如果与人合作具有高优先级，那么应让屏幕或短信共享功能更简单。

　　移动设备应用的分类法，能够指导创新者实现下列行为：

- 监测血压、股价或空气质量，并在其超出正常范围时发出警报。
- 收集参与者或营救队员的信息，并向所有人传达行动清单或当前状态。
- 通过投票参与大型群体活动，并通过发送私人消息来与特定的个人交互。
- 定位最近的饭店或瀑布，并识别当前位置的细节。
- 获取其他人留下的信息或照片，并与未来的访客分享信息或照片。

　　这 5 种行为可以与不同的对象（如照片、注解或文档）联系在一起，也可推荐新的移动设备和服务。这 5 种行为还建议，将用户遇到的对象及他们采取行动的方式作为考虑用户界面的一种方式（Robinson et al., 2015）。一种更加雄心勃勃地使用移动设备的方法，可能是从成千上万部手机中收集信息，这样就能确定哪里有公路塞车，或游乐园中哪种娱乐设施的等候队伍最长。

3.4.5　动态理论

　　宏观人机交互的一个重要方面是：在长达数周或数月的时间里，用户是如何成长的，尤其是当他们从新手发展到专家，从新客户发展到频繁的买家，或从维基百科读者到主动的合作者或管理者转变时，他们是如何发展的。这些理论解释了对一系列行为的设计，诸如对技能掌握的渐进发展、行为变化、声誉增长和领导能力的设计。

动态理论得益于理论应用，或者说创新扩散的理论（Rogers, 2003），其中包括 5 个属性：

1. 相对优势。更快，更安全，更无差错的使用，或更便宜。
2. 兼容性。适合用户的需求，与现有的价值观一致。
3. 试验能力。可采用创新实验。
4. 可观测性。创新对其他人可见。
5. 较低的复杂度。易于学习和使用。

这些属性引出了宏观人机交互的设计指南，如针对用户界面功能提出具体建议，整合多个特性使某些属性比其他属性更明显，将用户使用的历史信息反馈给客户。其他宏观人机交互设计指南建议为用户提供培训，培训内容涉及产品特征（告知新功能）、奖励成功（显示读书进度或比赛得分）、与他人分享进步（将运动成果告知朋友，或将价格变动通知生意伙伴）。

动态理论处理长期（数周或数月）健康行为的变化（戒烟、饮食、运动、记忆类游戏中的表现）或教育（完成在线课程或显示新增大量知识的熟悉程度）。许多动态理论涵盖了采用激励方式增大顾客忠诚度的计划，如餐馆、航空公司或酒店的奖励。这些精心设计的程序有多个级别的奖项（如铜牌、银牌、金牌和铂金牌）。这些精选的福利旨在鼓励用户的更多参与。

因为关于什么有效和什么无效的数据源不断增加，利用奖牌来奖励客户并增大客户的忠诚度，进而影响其行为，将变得越来越重要。对于设计者来说，说服用户提高使用意愿，并提供大量专注重点和个性化的方式，可明显增加成功的可能性，因为设计人员知道什么时候个人的认可、社会赞誉、社区知名度及利润回报是最有效的。

对于在线社区和用户生成内容站点的设计者来说，动态理论很强大。他们知道，用户树立品质信心和更强责任感的过程，往往需要经历多个阶段。根据维基百科贡献者（Bryant et al., 2005）的研究，这个过程至少要经历以下这些阶段：（1）与个人利益有关的文章读者；（2）在熟悉的主题中改错补遗的修正者；（3）收集文章的注册用户和管理者；（4）新文章的撰写者；（5）作者群体参与者；（6）引导未来方向的积极管理者。

根据这些结果，"读者领导者模型"描述了如何设计用户界面和社会参与特征，以促进以上这些阶段的运转，这一过程可能要持续数周或数月（Preece and Shneiderman, 2009）。对于早期阶段的用户界面设计指南和社会参与设计指南，前者可能注重关键功能和有价值的内容，后者则是来自朋友、家庭和德高望重的权威的鼓励。相比之下，后期阶段的用户界面设计指南和社会参与设计指南，前者是对于贡献的明确嘉奖，后者则能促进换位思考，支持指导，提高信任，并有助于冲突的解决。

宏观人机交互理论还催生了新的认知，人们普遍认为用户界面产生了深刻的社会影响。这些影响有些积极，如提升了社会沟通、安全或健康意识，有些消极，如分散了注意力，侵犯了隐私，或将用户暴露于黑客监控之下。远见卓识者认为用户界面能促进个体和社区事务的进步，个体事务包括警觉、反省或共鸣，社区事务包括公民参与、民主共享或解决冲突（Bell and Dourish, 2011; Nelson and Stolterman, 2012; Calvo and Peters, 2014）。在更大的范围内，宏观人机交互梦想家们相信，更好的用户界面和用户体验可以为全球发展、医疗健康改革、环境保护和争端解决提供支持。

从业人员的总结

　　设计原则和指南来源于实际经验和经验研究。管理人员评审可用的指南文档，然后构建本地版本，并从中受益。这些文档记录了组织政策、支持一致性、实际记录结果和实验测试结果。这些文档也能激发人们对用户界面问题的讨论，并帮助培训新的设计人员。更多已制定的原则（诸如识别用户的多样性、追求一致性和预防错误）已被广泛接受，但随着技术和应用的演进，它们需要新的诠释。很多任务的自动化程度都在增加，但保留人的控制仍是一个有益的目标。

　　微观人机交互和宏观人机交互理论正不断地被验证和细化，以阐明设计的含义。专家用户往往具有明确的动作序列，因此预测模型很有价值，因为这些模型可用于指导设计者减少每个步骤所需的时间。对于新的应用软件和新用户，明确任务对象和动作（如能够播放或加入播放列表的歌曲和专辑），促进一致性，能够形成提升用户信心的、易于学习的设计。对每个设计来说，扩展测试和迭代改进都是开发过程中必不可少的组成部分。

研究人员的议程

　　对人机交互研究人员而言，核心问题是开发足够的微观人机交互和宏观人机交互理论。传统的心理学理论必须加以扩展和改进，以适应用户界面和用户体验的需要，进而应对复杂的人类学习、记忆和问题求解的需求。有用的目标包括描述性分类法、解释性理论和预测模型。能够预测学习时间、性能速度、出错率、主观满意度或人的记忆保持时间时，设计人员就能更容易地在彼此冲突的设计间进行选择。

　　人机交互理论分为 5 个系列：关注分级设计、行动阶段、一致性、情景意识和进化动力学理论。即使理论只关注特定的任务（如从包括数百万个视频的数据库中选出一个视频）或特定用户（如熟练的青少年女性），也是有用的。理论应用于不同的任务时（如 Web 搜索、在线评估或鼓励社区参与），会更加强大。成百上千条已有的设计原则或指南，都对应用研究问题提出了建议。每个新生效的原则、每个明显的应用界限，对于人们使用交互系统时的进步，都有着小但有用的贡献。

万维网资源

　　许多网站都提供指南文档，用于桌面、网站和移动设备界面设计。针对身体残疾的用户和其他特殊需求，这些网站还会提出一些提高通用性策略的建议。新理论层出不穷，而网站恰好是一个可以实践最新理论的地方。这些最前沿的理论，往往诞生于那些主要的开发商和信息源，目的是进一步提高通用性：

Apple Human Interface Guidelines: http://developer.apple.com

Microsoft Windows User Experience Interaction Guidelines: https://msdn.microsoft.com

World Wide Web Consortium (W3C) guidelines: http://www.w3.org/TR/WCAG20/

Interaction Design Foundation Encyclopedia covers theories: https://www.interaction-design.org/

　　有关这些热门主题的争论，可在相关博客和新闻组中找到，使用许多常用的搜索引擎可搜索到它们，如谷歌和必应。

参考文献

Baumeister, L., John, B.E., and Byrne, M., A comparison of tools for building GOMS models, *Proc.CHI 2000 Conference: Human Factors in Computing Systems*, ACM Press, New York (2000), 502–509.

Bell, Genevieve, and Dourish, Paul, *Divining a Digital Future: Mess and Mythology in Ubiquitous Computing*, MIT Press (2011).

Boellstorff, Tom, Nardi, Bonnie, Pearce, Celia, and Taylor, T.L., *Ethnography and Virtual Worlds: A Handbook of Method*, Princeton University Press (2012).

Bødker, Susanne, Third Wave HCI, 10 years later: Participation and sharing, *ACM* Interactions *22,* 5 (Sept.–Oct.2015), 24.

Bryant, Susan, Forte, Andrea, and Bruckman, Amy, Becoming Wikipedian: Transformation of participation in a collaborative online encyclopedia, *Proc.ACM SIGGROUP International Conference on Supporting Group Work,* ACM Press, New York (2005), 1–10.

Calvo, Rafael A., and Peters, Dorian, *Positive Computing: Technology for Wellbeing and Human Potential*, MIT Press (2014).

Card, Stuart K., Mackinlay, Jock D., and Robertson, George G., The design space of input devices, *Proc.CHI '90 Conference: Human Factors in Computing Systems,* ACM Press, New York (1990), 117–124.

Card, Stuart, Moran, Thomas P., and Newell, Allen, *The Psychology of Human-Computer Interaction,* Lawrence Erlbaum Associates, Hillsdale, NJ (1983).

Carroll, John M. (Editor), *HCI Models, Theories, and Frameworks: Toward a Multidisciplinary Science*, Morgan Kaufmann, San Francisco, CA (2003).

Carroll, John M., Human computer interaction—brief intro.In Soegaard, Mads, and Dam, Rikke Friis (Editors), *The Encyclopedia of Human-Computer Interaction,* 2nd Edition, The Interaction Design Foundation (2014).Available at https://www.interaction-design.org/encyclopedia/human_computer_interaction_hci.html.

Crabtree, Andrew, Rouncefield, Mark, and Tolmie, Peter, *Doing Design Ethnography,* Springer, London (2012).

Cummings, M.L., Man versus machine or man + machine? *IEEE Intelligent Systems 29,* 5 (2014), 62–69.

Endsley, Mica R., and Jones, Debra G., *Situation Awareness: An Approach to User-Centered Design,* 2nd Edition, CRC Press (2004).

Foley, James D., van Dam, Andries, Feiner, Steven K., and Hughes, John F., *Computer Graphics: Principles and Practice in C,* 2nd Edition, Addison-Wesley, Reading, MA (1995).

Grudin, J., A moving target: The evolution of human-computer interaction.In J. Jacko (Editor), *Human-Computer Interaction Handbook: Fundamentals, Evolving Technologies, and Emerging Applications,* 2nd Edition, Taylor & Francis (2012).

Hackos, JoAnn T., and Redish, Janice C., *User and Task Analysis for Interface Design,* John Wiley & Sons, New York (1998).

Hartson, R., and Pyla, P., *The UX Book: Process and Guidelines for Ensuring a Quality User Experience*, Morgan Kaufmann (2012).

Horst, Heather A., and Miller, Daniel (Editors), *Digital Anthropology*, Bloomsbury (2013).John, B.E., Using predictive human performance models to inspire and support UI design recommendations, in *Proceedings of the Conference on Human Factors in Computing Systems* (CHI '11), ACM, New York, NY（2011）, 983–986.

Johnson, Jeff, *Designing with the Mind in Mind: Simple Guide to Understanding User Interface Design Rules*, 2nd Edition, Morgan Kaufmann, San Francisco, CA（2014）.

Lynch, Patrick J., and Horton, Sarah, *Web Style Guide: Basic Design Principles for Creating Web Sites,* 3rd Edition, Yale University Press, New Haven, CT（2008）.

Marchionini, G., and White, R.W., Find what you need, understand what you find, *International Journal of Human-Computer Interaction 23,* 3（2007）, 205–237.

Moreno, R., and Mayer, R.E., Interactive multimodal learning environments, *Educational Psychology Review* 19（2007）, 309–326.

Nahl, Diane, and Bilal, Dania（Editors）, *Information and Emotion: The Emergent Affective Paradigm in Information Behavior Research and Theory*, Information Today, Medford, NJ（2007）.

National Cancer Institute, *Research-based Web Design and Usability Guidelines*, Dept.of Health & Human Services, National Institutes of Health（2006, updated on the web at http://www.usability.gov）.

Nelson, H.G., and Stolterman, E., *The Design Way: Intentional Change in an Unpredictable World,* 2nd Edition, MIT Press, Cambridge, MA（2012）.

Norman, Donald A., Design rules based on analyses of human error, *Communications of the ACM* 26, 4（1983）, 254–258.

Norman, Donald A., *Design of Everyday Things,* Revised Edition, Basic Books, New York（2013）.

Norman, Kent L., *Cyberpsychology: An Introduction to the Psychology of Human-Computer Interaction*, 2nd Edition, Cambridge University Press, New York（2015）.

Parush, Avi, *Conceptual Design for Interactive Systems: Designing for Performance and User Experience*, Elsevier/Morgan Kaufmann（2015）.

Pirolli, Peter, *Information Foraging: Adaptive Interaction with Information*, Oxford University Press（2007）.

Polson, Peter, and Lewis, Clayton, Theory-based design for easily learned interfaces, *Human-Computer Interaction* 5（1990）, 191–220.

Preece, J., and Shneiderman, B., The Reader-to-Leader Framework: Motivating technology-mediated social participation, *AIS Transactions on Human-Computer Interaction 1*, 1（March 2009）, 13–32.Available at http://aisel.aisnet.org/thci/vol1/iss1/5/.

Robinson, Simon, Jones, Matt, and Marsden, Gary, *There's Not an App for That: Mobile User Experience Design for Life*, Morgan Kaufmann（2015）.

Rogers, Everett M., *Diffusion of Innovations,* 5th Edition, Free Press, New York（2003）.Rogers, Yvonne, *HCI Theory: Classical, Modern, and Contemporary*, Synthesis Lectures in Human-Centered Informatics（Series Editor John M.Carroll）, Morgan & Claypool Publishers（2012）.

Sanders, M.S., and McCormick, E.J., *Human Factors in Engineering and Design,* 7th Edition, McGraw-Hill, New York（1993）.

Shneiderman, Ben, Promoting universal usability with multi-layer interface design, *ACM Conference on Universal Usability*, ACM Press, New York（2003）, 1–8.

Shneiderman, Ben, Human responsibility for autonomous agents, *IEEE Intelligent Systems 22,* 2（March/April 2007）, 60–61.

Smith, Sid L., and Mosier, Jane N., *Guidelines for Designing User Interface Software*, Report ESD-TR–86–278, Electronic Systems Division, MITRE Corporation, Bedford, MA（1986）.Available from National Technical Information Service, Springfield, VA.

Suchman, Lucy A., *Plans and Situated Actions: The Problem of Human-Machine Communication*, Cambridge University Press, Cambridge, U.K.（1987）.

U.S.Federal Aviation Administration, *The Human Factors Design Standard*, Atlantic City, NJ（updated May 2012）.Available at http://hf.tc.faa.gov/hfds/.

Wickens, Christopher D., Hollands, Justin G., Banbury, Simon, and Parasuraman, Raja, *Engineering Psychology and Human Performance,* 4th Edition, Psychology Press（2012）.

第二部分

设计过程

　　设计本身是一个精细的过程，在增强黏性的过程中，针对生产对象或服务，设计人员需要逐步制订详细的方案。交互设计将这些想法应用于创造数码产品的过程中，如应用程序、网站和设备。那么，为何要在一本人机交互的书籍中，包含一整章来谈论设计呢？原因之一是，"设计"毕竟是本书书名的一部分，但更准确地说，人机交互的核心实际上是一种设计原则。对于交互设计来说，不存在内在的"法则"，只有指南、经验法则和最佳实践。因此，书中包含了设计思想的应用、过程和方法，并分布于全书的各个章节中。例如，第 8 章介绍菜单栏，第 10 章讲解设备，第 16 章分析可视化。为了更好地理解设计的特定应用，最好把所有的基本设计概念都放到书中的某部分中，以便读者能又快又方便地查找相关文献。

　　鉴于交互式设计过程的复杂性，这一部分分为三章。第 4 章介绍设计过程的创造性步骤：需求分析、概要设计、详细设计和实现。第 5 章讨论评估环节中从可用性研究到专家评论的大量细节。第 6 章介绍如何将设计过程应用到实践中，其中包括三个翔实的案例：ATM 的迭代设计、苹果电脑的一致性设计，以及沃尔沃的数据驱动设计。

第4章 设　计

如人们所断言的那样，从来没有任何产品是灵机一动而发明的，也从来没有人以同样奇妙的方式为任何产品制定一组需求。这些需求可能由一时的灵感触发，但几乎可以肯定地说，只有经过反复评估，突发的奇思妙想才能发展到值得拿起笔记录下来的程度。特别是开发全新产品时，制定一组需求可能更要依赖某种程度上对初始想法的检验。

W. H. Mayall, *Principles in Design*, 1979

计划就是发电机。没有计划，就缺少秩序和意志。计划本身掌控着感觉的本质。

Le Corbusier, *Towards a New Architecture*, 1931

4.1 引言

设计可以大致定义为：为得到人造合成品而必须创建一些规范的过程，合成品包括产品、服务和流程。世界上生产出来的所有物品都是人造而非天然的。无论是有意的还是其他原因，这些合成品都是某种设计过程的结果。用户界面也不例外，它显然不是自然产生的，而在很大程度上是合成的。然而，早期的计算机制造商能迅速让工业设计人员确定首批计算机的物理外形，但他们对交互设计即对数字界面本身的设计的需求并不敏感（Moggridge, 2007）。目前人们已逐步建立了设计学科，并且交互设计定义为：为数字对象如设备、界面、服务和信息制订计划和规范。

设计者创造一款新的电子产品时，会有意或无意地对产品的外观、手感和功能做出各种决定。通过精心考虑数字产品和服务的创建，他们能使得产品和服务更有吸引力，并通过易学、易懂和易用的用户界面来满足人们的需求。早期程序员设计的计算机应用功能强大，因为这些程序是为程序员本身或其同伴设计的，但当计算机的用户逐步变为非技术领域的人时，这种方法就不太管用了。Bill Moggridge（2007）称这种现象为"对芯片仁慈而对人残酷"，这是交互设计的早期失败。

今天，智能手机、社交媒体和电子商务的用户，不再是早期的程序员和工程师，而有着截然不同的背景。他们对晦涩难懂的界面不感兴趣，更倾向于对专业或娱乐的需求，而不太专注于技术本身。因此，有效的交互设计需要以预期的用户为出发点，并专注于促进产品的功能。专业的交互设计师会仔细观察用户，然后对他们进行详细分析，并据此反复完善产品原型。最后，通过先期的可用性和验收测试，全面验证界面的设计。然而，对于任何设计原则来说，功能都不是电子对象唯一重要的方面。形式是另一方面，它有时会与功能冲突。可以这么说，好的形式会促进功能（因为从美学角度看，令人心动的产品能吸引人来使用它）。另一方面，非常复杂的形式可能会妨碍对产品的使用，这也是事实。考虑一个没有把手的橱柜门：根据当代设计思想，这种设计会使柜门变得平整而具有吸引力，但它缺少如何打开柜门的直观提示。事实上，用户可能无法立即意识到，没有把手的门实际上依然是一个门，更不用说它可以打开了！这个道理对于界面同样适用：让形式服从功能往往是有道理的（Sullivan，1896）。第 12 章将讨论形式和功能之间的折中。

尽管交互设计和其他设计学科之间存在相似性，但交互设计有其独特之处。数字媒体的重要特性之一是：它们可随意重现，不需要消耗原始副本或花费额外的资源。和真实材料一样，它们也有几种物理要求，比如成本、易于制造和物理稳定性。从本质上说，信息技术是"无质量材料"（Löwgren and Stolterman, 2004）。对于软件工程，这一事实已经引发了全球范围内的开源运动。支持开源的程序员，甚至专家级程序员，都愿意免费放弃他们辛勤的工作成果。对于界面和交互性设计，与有形的产品相比，数字媒体意味着设计师几乎可以不受物理条件的限制。数字按钮可以是任意大小，或可以完全由黄金或钻石镶嵌而成，对整体项目而言没有成本的增加或降低。事实上，在整个过程中，设计师可以自由地尝试许多可选设计，除时间之外不会有任何其他花销。然而，这种额外的自由是一把双刃剑，因为约束往往有助于减少潜在的设计空间，甚至可以提高设计者的创造力。如果没有这样有帮助的约束来减少对数字界面和对象的设计空间，交互设计师在现实世界中常常会遇到非常棘手的问题，这些问题可能会比现实世界中的工业设计师的问题更为艰巨。

良好设计的关键是从组织自身开始。这主要是因为设计是不可预测的，它需要灵活的组织结构，以及面向各种设计过程的广泛商业战略。事实上，有些公司如苹果、百事可乐、飞利浦、起亚汽车等，都有专门的首席设计官（CDO）来监督这种不可预测性。4.2 节提供了种结构和策略的实例，管理人员需要适应他们的组织、项目、时间表和预算。

这种不可预知和动态的性质，需要一个强大而灵活的设计过程。4.3 节介绍了一个四阶段的迭代设计过程，包括需求分析（阶段 1），概要和详细设计（阶段 2），建立和实施（阶段 3），评估（阶段 4，在第 5 章中描述）。这个过程不断重复，直到评估阶段的输出满足指定的需求为止。设计周期本身是一个更大周期的一部分，它结合了产品的整个生命周期，包括部署、维护和新系统更新。

4.4 节讨论设计框架，并将整个设计理念和设计方法渗透在这一过程中。交互设计人员对三个特定的框架特别感兴趣：敏捷和快速原型设计，以用户为中心的设计，以及参与式设计。对设计框架的准确选择，依赖于组织、项目团队和正在设计的产品。

如果框架提供了高层次的结构，那么设计方法就是用于填充结构的构建模块。4.5 节回顾了流行交互设计方法中，设计过程中的每个阶段，包括人种学研究与表征（阶段 1），脚本和前景规划（阶段 2），纸模型和原型设计（阶段 3）。第 5 章中还将介绍阶段 4 涉及的评估方法。

设计是一项具有挑战性的活动，对于新人而言，很难在纯粹的理论环境下学习，甚至对于经验丰富的设计者，也面临的是一个新领域。4.6 节提供了一些可促进设计过程的最佳实践，包括 UX 原型设计工具、UX 指南文件、交互设计模式的概念和 UX。设计模式最初针对的是不同地区的城市规划（Alexander, 1977）和软件工程（Freeman et al., 2004）的需求，它通过具体且可重复的方法来解决常见问题。本节介绍如何将设计模式应用于交互设计。

4.7 节介绍设计过程中应注意的法律问题，包括隐私、安全、知识产权、标准化和认证等。

参阅：

第 5 章　评估和用户体验
第 12 章　提升用户体验

4.2 设计的组织支持

目前，大多数公司并不设置首席可用性官（Chief Usability Officer，CUO）或可用性副总裁这类职位，但有些公司已经开始聘请首席设计官（CDO），因此在每个层面都可能有助于提高可用性和设计思想。苹果公司就是这样的例子，它是首批设置 CDO 的公司之一，而由于其创新型、精良的设计和有用的产品而广受赞誉。即使公司没有设置 CDO，也可以通过报告、内部研讨会、简报和奖励来激励组织。然而，在传统组织中仍会存在问题，比如对新技术的抵触、软件工程师角色的转换等。

组织改变是困难的，但有创造力的领导者能够融合灵感和激励。捷径之一是吸引多数专业人员对品质的追求。当专业人员通过更短的学习次数、更快的性能或通过设计优秀的界面获得更低的出错率时，管理人员就会倾向于赞同应用可用性工程方法。对电子商务管理人员来说，更感兴趣的是更高的转换率、扩大的市场份额，以及更大程度地提升客户关系。对客户产品管理人员来说，其目标是出现更低的退货或投诉、提升的品牌忠诚度和更多推荐。另一种退而求其次的方法是，找出因为当前复杂设计造成的挫败、混乱和高出错率，同时研究采用了可用性工程方法而成功的竞争对手。

可以从不同的来源为组织变革聚集动力。大公司几乎总是质疑可用性工程和交互设计的投资回报率（ROI）。然而，专注于可用性的成功商业案例正不断出现（Karat, 1994; Marcus, 2002; Bias and Mayhew, 2005; Nielsen, 2008）。Claire-Marie Karat 在 IBM 内部的报告（Karat, 1994）对外发布后，立即成了一份有影响的文档。报告称，在可用性上每花费 1 美元，就会有多达 100 美元的回报。这些可确认的收益包括：减少程序开发成本、降低程序维护开支、因用户满意度较高而提高收益，以及提高用户效率和生产力。其他经济分析表明，如果在项目开发初期设计人员就一直谨记可用性，组织生产力就会发生根本变化（提高达 720%）（Landauer, 1995）。

变化的压力也可能来自客户本身。企业营销部门和客服部门逐渐意识到可用性的重要性，而认识到其重要性则是建设性鼓励的来源。如果竞争产品具有类似的功能，可用性工程对于产品验收来说就会至关重要。今天的客户很挑剔，而且对质量要求很高，但客户的整体品牌忠诚度却在稳步降低。保持客户群的基本规模，并且保证其不断增长，能够成为一个组织专注于交互设计和可用性工程的强大动力。

最后，在有些行业中，可用性工程已成为一项必需的认证和标准。比如，航空航天业已经具备人类系统整合（HIS，Human Systems Integration）要求，即综合处理人性因素、可用性、显示设计和导航等（美国国家研究委员会, 2007）。

因此，大多数大企业和许多小企业现在都设置了一个集中的人力因素小组，或称为可用性/UX 实验室，作为设计和测试技术专业知识的来源。事实上，很多组织已经创建了专用的可用性实验室来提供专家评审，以及在严格监控的环境下进行开发过程中的可用性测试（Rubin and Chisnell, 2008）。除了内部可用性团队，外部专家有时可以在困难的设计和可用性的决定上提供新的和中立的见解。这些内容和其他评估策略将在第 5 章中介绍。

对于可用性测试，仅有组织支持并不够，还应包括设计过程中的创造性部分。每个项目都应该有自己的用户界面设计人员。需要进一步的专业意见、文献参考或可用性测试时，设计人员应具备必要的开发技能，能管理其他人的工作，准备预算和时间表，并协调内部和外部的人力因素专家。具有强大设计精神的组织了解这一点，他们的例子可以用来在更多的传统企业中引导变革。

在某些交互式设计活动中，可用性分析的投资回报不会在开发周期内立即显现。但在交付系统中，真正的可用性对成功与否至关重要。投票机就是我们熟悉的一个例子。令人困惑并产生误解的投票，最终结果会是灾难性的，而且会与投票人的最大利益相违背。而可用性分析和相关的开发成本，应由构建电子表决系统的政府承包商来控制。

由于用户界面设计领域已经成熟，因此项目的复杂性、规模和重要性都已提升。角色专业化正逐步显现，正如它在建筑、航空航天和图书设计等领域中那样。界面设计在编写万维网、移动或桌面应用时采用了全新的视角，出现了跨媒体翻译相同信息的新兴学科。最终，个人将在特定的问题领域变得高度熟练，比如用户界面开发工具、图形显示策略、语音和音调设计、快捷方式、导航和在线教程编写。他们希望请教设计师、图书设计人员、广告撰稿人、教材作者、游戏设计者或动画师。敏锐的系统开发人员认识到，有必要聘请心理学家进行实验测试、社会学家评估组织影响、教育心理学家改进培训过程、社会工作者指导客户服务人员。

可用性工程师和用户界面架构师（有时称为用户体验团队）正逐步获得管理组织改变方面的经验。当人们的注意力从软件工程或管理信息系统移开时，控制和权力的争斗在预算和人事分配中就会体现出来。那些拥有具体组织计划、可辩解成本/效益分析和实用开发方法学，并且准备充分的管理人员，最有可能获胜。

4.3　设计进程

设计本质上是创造性的和不可预测的，因此不受约束。在交互系统背景下，成功的设计者会有机融合技术可行性知识和无与伦比的美感，而美感恰好可以吸引和满足用户。定义设计的一种方法，是通过它的操作特性（Rosson and Carroll, 2002）：

- 设计是一个过程，它不是一个状态，它无法完全静态地表示。
- 设计过程是非层次化的，它既不是严格自下而上的，也不是严格自上而下的。
- 设计过程会彻底变化，它包括演化出的部分和临时的解决方案，这些方案在最终的设计中却没有发挥作用。
- 设计本质上涉及新目标的产生。

这些设计的特性传达了设计过程的动态特性。迭代设计过程以这个操作性定义为基础，包括 4 个不同的阶段（见图 3.1）：需求分析（阶段 1），概要和详细设计（阶段 2），建立和实施（阶段 3），评估（阶段 4）。这是基本的过程，描述了整体结构。针对特定的设计团队和特定的设计架构，它们所采用的框架、方法和工具会有所不同。首先，与流水线模型不同，这个过程的主要特点是反复性和周期性。在流水线模型中，一段管道是为下一段管道服务的。设计过程中，每个阶段不断重复，直到最终产品的质量被接受。其次，存在几个有助于每个阶段循环的跨领域的因素，包括学术和用户研究，指南和标准，以及工具和模式。

每个阶段的描述如下。

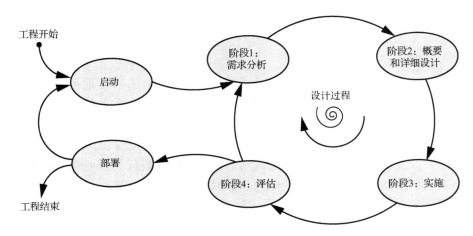

图 4.1　交互设计的迭代设计过程

尽管这里只关注交互系统或产品的人因和社会要素，但总体设计过程也包括技术方面。许多技术设计过程（如软件工程）遵循同样的 4 个阶段周期，它们允许交互设计和工程，并能轻易地彼此融合。

4.3.1　阶段 1：需求分析

这一阶段为交互式系统和设备收集所有必要的需求，并产生详细需求或文档。通常而言，征求、获得和确定用户的需求，在任何开发工作中都是成功的关键（Selby, 2007）。根据交互需求，提出和达成协议的途径在组织和行业中各不相同，但最终的结果是相同的：用户对象的明确界定及用户需执行的任务。

收集交互设计需求是整个需求分析和管理阶段的一部分，它往往会直接影响工程设计。例如，用手指作画的应用需要低延迟的多点触摸显示屏。因此，即使是专为用户体验和交互设计而编写的需求文档，也通常由如下三部分构成（具体示例见框 4.1）：

- 功能性需求。规定系统应该支持指定的行为（通常在"用例"中捕获，见下文）。
- 非功能性需求。确定指导交互系统操作的总体标准，它不需要与特定动作或行为绑定。特定的动作或行为包括硬件、软件、系统性能、可靠性等。
- 用户体验需求。特别指定一些非功能性需求，这类需求来自用户交互和用户界面（导航、输入、颜色等）。

需求文档会使产品团队成员之间达成共识。软件项目的成败往往取决于所有的参与者，即取决于开发人员和用户之间的精确与完整理解。若缺乏足够的需求定义，则既不能确定要解决什么问题，也无法知道何时能完成。

框 4.1 中给出了电子商务网站、银行柜员机（ATM）及移动消息应用的交互设计需求的例子。注意，不要将人类操作的行为（需求）强加给交互设计需求。例如，最好不要指定这样的需求："用户将决定在 15 秒内从银行柜员机上取款多少钱"，而是要将这样的需求分配给计算机系统："在用户响应提示之前，银行柜员机允许用户在 15 秒内选择取款额……"

框 4.1　交互系统需求的例子

　　关于系统行为的三个不同类型的交互系统需求的例子：电子商务网站、银行柜员机和移动消息应用。

功能性需求

- 网站：允许用户购买商品，并根据访问和购买历史提供其他相关的商品。
- ATM：应通过输入 PIN 码来识别用户，并验证它与系统中的 PIN 码是否匹配。
- 移动应用：任何时候应用都能发送消息，即使不在服务区（此时先保存信息，以后再发送）。

非功能性需求

- 网站：赋予用户任何时候都可访问自己账户的能力，允许查看和修改姓名、地址、电子邮件、电话等。
- ATM：允许客户在 15 秒内做出选择。应提醒客户：若未做出选择，会话将结束。
- 移动应用：消息应在 2 秒内发送，将用户返回到新的消息窗口（必要时，消息应继续在后台运行）。

用户体验需求

- 网站：浏览网站页面时，应在同一位置出现导航菜单。
- ATM：屏幕上的提示和指令应清晰和可访问，ATM 应在半秒内返回用户的命令。
- 移动应用：应支持定制设置，如配色方案、面板和声音。

　　尽管功能性需求可被简化为非正式的动作清单（见框 4.1），但借助软件工程中的"用例"概念可能更为方便，因为它直接连接用户并交互。简而言之，用例就是一种形式化的场景，它能逐步捕获动作发起者和系统之间的操作（在通用软件工程中，动作发起者可能是另一个系统，但这里指的是用户）。我们的原则是：系统应只是所有用例的汇总，如果没有用例支持某项功能，就不必实现这一功能。对于系统评估（阶段 4），这一原则也给出了简单的指导：若所有用例都能成功实现，则系统就是正确且有效的。

　　实际收集和分析交互设计需求的方法有多种，如人种学研究、讨论组和用户访谈，详见 4.5 节的介绍。在人机交互中，还需探讨哪些功能计算机要做得比人类好（参见 3.3.6 节），开发过程中要在这两者间进行折中。

4.3.2　阶段 2：概要和详细设计

　　设计过程的核心是实现来自上一阶段的需求。设计阶段可分解为两个阶段：概要阶段和详细阶段。概要阶段的任务是，明确交互系统的高层次设计或架构，而详细阶段的工作是指定每个交互的细节。设计阶段的结果是一份详细的设计文件。

　　概要设计也称架构设计。进行工程配置时，这一阶段往往需要明确系统的体系结构。对于用户体验和交互设计，概要设计要映射出高层次的概念，如用户、控件、界面显示、导航机制、整体工作流程等。概要设计也称概念设计，因为在软件工程中，可通过概念之间的关系，将高层的概念组织为概念图。总之，这一活动要开发出一个心智模型，用户使用它时，应熟悉这个交互系统。下面是在这一阶段需要回答和完善的问题：系统是集中在中心视图（如地图或表格），还是显示为单个表单序列或一组链接？与其他应用集成的应用，会在需要时自动弹出吗？需设计为持续运行吗？

高层次的概念及其关系是进行详细设计的起点。这一阶段需要规划出所有操作，即在用户和交互系统之间，仅达到实现并保持技术细节的水平。无论是否使用上节中讨论的用例概念，都可以通过创建和改善对用户和系统之间的交互逐步列出。

设计交互系统的困难之一是：客户和用户可能没有明确的想法，即什么样的系统才是他们所期望的。交互系统在许多情况下很新奇，用户可能无法意识到设计决策的影响。遗憾的是，系统一旦实施，再对它做出重大改变会是困难的、昂贵的和费时的。尽管这一问题并无完整的解决方案，但如果在早期阶段，客户和用户能基本确定最终系统的功能，就可避免出现严重失误。设计阶段所采用的合适方法，不应仅是获取用户的需求，还应包括找到满足这些需求的解决办法。

合适设计方法的例子包括素描、纸模型、高保真原型。此外，通过使用工具、模式和最佳实践，可以了解所有方法。例如，指南文档给出了特定设计选择的方向，如菜单设计、显示布局和导航技术等。模式推荐采用有效的方法来设计界面，如网站的单页应用或桌面工具的多文档界面。可以采用专用线框图工具来快速创建设计模型。4.6 节将深入探讨这些工具和模式。

4.3.3　阶段 3：构造与实施

实施阶段是指将所有精心的设计转化为实际的、可运行的代码（另一种快速设计方法称为敏捷开发框架，见 4.4.1 节）。这一阶段的结果是工作系统（可能不是最后一个）。实现这一阶段的软件和硬件工程，超出了本书的范围。以下仅简单列出针对不同计算环境的软件开发平台：

- 手机。创建移动应用时，通常需要使用 SDK（软件开发工具包）和操作系统制造商提供的开发环境：Java 的 Android SDK，Objective-C 的 Apple iOS SDK，以及 Windows Phone/Mobile SDK。多数 SDK 要求注册为开发人员，以便能够进行应用交换，使普通用户也能使用所开发的应用。由于移动应用的开发通常都是跨平台的，而开发实际上是在个人计算机上进行的，因此所有 SDK 都带有模拟器，用于在个人计算机的虚拟手机上测试应用。

- 网络。浏览器已成为无处不在的信息访问平台，且现代 Web 技术功能全面，可以实现模拟或取代传统的计算机软件。Web 应用和服务通常包括服务器端软件和客户端软件。客户端软件运行在用户的浏览器上，用 JavaScript 编写。服务器端软件运行在 Web 服务器或相连的主机上，通常采用 PHP、Ruby、Java 和 JavaScript 等语言编写。针对 Web 开发，新出现的一种变化是利用 Web 技术构建移动应用。这类移动应用运行在专用的浏览器实例上，与采用标准 SDK 开发的常规应用几乎没有区别，但同时具有跨不同移动操作系统平台的优点。

- 个人计算机。开发个人计算机专用的应用，通常需要使用针对指定操作系统的标准 SDK。例如，像 Microsoft 的 Visual Basic/C++这样的开发环境，简单易用且功能很强。C#和.NET 框架也是很好的开发工具。对于与操作系统无关的跨平台软件开发，Oracle 的 Java 最受欢迎。希望编写 Java 程序时，可以使用 Java 开发工具包（JDK）。

不管平台是什么，都应评估开发工具的功能，还应考虑它的使用、学习、成本和性能。需要根据任务需求来挑选合适的开发工具。类似于任何其他（尤其是大规模）软件开发活动，同样需要建立一个支持用户界面项目的软件体系结构。

4.3.4　阶段 4：评估

在设计周期的最后阶段，开发者需测试和验证系统的实现情况，以尽可能早地确保其符合需求和设计方案。验证过程的结果是针对特定测试性能的验证报告。如前所述，验证特定测试用例的简单方法，是查看每个用例是否都能够成功完成。交互系统是所有能想象到的用户操作的总和，因此这样的测试需要覆盖所有的系统功能。根据测试结果，设计团队将决定是继续系统的生产和部署，还是重新进入另一个设计周期。

验证是设计过程中的重要组成部分。戏剧制片人知道，让评论家观看大量的排练和预演，对确保首演成功很有必要。早期的排练可能只涉及穿着普通服装的主演，但当首演临近时，全体演员都需带妆彩排，道具和灯光也必须就位。飞机设计师需对飞机进行风洞试验、搭建客舱布局的胶合板模型、构造完整的模拟驾驶舱，并对第一个飞机原型进行全面的飞行测试。同样，网站设计者知道，在向客户发布网站之前，必须进行许多小测试和一些大型组件综合测试（Rubin and Chisnell, 2008）。除专家审查外，目标用户测试、调查和自动分析工具也很有价值。这些程序很大程度上取决于可用性研究的目标、预期用户的数量、错误的严重程度和投资规模。第 5 章将深入讲解适合这一阶段的评估方法。

4.4　设计框架

在所有项目中，上述设计过程总体保持不变，但执行方法可以不同。设计框架的概念遵循了如下思想：设计所用的特定风格和方法，需要引导整个设计过程。具体地说，过去几十年的交互设计实践，已形成了指导设计过程的几种独特方法。本节介绍以用户为中心的设计（UCD）、参与式设计（PD）等概念，以及新出现的"敏捷交互设计"思想。

4.4.1　以用户为中心的设计

许多软件开发项目无法实现其目标，有人估计失败率达 50%（Jones, 2005）。大部分这类问题，可归因于开发人员与客户之间沟通不畅，或开发人员与用户之间沟通不畅，导致系统和接口强迫用户去适应及改变行为，而不是定制界面来满足用户的需求。

与此相反，以用户为中心的设计（UCD）所规定的设计过程，需在每个设计阶段都考虑到最终用户的需求、想法和局限性（Lowdermilk, 2013）。在设计过程中，直接考虑预期用户的因素，对设计团队关于用户行为的设想是一种挑战，但有助于设计人员从多方面了解用户的真实需求。在软件开发的早期阶段，尤其需要关注以用户为中心的设计问题，因为这样做会极大地降低开发时间和成本。以用户为中心系统，在开发期间所出现的问题更少，在使用期间的维护成本也更低。这种系统更易学习，性能更好，能大幅度地降低用户错误，并可鼓励用户去探索超出需求之外的功能。最为重要的是，以用户为中心的设计，可降低设计者建立"错误系统"（非用户所需和所要求的系统）的风险。此外，以用户为中心的设计实践，还可在商业需求和优先级方面，帮助组织调整系统功能。

　　很明显，以用户为中心的设计的前提是用户参与，而用户参与恰恰是最大的挑战，例如无法挑选大量代表性用户，因为用户无法或不愿意参与，且缺乏技术知识来与设计者有效沟通。即使克服了这些挑战，许多用户可能仍然无法提出明确的系统或产品需求。从非技术业务经理处获得准确的需求后，成功的开发者会通过慎重的工作来了解商业需求，并按照这些需求来优化技术。此外，业务经理可能会因缺乏技术知识而无法理解开发者的提议，因此为减少组织关于设计决定的混乱性，双方沟通很有必要。

4.4.2　参与式设计

　　不同于以用户为中心的设计，参与式设计（PD）是指人们直接参与到所用产品和技术的协同设计中。赞同意见认为，更多的用户参与会带来有关任务的更准确信息，以及用户影响设计决策的机会。在成功的实现中构建用户自我投资的参与感，可能会对用户接受最终系统的程度方面产生最大影响（Kujala, 2003; Muller and Druin, 2012）。另一方面，用户的广泛参与可能是成本高昂的，并可能会延长实现周期。同时，也可能会使未参与或建议遭到拒绝的人产生敌意，进而迫使设计人员放弃他们的设计，以满足不胜任参与者的要求。

　　参与式设计的经验通常是正面的，倡导者能够找出很多缺少用户参与就会遗漏的重要功能。人们目前已提出参与式设计的很多变体，这些变体会让参与者创造戏剧表演、摄影展、游戏、草图或书面场景。例如，用户可以要求草图界面，并使用纸条、塑料片和胶带来创建低精度的早期原型。场景遍历能够记录为视频，以便向管理人员、用户或其他设计人员演示。高精度的原型和仿真，也可能是引出用户需求的关键。

　　仔细挑选用户，有助于成功地获得参与式设计的经验。竞争性挑选可增加参与者的使命感并强调项目的严肃性。另外，可能会要求参与者承诺出席重复性的会议，并告知他们应发挥的作用和影响。用户可能需要了解技术和组织的商业计划，并与其代表的用户群进行沟通。

　　围绕复杂界面实现的社会和政治环境，人们目前尚无开展严格定义方法或受控实验的研究。社会和工业心理学家对这些问题很感兴趣，但未出现值得信赖的研究与实现策略。敏感的项目负责人必须判断每种情况的优缺点，进而决定用户参与的程度。参与式设计团队成员的个性是非常关键的决定性因素，例如，邀请群体行为和社会心理学家作为顾问就很可取。然而，很多问题仍有待研究：是同质化的群体还是多样化的群体更能导致成功？如何为小型群体和大型群体做出取舍？如何在典型用户与专业设计人员之间对决策控制进行折中？

　　交互系统是否能取得成功，有经验的交互设计者知道组织的政策和个人的喜好要比技术问题更为重要。例如，仓库管理人员若认为交互系统对其职位造成威胁（如系统通过数字显示方式为高级管理人员提供最新信息），就会试图拖延数据的录入或降低数据的准确性，进而导致系统失败。界面设计人员应考虑系统对用户的影响，让用户参与系统的设计并耐心解释用户所关心的问题，以免用户的抵制。新颖性正在威胁很多人，因此清晰地陈述所预期的结果，有助于用户减少焦虑。

　　设计人员正在就参与式设计的想法与不同用户共同改进。安排有些用户（如存在认知障碍的用户或时间有限的用户）参与改进很困难。然而，人们对用户参与的程度正变得越来越清楚。例如，一种分类法描述了儿童和老年人在界面开发中的角色。这些角色从消息提供者变成了合作者（Druin, 2002；见图 4.2）。测试者仅在对设计进行检验时才会参与，而消息提供者可通过访谈和讨论组来评论设计人员的工作。参与式设计的主要特点是：参与设计的合作伙伴是积极向上的，且是一流产品设计团队的成员。

图 4.2 马里兰大学的代际和跨学科设计团队 KidsTeam（儿童团队），正使用纸质原型来研究新的人机交互技术（http://hcil.umd.edu/children-as-design-partners/）

4.4.3 敏捷交互设计

传统的设计过程是重量级的，因为它需要大量的时间、人力和物力。对于今天快速变化的市场和多变的用户而言，传统设计过程往往不会有足够的回应。"敏捷开发"这一概念最早源于软件工程领域，它表示一类适用于团队开发的方法，目的是确保灵活性、适应性，并快速对不断变化的需求做出快速反应，并以渐进式开发为基础。以渐进方式开发的软件，其功能可逐步扩展，且每个版本的发布周期很短。类似地，"快速原型法"源于制造学科，它是快速制造零部件或采用计算机辅助设计（CAD）的组件技术。这两种方法都试图克服困扰传统重量级设计过程的因素，以更灵活、更敏捷的方法来进行设计。这些方法也可组合用于交互设计，以便快速创建交互式系统，进而满足用户需求。事实上，在敏捷开发过程中，将用户和可用性考虑在内，有助于解决一些敏捷开发方法的常见问题：持续迭代设计会使得界面不断变化，进而会导致不一致性，并使得用户体验混乱。

因此，敏捷交互设计是轻量级的设计过程，它提升了敏捷软件开发的递增性和迭代性。设计过程包括高保真原型、可用性评估及与重量级设计过程相同的工作间模式。敏捷交互设计使用草图、低保真实物模型和快速的可用性检查（Gundelsweiler et al., 2004），因此实用设计、短开发周期和对需求变化的及时响应，就变得可能。Ambler（2002, 2008）中提供了许多关于敏捷交互设计和极限可用性（XU）的资源。

当代"创客文化"运动是敏捷方法应用的一个例子，即基于快速且非正式的实验，一些志同道合的人聚集在创客空间、黑客空间或个人实验室中构建原型。图 4.3 显示了马里兰大学帕克分校的创客空间。有关创客文化的更多信息，请参阅（Anderson, 2014）。

图4.3　Jon Froehlich 教授及其学生正在马里兰大学帕克分校的 HCIL 创客空间工作

4.5　设计方法

设计方法是组成设计过程中日常活动的实用构建模块。文献中给出了几十种设计方法，但设计人员可能只需要关注其中最为常见的几种（见后续探讨）。特定方法的细节和其他方法，请参阅（Holtzblatt and Beyer, 2014）和（Jacko, 2012）。

设计框架和设计方法之间存在什么关系？有一点很明确，即特定的设计框架都有一种对应的设计方法。例如，参与性和以用户为中心的设计往往会包含大量的人种学研究，而快速和敏捷开发方法会使得描绘过程达到一个新高度。但设计框架还会给整体过程和每种设计方法定下基调：灵活的描绘方法注重于收集来自设计团队的快速想法，以用户为中心的方法或参与的方法则会使得预期用户本身成为描绘过程的一部分。下面探讨这些相同和不同之处。

4.5.1　思维能力和创造力

考虑设计的一种方法是，将设计视为一个逐步固定的解空间，然而缩小解的范围，直到剩下唯一解，而这个唯一解就是可以交付和部署的最终产品或服务。对设计团队而言，他们会不断地贡献自己的专业技能和愿望，因此这种逐步缩小解空间的过程，可称为收敛或收敛思维。然而，仅采用收敛思维会在设计过程中过早地产生一致性和统一性风险，导致最终结果为局部最优解而非全局最优解。为避免这种情况，有必要在设计过程中引入发散或发散思维（Löwgren, 2004）。图 4.4 演示了如何交替采用发散思维和收敛思维来进行全面且平衡设计的过程，这一过程考虑了大部分的潜在解空间。

构思和创新是发散思维，它要求设计者检测自身的极限、放弃相关假设并重新组织问题。文献中给出了许多创新技术，如横向思维、头脑风暴、即兴创作、角色扮演、机会渗入（aleatoricism）和悄然实施（Holmquist, 2008）。这些创新技术的共同点是，包含了视觉辅助工具、草图（Buxton, 2007）和实物。例如，头脑风暴通常会形成能展示主要想法及其关联性的思维导图。创作的过程仅是快速画出想法和概念（Buxton, 2007）。业已证明，这种技术会兼顾共同点和多样性，是对发散思维和收敛思维的促进。图 4.5 是由两名设计师画出的个人气垫船概念图。

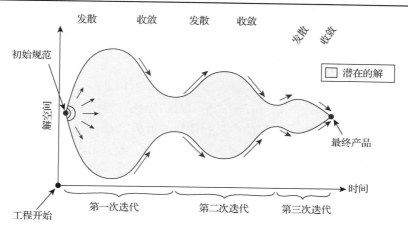

图 4.4　设计过程中求解问题的方案会不断增大（发散）或缩小（收敛），最终停止于某个点时，就完成了产品设计。这个特殊的设计过程包含三次迭代，但真正的设计过程中可能会多于或少于三次

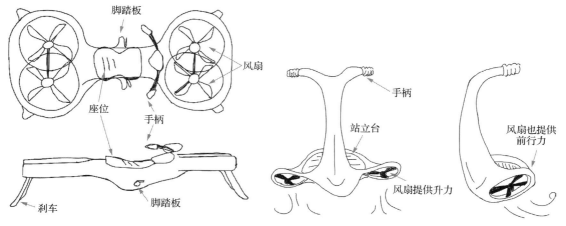

图 4.5　两位设计师画出的个人气垫船概念图（发散）。后续步骤
中，两位设计者也许会共同工作并糅合不同的想法（收敛）

构思和创新的探讨超出了本书的范围，有兴趣的读者，请参阅 Buxton（2007）。

4.5.2　调查、访谈和讨论组

了解用户需求的最直接方式，是直接询问他们。在线或纸质调查是最简单和最廉价的方式，给典型用户分发一份调查问卷即可。在线调查的范围可能会很大，但反馈率可能会很低，且反馈通常很肤浅。

与调查相比，个人访谈更费人力，但得到的结果往往更准确，质量也更高。设计人员可与用户进行一对一的访谈，也可进行团体访谈，具体采用何种形式，取决于成本和能投入的时间。例如，小组会议的时间短，但可能无法得到深入的反馈。另一方面，团队的活力有时会产生协同效应，即某位参与者的反馈可能会带动其他参与者的反馈。因此，团体访谈通常用于 UCD 和 PD 设计框架。

根据访谈目标的不同，设计师可采用结构化或非结构化的方法。结构化访谈基本上是口头调查，使用这一方法时，设计师往往会根据用户的回答提出额外的问题。非结构化访谈只有一个大致的讨论主题，而不会询问用户特定的问题。成功设计师通常会在同一次访谈中采用多种策略：有些问题是固定的，有些问题则是开放式的。这样，就能收集到未经设计的反馈，以及设计师未问及但用户又很关心的答案。

　　直接征求用户意见的一个常见问题是，用户往往并不知道自己想要什么，原因要么是习以为常，要么是不了解技术上哪些可行哪些不可行。因此，界面设计师往往要扮演治疗师的角色：从参与者的反馈中梳理出深层的含义和动机。此外，成功的设计师往往会创造性地解释受访者的反馈，进而以此为基础形成新的想法。例如，若多名用户倾向于以任务清单的方式列出工作职责，每完成一项就从清单中删除一项，则设计师就要在草图或原型中，考虑将任务的动态时间作为核心。

4.5.3　人种学研究

　　多数方法学的早期阶段都包括观察用户。界面用户会形成独特的文化，因此在工作场所观察用户的人种学方法正变得越来越重要（见图 4.2）。人种学家会结合工作或家庭环境来仔细倾听和观察，有时会进一步提出问题并参与活动（Fetterman, 2009; Dourish and Bell, 2011; Bazeley, 2013）。作为人种学家时，交互设计人员需要具有洞察个人行为和组织背景的能力。然而，交互设计人员与传统人种学家的不同之处在于，除了寻找能理解他们的受试者外，还要关注交互并对其进行改进。另外，传统的人种学家会花几周或几个月时间来潜心钻研文化，而交互设计人员通常需要将获得反馈的这一过程缩减为几天甚至几小时（Crabtree et al., 2012）。

　　对交互设计人种学的观察目的，是为了获得影响界面重新设计所需的数据。遗憾的是，观察过程中很容易出现曲解观察、破坏实践和忽视重要信息的情形。经过验证过的人种学过程会降低这类问题发生的概率。人种学观察研究的例子包括：（1）HCI 团体如何采用和调整文化析（Boehner et al., 2007）；（2）开发基于位置的交互服务，支持家庭医疗的分布式移动协同（Christensen et al., 2007）；（3）影响欠发达地区技术解决方案的社会动力学（Ramachandran et al., 2007）。框 4.2 中提供了一些准备评估、实地研究、分析数据、报告新发现的指南。

框 4.2　交互设计的人种学研究实施指南

准备
- 了解标准环境（工作、家庭、公共空间等）下的政策
- 熟悉现有的界面及其历史
- 设定初步目标并准备问题
- 获得调查或访谈的许可

实地研究
- 与所有用户建立良好关系
- 在用户环境中观察或采访用户，并收集主观的和客观的、定性的和定量的数据
- 跟踪访谈中出现的所有线索
- 记录自己的访谈

分析
- 在数值、文本和多媒体数据库中编辑收集到的数据

- 量化数据和编译统计
- 简化和解释数据
- 改进所用的目标和过程

报告
- 考虑多个受众和目标
- 准备报告并提交调查结果

这些意见在陈述时似乎显而易见，但它们在不同情况下需要加以解释和注释。例如，了解管理人员和用户对当前界面功能的不同感受，可提醒设计人员留意每个小组的不同挫折感。管理人员可能会抱怨员工不愿意及时更新信息，但员工可能会因登录过程的烦琐和费时而抵制使用界面。遵守工作场所的规则对建立和谐关系很重要：在准备一次访谈时，多亏经理打电话提醒我们研究生不能穿牛仔裤。学习用户的技术语言对建立和谐关系也极为重要。准备一份长长的问题清单，然后根据提出的目标对其进行过滤往往很有用。如第 2 章所述，认识到用户群体间的差异有助于提升观察和访谈过程的效率。

收集的数据包含各种定性的主观看法和定量的主观反馈，如评价量表或排名。客观数据包括定性的趣闻或含有用户经验的关键事件，也可包括定量的报告，如 6 位用户在 1 小时内产生的错误数量。应事先确定收集什么内容，同时尽可能考虑到意外事件。业已证明，书面总结报告的价值远超预料；而多数情况下过长的原始文字记录毫无用处。

对于受过计算机和信息技术培训的人员而言，明晰这一过程并认真计划可能很棘手，但谨慎地应用人种学过程会有许多优点。能够访问最终系统的部署环境，如工作场所、学校、家庭等，会让设计人员了解目标环境的复杂性，进而提高系统的可靠性和可信性。设计人员亲临现场，可与最终用户建立工作关系，共同探讨各自的想法。最重要的是，用户可能愿意成为新界面设计过程的积极参与者。

4.5.4 场景开发与脚本

以用户参与的方式来完成特定的交互式系统时，需要将用例概念作为场景开发的基础，并考虑开发特定的场景。在场景中，故事脚本要使用图形化的草图和插图来传达重要的步骤（见图 4.6）。场景开发中还有几种十分有用的方法。通常，流程图或转换图可帮助设计师记录和传达可能的动作序列，而连接线的粗细则表示转换的频繁程度。编写使用场景是描述新系统用途的一种较简方法，要尽可能以戏剧的形式来表示它们。多个用户需要合作（如在控制室、驾驶舱或金融交易所中）或使用多台物理设备时（如在客户服务台、医疗实验室或旅馆前台中），这种技术特别有效。在场景中，可以用新用户和专家用户表示普通情况或突发事件。角色也可以包含在场景中。

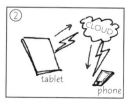

图 4.6 手绘板协作软件允许多人使用自己的智能手机和平板电脑查看公共数据集

有些编剧会通过制作录像来表达其意图。2011 年，康宁（Corning）公司发布的视频《玻璃制的一天》展望了如下愿景：交互界面如何在不久的将来越来越多地融入人们的日常工作和生活中。2013 年，《未来展望 2020》展望了集成显示器无处不在的场景。2015 年，微软公司发布了视频《微软：产品·未来·愿景》，展示了 5～10 年后全球各地工作人员的工作是在专业配置的环境中收集、分析和汇总数据。这三段视频均以大型、透明的触屏显示器为特征，同时与许多个人的小型显示器甚至柔性显示器无缝连接。总之，这些视频共同展望了日益增强的数字未来：计算机依旧是日常生活的组成部分。

4.5.5　原型法

Buxton（2007）将原型称为"物理草图"。原型是一种强大的设计工具，因为用户和设计师能通过原型看到或拿到（物理原型）所需界面的表示形式。设计团队还可设计特定的场景，并用原型进行测试。例如，制作的仪表板原型可用于飞行员测试，而带有键盘和鼠标的交互显示器，可用于实用性更强的测试。图 4.7 显示了配有触摸显示屏的鼠标的手绘草图，图 4.8 显示了对应的物理原型，它只是将智能手机连接到了现有的鼠标上。

提高原型的现实性或仿真度，实际上降低了创造其时间投入。显然，低逼真度原型更适合早期的构思和创造，因为这些原型能很轻易地获得和丢弃。实际上，这种"快速而粗糙"草图的模糊性表达了构思过程的不确定性，进而导致进一步的改进或放弃。下面给出一些不同层次的原型示例：

- 低保真原型通常由草图和便签通过剪切和粘贴完成（纸模型）。
- 中保真原型通常称为线框，它提供一些标准化的元素（如按钮、菜单和文本域），即使采用手绘方式来画出草图，依然会有一些基本的导航功能。
- 高保真原型看起来几乎与最终产品相同，并具有一些基本的计算能力，但这种原型通常不完整，功能也不完善。

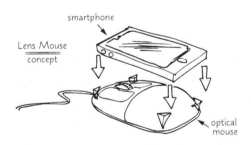

图 4.7　集成有触摸屏显示的 LensMouse 的手绘概念草图。草图简单地将一部智能手机连接到了传统的光学鼠标上，因此成了新鼠标

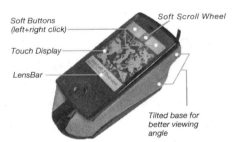

图 4.8　LensMouse 原型。在一个标准无线光学鼠标上叠加一部智能手机，就完成了一个高保真原型（Yang et al., 2010）

4.6　设计工具、实践和模式

除上述理论框架和方法外，当前的设计实践也支持目前的设计活动：陆续出现了许多设

计工具，这些工具支持多种设计方法、指南、标准和模式，可指导设计师的设计工作。其中，模式对交互设计师经常遇到的问题提供可复用的解决方法。

4.6.1　设计工具

要制作比纸质模型更精良的原型，需要具有特定界面或应用的计算机程序。实现这一目的最简方法，是使用通用的绘画和绘图程序。例如，人们已开发出了多个具有简单绘画和文字处理功能的原型，如带有屏幕绘图功能的 PowerPoint 和 Adobe InDesign、Photoshop 或 Illustrator 等工具。

专用原型设计工具专门用于快速且高效地实现界面模型。由于可视化设计语言往往是跨平台的，因此在桌面、移动电话和网络上往往存在不同的设计工具。许多设计工具使用实际的按钮、下拉菜单和滚动条，这些元素往往用于专用平台上的界面上。但这看起来存在"完美无瑕"的危险，即暗示用户该界面模型已是最终版，不会再发生改变。为避免出现这种情况，在像 Balsamiq Mockups（图 6.4 显示了 Balsamiq 用于沃尔沃的情况）的设计工具中，使用了一种粗略的手绘外观来表示界面元素。绘制的内容像是在一张餐巾纸背面匆忙画出的草图。手绘图形的目的是告诉受众，这个设计模型仅是一个草图，而不是界面的最终版本，投入一些费用和时间，仍可对其进行改进。

最后，在开发团队按计划实现界面时，最终的实施阶段也要用到专用的设计工具（图形用户界面构造器）。许多构造器都具有拖放图形编辑器，以便互动设计师能从元素库中选取已有的界面元素，并拼成最终的界面。构造器一般会根据图形规范自动生成必要的源代码，开发人员只需根据用户界面中的要求编写处理事件的源代码。

4.6.2　设计指南和标准

在设计过程的早期，交互设计团队应该制订一套工作准则。可由两人在一周内写出一份 10 页的文档，或由十多人在两年内写出一份 300 页的文档。苹果公司 Macintosh 计算机成功的重要因素之一，就是提供了通俗易懂的文档，它可为应用开发人员提供清晰的指引，因此保证了整个产品设计过程中的一致性。微软公司的"视窗用户体验指南"经过多年的改进，为众多程序员提供了巨大的帮助。第 1 章末尾的常规文献中，还给出了其他一些指南文档。3.3.4 节中讲解的界面设计"八大黄金法则"，同样适用于大多数交互系统。

对交互设计而言，指导文件是功能强大的工具，原因如下：

- 为开发者提供社交过程
- 记录所有各方的决定
- 促进一致性和完整性
- 促进设计自动化
- 允许多层次
  - 严格的标准
  - 认可的实践
  - 灵活的指导方针
- 行业准则

- 教育：如何获得
- 执行：谁来评论
- 豁免：谁做决定
- 增强：持续多久

指导方针的创建（见框 4.3）通常是组织内的社交过程，目的是明确指导方针并对其提供帮助。同事之间可对有争议的指导方针（譬如何时使用语音警报）进行复核，或进行实证测试。应建立相应的流程来分发指导方针，确保其有效执行，并允许豁免和改进。有效的指导文件是一份有生命的文档，它能适应不断变化的需求，并能通过检验而不断完善。提升认可度的做法分为三个层次：严格的标准，广泛接受的实践，灵活的指导方针。这种方法阐明了哪些项目是固定不变的，哪些项目是容易改变的。

项目开始实施时，创建指导文件的重点应是界面设计，对于有争议的问题，大家能够开放讨论。开发团队采纳了指导方针后，实施过程就会进展顺利，且很少出现设计变更。大型组织允许一个项目中包含不同风格或术语的本地控制时，为实现组织认同，可能存在两个或更多层次的指导方针。有些组织开发的"风格指南"就体现了这一点（Microsoft, 2014）。

框 4.3　用户体验指南文档中建议的内容

文字、图标和图形
- 术语（对象和动作）、缩写和大写
- 字符集、字体、字体大小、样式（粗体、斜体、下画线）
- 图标、按钮、图形和线条的粗细
- 颜色、背景、突出显示和闪烁的用途

布局问题
- 菜单选择、表格填充和对话框格式
- 提示命令、反馈和错误消息
- 两端对齐、空格和页边距
- 数据项和列表的数据输入与显示格式
- 页眉和页脚的使用和内容
- 适应非常小和非常大显示器的输入与输出

设备策略
- 键盘、显示器、光标控制和指向设备
- 声音、语音反馈、语音 I/O、触摸输入等
- 各种任务的响应时间
- 针对残疾人用户的动作序列

提供的替代选择
- 直接操作点击、拖放和手势
- 命令语法、语义和序列
- 快捷键和编程功能键

- 触摸输入设备，如智能手机、平板电脑和大型触摸显示器
- 错误处理和恢复

程序训练
- 在线帮助、教程和互助小组
- 培训和参考资料

下面的"4E"原则，可为构建有生命力的文档和活跃的过程奠定基础：

- 教育（Education）。用户需要有培训和讨论指导方针的机会，开发者根据这一指导方针来接受培训。
- 实施（Enforcement）。必须提供一个及时和清晰的过程来核对界面严格遵守指导方针。
- 豁免（Exemption）。使用创造性的想法或新技术时，需要一个迅速获得豁免的过程。
- 增强（Enhancement）。可预测的审查过程，可能一年一次，有助于保证指导方针持续更新。

通过创建和使用指导文件，有助于实现"八大黄金法则"设定的目标（见 3.3.4 节）。这里需要重申 3.3.4 节中的观点，即人机交互学科需要超越具体的指导方针，并基于这些现象获得基本的理论。这里讨论的大多数实践指导方针，都可追溯到 3.4 节中讨论的微观层面和宏观层面的人机交互理论。尽管指导方针具有很高的实用性，成功的设计师仍然需要了解其理论来源。

4.6.3 交互设计模式

设计模式最初出现在城市规划领域（Alexander, 1977），后来应用到了软件工程领域（Freeman et al., 2004）。对于经常出现的特定问题，设计模式通常是最佳的解决方案。这些方案可以复用，且适用于某个问题的多个不同部分。不考虑学科的情况下，模式往往有助于新手解决常见的问题。解决新问题时，设计人员可以借鉴的经验很少。因此，设计模式就成了现有的宝贵经验库。

软件工程设计模式本质上是技术性的。对于爱好软件工程的交互设计师来说，设计模式非常有用。事实上，用户界面工具包是软件工程设计模式的最初灵感。因此，原有的 23 种设计模式中，许多模式可以直接处理用户界面，如装饰模式、组合模式和命令模式。最后，现代用户界面工具包中提供了若干这些模式。

模式最初用来解决城市规划中的问题，这表明模式这一概念超越了特定的学科，并已扩展应用到了教育学、游戏设计、通信策略、可视化甚至国际象棋领域。类似地，交互设计模式可为用户界面和交互设计中的常见问题提供可复用的解决方案。讨论清楚这一主题可能要整本图书（Tidwell, 2005），这里仅列出一些有用的交互式设计模式：

- 模型-视图-控制器（MVC）。这是实现用户界面的一种架构模式，MVC 控制信息如何在界面内的三个特定部分之间流动：模型表示状态（如一个输入字符串或一串电话号码）；视图表示显示器上的渲染状态（如文本框或下拉列表）；控制器用于改变模型（如编辑字符串或增加/减少数量）和视图（如滚动一个很长的文件）。
- 文档界面。许多应用，特别是那些为个人计算机设计的应用，允许同时打开多个文档。文档界面模式控制了一个应用管理多个文档的不同方法。为一个应用管理多个文件的不同方法如下：

- 单文档界面（SDI）。最简单的文档界面模式，每个文档只能打开应用的一个新实例。移动应用和 Web 应用通常使用这种模式。
- 多文档界面（MDI）。每个文档在主框架中打开一个内部窗口，可以容纳单个应用窗口甚至多个打开的文件。这种界面常见于个人计算机应用。
- 选项卡式文档接口（TDI）。这是 SDI 和 MDI 之间的一种折中，选项卡式文档界面模式在一个应用的单个实例的选项卡中，可以放置多个打开的文件。大多数 Web 浏览器都使用 TDI。
- Web 应用页面架构。设计 Web 应用，与为个人计算机和移动设备设计程序稍有不同。页面架构是交互设计中最重要的一个方面：
  - 多页面应用（MPA）。构建 Web 应用的传统方法是使用多个页面，每个页面对应应用中的某个特定功能。这种方式仿照了桌面应用中的对话框，且很容易通过 HTML 和网络的性质来实现。这些对话框位于单独的页面中，但由于每个页面需要重新加载，因此可能会影响用户体验。
  - 单页应用（SPA）。这些应用可以放到单个网页中，进而仿真一个桌面应用，且不需要重新加载或修改模式，可实现流畅且不间断的用户体验。应用状态通过与 Web 服务器通信动态改变，通信方式采用的是现代 Web 技术，如 JavaScript、HTML 和 CSS，而不像以往那样进行页面加载。

交互设计模式的进一步讨论超出了本书的范围。更多内容可以参考 Tidwell（2005）。有趣的是，Schell and O'Brien（2015）总结了 13 条"反模式"，但这些简单或看似不错的想法，在用户体验的情境下最终都未实现。

4.7　社会影响分析

交互系统通常会对许多用户产生巨大影响。为降低风险，在最容易改变的早期研发阶段，发布一些考虑周全的报告可提供一些建设性意见。这些声明是在利益相关者之间广为流传的一些预期影响。

政府、公用事业和公共管理行业越来越需要通过信息系统来提供服务。然而，有些批评家非常反对现代技术，他们看到的只有毫无希望的技术决定论："技术淘汰了能替代其自身的其他选择。把技术奉若神明意味着文化也要寻求技术的认可，并力求让技术满意，听命于技术来发号施令"（Postman, 1993）

Postman 的恐惧不利于我们形成更有效的技术或预防技术缺陷造成的损失。然而，建设性的批评意见和设计指南有助于扭转错误的信用记录、去技术化或裁员造成的混乱、有缺陷医疗器械导致的死亡……目前的关注点在于：监视系统对隐私的侵犯，政府试图限制对信息的访问，以及由于缺乏安全性而造成的选票欺诈。虽然无法保证完美，但可采取多种政策和过程来获得令人满意的结果。

与环境影响报告类似，社会影响报告有助于在与政府相关的应用领域中开发出高质量的系统（对私营企业项目的评审可选，且是自我管理的）。广泛的前期讨论能够揭示出一些关注点，利益相关者能够公开阐明他们的立场。当然，也存在风险，例如这些讨论可能会加剧忧虑，或迫使设计人员做出不合理的妥协。然而，在管理良好的项目中，这些风险似乎又是合理的。社会影响报告的框架包括如下内容（Shneiderman and Rose, 1996）：

- 描述新系统及其优点
  - 表达新系统的高级目标
  - 识别利益相关者
  - 识别具体的利益
- 表达关注和潜在的障碍
  - 预测工作职能的改变和潜在的停工
  - 表达安全和隐私问题
  - 讨论系统误用与故障时的问责和责任
  - 避免潜在的偏见
  - 权衡个人的权利与社会利益
  - 评价集中化与非集中化之间的折中
  - 保持民主原则
  - 确保不同的访问
  - 促进简单性和保持有效的方法
- 概述开发过程
  - 提交估计的项目安排
  - 提出决策过程
  - 讨论如何把利益相关者包括在内的期望
  - 认识到需要更多的人员、培训和硬件
  - 提出数据和设备的备份方案
  - 概述移植到新系统的方案
  - 描述测量新系统成功的方案

社会影响报告应在开发过程中尽早完成，进而对项目安排、系统需求和预算产生影响。它可由系统的设计团队开发，团队中包含最终用户、管理人员、内部或外部软件开发人员及可能的客户。对大型系统而言，社会影响报告的规模和复杂性，应易于相关背景用户的访问。

社会影响报告完成后，应由适当的评估小组对其进行评估。此外，管理人员、其他设计人员、最终用户及其他受系统影响的人员，也应参与其中。潜在的评审小组可包括联邦政府部门（如美国审计总署或人事管理总署等）、州议会、管理机构（如证券交易委员会或联邦航空局）、专业协会和工会。评审小组接受书面报告、主持公开听证会并提出整改意见。公民团体也应有机会提出他们关注的事项并提议备选方案。

社会影响报告一旦采纳，就须强制执行。社会影响报告记载了新系统的意图，利益相关者需要了解这些意图，并以实际行动提供支持。评审小组一般是适当的执法机构。

对某个项目而言，涉及的工作量、成本和时间应适当，同时应便于仔细评估。通过修正费用昂贵的问题、改进隐私保护、使法律挑战最小化并创造更满意的工作环境，这一过程能提供大量的改进。信息系统的设计人员投身于"实现卓越的设计"这一目标，能够赢得尊重并鼓舞他人。

4.8　法律问题

随着用户界面变得越来越重要，严肃的法律问题也逐渐凸显。每个软件和信息系统的开发人员，都应对可能影响到设计、实现、市场营销和使用方面的法律问题进行审核。本节仅仅介绍受到人们关注的若干重要方面，更多信息请参阅 Baase（2013），如社会、法律、哲学、伦理、政治、宪法及经济影响等方面。

使用计算机存储数据或进行监视活动时，隐私总是一个值得关注的问题。必须对医疗、法律、财经和其他数据进行保护，防止未经授权的访问、非法篡改、不慎丢失或恶意破坏。最近实施的一些隐私保证法，如强加于医疗和金融领域的法律，可能会产生复杂且难以理解的政策和规程。最基本的办法是通过物理安全措施禁止访问。此外，隐私保护包括控制口令访问、身份验证和数据校验的用户界面机制。有效的保护提供了高等级的隐私，可把对工作带来的混乱和干扰降至最低。网站开发人员应提供易于访问且可理解的隐私政策。

第二个问题是安全性和可靠性。飞机、汽车、医疗设备、公共设施控制室等的用户界面，能够对生死攸关的决定产生影响。空管人员若对动态显示的飞机状态判断错误，则可能出现致命事故。若能证明此类系统的用户界面难以理解，则可因为设计不当而起诉设计者、开发者和操作者。设计人员应尽己所能地实现高质量并经过反复测试的界面，且要严格遵守最新的设计指南和要求。精确地记录测试和使用文档，可在出现问题时保护设计人员。

第三个问题是软件版权或专利保护（Lessig, 2006; Samuelson and Schultz, 2007; McJohn, 2015）。潜在用户不购买而非法复制软件包时，可以想象那些投入了大量时间和金钱的软件开发人员有多么沮丧。目前，已通过测试的一些技术方案可以防止非法复制，但精明的黑客总是能绕过这些障碍。对公司而言，由于非法复制而对个人发起诉讼的情形不太常见，但已出现了针对企业和大学提起诉讼的相关案例。

程序设计自由联盟（League for Programming Freedom）领导的开发者社区，反对软件版权和专利，他们认为广泛传播才是最好的政策。"知识共享"（Creative Commons）是一种创新的法律方法，它可让作者为使用其作品的人指定更多的优惠条件。开源软件运动使得这些争议更加活跃。开源促进会（Open Source Initiative）将这一运动描述如下："如果程序员能够读取、再发布和修改一段软件的源代码，那么软件就会不断进化。人们能够改进、使用并修正它。对于一直以缓慢节奏使用传统软件开发模式的人来说，这一切会以一种令人吃惊的速度发生。"Linux 操作系统和 Apache 网络服务器就是开源产品，它们已经非常成功，并且获得了很大的市场份额。

第四个受人关注的问题是对在线信息、图像或音乐的版权保护。客户访问在线资源时，有权将信息以电子形式保存下来供以后使用吗？能将电子副本发送给同事或朋友吗？谁在社交网站拥有"朋友"列表和其他共享数据？个人、雇主或网络操作者拥有电子邮件消息中所包含的信息吗？网络中包含巨大的数字图书馆，其规模的扩大使得对版权的讨论进一步升温，节奏也随之加快。发布者为他们的知识资产寻求保护，而图书管理员夹在为顾客服务的愿望和对出版者的负责之间备受折磨。如果自由扩散有版权的作品，那么对发布者和作者还有什么激励呢？如果未经许可或付费就传播有版权的作品是非法的，那么科学、教育和其他领域就会受到损害。为了个人和教育目的而有限次地复制的"合理使用原则"，有助于解决影印技术导致的问题。然而，因特网许可的快速复制和广泛扩散，需要有相对完善的更新机制（Samuelson, 2003; Lessig, 2006）。

第五个问题是电子环境中的言论自由。用户有权利通过电子邮件或社会媒体发表有争议的或有潜在攻击性的言论吗？此类言论受言论自由的法律保护吗？比如说美国第一修正案。网络就像街角一样，言论自由能得到保证吗？还是像电视广播一样，必须要维护共同的道德标准呢？网络操作者有责任删除那些有攻击性的或淫秽的笑话、故事和图像吗？互联网服务提供商是否有权禁止那些用于组织客户反抗他们的电子邮件消息呢？这一话题也争议不断。另一个争议是，网络管理员是否有义务封锁种族主义者的电子邮件评论或放在社会媒体平台上。现实的例子是，种族主义者、恶霸和恐怖组织已开始普遍使用推特（Twitter）。如果诽谤言论广泛传播，人们能连同来源一起控告网络管理员吗？

其他需要关注的法律问题包括：必须严格遵守保证残疾用户平等访问权的法律。同时，需要注意世界各国的法律变化情况。雅虎和 eBay 必须执行客户所在国的法律吗？对于在线服务开发人员，这类问题意味着必须考虑设计决策中所有包含的法律含义。

作为网络联盟（NetCoalition）精神的传承者，互联网协会（http://internetassociation.org/）是华盛顿的一个政治游说组织，它见证了以上提出的许多法律问题。网络联盟由亚马孙、eBay、Facebook 和谷歌建立，其网站就是一个关于隐私立法和其他相关问题的很好资源。在国际上，成立于 1990 年的电子前沿基金会（http://www.eff.org/）是一家非营利组织。当个人受到政府和企业无中生有或根本就是错误的法律威胁时，该组织会向个人提供援助。今天，人们逐渐意识到存在很多的法律问题，包括反恐、伪造、垃圾邮件、间谍软件、债务、互联网税务等。这些问题需要引起人们的注意，并最终可能需要立法。

从业人员的总结

交互设计正在迅速成熟，曾经新奇的想法正在成为标准的做法。设计已在组织和产品计划中逐渐占据主要地位。例如，以用户为中心的设计、参与设计和敏捷设计这些开发框架，可通过提供验证过的过程提供帮助，整个过程要求包含确定的时间表及有意义的成果。调查、讨论组和人种学研究这些具体的设计方法，都可为指导需求分析提供信息。使用日志可为任务提供有价值的数据。编剧在许多方面都非常有用，如有助于达成设计目标共识、管理和展示，有助于为可用性测试制订计划。对于针对政府部门、公用事业和受政府管辖的行业开发的界面，前期的社会影响报告能够引发公众的讨论。这种讨论可能会找出问题，并形成具有较高社会效益的界面。应为设计人员和管理人员提供法律意见，使之受到法律保护，同时保护知识产权。

研究人员的议程

人机交互指南一般基于最佳猜测的判断而非经验数据。应展开更多的研究，制定更完整、更可靠的新标准，进而准确地了解通过设计修改能够获得多大的改进。微观和宏观人机交互理论源于实践指南，它对交互设计产生了深远的影响。技术的不断更新会导致指南也不断更新，但这些科学理论有助于我们保证界面设计的可靠性和质量。这些研究会促使设计过程、人种学研究、参与式设计活动、情景写作和社会影响报告的修正，并解决一些紧急问题，如国际多样性、儿童和老年人等特殊人群，以及针对实际应用的长期研究。通过对设计过程案例进行细致的研究，可以改进这些案例，进而促进更广泛的应用。众所周知，创造性的过程难以研究，但文档齐全的成功故事案例会使人明理并受到鼓舞。

参考文献

Alexander, Christopher, *A Pattern Language: Towns, Buildings, Construction*, Oxford University Press, USA (1977).

Ambler, Scott W., *Agile Modeling*, John Wiley and Sons (2002).

Ambler, Scott W., Tailoring usability into Agile Software Development projects, in *Maturing Usability, Human-Computer Interaction Series*, Springer Verlag (2008), 75–95.

Anderson, Chris, *Makers: The New Industrial Revolution*, Crown Business (2014).

Baase, Sara, *A Gift of Fire: Social, Legal, and Ethical Issues for Computing Technology*, 4th Edition, Pearson Education (2013).

Bazeley, Patricia, *Qualitative Data Analysis: Practical Strategies*, SAGE Publications (2013).

Bias, Randolph, and Mayhew, Deborah, *Cost-Justifying Usability: An Update for the Internet Age*, 2nd Edition, Morgan Kaufmann, San Francisco, CA (2005).

Boehner, Kirsten, Vertesi, Janet, Sengers, Phoebe, and Dourish, Paul, How HCI interprets the probes. In *Proceedings of the ACM Conference on Human Factors in Computing Systems,* ACM Press, New York (2007), 1077–1086.

Buxton, Bill, *Sketching User Experiences: Getting the Design Right and the Right Design*, Morgan Kaufmann, San Francisco, CA (2007).

Christensen, Claus M., Kjeldskov, Jesper, and Rasmussen, Klaus K., GeoHealth: A location-based service for nomadic home healthcare workers, In *Proceedings of the ACM Conference of the Computer-Human Interaction Special Interest Group (OZCHI) of Australia on Computer-Human Interaction*, ACM Press, New York (2007), 273–281.

Crabtree, Andrew, Rouncefield, Mark, and Tolmie, Peter, *Doing Design Ethnography, Human-Computer Interaction Series*, Springer Verlag (2012).

Dourish, Paul, and Bell, Genevieve, *Divining a Digital Future: Mess and Mythology in Ubiquitous Computing*, MIT Press, Cambridge, MA (2011).

Druin, Allison, The role of children in the design of new technology. *Behaviour & Information Technology 21,* 1 (2002), 1–25.

Fetterman, David M., *Ethnography: Step by Step*, 3rd Edition, SAGE Publications, Thousand Oaks, CA (2009).

Freeman, Eric, Robson, Elisabeth, Sierra, Kathy, and Bates, Bert, *Head First Design Patterns*, O'Reilly Media (2004).

Gundelsweiler, Fredrik, Memmel, Thomas, and Reiterer, Harald, *Agile Usability Engineering*. In Keil-Slawik, Reinhard, Selke, Harald, and Szwillus, Gerd (Editors), *Mensch & Computer: Allgegenwärtige Interaktion* (2004), 33–42.

Holmquist, Lars Erik, Bootlegging: Multidisciplinary brainstorming with cut-ups. In *Proceedings of the Conference on Participatory Design* (2008) 158–161.

Holtzblatt, Karen, and Beyer, Hugh, *Contextual Design: Evolved, Synthesis Lectures on Human-Centered Informatics*, Morgan & Claypool, San Rafael, CA (2014).

Jacko, Julie (Editor), *The Human-Computer Interaction Handbook*, CRC Press, Boca Raton, FL (2012).

Jones, Capers, A CAI State of the Practice Interview, Computer Aid, Inc. (July 2005). Available at http://web.ecs.baylor.edu/faculty/grabow/Fall2007/COMMON/Secure/Refs/capersjonesinterview1.pdf.

Karat, Claire-Marie, A business case approach to usability, In Bias, Randolph, and Mayhew, Deborah (Editors), *Cost-Justifying Usability*, Academic Press, New York (1994), 45–70.

Kujala, Sari, User involvement: A review of the benefits and challenges. *Behaviour & Information Technology 22, 1* (2003), 1–16.

Landauer, Thomas K., *The Trouble with Computers: Usefulness, Usability, and Productivity*, MIT Press, Cambridge, MA (1995).

Lessig, Lawrence, *Code and Other Laws of Cyberspace, Version 2.0*, Basic Books, New York(2006).

Lowdermilk, Travis, *User-Centered Design: A Developer's Guide to Building User-Friendly Applications*, O'Reilly Media (2013).

Löwgren, Jonas, and Stolterman, Erik, *Thoughtful Interaction Design: A Design Perspective on Information Technology*, MIT Press (2004).

Marcus, Aaron. Return on investment for usable user-interface design: Examples and statistics (2002). Available at http://www.amanda.com/resources/ROI/AMA_ ROIWhitePaper_28Feb02.pdf

McJohn, Stephen M., *Examples & Explanations: Intellectual Property*, 5th Edition, Wolters Kluwer, New York, NY (2015).

Microsoft, Inc., *Microsoft Windows 8 Design and Coding Guidelines* (2014). Available at http://go.microsoft. com/fwlink/p/?linkid=258743.

Moggridge, Bill, *Designing Interactions*. MIT Press, Cambridge, MA (2007).

Muller, Michael J., and Druin, Allison, Participatory design: The third space in humancomputer interaction. In Jacko, Julie (Editor), *The Human-Computer Interaction Handbook*, CRC Press, Boca Raton, FL (2012), 1125–1154.

National Research Council, Committee on Human Factors, Committee on HumanSystem Design Support for Changing Technology, Pew, Richard W., and Mavor, Anne S. (Editors), *Human-System Integration in the System Development Process: A New Look*, National Academies Press, Washington, DC (2007).

Nielsen, Jakob, Usability ROI declining, but still strong (2008). Available at http://www.useit.com/alertbox/roi.html.

Postman, Neil, *Technopoly: The Surrender of Culture to Technology*, Vintage Books, New York (1993).

Ramachandran, Divya, Kam, Matthew, Chiu, Jane, Canny, John, and Frankel, James F., Social dynamics of early stage co-design in developing regions. In *Proceedings of the ACM Conference on Human Factors in Computing Systems*, ACM Press, New York (2007), 1087–1096.

Rosson, Mary Beth, and Carroll, John M., *Usability Engineering: Scenario-Based Development of Human Computer Interaction*, Morgan Kaufmann, San Francisco, CA (2002).

Rubin, Jeffrey, and Chisnell, Dana, *Handbook of Usability Testing: How to Plan, Design, and Conduct Effective Tests*, 2nd Edition, John Wiley & Sons, New York (2008).

Samuelson, Pamela, Digital rights management {and, or, vs.} the law, *Communications of the ACM 46, 4* (April 2003), 41–45.

Samuelson, Pamela, and Schultz, Jason, Should copyright owners have to give notice about their use of technical protection measures? *Journal of Telecommunications & High Technology Law 6* (2007), 41–76.

Selby, Richard W. (Editor), *Software Engineering: Barry W. Boehm's Lifetime Contributions to Software Development, Management, and Research*, John Wiley & Sons, New York, NY(2007), 663–685.

Schell, Martina, and O'Brien, James, *Communicating the UX Vision: 13 Anti-Patterns That Block Good Ideas*, Morgan Kaufmann (2015).

Shneiderman, Ben, and Rose, Anne, Social impact statements: Engaging public participation in information technology design, In *Proceedings of the ACM SIGCAS Symposium on Computers and the Quality of Life*, ACM Press, New York (1996), 90–96.

Sullivan, Louis H., The tall office building artistically considered, *Lippincott's Magazine*, 403–409 (March 1896).

Tidwell, Jenifer, *Designing Interfaces: Patterns for Effective Interaction Design*, O'Reilly Media, Sebastopol, CA (2005).

Yang, Xing-Dong, Mak, Edward, McCallum, David, Irani, Pourang, and Izadi, Shahram, LensMouse: Augmenting the mouse with an interactive touch display. In *Proceedings of the ACM Conference on Human Factors in Computing Systems*, ACM Press, New York (2010), 2431–2440.

第5章 评估和用户体验

检验真理的道路上充满了荆棘与坎坷……只有在睡梦中才能体验到快乐。

Simone Weil, *Gravity and grace*, 1947

5.1 引言

设计人员可能会陶醉于自己的创作，导致无法对作品进行充分评估。经验丰富的设计人员往往智慧而谦逊，他们知道广泛的测试和评估必不可少。如果把反馈称为"冠军的早餐"，那么测试就是"上帝的晚餐"。然而，要想烹饪出"平衡的膳食"，就需要一份冗长的评估可能性菜单。

有很多因素会影响"何时、何处及如何"在开发周期中进行评估，举例如下：

- 设计阶段（前期、中期、后期）
- 项目的新颖性（确定的、探索性的）
- 预期用户的数量
- 界面的重要性（如生命攸关的医疗系统或博物馆展览支持系统）
- 产品成本及用于测试的资金
- 可用的时间
- 设计团队和评估团队的经验
- 界面使用环境

评估计划涉及的范围广泛，大到新型国家空中交通管制系统测试（这类系统包括长达两年的多个阶段的测试），小到小型内部网站测试。成本的波动也很大。应在评估周期的不同时段进行测试：从开发前期到发布之前。

几年前，考虑对可用性进行测试只是为了在竞争中取得领先。然而，对用户体验的关注持续快速增长，也就是说，不进行测试将是很冒险的行为。不但竞争加剧，而且还要对按照惯例进行的设计实践进行充分测试。在时间和预算允许的情况下，整个测试过程中还要给出变更建议。如果不进行测试，或测试过程没有记录，或忽视测试过程中建议的更改要求，就有可能会导致无法履行合同，或由于功能缺陷而遭到用户起诉。及早发现问题并进行修改，就可能避免错误的发生。

测试中的首个棘手问题是不确定性，即使在使用多种方法进行穷举测试后，不确定性可能依然存在。在复杂的人类发展过程中，是无法做到尽善尽美的。因此，计划中必须包含持续性方法，以评估和修正界面生命周期中出现的问题。其次，虽然可能会不断地发现问题，但在某个时候必须做出决定：完成原型测试，推进最终设计并交付产品。第三，大多数测试方法都要对正常使用加以适当的说明，但对于具有高层次输入的情况则无法预测，因此很难进行性能测试，诸如核反应堆控制、空中交通管制的突发事件、提交的大量投票次数（如总统选举）等。由于需要为越来越多的生命攸关系统开发用户界面，因此在处理高压情况甚至部分设备失灵时，必须开发新的测试方法。

传统的实验室测试（见 5.3 节）不可能准确地并以足够的精度来表示高压环境和一些恶劣的环境。在这类环境中，系统是专门为医疗保健人员、现场急救员或军队开发的。同样，无法在实验室或其他静止位置中对全球定位驱动系统进行测试，而必须进行实地测试。有些特殊的医疗设备还要在日常应用环境中进行测试，如医院、辅助生活设施甚至私人官邸。很多移动设备也只有在自然环境中才会有更好的评估效果。有时，必须在"野外"环境中进行评估，因为实地调研实际上构建了一种评估人员无法近距离记录和观察的环境（Rogers 等，2013）。

用什么样的方法进行可用性测试及如何上报结果，一直是一个热门的讨论话题，研究人员对此展开了激烈的辩论。要想研究并解决这个问题，必须选择适当的评估方法论（Vermeeren et al.，2010）。可用性评估人员必须拓展他们的方法，并对非经验方法持开放态度，采用诸如用户草图（Greenberg et al.，2012）和人种学研究（见 3.5 节）的方法。一种有趣的方法是，先绘制可能的用户界面草图，这类似于建筑师使用的设计草图。因此，在前期阶段，即确定设计之前，设计师可以尝试更多的备选方案。

可用性不仅关乎易用性，还要考虑整个用户体验。可用性的一个重要功能是定义系统是否有用（MacDonald and Atwood，2014）。今天，存在大量的复杂系统，这些系统难以采用简单的受控实验进行测试（Olsen，2007）。还有很多讨论是关于参与可用性研究的用户数量的。尽管这一指标使得可用性研究中的建议更强有力和更有说服力，但关注常见的任务和潜在的复杂工作同样重要。必须从不同的视角将可用性和用户体验视为一个多维概念。还需要特别关注类似于直接触摸桌面这样的新型设备。使用大型显示器时，需要考虑共享空间和个人空间的概念，这时必须对可用性测试技术进行修改。今天的设备尺寸可能很小，也可能像墙面那样大，甚至像购物中心那样大，并且今天的用户经验丰富，非常成熟，有着极高的预期。有些系统会有成千上万甚至上百万的用户，设计师了解这一数字后可能会影响到可用性测试的过程和用户体验。

可用性测试已是设计过程中既定且公认的组成部分（见第 4 章）。但在新背景下，比如高度复杂的系统、有较高期望值的老用户、移动设备和其他新型设备（如游戏系统和控制器），及市场的竞争，需要拓展和重新理解可用性测试。多年来，人们进行了一系列可用性评估及相关分析，Rolf Molich 称之为比较可用性评估（Comparative Usability Evaluation，CUE）研究（见 http://www.dialogdesign.dk/CUE.html）。这些调查结果表明，网站中存在大量的可用性问题，但只有其中一小部分被人们发现。评估过程中，即使是专业的可用性评估人员也可能犯错。Spool（2007）针对可用性评估过程提出了三条激进的改变：（1）少提建议，展示观察结果；（2）少进行评估，让设计团队研究；（3）需要新工具，探索新技术。另一些研究人员则参照实证研究的相关性（Bargas-Avila and Hornbæk，2011），开始从定量数据研究向定性数据研究转变（Dimond et al.，2012）。随着人机交互的进一步成熟，各种观点也在不断变化（Roto and Lund，2013）。经验计算需要更为广阔的视角，包括位置、文化、情感、现象学等。更多的研究是在真实的环境中完成的。研究人员还在评估增加了社会维度和情感状态（包括娱乐、情感、享乐等）的用户体验。Lewis（2014）讲述了一段关于可用性的长达 30 年的有趣历史，以及一些对未来可用性测试的教训。对可用性和用户体验评估来说，这是一个令人激动和兴奋的年代。从业人员应该留心上述建议，密切关注现有的规程，进而在用户体验领域不断进步。

本章内容如下：5.2 节讨论专家评审和启发式方法，包括用于移动和游戏的专业设备的启发式方法。5.3 节介绍传统可用性实验室和可用性测试范围。5.4 节给出一些关于测量仪器的建议。5.5 节探讨验收测试。5.6 节介绍使用中和使用后的评估。5.7 节介绍面向受控心理的实验。

> **参阅：**
>
> 第 1 章　交互系统的可用性
>
> 第 2 章　通用性
>
> 第 3 章　设计
>
> 第 13 章　适时的用户体验

5.2　专家评审和启发式方法

要评估新界面或修改后的界面，设计人员很自然地会想到首先拿给同事或客户看，并咨询他们的意见。这种方法是与测试对象一起进行非正式演示，可提供一些有用的反馈。但是业已证明，有些更正式专家评审的效果更好。这些方法把专家当作员工或顾问（其专长可能是应用或用户界面领域），他们使用严格的方法遍历界面中所有的关键功能，可在很短的时间内迅速给出评审结果。

可以在设计阶段的前期或后期进行专家评审，最后给出一份正式报告，其中包括确认的问题或修改建议。还有一种可能，即专家评审的最终阶段可能是与设计人员或管理人员进行讨论，或为他们进行展示。评审专家要充分考虑设计团队的自尊、投入及专业技能，并谨慎地提出建议。专家们应认识到，对于一名新界面检测人员来说，要完全了解设计原理和开发历程并不容易。在评审类似于游戏应用这样的复杂界面时，领域专业知识是非常关键的因素（Barcelos et al., 2012）。评审人员可以记下一些可能问到的问题，与设计人员一起讨论，但一般来说应由设计人员给出解决方案。

专家评审过程通常只需要半天到一周的时间，但可能要花很长的时间来培训，并解释任务域或操作规程。随着项目的推进，聘请相同的专家评审人员与雇佣新人同样有用。下面列出几种专家评审方法，以供选择。

启发式评估　评审专家对界面进行评审，确定这些界面是否符合启发式设计的简要列表，如前述的 8 条黄金法则（见 3.3.4 节）。如果专家熟悉这些规则并能够加以解释和应用，这一过程就会顺利得多。虽然在过去的几年里，界面已发生了翻天覆地的变化，但多数启发式建议都是基于 Nielsen 的提议创建的（Nielsen, 1994）。今天的很多设备都能采用启发式评估方法，关键问题是启发式方法要与应用相匹配。框 5.1 中列出了一些专门为电视游戏开发的启发式方法。还有 29 个与之类似的可玩性启发式方法。该方法集将启发式方法分为 3 类：游戏可用性、移动启发式方法和游戏可玩性启发式方法（Korhonen and Koivisto, 2006）。游戏可玩性启发式方法最难评估，因为它要求评估者必须熟悉游戏的所有方面。既要使用启发式方法来保证良好的交互式设计准则，又要保证游戏本身的挑战和悬念，而这两点很难兼得。还有一些其他的专业启发式方法，如移动应用设计（Joyce et al., 2014）和交互式系统（Masip et al., 2011）

框5.1　游戏环境启发式方法（Pinelle et al., 2008）

- 为用户动作提供一致的响应
- 允许用户对视频和音频进行设置，自定义游戏难度和速度
- 为计算机的受控单元提供可预测且合理的行为
- 为用户当前动作提供合适且无障碍的视图
- 允许用户跳过不可玩的和频繁重复的内容
- 提供直观的和可定制的输入映射
- 提供易于管理且有适当灵敏度和响应性的控制
- 为用户提供游戏状态信息
- 提供指导、培训和帮助
- 提供易于解释的可视化表示，最小化微观管理的必要性

指南评审　检查界面是否符合组织文档或其他的指南文档（见第1章的组织指南文档列表，更多关于指南文档的信息见3.2节和第4章）。指南文档中可能包含上千甚至更多条目，因此评审人员可能需要花一些时间来理解它们。评审较大的界面时，可能需要几天或几周的时间。

一致性检查　对同一类型的界面进行一致性检查，检查的内容包括：帮助材料中的术语、字体、配色方案、布局和输入/输出格式等。可通过软件工具（见5.6.5节）使这一过程自动化，并生成词汇和缩写的索引。一般来说，大型界面可能由几个设计师团队共同开发，使用软件工具有助于促进界面间的过渡，形成共同且一致的外观。

认知过程走查法　专家模拟用户的身份，用走查整个界面的方式完成一些典型任务。走查法应当从一些高频任务开始，但也要走查那些不太常见的任务，比如错误恢复等。专家评审过程中还应包括以某种形式模拟用户生活的一天。初期开发认知走查方法的目的，是针对可通过探索式浏览来学习的这一类界面的（Wharton et al., 1994），但后来发现它也适用于那些需要大量培训的界面。专家可能会私下尝试走查和试用系统，但与设计人员、用户或管理人员进行小组讨论，进而进行走查并展开讨论也不可或缺。走查范围可扩大至网站的导航，还可整合对用户及用户目标的详细描述。更新的走查模型还包括协作批判法，它用于评估用户在交互方面的认知和身体上的尝试（Babaian et al., 2012）。

正式的可用性检查　专家会举办一些与庭审类似的会议，由仲裁人或法官参加。在会议上展示界面，并讨论其优缺点。设计团队成员可能会站在敌对的角度对证实存在的问题进行反驳。对设计和管理的新手而言，正式的可用性检查可能会成为一段有教育意义的经历。但与其他类型的评审相比，这种方法可能需要更多的时间来准备，且需要更多的人才能完成。

如果专家有时间，且设计团队也准备好获得反馈，那么可以将专家评审安插到开发过程中的各个阶段。专家评审次数取决于项目的规模和分配的资源数量。通常，行业专家可能会对工具进行检查，但要注意的是，专家可能无法熟练地运用工具本身。

专家评审报告应力求全面，不要取巧地评论某个具体的特性，更不要只是罗列一系列改进的建议。评估人员可能会用指南文档来组织报告，然后对新用户、间歇用户和专家用户的各项特点进行评价，在所有的显示器上评审一致性。要注意的是，应确保这些可用性建议既有用又可用。框5.2给出了如何撰写有效可用性的一些建议。

若能按重要性和预期投入水平对这些建议进行排序，则管理人员更有可能执行这些建议（至少是低成本、高回报的建议）。例如在一项专家评审中，优先级最高的是要缩短一个长达 3～5 分钟的登录过程，该过程包括 8 个对话框和 2 个网络口令。对于已经很忙的用户来说，这种改动的好处显而易见，他们乐于接受这样的改进。普通的中级建议包括重新安排页面顺序、提供改进的指导或反馈，以及去掉一些无关紧要的动作。专家评审还应包括必要的小修小补，如拼写错误、未对齐的数据输入域或不一致的按钮布局。最后一个分类包括一些次要的修改和若干新特性，这些新特性需要在下一个版本的界面中进行处理。

评审专家应尽量采用与预期用户经历类似的环境。他们需要接受培训课程、阅读文档（如果有的话）、接受单独指导，在尽可能接近真实的工作环境中使用界面，还要在有噪声和分散注意力的情况下完成工作。然而，评审专家可能要回到更安静的环境中，才能对整个界面进行更细致的全面评审。

框 5.2 如何使可用性建议既有用又可用（Molich et al., 2007）

- 在概念级清楚地沟通每个建议
- 确保建议可以提高应用的整体可用性
- 了解业务或技术的制约因素
- 表达对产品团队制约因素的尊重。不但要解决某个特例，还要解决整个问题
- 建议必须清晰而具体
- 建议中要包含具体的例子，避免表述不清

另一种方法是打印出完整的页面后，将其平铺到地上或钉在墙上，然后从俯瞰的角度审视整个界面。这种方法法对于检查不一致性、定位异常模式等方面作用明显。评审专家还能采用这一方法迅速查看字体、颜色和术语是否一致，观察多名开发者是否遵从了相同的风格。

评审专家可采用软件工具来提高分析速度，尤其是在分析大型界面时。虽然有时对设计文档、帮助文本或程序代码进行字符串搜索很有价值，但更具体的界面分析可能会产生更明显的效果（如网络可访问性认证、隐私政策检查和缩短下载时间）。关于自动化工具的深入探讨，见 5.6.5 节。

专家评审也存在风险，即专家可能对任务域或用户群的了解不够。不同的人在相同的界面中会发现不同的问题，因此由 3～5 名专家一起进行评审效率会更高。可用性测试可以提供一些额外建议作为必要的补充。专家的喜好各不相同，而不一致的建议会使得情况进一步恶化。选择那些熟悉项目情况、知识渊博并与组织保持长期关系的专家，有助于提高专家评审的成功率，而且还能提升用户体验。还可以召回这些专家，查看他们介入调查的结果，而这也是他们的职责所在。然而，问题在于，即使是经验丰富的评审专家，也很难预测典型用户会有什么样的行为（特别是首次使用用户）。

5.3 可用性测试与实验室

20 世纪 80 年代初以来，相继出现了可用性测试与实验室，这标志着人们的注意力正在向用户体验和用户需求转变。传统的管理者和开发者最初是持抵制态度的，他们认为可用性测

试听上去不错，但迫于时间压力或资源有限等原因，他们无法进行尝试。随着经验增加，许多成功的项目相继完成，人们越来越认可测试过程。同时，需求不断增加，设计团队开始争夺稀缺的可用性实验室人员资源。管理人员逐渐认识到如果能按照计划推动可用性测试，那么这会有力地促进整个设计阶段的完成。可用性测试报告中包括对于进度的支持性确认及具体的更改建议。设计人员从评价反馈中搜索关键意见指导他们的工作，这样在项目临近交付日期时就不会出现太多的"灾难"。特别令人意外的是，可用性测试不但能使项目快速完成，而且还能明显节省成本（Rubin and Chisnell, 2008; Sherman, 2006; Dumas and Redish, 1999）。事实上，"可用性""可用性测试""用户体验"（UX）等词汇，我们都已耳熟能详。

从业者受到来自广告和市场调研的影响后，发明了许多创新方法，因此可用性实验室的倡导者与他们的学术源头开始各自为营。一方面，学者们正在开发受控试验来测试他们的假说和所支持的理论；另一方面，从业人员则开发出各种可用性测试方法迅速改进用户界面。受控试验（见 5.7 节）至少包含两种处理方法，旨在寻找统计学上的重要差异。可用性测试的目的是，找出用户界面中存在的缺陷。这两种策略都要用到一组精心准备的任务集，但可用性测试的参与者更少一些（可能 3 人就够），最终结果不仅包括对假设的确认或拒绝，还会提出一份报告，报告中记录着一些修改建议。

收集定性数据在用户评价过程中起到了更重要的作用。有时因为设备不断推陈出新，设备尺寸也大相径庭，因此传统的测试任务可能不再适用。当然，在严格控制与非正式测试之间还有许多有用的可能性，所以要时刻铭记用户体验这条金科玉律，组合使用多种方法可能更合适。

5.3.1　可用性实验室

可用性测试的一些活动，促进了可用性实验室的建设（Rubin and Chisnell, 2008; Dumas and Redish, 1999; Nielsen, 1993）。组织建设实体实验室，实际上是对员工、客户及用户在可用性上的一种承诺。规模适中的典型可用性实验室一般包括两个 3 米×3 米的区域，中间用半透明的玻璃隔开：一个区域供参与者完成工作，另一个区域留给测试者和观察者（设计人员、管理人员和客户）。IBM 是开发可用性实验室的早期领导者，微软公司起步略晚，但也完全接受了这种思想，并兴建了许多可用性测试实验室。许多其他的软件公司也相继效仿，并出现了许多可以出租的可用性测试的咨询社区。图 5.1 是一种典型的可用性实验室布局。

可用性实验室一般配备有一名或多名具有测试和用户界面设计专长的工作人员，他们每年可能为整个组织内的 10～15 个项目服务。项目开始时，这些实验室人员与用户界面架构师或经理见面，制订测试计划，测试计划中包含预定日期和预算分配。可用性实验室人员参与前期的任务分析或设计评审，提供关于软件工具和参考文献方面的信息，并辅助开发可用性测试的任务集。详细的测试计划，需要在可用性测试前 2～6 周制定出来。测试计划内容包括任务列表、主观满意度和汇报时需要问的问题。还要确认参与者的数量、类型和来源。参与者的来源可能是客户场所、临时的人事部门或报纸上刊登的广告。在进行真正的测试之前，要进行有 1～3 名受测者参与的中间测试，包括流程、任务和测试问卷等相关的项目。这样，中间测试之后还会有时间进行修改。修改这一典型准备过程的方法有多种，以便满足每个项目的特殊要求。图 5.2 提供了进行可用性评估时应遵循的详细步骤。

图 5.1 诺达思可用性实验室。可用性实验室包括两个区域：测试室和观察室。测试室通常较小，仅能容纳几人。从观察室中可通过一个单向镜子直接看到测试室。观察室则较大，可容纳进行可用性测试的工作人员，测试产品的开发人员也能进入观察室。可能还会有录音设备

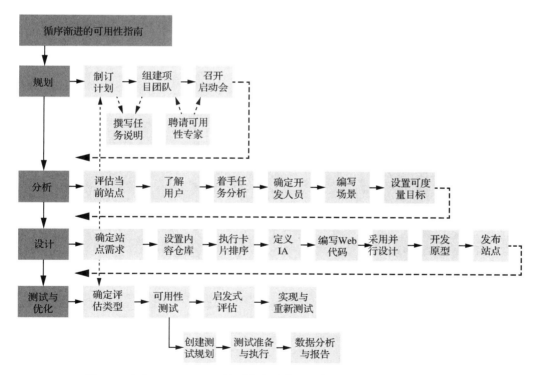

图 5.2 来自 Usability.gov 的循序渐进的可用性指南，给出了从开始计划一个可用性测试，到实际实施该测试，再到上报结果的所有步骤

在批准修改之后，还要挑选能够代表预期用户群体的参与者。挑选因素包括参与者在计算、任务经验、动机、教育情况和界面中使用自然语言的能力，及对环境的熟悉程度。另外，

可用性实验室人员也必须控制生理因素（如视力、左右手习惯、年龄、性别、教育背景、计算机经验）和其他实验条件（时间、日期、物理环境、噪声、房间温度、注意力分散程度）。主要目标就是要寻找能够代表目标用户观众的参与者。

无论是对后期审查，还是为设计者和管理者展示用户将会遇见哪些问题来说，将参与者执行任务的情况记录下来都十分有价值。但审核这些记录是一项单调且乏味的工作，因此在测试期间仔细记录和注释极其重要（完全自动化），这样可减少查找关键事件的时间。大多数可用性实验室都已具备或开发了相应软件来记录用户活动的日志（键盘输入、移动鼠标、查看屏幕、阅读手册等），这些日志是观察者通过自动时间戳来实现的。主流的数据记录工具有 Adobe Prelude Live Logger、TechSmith 的 Morae、Mangold 的 LogSquare、Moldus 的 Observer XT、Bit Debris 和 Ovo Logger。测试开始时，记录过程可能会让参与者紧张，但通常几分钟后他们就会忽略记录过程，并把注意力集中到任务上。若界面未通过用户测试，设计人员在看到实际记录时可能会有相当强烈的反应。当他们发现参与者总是重复地选择错误的菜单项时，通常就会意识到需要重新调整标签或摆放位置。

可用性评估专业人员可用的另一种相对较新的技术是眼动跟踪软硬件（见图 5.3）。眼动跟踪数据能够显示参与者注视屏幕的位置和注视时间。用颜色编码热图（见图 14.3）显示跟踪结果，可清晰地表示屏幕中哪些区域被查看、哪些区域被忽略。这类软件的价格已大幅下降，且已非常轻便。目前，眼动跟踪软件既简单易用又价格低廉，可以作为计算设备的外设来使用（见图 5.4）。测试小型移动设备时，可能需要特殊的器材来捕捉用户的设备和相关活动（见图 5.5）。有时，在测试移动平台及其他技术平台时，需要采用不同的限制条件和流程，在"野外环境"下运用适当的测试方法（Rogers et al., 2013）。

图 5.3　图中用户佩戴的是一副用于眼动跟踪的眼镜。参与者使用移动设备时，该眼镜专门用于跟踪用户的眼球运动。Tobii 公司是设备制造商之一（Tobii AB）

在每个设计阶段，都要迭代地改进界面，还要不断测试修改后的界面。即使是微小的缺陷也会影响用户期望。所以，重要的是对这些小问题迅速修改（如拼写错误或布局不一致问题）。

图 5.4　安装在航空公司登机亭的眼球追踪软件。设计师通过软件收集数据，观察使用者
　　　　是如何看屏幕的。这有助于确定各类界面元素（如按钮）的难易程度（Tobii AB）

5.3.2　人类参与研究活动中的伦理道德

对参与者应以礼相待，并告诉参与者：他们并不是测试目标，测试目标是研究的软件和用户界面。要告诉他们需要做什么（如在网站上查找产品、用鼠标创建图表、研究触摸屏信息亭上的饭店指南），还要告诉他们需要使用多长时间。参与者应是自愿的，并且认可这项研究的重要性（见框 5.3）。有时，为了充分验证假说，可能需要在实验中安排一些假设。只要利大于弊，即大于任何潜在的或真正的伤害，就应允许道德实践。

在美国，机构审查委员会（Institutional Review Board，IRB）负责管理大学校园中有人类参与的所有研究。这些研究要符合多个不同的审查等级，遵循精确的流程。他们还要专门考虑特殊人群的需求。大多数高校中都设有能够详细解释这些规程的 IRB 代表。其他机构和组织在伦理研究实践与人类参与者方面都已有了指南。

图 5.5　一台能跟踪和记录移动设备上活动的特殊移动摄像机。摄像机位于上方，以便用户能够自如操作（Noldus Information Technology 供图）

5.3.3　出声思考与相关技术

在可用性测试期间，一种有效的技术是要求用户在执行任务时，对正在做的事情出声思考（有时称为并发出声思考）。设计者和测试者应为参与者提供有力的支持，而不要直接代替他们或直接给出指示，他们应提示或倾听参与者在处理界面时的各种线索。敏锐的可用性测试人员能通过出声思考发现许多有趣的线索。例如，他们可能会听到这样的评论："这个网页的文字太小了……所以我正在菜单上查找能使文字变大的东西……或许它在图标的上方……我找不到它……所以我只能继续。"

框5.3　知情同意指南（Dumas and Loring, 2008）

每个知情同意声明书应包括如下内容：

● 研究目的（解释进行此项研究的原因）。
● 研究使用的规程。本部分还应该包括参与者的时间期望及要求中止的协议。
● 如果有任何形式的记录，要规定在完成测试后，谁会看到这些记录、如何完成这些记录（并非所有的研究都有记录）。
● 保密性声明和如何保护参与者的匿名性。
● 参与者的风险（大多数可用性研究中，风险极小）。
● 参与是自愿的且参与者在任何时候都能够退出，不会受到任何惩罚。
● 将问题交给谁，研究之后的进一步信息给谁，关于测试的最初问题的声明，都要有满意的答复。

在开始任何测试前，所有人都要在非正式的同意声明上签字。

在参与者完成任务列表（作为评估协议的一部分给出）后的某段时间（通常是1～3小时），就可请他们给出一些一般性评论或建议，或回答具体的问题。出声思考阶段的非正式气氛轻松愉快，常常会产生很多自发的改进建议。一些可用性实验室在努力鼓励出声思考时，发现两名参与者一起工作会产生更多的谈话，因此可以由一名参与者向另一名参与者解释流程和决定（见图5.6）。研究人员需要知道的是，人们不一定总是准确地表达出自己的想法。同样，描述他们的想法可以改变这个过程。

图5.6　"结对"工作能更好地深入洞察思维过程，清晰认识传递信息
的渠道（语言和肢体语言等）。通过模型来解决这一问题
（Elmqvist and Yi, 2012），如配对分析法，可在早期阶段评估系统

另一种相关技术称为回顾性出声思考，即在用户完成一项任务后，要询问他们当时正在想什么。但问题是，用户一旦完成任务，就有可能无法完整而准确地回忆起当时的想法。即使这样，这一方法也能让用户将所有注意力集中到完成任务上，且在时间上也更有保证。此外，还存在另外两种方式，即并发性探讨和回顾性探讨。任何传统的用户界面度量方法都会

受到这些技术的干扰，而且需要用户放下手头的工作。不过，这样做可使测试人员深入了解用户的思维过程。

在使用出声思考技术时，时机最为重要。标准的出声思考过程可能会改变真正的任务时间，因为通过语言表达思考过程会产生额外的认知负担，而用户在说出想法时可能会停止手头的任务。进行专家评估时也可使用出声思考的方法。回顾性出声思考过程不会改变任务本身的时间安排，但因为用户要在执行任务后回想这些任务，并对它们进行评审，因此全部用时可能会加倍。还要意识到，出声思考技术与眼动跟踪技术结合使用，可能会产生无效的结果：在用户讲话时，他们的眼睛可能会游离，进而生成假数据。

5.3.4　可用性测试的范围

可用性测试存在很多不同的偏好和形式。目前大多数研究证明：在设计周期中，经常性地、不定期地进行测试极其重要。测试的目的和所需数据的类型都是重要考虑因素。在探索性阶段中，设计人员正在尝试构思正确的设计，因此可以在这一阶段进行测试，也可以通过验证工作确保一些特定需求得到满足。下面是各种可用性测试类型，可组合使用这些方法进行测试。

纸上模型与原型　早期的可用性研究，是将纸质模型展示给用户，评估用户对用词、布局和顺序的反应。测试管理员扮演一台计算机，他不断翻页，要求参与的用户执行典型任务。这种非正式的测试成本低、速度快，效果往往也很好。一般情况下，设计人员根据设计，绘制出低精度纸质原型，但今天已有计算机程序（如 Microsoft Visio、SmartDraw、Gliffy、Balsamiq 和 MockingBird），因此设计人员可以轻而易举地创建更详细的高精度模型。然而，有趣的是，用户看到低精度设计时的反应更坦率，原因可能是早期这些看起来简单又粗糙的原型，实际上给用户传达了这样的信息：这些设计还未投入过多的时间和金钱，还可进一步修改。尽管在完成原型的过程中，用户和管理员通常位于相同的地点，但随着技术的发展，已可以远程完成这些工作。有关原型制作的相关信息，见第 4 章。

简易可用性测试　这种临时凑合的方法降低了新手的门槛（Nielsen, 1993），对任务分析、原型开发和测试产生了广泛的影响。有争议的方面是，建议只使用 3～6 名测试参与者。支持者认为，只需要几名参与者就能发现大部分严重问题，因此可以及时修正并进行重复测试。批评者则认为，为了完整地测试更复杂的系统，需要更广泛的受试者群体。解决此争议的方法之一是，采用简易可用性测试作为形成性评价（对设计进行大量修改时），并将更广泛的可用性测试作为总结性评估（设计过程即将结束时）。形成性评价识别出的问题，可以指导重新设计，而总结性评估则提供产品公告的证据（"我们 120 位测试者中有 94%在没有帮助的情况下完成了购物任务"），并阐明培训要求（"讲授 4 分钟后，每位参与者都可以成功地为设备编程"）。对于一些项目来说，少量的参与者就可以胜任，但有些网络公司拥有大量公共的面向网络的展示，因此处理这样的任务就需要有成千上万的大规模用户参与实验（参见下面的 A/B 测试）。

竞争性可用性测试　竞争性测试把新界面与之前的版本或与竞争者的类似产品进行对比。这种方法近似于受控实验性研究（见 5.7 节），工作人员必须精心构造并行的任务组，还要相互平衡界面的显示顺序。对象内部的设计看起来最强大，因为参与者会将竞争对手之间的界面进行比较，尽管每名参与者需要投入更长的时间，但需要的人更少。

A/B 测试　对相同界面的不同设计进行测试时，可采用 A/B 测试。通常情况下，要有两组用户分别观察和记录界面中的不同之处。有时这种测试也称水桶测试，它与"被试间"设计类似（见 5.7 节）。该方法常用于大规模在线受控实验（Kohavi and Longbotham, 2015）。A/B 测试包括：将两组用户随机分配到对照组（无变化）或实验组（有变化）。通过一组依赖性测量表示不同组之间是否存在区别（见图 5.7）。在进行 A/B 测试前，一般建议（Crook et al., 2009）先进行 A/A 测试，或空测试。A/A 测试也需要两个组，但对它们的处理（控制）相同，然后对样本量估算的变量及实验系统进行测试。在 95%置信水平的真实测试中，应该拒绝零假设。微软公司的"必应"程序已采用了这种测试方法，超过 200 个实验并行进行，超过 1 亿的用户体验了几十亿项变化。测试项中有一些可能是新想法，另一些可能是对现有项目的修改（Kohavi et al., 2013）。

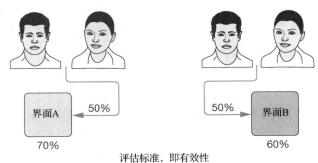

图 5.7　A/B 测试的例子。将参与者随机分配到两个测试组（A 或 B）。他们看到的界面类似，但要对特定标准进行评估，且每个测试组得到的是不同版本的界面。通过对结果进行评估，查看是否存在差异。一般情况下，每组的参与者人数较多时会采用这种测试方法。每次修改界面中若干小变量，多次重复该测试

通用性测试　这种方法使用高度互异的用户、硬件、软件平台和网络来测试界面。预期用户范围较大时，如面向消费电子产品、基于 Web 的信息服务或电子政府服务，为了确保系统的成功运行，需要进行大规模的测试来剔除问题。这种方法需在不同尺寸的显示器、不同网速的网络、各种操作系统及 Web 浏览器上进行试验，因此对提高客户体验会有很大的作用。测试人员需要意识到用户在感知或身体上存在诸多限制（如视障、听障、运动或移动障碍），因此要对测试进行修改来适应这些限制，而这些做法恰好又催生了可被更多不同用户使用的产品（见第 2 章）。

实地测试与便携实验室　这种测试方法在真实环境中测试新界面，或在一段固定的时段于更自然的实地环境中对界面进行测试。这些相同的测试可在较长的时间内重复进行纵向测试。使用日志记录软件捕获错误、命令、辅助记录频率，并进行生产率度量时，实地测试更有成效。人们为了支持更全面的实地测试，已开发出了配备录像和记录工具的便携可用性实验室。今天的计算设备轻便且易于运输。如果需要大显示器，通常可在测试地点租赁。不同种类的实地测试包括向用户提供新软件或消费类产品的测试版本，或向数十甚至数千个用户发放测试版本，并要求他们进行测试。Noldus、UserWorks、Ovo Studios 和 Experience Dynamics 等公司都提供此类服务。有时，界面需要真正融入环境，需要一个"野外"测试过程（Rogers et al., 2013）。

远程可用性测试　基于 Web 的应用系统全世界都可访问,因此在线可用性测试很有优势。在线测试简化了把参与者带到实验室的复杂性并降低了成本。这样, 因为参与者能在自己的环境中进行测试并使用自己的设备, 更多具有更加多样化背景的参与者就有可能参与测试, 从而大大增加了测试的真实性。设计人员可从用户名单中通过电子邮件或在线社区的形式招募参与人员(包括亚马孙土耳其机器人)。许多高级用户由于地理位置远或身体条件不允许等原因, 无法来到实验室。有了上面的方法, 高级用户可以接触到大量的参与者群体。该方法的不足之处是, 对用户行为的控制较少, 同时尽管日志和电话访谈都是有用的补充, 但降低了观察用户反应的能力。这些测试能以同步(在用户执行任务的同时, 评估者观察)和异步(用户独立执行任务, 评估者以后查看结果)方式进行。一些研究表明, 应用远程可用性测试发现的问题, 比通过传统可用性测试发现的问题要多。同步远程可用性测试也被证明是一种有效的评估技术。有很多平台支持这类测试,包括 Citrix 的 GoToMeeting、Cisco 的 WebEx、IBM 的 Sametime、join.me 和 Google 的 Hangouts。采用虚拟世界的同步远程可用性测试也是一种有趣的方法(Madathil and Greenstein, 2011)。

"你能攻破吗"测试　游戏设计人员邀请精力旺盛的青少年尝试新游戏,最先用的是"你能攻破吗"方法进行可用性测试。这是一种破坏性方法,用户努力寻找系统的重大缺陷或其他方面并试图攻破它们。用户通过这种建设性的测试方法在系统中定位致命缺陷,或"毁掉"系统。该方法还可用于其他类型的项目中,我们应对其加以认真对待。如今的用户对有缺陷的设计和设计不佳的产品基本上没什么耐心。如果还有其他强有力的竞争者存在,忠诚度往往会摇摆不定。

可用性测试若想要获得预期的结果,目前至少存在两个限制:它强调首次使用,并对界面特性只提供有限的覆盖。由于可用性测试通常只持续 1～3 小时,因此很难确定正常使用 1 周或 1 月后性能会有什么样的变化。在可用性测试的短时间内,参与者可能只会用到一小部分系统特性、菜单、对话框或帮助页面。这些因素增加了设计团队对系统各种各样的疑虑,因此他们必须在可用性测试中补充一些内容,如各种形式的专家评审。

对可用性实验室测试的批评不止于此,许多人都颇有微词,如活动理论的支持者,还有一些人认为如果要对通信设备、环境技术和以客户为导向的移动设备进行评估,真实测试环境是必要的。此外,在类似军事战斗、法律实施、应急响应等高压环境和关键任务领域,无法在传统的可用性实验室环境中完成这些任务的界面测试。虽然对于充分测试此类界面来说,创建真实环境至关重要,但这并非总是可行的。设计师必须了解用户承受的总体认知负担或心理负担,以及它所代表的含义。

还需要特别关注移动设备的可用性测试。首先要了解的一些问题包括:备用电池和充电器的可用性、信号强度问题、网络故障等。要确保用户的注意力在界面上,并确保用户和用户手指不会因为点击而挡住观察者的视线。

人们对可用性的兴趣持续升温,显然与各类图书对该领域的关注密不可分。有些文献(Dumas and Loring, 2008; Rubin and Chisnell, 2008; Dumas and Fox, 2008; Stone et al., 2005; Barnum, 2002)讨论了许多相关主题,如可用性实验室的建立、可用性监视器的作用、测试数据的收集和报告,以及进行专业可用性测试所需的其他信息。

5.3.5　可用性测试报告

1997 年,美国国家标准技术研究所(National Institute for Standards and Technology,NIST)

向可用性测试报告标准化迈出了一大步。NIST 召集了一批软件制造商和大客户，用数十年的时间，形成了一套总结性可用性测试结果的通用行业规范（Common Industry Format，CIF）。该规范用标准形式描述了测试的环境、任务、参与者和结果，便于客户进行比较。该小组的工作（http://www.nist.gov/itl/iad/vug/）仍在进行中，参与者们正在开发形成性可用性测试报告的指南，同时陆续公布了一些最佳实践指南。核心问题是要了解受众（谁将阅读此报告），并将报告撰写得具体而明确，这一点非常重要。

5.4　调查工具

人们普遍对用户调查（书面或在线）非常熟悉，而且这种方式的成本并不高。用户调查可与可用性测试和专家评审一起进行。管理人员和用户都能容易地领会调查的含义，且大量（数百或数千用户）被调查者通常给人一种权威可信的感觉。相比之下，只有少量可用性测试参与者参加或由几位评审专家给出的结果，往往具有潜在的偏见。调查成功的关键，在于事先有明确的目标，而且要开发出有助于达成这些目标的重点项。调查设计的两个关键方面是有效性和可靠性。有经验的调查都清楚，在设计、管理和数据分析期间需要十分谨慎（Lazar et al., 2009; Cairns and Cox, 2011; Kohavi et al., 2013; Tullis and Albert, 2013）。关于信息调查更多的介绍，见第 4 章。

5.4.1　准备和设计调查问题

在实施大规模调查之前，应准备调查表并让同事评审，最后邀请少量抽样用户对调查表进行测试。另外，在分发最终的调查之前，应首先确定统计分析方法（超出平均值和标准偏差）和呈现方法（直方图、散点图等）。简而言之，方向明确的活动更容易成功地进行统计收集工作。我们的经验是，有了意外发现时，方向明确的活动还会成为解决问题的有效框架。被调查的抽样存在偏差时，会产生错误的结果。因此，设计调查的人员需要构造各种方法，来确保这些抽样人群在年龄、性别和经验等方面能够代表其所在的群体。

在实际使用之前，对调查工具进行预测试、探讨性测试十分重要。可以针对界面的一些具体方面预先向用户咨询他们的主观印象，如界面的表现形式等，具体包括：

- 任务域对象和动作
- 界面域的隐喻和动作处理
- 输入的语法和屏幕显示的设计

确定用户的某些特性可能也非常有用，具体包括：

- 人口统计资料（年龄、性别、出身、母语、教育、收入）
- 使用计算机的经验（具体应用软件或软件包、持续时间、知识深度、知识是通过正规的培训还是通过自学获得的）
- 工作责任（决策影响、管理角色、动机）
- 人格类型（内向或外向、承担风险或规避风险、早期或晚期采纳者、有系统的或投机取巧的）
- 不使用界面的原因（服务不当、太复杂、太慢、畏惧）

- 对特性的熟悉程度（打印、宏、快捷方式、教程）
- 界面使用后的感受（困惑或清晰、挫败或可控、厌烦或兴奋）

在线调查和基于 Web 的调查，不需要打印、分发、收集纸质表格的开销及工作量。尽管在自选样本中可能存在偏差，但是用户还是愿意在计算机或电子设备上回答简短的调查，而不愿意填写打印好的表格后返回给调查者。有些调查可以让大量的受访者参与。目前很多公司都提供计算机化的调查，如 Survey Monkey、Survey Gizmo、Qualtrics、Question Pro，费用针对学术机构或教育机构甚至有折扣。

在一项调查中，要求用户按照以下常用的李克特量表（Likert scale）来回答问题：

非常同意　　同意　　不确定　　不同意　　非常不同意

调查中的项目可以为如下形式：

- 我能使用这个界面有效地执行任务
- 项目位于界面上我希望的位置

这类问题列表可以帮助设计人员定位用户遇到的问题，还有助于设计人员展示界面中进行的修改。后续调查中则通过提高的得分来表示修改过程。

另一种方法是使用一组双极语义锚定项（愉快或恼怒、简单或复杂、简洁或冗长），要求用户描述使用该界面的反应。用户必须按 1～7 级给这些项打分：

不友好	1 2 3 4 5 6 7	友好
易于使用	1 2 3 4 5 6 7	很难使用
明确	1 2 3 4 5 6 7	混淆

另一种方法是要求用户评估界面设计的各个方面，如字符的可读性、术语的使用、结构的组织，图标/控制的含义等。用户把交互系统的一个方面列为很差时，设计人员就清楚知道需要重做什么。调查中的问题很精确时，调查的结果就很有可能为采取行动提供有用的指南。

可能需要对特殊群体（见第 2 章）给予额外的关注。例如，如果问卷是针对儿童的，那么就要使用与其年龄相当的语言；如果是针对国际用户的问卷，那么可能需要翻译；如果是针对老年人的问卷，则可能需要使用较大的字体；如果是为残疾用户设计的问卷，还可能需要进行特殊的调整。

5.4.2　问卷示例

在可用性评估中，常常使用问卷和调查。长期以来，人们已开发和改进了若干工具和量表。早期的问卷关注字体清晰度、屏幕外观和键盘配置等要素，后来的问卷则更多地涉及多媒体组件、视频会议和其他现有的界面设计，包括消费电子产品和移动设备。以下给出几种问卷的一些信息（大多数问卷使用类似李克特的量表）。

用户交互满意度问卷（Questionaire for User Interaction Satisfaction，QUIS）。QUIS（http://lap.umd.edu/quis/）拥有成千上万的用户，许多项目都采用它。此外，新版问卷还包括网站设计的相关条目。马里兰大学研究成果转化办公室负责颁发 QUIS 许可证，学生身份可获得特定授权协议。表 5.1 中展示了一部分 QUIS，其中包括一个收集计算机经验数据的例子。

系统可用性量表（System Usability Scale，SUS）由 John Brooke 开发，有时也称"临时凑合"量表（Brooke, 1996）。SUS 中包含 10 条陈述语句，用户使用 SUS（采用 5 点量表）评价其同意程度，其中的一半问题要采用正面言词表达，而另一半问题要采用负面言词表达。计算出的分数以百分数的形式表示。表 5.2 是 SUS 的一个例子。

表 5.1　用户交互满意度问卷（QUIS）（马里兰大学, 1997）

具体满意度量表问题示例：					
5.4	显示的消息：	模糊	清晰	1 2 3 4 5 6 7 8 9	NA
5.4.1	命令或选择的说明：	模糊	清晰	1 2 3 4 5 6 7 8 9	NA

表 5.2　系统可用性量表（SUS）示例（Brooke, 1996）

		完全反对				完全同意
1	我愿意频繁使用该系统	1	2	3	4	5
2	我认为系统完全无必要这么复杂	1	2	3	4	5

计算机系统可用性问卷（Computer System Usability Questionnaire，CSUQ）由 IBM 公司基于之前的 PSSUQ 在后期开发，它包含 19 条陈述语句，参与者使用 7 点量表来回答问题。表 5.3 中给出了 CSUQ 的一个例子。

表 5.3　计算机系统可用性问卷（CSUQ）示例

			1 2 3 4 5 6 7		NA
1	总体上，我对系统的易用性感到满意	完全反对	·······	完全同意	·
2	使用该系统能有效地完成工作	完全反对	·······	完全同意	·

人因研究小组开发的软件可用性测量量表（Software Usability Measurement Inventory，SUMI），包含 50 个条目，用来测量用户对其印象（情感反应）、效率和控制，以及界面可学习性和有益性等方面的感知（Kirakowski and Corbett, 1993）。表 5.4 中是 SUMI 的一个例子。

表 5.4　软件可用性测量量表（SUMI）示例

		同时	不确定	不同意
1	软件的输入响应太慢	□	□	□
2	我会向同事推荐这个软件	□	□	□

网站分析和测量量表（Website Analysis and MeasureMent Inventory，WAMMI）问卷，提供超过 12 种语言（http://www.wammi.com/），用于进行基于 Web 的评估。

这些问卷中有很多都是刚开发出来的，尽管如此，它们仍然可以作为可靠和有效的工具使用。通过改变询问条目的重要性，就可以变换这些问卷。基于这些已确认的工具，人们已开发和测试了一些专用问卷。移动电话可用性问卷（Mobile Phone Usability Questionnaire，MPUQ）就是一个例子，它包含 72 个条目，分为 6 个要素：易学性和易用性、有益性和解决问题的能力、情绪方面和多媒体特性、命令和最小记忆负担、控制和效率，以及移动电话的典型任务（Ryu, 2009）。表 5.5 中给出了 MPUQ 的样题。SUS 已用于手机和交互语音系统、基于 Web 的界面和一些其他界面中，且已证明是健壮且通用的工具。UMUX-LITE 是 SUS 的另一个简化版本（Lewis et al., 2013）。无论使用何种测量标准，任何分数都不应该孤立地使用。

最佳测试流程的结果会鼓舞人心，其中包括许多方法，如观察、访谈、界面使用的记录，以及质量满意度数据等。

表 5.5　移动电话可用性问卷（MPUQ）示例

移动电话问题示例：
更改振铃信号容易吗？
能定制该产品的振铃信号吗？如果能，该功能好用吗？
使用该产品是否感到兴奋？
该产品的电话簿易于使用吗？

编写和设计出好的问卷既是一门艺术，也是一门学问。关于如何得体而有效地使用、确认和开发问卷，可参考许多优秀的资料，既有书籍（Tullis and Albert, 2008; Rubin and Chisnell, 2008），也有文章（Tullis and Stetson, 2004）。除了标准类型的满意度测量之外，针对专用设备（如移动设备）和游戏界面的测试，可能需要单独的测量标准，如愉快、高兴、感情、挑战或现实性等标准。还可参考如下链接了解一些年代久远的问卷：Gary Perlman（http://garyperlman.com/quest/quest.cgi?form=USE）和 Jurek Kirakowski（http://www.ucc.ie/hfrg/resources/qfaq1.html）。

5.5　验收测试

在大型实施项目中，客户或经理通常会为硬件和软件性能设定可测量的客观目标。很多需求文档的作者甚至大胆地指定平均故障时间、修复硬件的平均时间及某些情况下修复软件故障的平均时间。更典型的做法是为软件指定一组测试用例，其中包括对硬件/软件组合的响应时间需求（见第 12 章）。如果已完成的产品无法满足这些验收标准，就必须返工，直到可以成功地进行操作展示为止。

这些概念可以灵活地扩展到人机界面中，在编写需求文档和撰写合同时，应确立明确的验收标准。不能使用模棱两可的、令人误解的"界面友好"标准，而应使用可测量的标准建立用户界面，参考如下：

- 用户学习具体功能的时间
- 任务性能的速度
- 用户出错率
- 用户随着时间的推移记忆命令的情况
- 用户主观满意度

一个食品采购网站的验收测试可能会指定以下内容：

　　　　参与者是 35 名成年人（25～45 岁），由职业介绍所聘用，无残疾且为本地人。他们应具有中等程度的万维网使用经验：最近一年中每周使用网络 1～5 小时。给参与者 5 分钟时间进行基本特性演示。至少应有 30 人能在 30 分钟内完成基准任务。

对同一界面的另一个测试需求可能如下：

　　　　还要测试三种类别的特殊参与者：(a) 10 位 55～65 岁的老年人；(b) 10 位有

不同程度运动、视觉和听觉残疾的成年用户；(c) 10 位新移民且以英语为第二语言的成年用户。

基准任务的选择至关重要，因此必须通过初步测试来改进所用的资料和规程。验收测试计划中的第 3 项可能会关注记忆情况：

> 一周后，10 位参与者将被召回并要求执行一组新的基准任务。在 20 分钟内，至少有 8 位参与者应能够正确地完成任务。

在大型界面中，可能会有 8～10 个这样的测试，并让不同的用户群来执行不同的界面组件。其他标准，如主观满意度、输出的可理解性、系统响应时间、安装规程、文档或图形的吸引力，也可能需要在完整的商用产品的验收测试中加以考虑。

确立精确的验收标准后，客户和界面设计者双方均能受益。这种做法不仅可以避免有关用户友好的争论，而且能客观地说明对合同的履行情况。与可用性测试不同，验收测试的氛围可能是对抗性的。因此，通过外部测试来确保组织的中立性通常较为可取。验收测试的核心目标不是检测缺陷，而是验证是否符合需求。

通过验收测试后，在对外（国内/国外）发布产品之前还有许多工作要做，比如进行一段时间的实地测试，邀请实际用户进行试用测试等。实地测试中除进一步改进用户界面外，还要改进培训方法、使用教程、电话帮助规程、市场推广方法及宣传策略等。

前期专家评审、可用性测试、调查、验收测试和实地测试的目的，是为了在预发布阶段尽可能多地强制进行渐进式开发，因为此时的修改相对容易，而且代价也较低。

5.6　使用中和使用后评估

经过精心设计和全面测试的界面是一笔巨大的财富，但只有在专职管理人员、用户服务人员和维护人员予以持续关注的情况下，界面才可能成功地得到使用。在提升用户体验的过程中，每个人都能做出自己的贡献，为用户提供更高层次的服务。不可能每时每刻取悦所有用户，但真诚的付出一定能得到感恩用户群体的理解，进而有所回报。虽然永远无法做到尽善尽美，但是渐进式改进不但是可能的，而且是值得追求的。

如果能采用逐步发布界面的方式，那么在发现问题时，就能在损失最小的情况下进行修复。因此，逐步发布界面的方式十分有用。随着用户数量的增加，对界面的主要修改应限制于发布的版本中。界面用户若能对这些改变有所预期，尤其是当用户持有正面改进的期待时，阻力就会小一些。在快速发展的网络环境和交互式环境中，人们预料会有更频繁的变化。但获胜之道依然在于重要资源的持续可访问性，甚至包括新型服务，还要时刻对用户体验保持真诚的兴趣。

5.6.1　访谈与讨论组讨论

访谈单个用户，不仅可以追踪访谈者所专注的特定问题，而且还能更好地理解用户的观点，因此访谈效果往往较为明显。访谈的成本很高，加之时间较长，因此通常只涉及用户群体的一小部分。另一方面，与用户的直接接触经常会激发出有建设性的具体建议。由专业人士领导的讨论组可能会发现出人意料的使用模式或隐藏的问题，参与者能快速探索和确认这些问题。另一方面，直言不讳的个人也可以影响讨论组，或对较弱参与者的评论不予理睬。

可以针对特定的目标用户群来安排访谈和讨论组，诸如有经验的用户或长期用户，这样获得的问题集与新用户提出的问题集会有很大的不同。

5.6.2　连续的用户性能数据记录

软件体系结构应能使系统管理人员更为容易地收集数据，如界面使用模式的数据、用户性能速度的数据、出错率或在线帮助请求频率的数据。在获取新硬件、修改操作规程、提升培训及系统扩充计划等方面，日志数据提供了相关指南。

例如，如果记录每个出错消息的频率，那么频率最高的错误就是需要关注的候选项。可以重写该消息，修改培训材料，更改软件来提供更具体的信息，或者可以简化命令语法。如果没有具体的日志数据，系统维护人员就无法从数百个出错消息中甄别出哪个对用户来说是最大的问题。同样，维护人员应检查从不出现的消息，确认造成这一现象的原因是代码中有错误还是用户未使用某些工具。

如果可以使用日志数据，那么仅仅访问频繁使用的特性，就可对人机界面进行修改。管理人员还应检查那些很少使用或根本不用的工具，以便了解用户回避这些功能的原因。使用这些日志数据的主要优点是，系统维护人员可将这些数据作为指南，优化性能并降低所有参与者的费用。对于成本意识强的管理人员而言，后者的优势更大，但界面质量的提升对以服务为导向的管理人员颇具吸引力。放大特定事件（如撤销和擦除）提供了一种低成本的自动化方法，这种方法能够发现一些自我报告无法发现的关键事件（Akers et al., 2009）。

记录日志可能是善意的，但用户的隐私权应受到保护。除非必要，否则不应收集有具体用户名的链接。记录日志的范围扩展到了监视个人活动时，管理人员必须通知用户他们正在监视什么及如何使用收集到的信息。尽管组织可能有权测评雇员的表现水平，但雇员应能看到测评结果，并能讨论这些结果的含义。如果监视是秘密进行的且后来被发现，则会造成雇员对管理层的不信任。与收集数据的好处相比，这种损害会得不偿失。建议管理者和雇员应共同提高生产率，且雇员应参与到这一过程中，分享收益。

互联网对电子商务产生了巨大影响，很多公司对跟踪用户点击其网站和阅读网站页面等情况十分感兴趣。由此，大量公司（谷歌、微软、雅虎和其他公司）提供此类服务，称之为网站分析（有时也称大数据）。他们通过收集数据，为其他公司提供网站的详细跟踪信息，包括图形显示、仪表板、不同投资对回报的影响和其他一些改进。这些信息可呈现在图形化的仪表板上，以提供可视化数据（见第 16 章）。

有些商业服务公司对大数据兴趣浓厚，他们正在成功地为客户提供日志数据，并在用户的控制面板上展示网站访问的相关日志数据和分析结果。这些用户已开始提供背景信息，并收费填写调查问卷，或允许用户记录他们的网站访问模式。购买这些数据的人对什么样的人买书、什么样的人访问新网站或什么样的人正在查找保健信息很感兴趣，因此可通过这些信息来了解自身的市场营销、产品开发和网站设计投入。这些服务包括 Alexa、Quora、Pew Internet、Hitwise、Google Analytics、Forrester、comScore 和 Nielsen Digital Ad Ratings。

5.6.3　在线或电话咨询顾问、电子邮件和在线建议箱

用户遇到困难时，在线咨询或电话咨询顾问能够提供有效的个人帮助。用户知道遇到问题能向人求助时，就会很放心。用户遇到问题时，这些咨询顾问就成了极好的信息源，他们

能针对这些问题提出改进建议，甚至还会出现一些潜在的扩展。

很多组织都提供免费电话服务，用户可以直接向知识丰富的顾问进行咨询。另一些组织则按分钟收取咨询费，或只面向精英或高端客户提供支持。在有些系统中，顾问可以监视（有时甚至能够控制）用户的计算机，看到与用户相同的显示内容，同时保持电话语音连接（见图 5.8）。用户对这种服务很放心，因为他们知道有人会引导他们以正确的顺序完成任务。用户需要获得服务时，通常需要立即得到服务，而用户常常是在全球范围内全天候工作的。许多组织正在使用软件代理与推荐系统，提供实时的聊天设施，从而将浓浓的人情味和自动回复整合到一起。这些服务对用户很有帮助，可以建立客户忠诚度，并提供深入见解来指导设计改进，并对新产品进行扩展。虽然人们对这些服务普遍能很好地接受，但各大公司仍需要意识到偏差依然存在。那些响应在线服务的参与者不一定能够代表广泛的用户群体，因此由这些干预措施的数据得出的结论可能有问题（Crook et al., 2009）。

图 5.8　在线聊天顾问。通常情况下，顾问戴着耳机，用户可能看到也可能看不到参与者。顾问会通过声音或对话进行沟通。若采用聊天形式，则在顾问打字时，通常要提示参与者等待

5.6.4　讨论组、维客、新闻组和搜索

有些用户可能会怀疑软件包的适用性，或可能会寻求有界面使用经验人员的帮助。他们不可能想到特定的某个人，所以无法使用电子邮件。此外，今天的软件产品可在全球范围内使用，并全天候地运行，因此用户可能会在传统的工作时间之外遇到问题。很多交互设计人员和网站管理人员会为用户提供讨论组、新闻组，甚至维客，让用户发布公开的信息和问题。不同的服务还支持更为独立的讨论小组，目前强大的搜索引擎能轻易地发现这些小组。

一般来说，讨论组会向用户提供一个包含条目标题的列表，便于用户浏览相关主题。用户提供的内容不断充实讨论组。几乎任何人都能添加新条目，但一般会有人负责调整讨论内容，剔除一些可能包含攻击性的、无用的或重复内容的条目。许多用户分布在不同的物理地点时，调停人必须努力营造一种社区意识。

随着互联网的普及，搜索已经非常通用并且无处不在。用户在谷歌（或其他搜索引擎）中输入一个短语或一组描述问题的词语，就能轻易地生成一张长长的匹配列表。搜索结果中，

有些会匹配得相当精确，并且正是用户想要的内容。这些搜索结果可能会指向维基百科、论坛、公司 FAQ 甚至 YouTube 视频。

5.6.5　自动评估工具

在评估桌面应用、网站和移动设备的用户界面方面，软件工具效果显著。即使是检查拼写和术语一致性的简单工具，对界面设计人员也非常有益。简单的测试报告中包括页面数量、控件数量和显示页面之间的链接数量，并能获得用户界面项目的规模。如果把更高级的评估规程包含在内，界面设计人员就可以评估许多内容，如菜单树是否过深或是否包含冗余项、控件标签是否得到了一致性使用、所有按钮是否有与其相关联的适当迁移等。

一些研究给出了建议。平均的链接文本长度一般为两到三个词，采用 sans serif 字体，并用颜色突出显示标题。一种有趣的现象是，首选网站在性能上并不总是最快的，这表明在电子商务、移动、娱乐和游戏应用的领域，吸引力可能比快速执行任务更为重要。对结果进一步分析，就会推测出若干设计目标，这些目标又可帮助设计人员了解用户的深层偏好。例如，用户可能更喜欢可理解的、可预测的、视觉上有吸引力的设计，在这些设计中整合了相关内容。今天，成熟用户的期望很高。而年轻人，即所谓的"数字原住民"，是伴随计算机和移动设备一起长大的，这些设备已成为他们生活的重要组成部分。

过去几年中，网页的下载速度已成为一个问题。网站优化服务可计算出页面中各项的数量，以及每幅图片的字节数、源代码的规模等。这些服务还能提供建议，进而修改页面来获取更优异的性能。今天，人们更多关注的是网页的点击量和知名度。

另一类软件是运行时日志软件，用于捕捉用户的活动模式。简要的报告（如每个出错信息的频率、菜单项的选择、对话框的外观、帮助调用、表格域的使用或网页访问）对维护人员和修改最初设计的人员有很大益处。

实验研究人员也能获得备选设计的性能数据，通过这些数据，研究人员能更明确地进行决策。还有一些软件可用于分析和总结性能数据（如 TechSmith 的 Morae），它们的功能正在稳步改进（见图 5.9）。

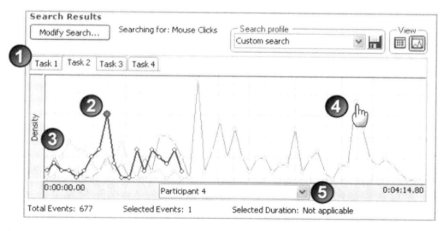

图 5.9　某个自动化报告的例子，展示的是用类似 TechSmithl 的 Morae 软件创建的报告。正在测试的项目是鼠标点击。图中展示的是任务 2 的视图（从标签栏选择）。显然，还可以显示其他三个任务。这些是参与者 4 的值。下拉列表框允许评估者为其他参与者选择鼠标点击。水平轴表示时间

要对移动设备进行实地评估时，可能需要采用隐蔽的方法来收集数据。日志文件记录工具为分析提供了大量有价值的信息，这些工具能捕捉显示器上与时间戳和位置有关的点击，记录所选项和显示变化，截取屏幕，并在用户完成工作时记录这些信息。收集用户反馈的另一种方法是创建一个站点来拦截调查，这需要将一小段 Javascript 代码嵌入到网页中来收集用户信息。

当然，收集可用性评估数据只是一个开始。理解数据、识别模式和更好地理解数据背后的含义，则是更加困难且烦琐的任务。

5.7　受控心理学导向试验

精确测量技术的发展，促进了科学与工程的进步。研究人员和从业人员正在不断研发出各种度量人类表现的技术，以便进一步推动界面设计的迅速发展。我们希望汽车车窗上可粘贴油耗报告单，希望家用电器上有能效评价表，还希望教科书上标有指定适用年级等信息。不久，我们就有理由期待软件包上标有预期学习时间和用户满意度指数。

5.7.1　实验方法

学术界和工业界的研究人员逐渐发现，传统科学方法可在界面研究中大展拳脚。他们进行了大量实验，以便更好地理解基本的设计原则。界面研究的经典科学方法（见第 1 章）是基于受控实验的，其基本提纲如下：

- 理解实际问题和相关理论
- 清晰陈述可检验的假设
- 操纵少数自变量
- 测量特定的因变量
- 仔细选择和分配主体
- 对主体、程序和材料的偏差进行控制
- 统计检验的应用
- 结果解读，理论细化，实验指导

人们正在深入研究采用经典心理学实验方法来处理信息和计算机系统中人类表现的复杂认知任务。从亚里士多德的内省到伽利略实验的转换，物理学界花了 2000 年，而在人机交互的研究中，这一转换仅用了 30 多年。

科学方法要求受控实验产生有限但可靠的结果。通过相似的任务、参与者和试验条件的多次重复，能够增强实验的可靠性和有效性。。

有些系统已广泛应用，它们的管理人员逐渐意识到受控试验在微调人机界面方面的作用。在为新界面、新设备和重构的显示格式提供建议时，谨慎控制的实验为支持管理决策提供了大量数据。可以先让部分用户试用建议的改进方法一段时间，然后将其性能与控制组进行比较。依赖性测量可能包括执行时间、用户主观满意度、出错率和用户记忆保持时间。

例如，移动设备输入方法领域竞争激烈，已开展了大量有关键盘布局的实验研究。这些研究有相似的训练方法、标准的基准任务、描述出错率的通用依赖性测量，以及测试常用用户的策略。这些细致的控制是必需的，因为学习时间每减少 10 分钟，速度就会提升 10%，或减少 10 个错误，在竞争的消费者市场中，这是极其重要的优势。一个大规模网络群体在线实验（kohavi and Longbotham, 2015）中，采用了类似的受控研究。最重要的一点是，要注意采用的用户群的规模和代表性。还有一点是，要了解新颖性和首因效应，因为它们会影响最终结果。Kohavi et al.（2014）讨论了完成这类研究的其他经验法则。

5.7.2 实验设计

虽然还存在大量的相关优质资源（Lazar et al., 2009; Cairns and Cox, 2011; Sauro and Lewis, 2012; MacKenzie, 2013; Tullis and Albert, 2013），但对实验设计的深入讨论超出了本书的范围。实验设计和统计分析是非常复杂的课题。尽管我们建议年轻实验人员最好与经验丰富的研究人员、统计学家共同研究相关细节，但仍需要了解基本的术语和方法学。

在严格受控的实验研究中，选择适当的参与者很重要。由于结论和推论经常是由数据得出的，因此样本一定要能代表界面的目标用户。通常的做法是，将用户按照人的某种信息进行分类或分组，如年龄、性别、计算机经验等属性。从人群中选择出参与者组成样本时，需要考虑选择什么样的抽样技术。人是随机选择的吗？有可用的分层样本子集吗？新的研究人员可能想图方便，直接用朋友和家庭成员作为样本，但这类样本通常不具有代表性，可能存在偏差，因此这么做会使得结果缺乏可信度和有效性。要考虑的另一个问题是样本量。定义研究需要满足的置信度，就是一个很重要的问题。关于样本量和置信度的详细讨论，可在大多数统计学图书中找到。

基本的实验设计有两种形式：受试者之间（between-subjects）的设计和受试者内部（within-subjects）的设计。在受试者之间的设计中，受试小组的组合方法相对类似，同时对每个小组给予不同的待遇。为获得较大的影响力，采用这种设计方法时，每个小组要求有相对较多的用户。庞大的样本量通常可以保证各组（如果选择适当）在本质上是类似的，以便产生的差异能归结于对其处理方式的不同。分组太小时，测试结果可能会与每个小组中的成员个性有关。在受试者内部的设计中，每个参与者都执行相同的任务，同时将记录的数据在参与者之间进行比较。尽管需要的样本量可能会小一些，但存在的主要问题是受试者可能会疲劳（导致表现下降），或对测试内容越来越熟悉（造成表现提升）。各个任务之间的影响可能会相互抵消，因为任务的顺序会影响到结果。如果"易用性"是需要测量的变量，那么前期任务可能会由于人的原因更加困难，因为用户对系统还不够熟悉。同样，后期任务看起来可能会容易一些，不是因为任务本身不复杂，而是因为用户已熟悉了系统。

在实验研究的设计中，需要考虑和理解不同类型的变量。自变量是指正在操纵的某件事物。例如，可能存在两个不同的界面设计：一个提供访问帮助系统，另一个则不提供。因变量可作为一种实验结果，它一般通过测量给出。因变量的例子包括完成任务的时间、错误的数量和用户满意度。需要严格控制实验设计，以便因变量出现的主要差异可归因于自变量，而非其他外部来源或混合变量。在研究设计中，为帮助控制潜在的系统偏差和实验误差，研究人员应在恰当的时机（比如随机给予参与者选择和分配测试条件）采用随机策略。关于辛普森悖论的讨论见框 5.4。误报问题也要引起重视，这些结果是错误的，而非真实存在的。它们可能由实验设计问题、偏差选择、数据问题造成，或由偶然因素造成。

框 5.4　辛普森悖论（Crook et al., 2009）

假设通过两个小组来完成研究（A/B 测试）。用户可以使用不同的浏览器。采样不是统一的，在完成研究时，一些浏览器采样率较高的用户所在的小组，可能表现得更好。如果进一步分析数据，根据浏览器类型区分用户，那么对所有浏览器类型来说，处理结果实际上更差。

随着人机交互的成熟，以及对用户体验更加关注，测量方法也随之改变。传统的定量方法仍然是重要的和有效的，但现在需要注意定性措施及相关方法（Bazeley, 2013）。对用户体验来说，测量与界面相关的情感维度可提供更全面的视角。需要继续确认用户观点和客观标准之间的差异。研究人员要对验证规模和测量类型的设备展开更多的工作。

从业人员的总结

界面开发人员通过实施专家评审、可用性测试（实验室环境、实地环境及"野外环境"）、调查和严格的验收测试来评估其设计。发布界面后，开发人员通过访谈和调查，或通过尊重用户隐私的方式来记录界面性能，进而完成持续的性能评估。可以说，不测量用户性能，就是不关注用户体验和可用性。

界面项目管理人员深知，要获得成功，就必须通过不断的努力与用户社区建立信任关系。市场是开放的，管理人员必须重新开始获得认可，建立客户忠诚度。可能还要特别关注新用户、残疾用户和其他特殊人群（儿童、老年人）。除了提供能够正常运行的系统外，成功的管理人员已意识到需要提供反馈机制，如在线调查、访谈、讨论组、顾问、建议箱、简讯、研讨会，并提供参与社交媒体的渠道。

理想情况下，公司中会专门训练一组人进行可用性评估。但有时一个人就可能成为公司产品可用性的唯一布道者。这一职位可能需要多个职能才能满足公司对可用性的需求。研究表明，与在产品设计周期的最后阶段再增加可用性研究相比，在早期就包括可用性，会有更高的投资回报率（ROI）。

研究人员的议程

研究人员通过实验积累经验，开发改进界面和用户体验的评估技术。形成的指南涉及试点研究、验收测试、调查、访谈和讨论，这将使大型开发小组受益。但是，还需要关注小型项目和增量类型的变化。对于大量的特定用户群体，以及各种类型的残疾人用户，设计者需要不同的策略来处理这样的评估。有些专家负责构建心理学测试，在对各种类型的界面进行主观评估时，可以帮助准备经过验证的、可靠的测试工具，这些工具从小型的移动设备到大型显示器，还包括游戏机这样的专用界面。

采用这种标准化的测试，就可由独立的测试小组来评估界面的可接受性。新出现的问题就是，基准数据集和任务库有助于使评估标准化吗？研究人员针对需求文档进行自动化测试能带来多大效果？需要多少用户才能生成有效的建议？如何才能更好地解释用户的任务感知与客观测量之间的差异？如何为任务选择最佳测量？对有经验的专业人员来说，生命攸关应用系统如何才能可靠地测试？存在能跨界面类型使用和比较的单个可用性测量吗？能够将性能数据与主观数据相结合，进而形成有意义的单一结果吗？是否存在能辅助解释可用性结果的记分卡？存在能解释和了解测量之间关系的理论吗？此外，应如何实现对定性数据和维度的整合和评价，如乐趣、满足、喜悦、影响、挑战或现实主义？

要了解使用计算机时关于人性的重要性，计算机专家可以向实验、认知和临床心理学家寻求帮助。心理学原则可用于降低新用户的焦虑或专家用户的挫折感吗？用户的界面技能水平情况，在就业安置和培训计划方面会有帮助吗？好的可用性实践如何既能应用到游戏环境中，同时又保持游戏本身的挑战和刺激性？不管怎样，一定要时刻将用户体验铭记在心。

要恰当地选择评估方法学，还需要一些额外的工作。首先，要对一些传统的方法学进行扩展，其次要考虑一些非实验方法，如绘制草图等其他设计的备选方案。作为一门学科，人机交互正逐渐成熟，并逐渐形成了两个分支。一个分支是微观人机交互（micro-HCI）：计算离散项目（如鼠标点击）和其他定量指标，它可通过受控实验来记录这些指标在速度和误差方面的表现。第二个分支是宏观人机交互（macro-HCI）：处理完整的用户体验（见第 3 章），包括社会参与等。要使得可用性报告可理解、可读和有用，就需要进行一些修改。必要时，可关注一些当前可用的专用系统（移动设备、游戏、个人设备），在开发自动工具方面进行一些额外的工作。需要对标准化的可用性工具进行修改和确认，因为这些工具往往采用的是不同的标准，并在不同的环境中应用。无法在可用性实验室进行测试时，该怎么办？测试或许必须在实地环境中完成。如何有效模拟用户在恶劣环境中遇到的高压情况？或许应更宽泛地定义满意度，包括乐趣、愉悦和挑战等。

万维网资源

- 在本书的配套网站上，可以找到可用性测试和问卷的额外信息
- 美国政府官网上的可用性方法和指南资源：http://www.usability.gov
- James Hom 的可用性方法工具箱（虽然有些过时，但确实是优质资源）：http://usability.jameshom.com
- 来自 J. Kirakowski 的问卷调查：http://www.ucc.ie.hfrg.questionnaires/sum/index.html
- 马里兰大学的测试方法与可用性工具指南和软件工程（GUSE）：http://lte-projects.umd.edu/guse/testing.html
- 来自 Jakob Niels 启发式评估：http://www.nngroup.com/topic/heuristic-evaluation/
- 可用性第一与福勒克设计：http://www.usabilityfirst.com
- Zazelenchuk 的可用性测试数据日志：http://www.userfocus.co.uk/resources/datalogger.html
- 得克萨斯大学的可用性信息：http://www.utexas.edu/learn/usability/
- 由志愿者创建并维护的 UX 评价方法列表：http://www.allaboutux.org/all-methods
- 样本规模计算器：http://www.blinkux.com/usability-sample-size
- 眼动跟踪研究，Kara Pernice and Jakob Nielsen：http://www.nngroup.com/reports/how-to-conduct-eyetracking-studies/
- 《纽约时报》上关于 A/B 测试的文章：http://www.nytimes.com/2015/09/27/upshot/a-better-government-one-tweak-at-a-time.html?r=0

参考文献

Akers, David, Simpson, Matthew, Jeffries, Robin, and Winograd, Terry, Undo and erase events as indicators of usability problems, *Proceedings of the ACM Conference on Human Factors in Computing Systems*, ACM Press, NY (2009), 659–668.

Babaian, T., Lucas, W., and Oja, M-K., Evaluating the collaborative critique method, *Proceedings of the ACM Conference on Human Factors in Computing Systems*, ACM Press, NY (2012).

Barcelos, T., Muñoz, R., and Chalegre, V., Gamers as usability evaluators: A study in the domain of virtual worlds, *Proceedings of the 11th Brazilian Symposium on Human Factors in Computing Systems*, (2012), 301–304.

Bargas-Avila, J., and Hornbæk, K., Old wine in new bottles or novel challenges? A critical analysis of empirical studies of user experience, *Proceedings of the ACM Conference on Human Factors in Computing Systems*, ACM Press, NY (2011), 2689–2698.

Barnum, Carol M., *Usability Testing Essentials*, Morgan Kaufmann (2011).

Bazeley, Patricia, *Qualitative Data Analysis: Practical Strategies*, Sage Publications (2013). Brooke, John, SUS: A quick and dirty usability scale, in Jordan, P. W., Thomas, B.,

Weerdmeester, B. A., and McClelland, I. L. (Editors), *Usability Evaluation in Industry*, Taylor and Francis, London, UK (1996).

Cairns, P., and Cox, A. L. (Editors), *Research Methods for Human-Computer Interaction*, Cambridge University Press (2008, reprinted 2011).

Crook, Thomas, Frasca, Brian, Kohavi, Ron, and Longbotham, Roger, Seven pitfalls to avoid when running controlled experiments on the web, *KDD '09*, Paris, France (2009), 1105–1113.

Dimond, J., Fiesler, C., DiSalvo, B., Pelc, J., and Bruckman, A., Qualitative data collection technologies: A comparison of instant messaging, email, and phone, *ACM GROUP'12* (2012), 277–280.

Dumas, Joseph, and Loring, Beth, *Moderating Usability Tests: Principles and Practices for Interacting*, Morgan Kaufmann, Burlington, MA (2008).

Elmqvist, Niklas, and Yi, Ji Soo, Patterns for visualization evaluation, *Proceedings 2012 BELIV Workshop: Beyond Time and Errors: Novel Evaluation Methods for Visualization* (2012).

Greenberg, S., Carpendale, S., Marquardt, N., and Buxton, B., *Sketching User Experiences: The Workbook*, Morgan Kaufmann (2012).

Hartson, R., and Pyla, P., *The UX Book: Process and Guidelines for Ensuring a Quality User Experience*, Morgan Kaufmann (2012).

Joyce, G., Lilley, M., Barker, T., and Jefferies, A., Adapting heuristics for the mobile panorama, *Interaction '14* (2014).

Kirakowski, J., and Corbett, M., SUMI: The Software Usability Measurement Inventory, *British Journal of Educational Technology 24*, 3 (1993), 210–212.

Kohavi, Ron, and Longbotham, Roger, Online controlled experiments and A/B tests to appear in Sammut, Claude, and Webb, Geoff (Editors), *The Encyclopedia of Machine Learning and Data Mining* (2015).

Kohavi, Ron, Deng, Alex, Frasca, Brian, Walker, Toby, Xu, Ya, and Pohlmann, Nils, Online controlled experiments at large scale, *KDD'13*, Chicago, IL (2013), 1168–1176.

Kohavi, Ron, Deng, Alex, Longbotham, Roger, and Xu, Ya, Seven rules of thumb for web site experimenters, *KDD'14* New York, NY (2014), 1857–1866.

Korhonen, Hannu, and Koivisto, Elina M. I., Playability heuristics for mobile games, *Proceedings MobileHCI '06 Conference*, ACM Press, New York (2006), 9–15.

Lazar, J., Feng, J. H., and Hochheiser, H., *Research Methods in Human-Computer Interaction*, Wiley (2009).

Lewis, James R., Usability: Lessons learned . . . and yet to be learned, *International Journal of Human-Computer Interaction 30* (2014), 663–684.

Lewis, J., Utesch, B., and Maher, D., UMUX-LITE: When there's no time for the SUS, *Proceedings of the ACM Conference on Human Factors in Computing Systems*, ACM Press, NY (2013), 2099–2102.

Lund, A., *User Experience Management: Essential Skills for Leading Effective UX Teams*, Morgan Kaufmann (2011).

MacDonald, Craig M., and Atwood, Michael, What does it mean for a system to be useful? An exploratory study of usefulness, *DIS 2014*, Vancouver, BC, Canada (2014), 885–894.

MacKenzie, I. Scott, *Human-Computer Interaction: An Empirical Research Perspective,* Morgan Kaufmann, San Francisco, CA (2013).

Madathil, K., and Greenstein, J., Synchronous remote usability testing: A new approach facilitated by virtual worlds, *Proceedings of the ACM Conference on Human Factors in Computing Systems*, ACM Press, New York (2011), 2225–2234.

Masip, L., Granollers, T., and Oliva, M., A heuristic evaluation experiment to validate the new set of usability heuristics, *2011 Eighth International Conference on Information Technology: New Generations* (2011).

Molich, Rolf, Jeffries, Robin, and Dumas, Joseph S., Making usability recommendations useful and usable, *Journal of Usability Studies 2,* 4 (2007), 162–179.

Nielsen, Jakob, *Usability Engineering*, Academic Press, New York (1993).

Nielsen, J., Heuristic evaluation, in Nielsen, J., and Mack, R. L. (Editors), *Usability Inspection Methods*, John Wiley & Sons, New York, NY (1994).

Nielsen, J., and Budiu, R., *Mobile Usability*, New Riders (2012).

Pinelle, David, Wong, Nelson, and Stach, Tadeusz, Heuristic evaluation for games: Usability principles for video game design, *Proceedings of the ACM Conference on Human Factors in Computing Systems*, ACM Press, NY (2008), 1453–1462.

Preece, Jenny, Rogers, Yvonne, and Sharp, Helen, *Interaction Design: Beyond Human-Computer Interaction*, 4th Edition, John Wiley & Sons, West Sussex, UK (2015).

Reiss, E., *Usable Usability*, Wiley (2012).

Rogers, Y, Yuill, N., and Marshall, P., Contrasting lab-based and in-the-wild studies for evaluating multi-user technologies, in B. Price, *The SAGE Handbook on Digital Technology and Research*, SAGE Publications (2013).

Roto, Virpi, and Lund, Arnie, On top of the user experience wave: How is our work changing, *Proceedings of the ACM Conference on Human Factors in Computing Systems, Extended Abstracts*, ACM Press, NY (2013), 2521–2524.

Rubin, Jeffrey, and Chisnell, Dana, *Handbook of Usability Testing*, 2nd Edition, John Wiley & Sons, Indianapolis, IN (2008).

Ryu, Young Sam, Mobile Phone Usability Questionnaire (MPUQ) and Automated Usability Evaluation, in Julie A. Jacko (Editor), *Proceedings of the 13th International Conference on Human-Computer Interaction. Part I: New Trends*, Springer-Verlag, Berlin, Heidelberg (2009), 349–351.

Sauro, J., and Lewis, J., *Quantifying the User Experience: Practical Statistics for User Research* Morgan Kaufmann (2012).

Schmettow, M., Sample size in usability studies, *Communications of the ACM 55*, 4 (April 2012), 64–70.

Spool, Jared, Surviving our success: Three radical recommendations, *Journal of Usability Studies 2,* 4 (August 2007), 155–161.

Tullis, Thomas, and Albert, William, *Measuring the User Experience: Collecting, Analyzing, and Presenting Usability Metrics*, 2nd Edition, Morgan Kaufmann Publishers/Elsevier (2013).

Vermeeren, A., Lai-Chong Law, E., Roto, V., Obrist, M., Hoonhout, J., and Vaananen-Vainio-Mattila, K., User experience evaluation methods: Current state and develop-ment needs, *NordiCHI 2010*, Reykjavik, Iceland (2010), 521–530.

Wharton, Cathleen, Rieman, John, Lewis, Clayton, and Polson, Peter, The cognitive walkthrough method: A practitioner's guide, in Nielsen, Jakob, and Mack, Robert (Editors), *Usability Inspection Methods*, John Wiley & Sons, New York (1994).

Wilson, Chauncey, *User Interface Inspection Methods: A User-centered Design Method*, Morgan Kaufmann (2013).

第6章 设计案例研究

> 原型设计可将想法付诸实践：一些我们可以感觉、体验、完成、把玩和测试的东西……必须为下一个项目提供原型。
>
> Todd Zaki Warfel, *Prototyping: A Practitioners Guide*, 2009
>
> 一个原型，胜过开一千次会。
>
> Mike Davidsonm, Vice President of Design for Twitter

6.1 引言

为演示如何权衡和选择，本章中的案例研究介绍了设计背景和应用。读者可能会发现一些有价值的案例研究，它们是关于学习封装设计和展示设计背景面临的挑战的研究案例，可以在团队内或在组织内共享这些案例。

本章选择的这三个案例研究，涵盖了本书介绍的设计方法。这些设计方法中的一个例子，探讨的是白板或数字素描（Buxton, 2007; Greenberg et al., 2011），它在原型的屏幕设计中，使用白板绘图进行讨论和协作。许多工具和应用都支持这种技术。

许多用户界面是在咖啡店的纸巾上设计的。在定义界面设计时，大量使用了线框图（Usability.gov, 2015）和支撑线框图的工具。设计方法包括在白板草图或虚拟计算机屏幕上精心地摆放便签。为明晰设计决策，可通过添加导航选项、图标和动画，生成逼真度更高的屏幕原型来描述设计状态。

案例研究 1 的标题是"ATM 的迭代设计评估"，研究开发 ATM 的用户界面的过程，包括进行 ATM 可用性测试的各种细节。本章给出的一个例子中，描述了前面各章中介绍的用户界面设计和开发过程：观察、提炼、设计、实施、评估、迭代等。这个案例非常恰当，不但介绍了如何执行迭代的人机交互过程，还暴露了若干潜在的问题。

案例研究 2 的标题是"苹果电脑的一致性设计"（Apple, 2015a）。该案例研究是苹果人机界面指南的一部分（Apple, 2015b），为从业者提供了全面的建设性的方法。除苹果公司外，许多产品制造商也制定了风格指南，以确保公司生产的多个产品保持一致的用户界面。例如，开发多个技术产品的公司，更希望公司的用户界面在产品线上是一致的，遵循能反映品牌的企业风格，并确保新用户能毫无门槛地掌握同一生产商的新产品。在这一领域虽然苹果公司独占鳌头，但其他行业如汽车制造商和医疗设备公司，也正在积极努力实现这一目标。

案例研究 3 的标题是"沃尔沃的数据驱动设计"（Wozniak et al., 2015），它成功展示了如何协作解决分布式企业数据分析问题。这个案例采用用户界面开发过程方法检索数据，然后以可裁剪的方式显示结果，以便用户实现自己的业务和组织目标。

本章最后是一些概述和总结，并比较三个研究案例及其意义。设计过程模型和用户体验评估方法还有多种。阅读本章的案例研究时，需要思考得到成功的结果需要哪些过程和步骤。

参阅：

第 4 章　设计
第 5 章　评估和用户体验
第 12 章　提升用户体验

6.2　案例研究 1：ATM 的迭代设计评估

大多数人都熟悉不同类型和尺寸的银行柜员机（ATM），ATM 已无处不在。需要现金时，我们进入任何一家银行支取。周游世界时，只需将借记卡插入 ATM，输入 PIN 后选择能看懂的语言，再进行一些选择就可兑换当地货币的现金。今天的 ATM 能提供多种语言来供用户选择。许多银行的移动应用，还除能提供除提现之外的其他交易操作。本章中的案例研究只局限于实体 ATM，如图 6.1 所示。

图 6.1　ATM 示例

对于不同的设备而言，ATM 的用户界面都在不断进化，例如从原始的电子键盘发展到了沉浸式广告动画的触摸显示屏；按下一个键或完成任务的某一步时，它都会发出声音；在与银行品牌保持一致性的同时，还可以选择颜色和字体来改善外观。同时，它还有一些最新的安全功能。例如，能看到后面客户的小镜子、出于安全原因采用摄像机记录客户的使用情况、提供充足的夜间照明、在插卡口防止小偷和骗子盗用或复制 ATM 卡等。

用户在多台自动提款机上提取指定数量的现金时，设计师可设置一个秒表来记录用户的这些行动，观察他们从键盘上输入 PIN 码到按触摸屏提示取走收据的退出步骤，进而获得最终的结果（快速而安全地提现、可有可无的收据、ATM 卡退出、账户更新）。这一可用性"实验"产生的统计数据，可进行如下可视化：

- 在具有统计学意义的 ATM 上，完成任务所花费的时间。
- 在这些 ATM 上完成各步骤或子任务所花的时间：
  1. 进入 ATM（接近 ATM、阅读说明、插卡、输入 PIN、根据提示继续操作）
  2. 输入取款指令
  3. 提取现金、取走收据和退卡（前提是账户中余额充足）

● 根据上面的步骤，对用户表现的客观和主观反馈进行观察。

对于较复杂的内容，可通过眼部跟踪仪、记录工具等来记录键盘或触摸屏的数据输入、错误和相关步骤。还可让用户按照"有声思考"的方式，评论看到的内容，并清晰地说出各个步骤，如"现在准备将卡插入机器"。考虑到团队实际上是先用视频录制这一过程，然后再到用户体验实验室进行后续的分析工作，Hartson and Pyla（2012）针对用户体验提出了一套很好的指导原则。

需要分析的数据量正持续增长。第 5 章中讨论了如何构建可用性评价来保证这一过程的实用性。

有些设计师会研究邻里街道上的 ATM，从 ATM 开发者或其他供应商那里查询最新文献，并制定出一份有价值的竞争特征分析。Birnie（2011）讨论了发展中国家的一种有趣 ATM 亭的设计。只需搜索网络，就能找到无数关于 ATM 的例子和设计，它们体现了世界各地 ATM 的一些设计风格。

需要从易用性角度观察 ATM 的设计，即 ATM 的通用性（见第 2 章）。要考虑一些指导方针、原则和理论（见第 3 章），它们会促进设计的发展，最终形成"风格指南"，结合概念与产品品牌，形成适合 ATM 业务目标的最终结果。当然，在管理设计过程时，要按照有组织、定义良好、以用户为中心、迭代的方式进行（第 4 章）。

可用性实验和文献检索完成后，设计师就可进入下一个生命周期阶段——设计。这是一个渐进的持续改进过程。分析收集到的数据，形成数据驱动的具体设计方案，进而提升用户体验。对于不同的设计方案，可按 Buxton（2007）和 Greenberg et al.（2011）等讨论的方法描绘和构建原型。关于设计和评价过程，可参考第 4 章和第 5 章。

然后，设计人员记录这些设计，在可选的设计之间权衡，并为改善 ATM 设计撰写规范。对设计原型进行开发、评估和改进时，迭代设计是最好的方法。一定要尽力完成这一过程，但挑战在于其尝试次数是有限的。通常情况下，随着交付期限的临近，设计人员会不断进行更深入的原型开发，提高原型的逼真度。例如，在时间和地点确定的贸易展中，必须要能见到下一代 ATM 原型，并且该原型是可以操作的。有些客户会要求进行功能演示，因此要根据计划中的增量开发原则，在"概念证明"的示范中展示与真实产品越来越接近的原型。

之后的过程包括：做出销售承诺、继续进行最终的落实、建造 ATM、交付、安装到实体机中、与银行网络整合、培训银行人员、通知客户等，最终使产品上线使用。

思考

对于新安装 ATM 的可用性分析，到此为止了吗？当然不是。还要持续收集客户的反馈，监控 ATM 的安装和使用是否成功。可考虑提供几台测试样机（如试用版），确保新设计小范围内得到人们的认可。这些业务决策、设计及讨论过的可用性结果，是紧密耦合的。最终，与许多用户界面设计一样，产品成功与否往往要通过用户界面来判断。

在 ATM 案例研究的生命周期中，可能会出现下面的情况：理想情况下，一切运转良好，银行客户十分喜欢新设计。系统性能良好、每笔交易的成本有所下降、利润上升，客户都涌向银行使用新的 ATM。但在实际情况中，可能还需要一些小的改进。可能会出现许多始料未及的用户迁移和接受问题。银行可能会雇人独立开发一套备选 ATM 系统。银行会从已部署的系统中收集数据，有条不紊（像软件升级）地推出改进的 ATM 网络。

本章的其他部分主要介绍两个具体的设计案例，以及不同组织应对用户界面设计所面临挑战的方式。

6.3　案例研究 2：苹果电脑的一致性设计

本案例取自苹果公司的文档"从桌面到 iOS"（Apple, 2015a, 2015b），讨论了该文档中体现的过程和决策。在这份分析文档中，苹果审查了在 Keynote（用于演示）、Mail（iPhone 的邮件应用）和 Web 内容这些产品和设计中所做的决策。

案例回顾了苹果开发指南中的风格指南，介绍了如何将这些指南应用到可用的 iOS 设备中。相关问题的更多信息，可参考苹果公司 iOS 开发库中的 iOS 人机界面指南（Apple, 2015b）。下面的几个例子，参考了 iOS 人机界面指南（同时给出了对指南的解释、使用和截图）：

- 充分利用整个屏幕
- 重新考虑身体和现实的可视化指标
- 用半透明的用户界面元素提示元素后面的内容
- 用颜色简化用户界面
- 确保系统字体的易读性
- 采用纵深进行沟通

有许多指南是介绍图标和图像设计、iOS 技术、用户界面元素等内容的。

Keynote 配有多个演示文稿开发工具，及用于快速生成演示文稿的图形和工具栏。图 6.2 中给出的是一个屏幕截图示例。

这个案例研究中包含了演示（图形）的风格及触摸屏设备中的人机交互，介绍了产品的易用性。iOS 设备中使用了许多直接操纵且易于使用的手势交互（见第 7 章）。

苹果的下一项研究着眼于 iPhone 邮件。图 6.3 描述了其所用的可预测的直观邮件导航，它的用户界面与苹果的产品线保持一致。

该案例研究最后讨论了 iOS 设备上所用的 Safari 浏览器，再次强调了 iOS 设备上的移动 Web 浏览用户体验是易于使用的，而且与产品线保持一致。在 iOS 设备上 Web 内容的便携性和易开发性等方面，为网页设计师们提供了宝贵的意见。iOS 设计策略的参考内容，与本文介绍的内容是一致的，包括：指定应用程序、确定用户是谁、明确所需的特性（需求收集）、概要设计和详细设计、构建和开发、评价与测试。

思考

该案例研究中的一些普遍观点值得注意。要解决问题，必须充分利用多年来参考苹果人机界面准则的经验。所有产品和设备都具有统一的风格，可使得设备的操作更舒适和更直观。设备技术迅速改进（重量更轻、速度更快、色彩更丰富、像素更高、吞吐量更大等），因此必须对用户界面进行重新评估，并不断改进相应的指南。同样，本文中所讨论的原则，对于这个案例也是适应的，如通用性、符合原则和理论指南、以用户为中心的迭代设计过程，以及对用户体验和风格的深刻体会。

下面的案例研究介绍了一家大公司中的成功协作，它利用用户界面开发过程的方法来解决数据分析所面临的挑战。

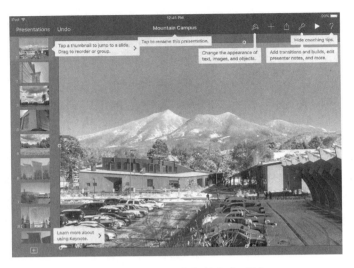

图 6.2　Keynote 的帮助文本示例

图 6.3　iPhone 邮件截屏示例

6.4　案例研究 3：沃尔沃的数据驱动设计

沃尔沃大数据业务的发展本身就是一个极好的案例，其中有关在企业世界中应用大数据分析的例子，包含了一个强大的用户界面设计组件（Wozniak et al., 2015）。这里先将"大数据"定义（Google, 2015）如下：

> 从计算角度分析的极大数据集，用以揭示模式、趋势和联系，尤其是与人类
> 行为和交互相关的。

这个案例首先确定了利益相关者，并授权他们帮助设计公司能用到的服务（工具集）。对于参与式设计团队来说，多元化的利益相关者（包括许多用户）已被证明是一种易于成功的方法。利益相关者包括内部的信息技术组织、受邀的（外部）大数据实现专家、数据库工程师和商业情报分析师。有专门为这些利益相关者举行的研讨会，参会者还包括汽车维修组织

等数据用户。与会者（有代表性的利益相关者）努力定义结果出现的方式，以及这些结果如何应用于各种利益相关小组的任务。对于数据的潜在用途，要鼓励与会者"创造性思考"。他们必须确保确实能够收集到数据，还要保证这对提高组织绩效是有意义的。

　　一方面要使用沃尔沃卡车业务的巨大数据集，另一方面要对执行的分析输出进行基本的建模。采用这两种方式，成功确认了按照有用格式表示的所需数据。研讨会中，还开发出了一个低逼真度的原型（见图 6.4）。

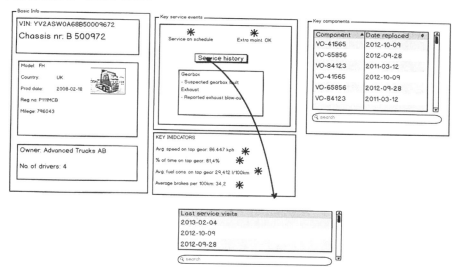

图 6.4　由卡车服务统计的大数据分析所产生的低逼真度原型

　　来自全球的用户代表对该原型进行了一系列改进，使其逐步演化成为一个适用于所有相关人员的产品。图 6.5 所示为其最终版本。关于用户的产品（汽车），他们可以提出许多更先进的信息：服务历史统计数据、实施针对特定市场问题的查询、查看车辆的使用地图、突出有价值的数据等。

　　大数据服务是按照用户定制的报表进行开发的。可以看到，定制在设计中起到了至关重要的作用。根据市场之间的差异，定制过程中的用户，知道他们能够选择特性并可以重新安排视图。研究中，给出了遵循用户界面的开发范式或开发方法是如何产生成功结果的，结果也得到了分散用户群体的支持。事实上，如果一项创新或一种新产品需要来自代理组织的支持，那么上面案例中提到的"设计-思考"研讨会就是一种有效的技术。

　　为数据的利益相关者授权选择使用什么样的数据来完成工作时，研究的执行者们首先要学会如何识别数据来源。此外，在研讨会中还对分析数据输出进行了讨论。最终的输出是企业大数据政策，这些政策会产生利益相关者能定制的报告格式，因此更好地改善了企业内部的沟通和决策。目前，欧洲所有的沃尔沃卡车经销商都在使用这个工具。

思考

　　有几种普遍性做法值得一提。有些基本过程（如制定大数据分析策略、服务设计）及公司中用于增进内部交流和盈利的支撑工具等，都被证明可以应用到用户体验设计领域和用户界面设计中。它们都采用了知名的方法论和界面设计范式，且这个过程很有效。

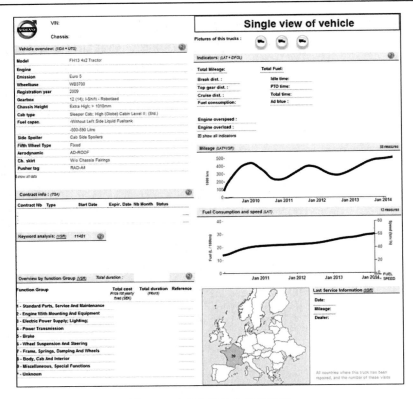

图 6.5　功能完善的仪表板原型

一般情况下，在将用户界面应用于商业过程中时，无须使用者了解发生了哪些变化及这些变化的来源。例如，医院会分析病人的流动情况（病人记录、资源调度、服务瓶颈、病人需求的优先次序等），这个过程类似于一个简单的数据库或排队问题，或类似于业务流程重建。然而，当人与各种数据源交织在一起时，尤其是在时间敏感的环境中交织在一起时，能够快速、轻松地访问关键数据，可使组织运转得更顺畅、更好地分配资源并形成更明智的决策，最终提高客户满意度和病人的治愈率。了解用户、优化访问有意义的数据、迭代收集反馈数据、获得利益相关者的支持等，都可通过本案例研究中的用户界面设计和开发方法来完成。

6.5　一般性观察及结论

本章的案例研究，仅是用户界面系统设计人员所完成工作的冰山一角。本书策略性地选择了这些案例，就是为了强调设计环境、各种各样的应用和持续的改进。

ATM 设计实例介绍的内容，最初只是一个相对简单的任务，但后来逐步成了一项讲究方法的系统研究。它介绍了如何改善机器的用户界面，结果不但可以正常地运行界面，而且还受到了银行客户的普遍欢迎。很明显，通过设计良好的 ATM，用户获得了竞争优势和巨大的利润。

苹果公司设计指南的案例研究，则展示了该公司在一致性和易用性方面的做法，这些做法可以应用到公司的所有产品及采用 iOS 的设备中。最后，关于沃尔沃的这个案例研究表明，遵循良好的用户界面设计过程，能够成功地解决公司中的数据密集型的问题。

网络上还有一些关于用户界面案例研究的有趣资料，如 Snyder（2003）、Righi and James（2007）、Karat and Karat（2010）和 Warfel（2011）。

从业人员的总结

界面设计师需要与一起工作的跨学科团队共同努力，了解所面临的挑战，对新系统或升级系统提出需求，并及时达成一致的结论。他们面临的挑战之一是，人们所用各种应用的界面设计方法都不是标准化的。有些方法适合于某家公司、组织或行业，但不一定适合于另一家公司。

因此，在设计之前要做一些准备工作，提前了解不同开发方法的差异，并对不同的应用采取不同的措施。这条不变的规则适用于任何软件开发任务。在其他地方奏效的方法，可能会使一些组织受益，但必须谨慎地应用这些方法，才能在进度要求内成功完成任务。要定义用户、刻画终端用户的特征，首先需要进行成功的用户体验分析。

对于那些有关人性价值的设计问题，需要对界面设计进行审查，设计要以人类福祉、尊严、正义等为中心。应确保界面设计的通用性，设计出的信息和通信产品及服务，应对所有人都有益（Friedman et al., 2013）。

研究人员的议程

在许多领域都有大量的机会来展开研究和实验，如不同界面的设计方法、设计方法如何与软件开发过程模型配合。网络的许多例子都是解决一些类似开发问题的。对于某个具体的需求或应用，可结合这些例子来仔细思考如何解决问题，而不必从零开始。

最后，不同的用户界面开发方法及这些方法与当前软件开发过程的交互情况，存在着细微的差别。建立一套针对不同用户界面开发方法的差异化特性描述，是大有裨益的。

万维网资源

网络上存在大量案例研究示例，且数量还在不断增长。例如，我们可以参阅 ACM SIGCHI 举办的一些 CHI 会议，这些会议议程中包含有关从业者的专题；还可以通过 ACM 数字图书馆，查找 SIGCHI 出版的 CHI Extended Abstracts，其中含有一些案例研究实例。ACM SIGCHI 的 CHI 会议网址为 http://www.sigchi.org/conferences。

参考文献

Apple, *From Desktop to iOS* (2015a). Available at https://developer.apple.com/library/ ios/documentation/UserExperience/Conceptual/MobileHIG/DesktopToiOS. html#//apple_ref/doc/uid/TP40006556-CH51-SW1.

Apple, *iOS Human Interface Guidelines* (2015b). Available at https://developer.apple. com/library/ios/documentation/UserExperience/Conceptual/MobileHIG/.

Birnie, S., The pillar ATM: NCR and community centered innovation, *DPPI '11 Proceed-ings of the 2011 Conference on Designing Pleasurable Products and Interfaces*, ACM (2011).

Buxton, W., *Sketching User Experiences: Getting the Design Right and the Right Design (In-teractive Technologies)*, New York: Morgan Kaufmann (2007), 77–80, 135–138.

Friedman, B., Kahn Jr., P. H., Borning, A., and Huldtgren, A., Value sensitive design and information systems, in Doorn (Editors), *Early Engagement and New Tech-nologies: Opening Up the Laboratory*, Springer (2013), 55–95.

Google, Big Data (2015). Available at https://www.google.com/#q=what+is+big+data. Greenberg, S., Carpendale, S., Marquardt, N., and Buxton, B., *Sketching User Experiences: The Workbook,* San Francisco: Morgan Kaufmann (2011), 29–66.

Hartson, R., and Pyla, P., *The UX Book: Process and Guidelines for Ensuring a Quality User Experience*, Morgan Kaufmann (2012).

Karat, C., and Karat, J., Designing and evaluating usable technology in industrial research three case studies, *Synthesis Lectures on Human-Centered Informatics 3,* 1 (2010), 1–118.

Righi, C., and James, J., *User-Centered Design Stories: Real-World UCD Case Studies (Inter-active Technologies)*, San Francisco: Morgan-Kaufman (2007).

Snyder, C., *Paper Prototyping: The Fast and Easy Way to Design and Refine User Interfaces,* San Francisco: Morgan Kaufmann (2003).

Usability.gov, Wireframing (2015). Available at http://www.usability.gov/how-to-and-tools/methods/wireframing.html.

Warfel, T. Z., *Prototyping: A Practitioner's Guide*, Rosenfeld Media (2011).

Wozniak, P., Valton, R., and Fjeld, M., Volvo single view of vehicle: Building a Big Data service from scratch in the automotive industry, *CHI EA '15: Proceedings of the 33rd Annual ACM Conference Extended Abstracts on Human Factors in Computing Systems*, ACM (2015), 671–678.

第三部分

交互风格

概要

　　交互风格是界面的基本要求。第三部分涵盖了根据行为、客体和设计适用性来组合界面的方法。在设计界面的过程中，人们已形成了许多约定，因此需要加以遵守。目标之一是使用熟悉的客体和隐喻，以便用户降低学习曲线，并快速形成生产力。

　　最初的计算机主要通过键盘和鼠标来控制。随着计算机的发展，出现了更多的直接（或"自然"）指向和手势界面，同时还出现了使用语言与界面来"说话"的要求。第 7 章讨论了直接操纵的原则和在界面中使用这些原则的方式。本章还涉及沉浸式环境，包括增强现实和虚拟现实。第 8 章讨论流畅的导航。导航非常关键，用户需要通过导航来定位需要的信息，或表达用户的选择。语音命令和人类语言技术的使用发展迅速，但用户也能很容易地学会和使用结构化的命令语言。第 9 章讨论语言及其应用，第 10 章介绍设备。第 11 章讨论沟通与协作。今天，没有计算机是单一且独立的。人们的世界充满了社交媒体应用，如登录 Facebook、发送推文和餐馆评论，或编辑维基百科的页面。

　　本书是一本关于设计的书籍，但这几章讨论的是工具和工件，这些工具创造了令人兴奋、激动和可用的交互风格，大大提高了用户体验。

第 7 章 直接操纵与沉浸式环境

> 莱布尼茨一直致力于以符号的形式反映内容。"通过使用符号,"他写道,"如果我们能简洁、准确地表达事务的本质并加以刻画,人们就会发现这其中孕育的巨大优势。然后,实际上,思考的工作量也大大减少。"
>
> Frederick Kreiling, *"Leibniz" Scientific American*, 1968.5

7.1 引言

用户会对某些交互系统产生强烈的热情,这与以往勉强让用户接受或使用户产生困惑等更常见的反应形成了鲜明对比。我们从积极的用户报告中总结出了若干正面的感受:

- 对界面的掌控力
- 执行任务的胜任力
- 易于初期的学习和接纳高级特性
- 长时间保持控制力的信心
- 使用界面的愉悦感
- 渴望向新用户炫耀界面
- 期望探索更强大的功能

上面的这些感受刻画出了一名真正感到满足的用户形象。一个界面要想令用户满意［以下将这种界面广泛地称为直接操纵界面(Shneiderman, 1983)］,其要点是界面中的对象和动作的可见性;快速、可逆和渐进的动作;对兴趣对象进行操作时,用指示动作代替输入命令。把文件拖放到垃圾桶就是大家熟知的一个直接操纵例子。此外,在许多当代先进的非桌面界面中,直接操纵思想仍是它们的核心。在一些视觉冲击力极强的三维(3D)场景中,用户通过新型指向设备控制其中的角色。创建这些场景时,依然是游戏设计人员起主导作用(有时由设计人员设计,而由用户创建)。同时,人们对遥控(远程操作)设备的兴趣也日益增加,这样,操作人员就能用长距离显微镜或无人飞机来观看。随着技术平台的成熟,直接操纵的影响力触角逐渐延伸到了移动设备和网页设计者,并且它还给信息可视化系统的设计人员注入了灵感,数以千计的动态用户控制对象可以通过信息可视化系统在屏幕上显示(见第16章)。

将直接操纵进行扩充,是一个较新的概念,它包括虚拟现实、增强现实和其他有形且可触摸的用户界面。增强现实的含义实际上是让用户置身于真实的环境中,但会增加一层透明信息,比如建筑物的名字或隐藏物体的可视化内容。有形且可触摸的用户界面,则让用户通过有形的物体来进行操纵,进而操作界面。例如,让塑料块靠近,创建办公室的平面布置图。虚拟现实则将用户置于沉浸式环境中,在头戴式显示器中显示虚拟的人工世界,用户完全看不到真实环境,但可通过手势做出指示、选择、抓取和导航等动作。目前,所有这些概念不但用于个人交互,还用于更广泛的人造世界中,即创建协同工作和其他类型的社交媒体交互。

本章定义直接操纵的原则、属性和问题，包括一种对直接操纵的分类方法（见 7.2 节）。7.3 节中提供一些直接操纵使用的例子，7.4 节讨论 2D 和 3D 界面，7.5 节探讨远程操作和现场操作。最后，7.6 节探讨增强现实和虚拟现实。虽然直接操纵的原则仍然有效，但是无论技术的成熟程度如何，本章中的技术正在迅速发展。本章的参考文献既有书籍又有文章。文章来源自近期的会议论文集，论文集中展示了一些正在工业和学术界研究实验室中开发的创新项目。许多权威人士和主流媒体资源（Kushner, 2014; Kofman, 2015; Metz, 2015; Mims, 2015; Stein, 2015）都认为，虚拟现实和增强现实的时代已经到来。研究人员正在研究虚拟世界中理论方面的挑战和机遇（de Castell et al., 2012），并在持续改进游戏体验（Kulshreshth and LaViola, 2015）。

> **参阅：**
>
> 第 10 章　设备
> 第 16 章　数据可视化

7.2　直接操纵

在计算机出现之前，就已经出现了直接操纵的概念。直接操纵的隐喻在计算环境中效果很好，早期在施乐公司的帕克研究中心（Xerox PARC）就采用过，并被 Shneiderman（1983）广泛传播。直接操纵设计的初衷，是为不同的人群提供能力，并轻松跨越国界。7.2.1 节解释直接操纵的三大原则和直接操纵的优势；7.2.2 节采用传统的"强度"的概念，提供一种讨论直接操纵的方法；7.2.3 节讨论直接操纵中存在的一些问题；7.2.4 节介绍直接操纵的不断演进过程。

直接操纵的最佳例子是汽车驾驶。驾驶员在开车过程中会从挡风玻璃看到前方的场景，且人们非常熟悉各种动作：制动、转向等。例如，驾驶员只需简单地将方向盘左旋即可向左转。动作的响应是实时的，场景也随之变化，因此通过反馈可改善转弯动作。

可以想象，键入一段命令或从菜单上选择"左转 30 度"来精确地控制汽车转向是多么困难。在许多应用软件中，具有直接操纵特性的各种应用程序正使得交互更加优雅。虽然人们一直在激烈讨论无人驾驶汽车及其应用，但研究工作依然没有停止。无人驾驶汽车可能会立即响应命令（如"带我去巴尔的摩机场"），但与驾驶员的技术相比，无人驾驶汽车在积雪道路行驶时，或在理解事故现场中警察做出的手势信号时，表现还不尽如人意。

在设计新设备之前，明智的做法是先考虑早期的设计是怎样的。在办公自动化的早期，还没有直接操纵文字处理软件或像幻灯片那样的显示系统。文字处理软件是命令行驱动程序，用户通常一次只能看到一行。键盘命令通常要与插入的专门命令共同使用，作为单独的一项操作来查看、打印文档。同样，在演示文稿程序中，用户使用专用命令来设置字体样式、颜色和大小。显然，和今天许多可用的字体种类相比，这些功能非常有限。今天，大多数用户都习惯于 WYSIWYG（所见即所得）的环境，直接操纵的桌面小工具则推动了这种环境的发展。

7.2.1　直接操纵的三个原则和属性

用户的热情是对直接操纵的吸引力的最好体现。7.3 节的实例中，设计者极具创新的灵感，凭直觉就能获知用户想要什么。尽管每个例子中的一些特性存在问题，但它们展示了直接操纵的强大优势，这些优势能够概括为三个原则：

1．用有意义的视觉隐喻连续表示感兴趣的对象和动作。

2．用物理动作或按压带标签的按钮来取代复杂的语法。

3．使用快速、渐进式的可逆动作，这些动作对兴趣对象的影响立竿见影。

可以首先从最小概念集的简单隐喻或类比开始（如绘图工具中的铅笔和画刷）。如果混合隐喻有两个来源，那么可能会增加问题的复杂性，并使用户感到困惑。同时，隐喻的情感基调应该是引人注目的，而不是令人反感的或不恰当的。由于无法保证用户对隐喻、类比或使用概念模型的理解与设计者相同，所以必须进行足够的测试。

使用这三个原则，就可能设计出具有以下有益属性的系统：

● 新用户能够快速学会基本功能，一般可以借助于更有经验用户的演示来实现。

● 专家用户能高效工作并执行范围广泛的任务，甚至定义新的功能和特性。

● 知识丰富的间歇使用用户，可以记住各种操作概念。

● 很少需要错误提示信息。

● 用户可立即看到动作是否正在促进目标的实现。动作起反作用时，调整活动方向即可。

● 能减少用户的焦虑，因为界面容易理解，且动作易于回溯。

● 因为用户是动作的发起者，且感觉到处于控制地位，还可预知界面的响应，因此用户更有自信并有掌控感。

与文本描述符相比，处理对象的视觉表示可能更“自然”，更符合人类的天性：在人类进化的过程中，动作和视觉技能的出现远在语言之前。心理学家早就知道，为人们提供视觉而非语言的表示时，人们会更快地领会空间关系和动作。而且，对形式化的数学系统进行适当的视觉表示，通常可以促进直觉的发展和更多的发现。

7.2.2　直接操纵的平移距离

我们用隐喻来表示行动和对象，隐喻的有效性和强度，是直接操纵界面的效果和现实性的基础。采用熟悉的隐喻可以为用户创造更容易的学习条件，同时降低失误及错误动作的数量。需要足够的测试来验证隐喻。必须特别留意用户的特点，如年龄、阅读水平、教育背景、以往的经验和任何身体缺陷。

要想了解直接操纵隐喻，并对其进行分类，其中一种办法是观察用户和隐喻的表现之间的平移距离，我们称之为强度。可以通过从“弱”到“沉浸式”的过渡，来理解强度的概念（见框 7.1）。还可进一步将其描述为用户的身体动作和虚拟空间中的动作之间的间接性水平。

框 7.1　平移距离（强度）的一些例子

● 弱：早期的电子游戏控制器（见图 7.5）

● 中等：触摸屏，多点触控（见图 7.1）

● 强：数据手套，手势，操纵实物（见图 7.2）

● 沉浸式：虚拟现实，如头戴式显示器（见图 7.14）

我们可将弱直接操纵理解为基本的直接操纵。使用一些映射函数，可将鼠标、触摸板、操纵杆或类似设备的动作和用户的身体动作，转换为虚拟空间中的动作。交互作用完全是间接的，因此转换的差异非常大。例如，用户在二维办公桌上的狭小区域内移动鼠标，鼠标又在屏幕上显示二维移动（也是二维的）。用户并不能总是正确地理解和处理这个映射函数，有时用户实际上会离开办公桌面来操纵鼠标。弱直接操纵与早期的游戏控制器一起使用，游戏控制器上有按钮和操纵杆，玩家需要学习控制器的动作。

中等直接操纵的平移距离有所降低。用户只需伸手触摸、移动和捕获屏幕上显示的实体，而不需要使用设备与虚拟空间通信。这方面的例子包括触摸屏（手机、公用电话亭和台式机）。但屏幕玻璃依然是触摸屏的主要限制，因此世界并不仅由玻璃组成。中等直接操纵的强度支持指向操作和轻拍操作，但简单的隐喻无法描述其他动作（包括三维动作），比如将手伸入设备。因此，创建这类动作需要跳出隐喻的限制，启用新的工具（如双击），并为其设定对应的动作。多点触控（见图 7.1）功能可将新动作分配给不同的手指点击组合。两个手指的动作（如放大/缩小）很直观，而其他手势则必须学习，且需要更长的时间才能发现。这就解释了为什么小孩能轻易地学会轻点、改变屏幕和触摸平板电脑（直观动作），却无法重新排列屏幕上的图标（学习动作）。

图 7.1　三个用户在一个大型桌面触摸设备上同时操作。他们可以用手/手指操纵设备上的对象。注意，他们正在使用不同的手势（www.reflectivethinking.com）

强直接操纵包括各种动作，如识别身体各部位的姿势。操作可由用户的手、脚、头或全身（任何控制动作的部位）完成，且这些操作都"真实"地放在实体空间内（见图 7.2）。用户在三维空间中可以看到自己的手，可以执行抓取、投掷、放下、操作等。用户本身仍然从外向内看。当空间较小且较简单时，姿态识别效果很好，而当空间变大时，用户则需要退出最初的隐喻，切换到另一种模式（如移动模式），然后遍历新的区域。详细内容请参阅第 10 章。

可触摸和沉浸式用户界面的概念已非常流行。借助这样的界面，用户可以理解表示该对象的一个图形显示，并对其进行操纵。可触摸设备运用触觉交互作用技术来操作对象，并将实物形式转换成数字形式（Ishii，2008）。

图 7.2　图中是一个分子生物学可触摸用户界面，它由斯克利普斯研究所的奥尔森艺术实验室开发，采用华盛顿大学人机接口技术实验室开发的增强现实工具包来追踪自动生成的分子模型。笔记本电脑上的摄像头捕捉分子的位置和方向，以便分子建模软件能够显示分子周围的吸引力/排斥力等信息

最后一个方面是沉浸式的直接操纵。它是直接操纵与虚拟现实的结合（见 7.6 节）。用户戴上眼镜或使用其他设备，置身于空间内。用户可以看到自己，可采用步行、侧身等动作在空间中行走/飞行，看到的景象也会随着用户的移动而变化。

7.2.3　直接操纵的问题

对存在视力障碍的用户来说，图形用户界面是一种倒退，他们更喜欢线性命令语言的简单性。但是，对于存在视力障碍的用户，界面方式的屏幕阅读器、带有语音的设备、互联网浏览器的页面阅读器和移动设备的音频设计，有助于他们理解必要的空间关系。

直接操纵设计可能会占用宝贵的屏幕空间，并把有价值的信息挤出屏幕，因此需要滚动或多个动作。这是移动设备世界中一个普遍存在的问题：屏幕空间非常有限。

另外一个问题是，用户必须学习视觉表示和图形图标的含义。光标划过图标时，出现在图标上的标题（相交提示）只提供部分解决方案。视觉表示有时可能使人误解。用户可能会很快地领会类比表示的含义，但之后可能会对允许的动作、过高或过低地估计基于计算机模拟的功能产生误解。因此，必须进行大量测试来改进显示的对象和动作，并使负面影响最小。

对有经验的打字员来说，让手离开键盘来移动鼠标，或用手指指点内容所需的时间，可能比输入相关命令要长。如果用户熟悉算术表达式之类的紧凑记法，这种问题就尤其可能出现。因为从键盘输入算术表达式很容易，但用鼠标选择可能会比较困难。虽然直接操纵通常定义为用指向设备来取代输入命令，但键盘有时是最有效的直接操纵设备。快速的键盘交互对专家用户来说有极大的吸引力，因此视觉反馈必须同样迅速，并且容易让人理解。

小型移动设备的屏幕尺寸有限。用手指指点设备时，可能会有一部分屏幕被挡住，导致设备的大部分都不可见。并且，如果图标因屏幕尺寸有限而设计得很小时，就可能难以选择，或因为分辨率和视觉能力（特别是对老年人）有限而无法清晰地辨识，最后导致用户无法理解这些图标的含义或产生误解。

有些直接操纵原则在软件中实现时非常困难。快速和渐进动作有两层深刻的含义：一是快速的感知/动作回路（少于 100 毫秒），二是可逆性（取消动作）。标准的数据库查询可能要花几秒时间来执行，因此在数据库上实现直接操纵界面可能需要特殊的编程技术。取消动作实现起来可能更困难，因为它要求记录用户的每个动作并定义反向动作。它改变了编程风格，因为不可逆动作是由简单的功能调用实现的，而可逆动作需要记录反向动作。

7.2.4　直接操纵的持续演进

成功的直接操纵界面须为用户提供现实世界的适当表示或模型。对有些应用来说，很难直接跳转到可视语言上来。但在使用了可视化直接操纵界面后，大多数用户和设计者几乎难以想象还有谁愿意使用复杂的语法符号来描述基本的视觉过程。现代文字处理软件、绘图程序或电子制表软件中包含大量的特性，根本不可能学习表示这些特性的全部命令，但是有了视觉线索、图标、菜单和对话框，甚至间歇用户也可成功地使用系统。本书归纳了一些直接操纵的优缺点，参见框 7.2。

框 7.2　直接操纵的优缺点

优点

- 形象化地呈现任务概念
- 允许简单地学习
- 允许简单地记忆
- 允许避免错误
- 鼓励探索
- 提供较高的主观满意度

缺点

- 可能很难编写程序
- 需要特别注意可达性

用户为了更好地理解所有数据及其他一些可视化内容，可能会尝试许多方式。其中一种管理这些数据的方法是导航板（Few, 2013）。用户通过导航板可一次性查看大量的信息（大数据），直接操纵这些信息，且可通过可视化来观察其影响，这个概念非常强大。各种商业机构和公司每天都被大量数据轰炸。这种能够将用户生成的数据组织成有用图形格式的能力，能够帮助他们管理资源，掌握发现趋势（见第 16 章）。仪表板上的各类控件为用户提供了多种数据操作方法。像 Tableau Software、SAP Lumira 和 IBM Cognos 这样的企业，以及一些小型的面向用户企业，可以通过实例提供像仪表板一样的能力。

Weiser（1991）勾画了一个颇具影响力的愿景，它将普适计算描绘成一个到处布满计算设备的世界——手上、身上、车中、家中等。《美国计算机协会通信》1993 年特刊（Wellner et al., 1993）介绍了一个令人鼓舞的原型，它改进了 Weiser 的这一愿景。文章超越了桌面设计，只通过手势和小型移动设备进行操作。在小型移动设备显示器上，随着用户所处的位置和指点设备的方式，不断改变显示内容。约 25 年后，Weiser 的愿望还未全部实现，但普适计算在社交媒体方面已经蓬勃发展。

人们逐渐可以使用各种尺寸的显示器，如像墙面一样大的显示器（见图 10.20 和图 10.21），甚至像整个商场那么大的显示器。用户再也不需要通过输入冗长的字符串命令来完成交互，而是通过双手直接操作兴趣项目。这种类型的应用经常出现在新闻节目中，评论员可以在屏幕上移动兴趣对象，并深入查看更详细的内容。另一种应用是虚拟地图，虚拟地图能够作为多点触控界面，通过手的移动进行操纵和缩放（Han, 2005）。在可触摸显示器上，使用双手进行交互似乎十分自然（尽管在使用小显示器时，相互遮挡可能会是个问题）。

将来肯定会出现很多直接操纵的变体和扩展，但基本目标类似：拥有能快速学习的可理解界面、可预测和可控的动作以及确认进展的适当反馈。直接操纵之所以有吸引用户的能力，是因为其速度极快，甚至很有趣。如果动作简单，就可保证可逆性，记忆起来也更容易，还能减少用户的焦虑。另一方面，当用户感觉处于控制地位时，满意度也会不断提高。

7.3　直接操纵实例

没有一个界面具备所有令人满意的属性或设计特点——这种界面不太可能存在。然而，这里讨论的每个例子都有足够多的特性，因此赢得了大量用户的热情支持。

7.3.1　有 GPS 的地理系统

几个世纪以来，游客通过地图和地球仪更好地了解了地球和地理系统。随着计算机在捕捉图形和图像方面的能力的增加（在真实世界和人类生成的世界中），一个很自然的过程就是在创建的系统中标识出"当前位置"（即"我所在的地方"）和"目标位置"（"我想去的地方"）。当然，随着价格的下降，这类系统已可作为商业 GPS 系统，用于汽车、步行甚至手机中。此外，直接操纵的另一个应用是在设备上直接显示多个选择，用户可以直接看到这些选择，然后控制这些路线，查看如何从当前位置到达目的地。

谷歌地图（Google Maps）、MapQuest、谷歌街景（Google Street View）、Garmin、国家地理和谷歌地球（Google Earth）等，能将航空照片、卫星图像和其他来源的地理信息整合到一起，创建便于查看和显示的图形信息数据库。在这些地图中的有些位置，还能看到街道上个别房屋的细节信息，甚至能看到一栋楼的内部信息（见图 7.3）。人们对感兴趣的地理信息节点构建了功能完善的数据库，这些系统为用户提供了易用的功能，可以"指向"、"选择"最近的加油站或特定类型的餐厅。还有一些系统可以提供实时路况，在交通拥堵时，司机可以借助这类系统来选择其他路线。

图 7.3　谷歌街景的截图，地址为佛罗里达州诺瓦东南大学的学校中心内部。底部是校园内其他风景的滚动图像。左下角是更常见的静态地图，显示的是校园街区的位置。用户可以将"人"移动到校园内的不同位置，视角也将相应改变

7.3.2　视频游戏

对很多人来说，最令人兴奋、设计良好且商业上获得了巨大成功的直接操纵概念的应用，出现在视频游戏领域。早期简单且流行的游戏 Pong（创建于 1972 年），要求用户转动旋钮来移动屏

幕上的白色方块。白点充当乒乓球，它击中墙后回弹，这时须用那个移动的白色方块将其击回。用户逐步提升"球拍"的速度和准确度，防止漏掉不断加速的乒乓球，而计算机扬声器则在乒乓球弹跳时发出"乒乓"声。要想成为合格的新手，玩家所需要的训练就是观看其他人玩 30 秒钟。但要成为一名熟练的专家，则需要花费数小时来练习。界面中的对象包括一个球拍、一个球、一个播放器和一些基本的声音。游戏领域可以说是路漫漫其修远兮，它们包含各种类型的控制，如全身、多重兴趣目标（包括善与恶）、立体声、详细的图形环境、不断变化的背景，且有可能是多人坐在一起玩，或来自全球各地的人"虚拟地"一起玩。

有些人认为我们目前正处于第八代视频游戏中。Parkin（2014）图文并茂地描述了视频游戏的 50 年发展史。上一代的任天堂 Wii、索尼 PlayStation 3 和微软 Xbox 360，已在很短的时间内被新一代的任天堂 Wii U、索尼 PlayStation 4 和微软的 Xbox One 取代，而且还会有持续的进步。这些游戏平台使强大的 3D 图形硬件走入千家万户，并创造了举世瞩目的全球市场。通过整合 3D 用户界面技术，如立体 3D、头部跟踪和手指计数手势，游戏体验也不断提升（kulshreshth and LaViola, 2015）。一些关于视觉、混合和增强现实的游戏的详细调查，请参见（Thomas, 2012）。

有些游戏红极一时，例如激烈的第一人称射击游戏、快节奏的竞速游戏和较安静的高尔夫游戏。小型手持式游戏设备仍有市场，但今天大多数用户是在手机和其他一些移动设备上玩游戏。互联网上的多人游戏也受到了用户的追捧，因为这类游戏让用户有了更多的社交和竞争。游戏杂志和会议证实了人们的兴趣广泛。在纽约罗切斯特市，有些游戏博物馆还专门设置了电子游戏史的国际中心（http://www.museumofplay.org/icheg）。

游戏的类型广泛，游戏流派的边界正在变得模糊不清。有些游戏是单人游戏，而另一些是多人游戏。游戏类型的缩写列表如框 7.3 所示。玩家可以在共享的虚拟空间玩游戏，可处于相同或不同的物理空间中。玩家本身也可以是虚拟的。更完整的游戏系统分类，请查看 Pagulayan et al.（2012）。在研究玩家的表现和体验方面，多玩家游戏似乎在与他人建立社会联系、团队合作和协同合作方面更有兴趣。单人游戏似乎更注重游戏的故事和人物形象，且玩家表现出了对沉浸感的更大兴趣（Johnson et al., 2015）。

框 7.3　游戏类型的缩写

计算机世界充满一系列的游戏类型缩写，如下所示：

- AA：动作冒险游戏
- ARPG：动作角色扮演游戏
- FPR：第一人称射击游戏
- MMORPG：大型多玩家在线角色扮演游戏
- MOBA：大型在线对战平台
- RPG：角色扮演游戏
- RTS：实时射击游戏

游戏环境中包括大量 3D 表示的应用软件，非常吸引人也非常成功，其中有第一人称的动作游戏，用户可以在城市街道巡逻，可以一边向敌人射击，一边从城堡走廊跑下来，还可以在岛屿的港口和山脉要塞中进行角色扮演。在许多游戏中，用户可以选择能够代表自己的头像，

这种做法在社交方面正变得越来越受欢迎。许多用户本来可以选择与自己相似的头像，而却经常会选择一些怪异的角色，或选择一些有着理想特征的幻象，如特别强大或特别漂亮的形象（Boellstorff, 2008）。

有些网络游戏环境中可能包含数以百万计的用户和成千上万用户构建的"世界"，如学校、购物中心、城市社区。游戏爱好者每周可能花费几十小时沉浸在自己的虚拟世界中，与合作伙伴聊天，或与对手谈判。截至 2015 年，《魔兽世界》（暴雪娱乐公司开发和发行）已拥有超过 560 万用户（见图 7.4），因此成了大型多玩家在线角色扮演游戏（MMORPG）的中流砥柱和最受欢迎的游戏。新游戏不断地冲击着市场，竞争相当激烈。《激战 2》（Arena Net 开发，NCsoft 公司发行）于 2012 年作为一款新产品进入市场后，已售出超过 500 万份。这个游戏和其他的 MMORPG 游戏略有不同，因为它对个体玩家的动作做出响应，这在单人角色扮演游戏中更为常见。

2006 年推出的任天堂 Wii，改变了游戏世界的人口统计学特征。使用 Wii 设备玩游戏的不再以年轻人为主（通常是男孩），而变成了老年人，比如网球和保龄球的主要玩家都是老年人。Wii 也因此成了一个早期的健身/健康平台。随着微软在 2010 年推出 Xbox 及在 2012 年推出 Kinect，游戏世界又向前迈进了一大步。有了软件开发工具包（SDK）后，开发者可以创建自己的世界。因为用户在玩游戏时可以使用整个身体，这类界面被称为"自然的"用户界面，但游戏中仍然只包括有限的几个合理动作，而且玩家必须要通过学习才能掌握。由于玩家在游戏时过于投入，有时会不小心将控制器扔到屏幕上，因此早期的 Wii 控制器经过了改良，增加了腕带。由于不需要记忆任何语法，因此不会出现语法错误信息。由于玩家发出的动作能直接看到，且易于回溯，所以一般来说基本不需要出错信息。用户移动得太靠左时，只需使用"右移"这种自然的反向动作。业已证明，这些原则提高了用户满意度，且还可应用到其他环境中。图 7.5 中给出了各种游戏控制器的示例。还有一些为游戏而生产的定制控制器，如吉他英雄（见图 10.8）、飞行控制（见图 10.9）和励动（Leap Motion）（见图 10.16）。

图 7.4　正在玩《魔兽世界》的女士，她同时使用了键盘和鼠标，还能通过耳机听到游戏的声音

多数游戏会连续地显示数字得分，以便用户衡量自己的进度，并与之前的成绩相比较，还能与朋友们或最高的得分手竞争。通常，10 位得分最高的玩家可以将他们名字的首字母保存在游戏中公开展示。这一策略提供了一种正面强化的形式，鼓励用户不断熟练掌握游戏。

对小学生的研究表明，连续显示分数是极其有价值的。机器生成的反馈（如"很好"或"你做得真好"）其实不是那么有效，因为相同的分数对不同的人来说具有不同的意义。大多数用户更喜欢做出自己的主观判断，把机器生成的消息视为干扰和欺骗。在游戏中，将行为数据和态度数据组合在一起，可以增加游戏的沉浸质量（Pagulayan et al., 2012）。

图7.5　各种游戏控制器。有些控制器是非常确定的，如方向盘或操纵杆，其他的则使用一系列的按钮和方向箭头。右上角显示的是有腕带的 Wii 控制器。虽然这些游戏控制器确实提供了直接操纵，但用户仍然需要学习各种按钮的含义

虽然动作类游戏已成了市场上的重点，并获得了消费者的青睐，但仍存在其他的游戏环境，玩游戏这一活动（或称游戏化）已成为一种用于训练和评估的流行隐喻。模拟游戏和教育游戏比比皆是。目前已开发出适用于儿童（不会阅读）的、使用直观性的图标和类真实世界的界面（按钮、滑动条、手指指向等）控制游戏。女性似乎对角色扮演游戏和叙事游戏更感兴趣。新一代女性玩家已成长起来。游戏也可用于提高健康方面（Calvo and Peters, 2014; Jones et al., 2014）。研究人员正试图更好地了解用户的想法，并融入他们游戏时行云流水的状态（Csikszentmihalyi, 1990; Ossola, 2015）。人们可以用游戏来学习、提高身体技能、纠正行为及改善健康状况。虽然玩游戏有一些消极影响，但 McGonigal（2011）为游戏的积极影响提出了一些规则：限制自己每周玩游戏的时间不超过 21 小时；与家人和朋友一起面对面地玩游戏；玩合作游戏或有创造模式的游戏。

学习游戏设计很有趣（Lecky Thompson, 2008），但课程的适用性有限。游戏玩家忙于与系统或其他玩家竞争，而应用系统的用户更喜欢强大的内部控制，从而获得掌控感。同样，游戏玩家寻求娱乐性并关注面对的挑战，应用系统的用户则关注他们的任务，他们可能讨厌有太多分散注意力的有趣事物。多数游戏中存在的随机事件是为了挑战用户。然而，在非游戏设计中，玩家更倾向于可预测的系统行为。在本书中，我们讨论的是用户体验（UX）；而在游戏世界中，则是为玩家体验（PX）而设计。开发持续增长的玩家体验（PX）的衡量指标集的研究正在持续进行（Johnson et al., 2015）。在可玩性的量化和评价领域，大量研究为用户提供了有意义的体验（Lucero et al., 2014）。

还有一些关于电子游戏设计的课程和专业课（或选修课）。有些课程在计算机科学系，另一些课程则表现出了跨专业的学科性质，例如媒体设计、可视沟通和艺术专业。关键问题是要采用清晰的启示、良好的指令和有益的信息反馈，限制复杂性，了解人类的可变性（Fisher et al., 2014）。这些都是3.3.4节中描述的人机交互设计的基本原则（界面设计的八大黄金法则）。

7.3.3　计算机辅助设计和制造

多数用于汽车、电路、飞机或机械工程的计算机辅助设计（CAD，Computer-Aided Design）系统，都遵循直接操纵原则。房屋建筑师和居家设计师现已配置了强大的工具软件，诸如Autodesk 公司提供的一些工具，这些工具中包含的组件可用于处理结构工程、平面布置图、内部构造、环境美化、配管工程和电气安装等。使用这类应用软件时，设计者可在屏幕上看到电路简图，使用鼠标点击，能够把部件从建议的电路中移入或移出。在设计完成后，计算机屏幕上显示关于电流、电压和造价方面的信息，以及一些关于不一致性或制作中产生的问题的警告。同样，报纸版面设计师或汽车车身设计师能够在几分钟内轻易尝试多种设计，并将有用的方法记录下来，直至找到更好的方法为止。使用这些系统的乐趣在于能够直接操纵感兴趣的对象，并能迅速生成多个备选方案。

许多大型制造公司都在使用 AutoCAD 及类似的系统，但在有些居家设计的情况下，比如厨房和浴室布局、环境美化计划等情况，也有一些专门的设计程序。用户可以通过程序控制阳光的角度，观察不同季节中阳光对景色的影响，以及房屋不同位置的阴影变化。用户还能通过这些软件查看厨房布局、计算地板与工作台面的尺寸，甚至能直接用软件打印出材料清单。在住宅和商业市场中，一些从事室内设计软件的公司有 Floored（见图 7.6）、2020 Spaces 和 Home Designer Software。这些公司的产品专门针对跨环境工作的用户设计，包括网络环境。此外，这些产品还提供各种视图（俯视图、架构视图、正视图），可为客户生成更真实的设计概况。

图 7.6　Floored 设计的办公空间布局。这种虚拟的三维 CAD 表示方法，有
　　　　助于设计者布局办公空间。所有物品可以在房间内部和彼此之间移
　　　　动，通过重新设计来反映发生的任何变化（http://www.floored.com）

在计算机辅助制造（Computer-Aided Manufacturing，CAM）和过程控制领域，还有一些相关的应用程序。霍尼韦尔公司的 Experion 过程知识系统（Process Knowledge System），为炼油厂、造纸厂或发电厂的经理提供了工厂的彩色缩略图。而缩略图可以在多个显示器上或在

墙面大小的显示器上显示，并用红线标识所有超出正常范围的传感器值。操作者单击一下就能查看有故障部件的详细视图。再点击一次，就能检验单个传感器或使阀门和电路复位。这种设计的一个基本策略是，消除了对复杂命令的需要，操作人员可能仅在一年一次的紧急情况期间才需要回忆这些命令。因为屏幕上展示的内容与工厂的温度或压力之间的联系非常接近，所以用缩略图显示的可视化概况，方便了用户采用模拟的方法求解问题。该软件的最新版本还提供了虚拟化功能和云计算功能，支持对仪表显示状态的定制。

直接操纵的另一种新兴用途是家庭自动化领域。许多家庭控制都包括楼层平面图，因此在显示楼层平面图时，自然可以采用直接操纵的动作：对每个状态指示器（如防盗报警器、热传感器、烟雾报警器）和每个激活器（如用于控制窗帘或百叶窗的打开和关闭，控制空调和暖气设备，或控制音频和视频的扬声器或屏幕）都有可选图标。例如，用户只需将屏幕上的图标拖动到卧室或厨房，就能把在客厅观看的电视节目移到其他房间中观看，而且还能通过移动线性标尺上的标记来调整音量。通常这些动作是即时可见的，并且很容易撤销。

随着这类系统的出现，不仅能产生图形化的、复杂的 3D 显示，而且能通过使用 3D 打印技术制造实际可用的模型。这些模型为顾客展示了一个更为真实的视角，可包括整体的外部视图，甚至还可展示模型的内部。与建造实际结构或设备相比，这些模型可以节约高昂的成本，而且能使渐进修改、大幅度调整和其他变化更为容易。3D 打印机还可安装在国际空间站上，在空间站上制造实际的零件（见图 7.7）。

图 7.7　宇航员 Bruce Wilmore 在国际空间站拿着一台 3D 打印机打印的棘轮扳手。只用了不到一周的时间，3D 打印设备就完成了从设计、修饰、测试到打印的整个过程

7.3.4　直接操纵编程和配置

采用直接操纵来执行任务并不是唯一目标。对于某些问题来说，通过直接操纵进行编程也是可能的。那么，通过一系列复杂的动作来移动一个穿孔机或手术器械，然后再精确地重复若干次，结果会怎样呢？在驾车过程中，可为某位特定司机设置好适合他的自动座椅位置、后视镜的角度等。只要这位司机坐入驾驶室，这些设置就会自动生效。另外，有些专业电视摄像机的支撑软件允许操作者为全景或缩放顺序进行编程，然后在需要时流畅地播放。

用直接操纵方式来给物理设备编程似乎非常自然，而通过适当的可视化信息表示，直接操纵编程在其他领域也成为可能。许多电子表格软件包，如 Excel，都有丰富的编程语言，用户可通过执行标准的电子表格动作来编写程序段。这些动作的结果保存在电子表格的另一部分中，用户能以文本形式对其进行编辑、打印和存储。数据库程序，如 Access，允许用户创建按钮。激活按钮时，会引发一系列动作和命令，并生成报告。同样，Adobe Photoshop 能记录用户动作的历史，用户可以使用动作序列和重复使用直接操纵的方法来创建程序。

在用户忙于执行一项重复性的界面任务时，如果计算机能够可靠地识别出重复的模式，并能自动创建有用的宏，那么对任务的执行会有很大帮助。大部分手机的按键都可通过编程来给家里或医生打电话，或直接呼叫其他紧急号码。因此，用户面对的就是一个简洁的界面，而不需要了解任务的细节。

7.4　2D 界面和 3D 界面

有些设计者梦想能构建出接近三维现实的丰富界面。他们相信，界面越接近现实世界，就越容易使用。这种对直接操纵的极端解释是一种存疑的主张，因为用户研究指出，不论是现实世界还是 3D 界面，混乱的导航、复杂的用户动作和恼人的视线受阻，都会导致性能下降（Cockburn and McKenzie, 2002）。很多界面（有时称为 2D 界面）都会设计得比现实世界简单一些，采用的方法包括限制移动、限制界面中的动作，以及确保界面中对象的可见性。然而，在医学、建筑、产品设计和科学可视化领域，"纯" 3D 界面的强大实用性对界面设计者来说仍是一项巨大的挑战。因此，3D 界面的价值在于要应用于合适的领域或上下文中，通过多出的一个维度来增进用户的理解，并改善任务的结果。

还有一种可能性很吸引人，即"增强"的界面可能要比 3D 现实好。增强的特性可能会使用户具有超强的能力，如比光速还快的远距传物、穿越物体、物体的多个同步视图和 X 光视觉。有些设计人员的目标是模仿现实，相对而言，爱玩游戏的设计人员、创造性应用系统开发人员促进了技术的发展。

有些任务是基于计算机的，如医学成像（见图 7.8）、建筑绘图、计算机辅助设计、化学结构建模（见图 7.2）和科学仿真。对于这类任务而言，纯 3D 表示方法非常有用，并且已形成了重点产业。然而，即使在这些行业中，取得成功的原因很大程度上仍要归因于设计特性，即设计出的界面要比真实功能更加吸引人。用户可以像变魔术一样改变颜色或形状、复制对象、缩放对象、分解/组合组件、采用各种电子手段将组件发送给他人，还可以添加浮动标签。用户可以及时返回并取消最近的操作。

在很多创造发明中，都涉及一些有问题的 3D 原型，如空中交通管制（与直接从正上方俯瞰的角度相比，透视的视角实际上会使整个视图更加混乱）、数字图书馆（查看图书时，书摆在书架上会方便读者浏览，但在查找和链接时可能会有些难度）、文件目录（以三维空间显示树形结构的设计，可能会出现遮挡和导航问题）。还有一些应用也存在问题，比如很多情形下使用 2D 表示就很适用，但却采用了不恰当的 3D 特征。例如，给条形图增加第三个维度，可能会使得用户操作速度的减慢，还可能误导用户（Hicks et al., 2003）。但是，有些用户对这种表示方法很感兴趣，因此大多数商业图形软件包中都包含这一特性，如 Cognos、SAS/GRAPH 和 SPSS/SigmaPlot。

3D 技术的一般实现方法是在 2D 界面中突出显示某些部分，比如看起来弹起或按下的按钮、窗口重叠时形成的阴影，或与现实世界对象相似的图标。由于改进了空间记忆，这些表示可能很有趣，且辨识度也很高。但是，由于增加了额外的视觉负担，3D 表示可能会分散用户的注意力，并让用户产生困惑。

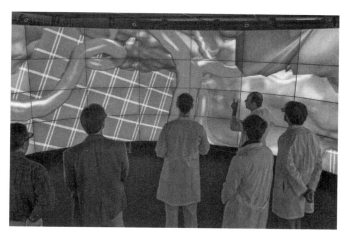

图 7.8　内科大夫在大规模可视化中采用医疗仿真技术（使用 CAVE 技术），以便获得实际手术中无法发现的解决方案（http://www.nsf.gov/news/news_summ.jsp?cntn_id=126209）

下面列举一些有效的 3D 界面特性，设计人员、研究人员和教育工作者，可将这些特性作为工作中使用的检查项目列表：

- 谨慎地使用遮挡、阴影、透视和其他 3D 技术。
- 尽量减少用户完成任务所需的导航步骤。
- 保持文本的易读性（较好的渲染、与背景有较好的对比度、倾斜度不超过 30°）。
- 避免不必要的视觉混乱，不要分散用户的注意力，不要出现对比移位，不能出现反射。
- 简化用户的移动（在平面上保持移动，不要出现穿墙而过这样的操作）。
- 防止错误的产生（只创建必要的外科工具和化学工具箱，且这些外科工具只进行必要的切割，而化学工具箱只会产生真实的分子和安全的化合物）。
- 简化对象的移动（便于对象的对接、使对象按照可预测的路径移动、限制旋转）。
- 采用对齐结构组织项目组，允许快速的视觉搜索。
- 使得用户能构建视觉组，支持空间记忆（将项目放在角落或放在色彩区域）。

有可能会产生一些奇思妙想的突破。业已证明，采用立体声显示器、触觉反馈和 3D 声效可极大地丰富界面。这不仅会对专用程序有益，而且还会对其他领域产生积极影响。如果指南中包含了增强的 3D 特性，而在实际操作中又遵循了这些指南，那么就可能会更快地获得可观的回报：

- 提供概览，使用户能看到大图（俯视图、聚合视图）。
- 允许远距离传物（通过在概览中选择目的地来快速切换背景）。
- 提供 X 光视觉，以便用户能够看透或看穿物体。
- 能够保存历史操作（记录、取消、回放、编辑）。
- 使用户对对象的操作更加丰富（保存、复制、注释、共享、发送）。

- 允许远程协同（包括同步和异步）。
- 用户拥有对解释文本的控制权（弹出、浮动、偏心标签和屏幕提示），用户可按需查看细节。
- 提供用于选择、标记和测量的工具。
- 实现动态查询，用户可以快速滤掉不需要的项。
- 支持语义缩放和移动（通过简单的动作将对象移动到前面和屏幕中心，进而显示更多的细节）。
- 即使在很远的地方，也应能够显示地标。
- 可以显示多坐标视图（用户可能同时位于多个位置，并同时看到多种排列的数据）。
- 开发更加易于识别和记忆的新颖 3D 图标来表示各种概念。

3D 环境深受某些用户的喜爱，且有助于完成某类任务（Laha et al., 2012）。设计者的目标不限于模拟三维现实时，他们在新社交应用、科学应用和商业应用方面就很有潜力。在促进某些 3D 远程会议、协作、远程操作和远程监控进一步流行方面，增强的 3D 界面已成为关键因素。当然，这需要优秀的 3D 界面设计（纯净的、有限制的或增强的）。除了采用娱乐性来吸引新用户外，界面还应具有其他特色。只有那些能提供引人注目的内容、相关的特性、适当的娱乐和新颖的社交媒体结构支持的设计人员，才有可能获得成功。通过研究用户表现和测量满意度，设计人员能不断地完善他们的设计，并改进指南供他人效仿。

7.5   远程操作和现场操作

远程操作有两个起源：个人计算机中的直接操纵和复杂环境中人类操作者控制物理过程的过程控制。典型任务包括：运行发电厂或化工厂、控制制造厂或外科手术、驾驶飞机或遥控飞机、驾驶车辆。如果这些物理过程在远端进行，那么我们就在讨论远程操作或远程控制。为远程地执行控制任务，人类操作者可能要与计算机进行交互，计算机可能会在没有人类操作者任何干预的情况下执行一些控制任务。

若能够构建出可接受的用户界面，则对设备进行远程控制或远程操作的机会就会很大。设计者有足够的时间来提供适当的反馈，那么在进行有效的决策时，在制造、医疗、军事行动和计算机支持的协同工作方面，一些有吸引力的应用系统就非常适用。家庭自动化应用程序能将不同设备的远程操作扩展到安全和访问系统、能源控制和家电操作等领域。太空、水下或敌对环境中的科学应用系统，可使新研究项目既经济又安全地实施。最近出现的价格适中的遥控飞机，将会成为远程操作的另一个领域。

在传统的直接操纵界面中，兴趣对象和动作是持续显示的，用户通常使用指向、点击或拖动而非键盘进行输入，并且显示变化的反馈是即时的。然而，若操作的设备是远程的，则这些目标就不可能实现。因此，设计者必须付出更多的努力来帮助用户处理较慢的响应、不完整的反馈、增大的故障可能性及较复杂的错误恢复过程。这些问题与硬件、物理环境、网络设计和任务域紧密相连。

一个典型的远程应用系统是远程医疗，或通过通信链路实现的医疗护理（Sonnenwald et al., 2014）。远程医疗的应用能更加广泛，内科医生能远程检查病人，外科医生能在千里之外为病人远程实施手术。远程医疗已经在美国退伍军人管理局（Veteran's Administration，VA）广泛应用（见图 7.9）。

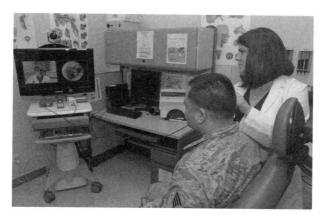

图 7.9　Erica Taylor 是图尔地区医疗中心远程医疗项目的主任护师，她演示了如何使用远程医疗车的耳镜实时鼓膜检查。屏幕上是身在异地的医师助理 Steven Cain，他可以观察和评估病人，并提供适当的护理计划。供图：Phil Jones

退伍军人到当地的 VA 办公室，通过远程医疗与各类医务人员交流。医生使用高分辨率影像仪查看患者的身体状况，这种方式还顾及了病人的感受。训练有素的医务人员，能在办公室陪伴患者，因此有助于对患者进行检查。其他医疗应用包括机器人外科手术，它是传统外科手术的一种替代方案，可使切口更小、手术动作更精准。机器人平台是外科医生能力的延伸，并提供高倍放大的 3D 影像（见图 7.10）。另外，外科医生还能通过机器人臂来控制手、腕和手指的动作。外科医生不需要跨过患者或在患者上方实施手术，而是舒服地坐在手术室的控制台前，且该系统还减少了一些会产生问题的无意识动作。

图7.10　机器人外科手术时，外科医生坐在计算机操作台前远程控制机器人摄像机和手术器械。为了看到整个画面，外科医生可以调整控制器上的各种设备，包括调整和放大等操作

实现远程环境的体系结构，导致了若干复杂因素：

● 时间延迟。网络硬件和软件造成发送用户动作和接收反馈的延迟：传输延迟和操作延迟。前者即命令到达显微镜所花的时间（例中通过网络来传输命令），后者即发送操作后直到显微镜响应的时间。系统中的这些延迟妨碍了操作者了解系统的当前状态。

- **不完整的反馈**。以前为直接控制而设计的设备，可能没有适当的传感器或状态指示器。例如，显微镜能够传送其当前位置，但由于运行得太慢，导致它无法显示当前的精确位置。
- **不可预测的干扰**。由于被操作的设备是远程的，因此与现场直接操纵环境相比，更有可能出现不可预测的干扰。例如，若本地操作者意外地移动了显微镜下的载玻片，则指示的位置可能就不正确。在执行远程操作期间，还可能发生各种故障，导致事件的清晰描述未被发送到远程位置。

这些问题的一种解决方案是，将网络延迟和故障作为系统的一部分来加以详细说明。用户可以看到系统开始状态的模型、已初始化的动作和系统执行动作时的状态。用户可能更喜欢明确指定的目标（而非动作），然后等待，直到动作完成。之后，需要时可重新调整目标。持续反馈的途径也很重要。

远程操作也常用于军事和民用航天项目中。例如，在阿富汗和伊拉克战争期间，用于无人驾驶飞机的军事应用系统就名噪一时。无人侦察机和远程操作的导弹发射机已得到广泛使用。在很多危险的任务中（Murphy，2014），大量使用了敏捷、灵活的移动机器人。水下与太空探索等军事任务和艰苦环境，也已成为改善设计的强大助推器。

远程呈现最初由 Marvin Minsky（1980）定义，这些操作术语直到今天仍在使用。这一概念定义为：无须身处远方，却给人一种"身临其境"的感觉。今天，远程呈现不断进步，由技术和互联网连接的世界为其展示了更多的可能性。商业市场目前看好一套称为移动远程呈现（MRP）系统的技术（见图 7.11）。它们是高级视频会议系统，远程工作者会有一种身临其境的感觉。这些设备可使得正式沟通和走廊闲谈同样方便。包括 Suitable Technologies Beam、Mantarobot、Boublerobotics 和 VGO 在内的一些公司，都提供这类设备。对这些设备的控制是直接操纵的另一种应用。还有一种应用是一个称为 ImmerseBoard 的共享工作空间，用户处于相同的位置，且可在同一个屏幕上工作（见图 7.12）。该应用扩展了视频会议的理念，并通过 Skype 和其他技术变得流行。

图 7.11　三人正在工作环境中交谈，其中两人使用了 MRP 设备

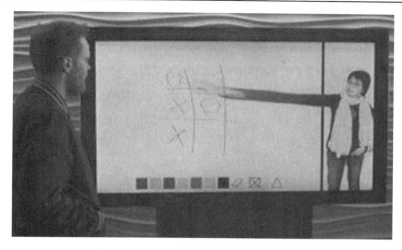

图 7.12　Immerseboard 能让两个用户协作，在一个共享的屏幕上工作（Higuchi et al., 2015）

机器人技术是远程呈现的一个分支。机器人正广泛应用于医疗设置、办公室设置、教育和其他专业应用中。人们正在定制一些适用于这类设备和交互的新使用标准（Lee and Takayama, 2011）。远程同事通常被称为"飞行员"，他们可以在走廊中徘徊或到处闲逛。人们正在构建各种设计维度的框架，以便更好地理解如何展示（Rae et al., 2015）。同时，了解用户的视角非常重要，特别是对远程用户来说。基于这类设置与远程用户共同完成各种任务时，可能会增大认知负荷。远程人员需要专注手头的任务，还要正确地操作和摆放设备（Rae et al., 2014）。Kristoffersson et al.（2013）深入探讨了移动机器人的存在。未来，对于移动性如何影响远程协作及如何更好地理解移动特性方面的设计，还需要进一步的工作。对于移动受限的人来说，机器人可帮助他们更积极地参与其中。完整的机器人和人机交互的讨论，超出了本书的范围。

7.6　增强现实和虚拟现实

飞行模拟器的设计者夜以继日地工作，为战斗机和民航飞行员创建最真实的体验。驾驶舱的显示器和控制器与真实的设备源自同一条生产线。之后使用高分辨率计算机显示器代替窗户，精确设计的声音能让人感到发动机启动或反推力的效果。最后，液压千斤顶和复杂的悬架系统产生了爬升和转弯期间的震动与倾斜。这项精密技术可能估价约 1 亿美元。即使这样，与它所模拟的、价值 4 亿美元的喷气机相比，仍要便宜得多，并且训练时更安全、更有效（对于实际训练的飞行员而言，数百万家庭计算机游戏玩家购买的价值 30 美元且基本合格的飞行模拟器，根本无法达到要求）。驾驶飞机是一项复杂的专业技能，但模拟器本身采用了极具魅力的名字"虚拟现实"，或更具描述性的"虚拟环境"，可用于更普遍的任务中（有些任务出人意料）。

虚拟专家正在努力提升沉浸式体验。他们将电子设备小型化，通过小型工具不断探索。随着计算机系统运行得越来越快，沉浸式体验的障碍正在消失，并且这项技术正变得越来越便宜。许多制造商都能生产可用的头戴式显示器，如 Oculus Rift、雷蛇 OSVR、HTC Vive、Sensics、索尼眼镜和 Polhemus。更轻的材料（见图 7.13）和简单的连接（见图 7.14）正在代替笨重的手套。有些企业正在迅速推进这项技术。Magic Leap 刚申请了一个隐形眼镜的专利，用来促进增强现实和虚拟现实的应用（kokalitcheva, 2015）。

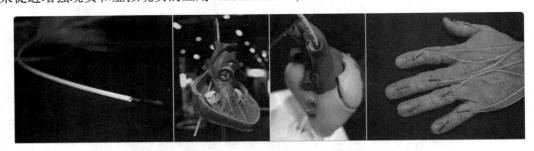

图 7.13　医生将手连接到多个传感器，可以完成影像引导手术。传感器模仿外科医生的手和手指的姿态，进行精确控制。过去，经常用手套连接传感器，这样操作无法保证直接连接传感器的灵活性和准确性（http://polhemus.com/micro-sensors）

7.2.1 节中提出，对那些正在设计和改进虚拟现实与增强现实环境的设计者而言，直接操纵原则可能是有用的。当用户能通过指点或手势快速选择动作并立即产生显示反馈时，用户就能强烈感受到这种因果关系。界面对象和动作应该是简单的，以便用户查看和操纵任务对象。

图像研究人员一直在完善图像显示，模拟光照效果、网纹表面、映像和阴影。目前，用于迅速平滑地缩放或平移对象的数据结构与算法，在普通计算机和移动设备中已很实用。采用头戴式设备和其他设备时，沉浸式环境存在一些问题，比如会导致用户晕眩、恶心和不适。通过更加稳定的图形转换可以减轻这些问题。需要更好地了解这些

图 7.14　Oculus Rift 头饰。这是一个虚拟现实头戴式显示器的例子

可用性的挑战，例如应包含多少现实、何时及如何才能提高用户体验（McGill et al., 2015）。

系统变得越来越复杂时，不同层次虚拟性的区别正变得模糊。依据 Milgram and Kishino（1994）最初的构想，用"连续性"一词来描述这种情况最为恰当（见图 7.15）。本章最后两节讨论增强现实（7.6.1 节）和虚拟现实（7.6.2 节）。

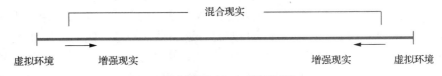

图 7.15　图中显示了"现实-虚拟"的连续过渡，最初由 Milgram and Kishino（1994）绘制。这幅图今天仍然适用。混合现实是指虚拟环境具备了增强现实的某些方面

7.6.1　增强现实

增强现实可使用户看到叠加了附加信息的现实世界。例如，用户查看建筑物的墙体时，他们的半透明眼镜会显示电线及墙体的内部结构。医学应用中，当外科医生或其助手查看病

人时，可看到声波叠加图或其他信息，因此有助于查找肿瘤的位置，这些功能似乎很令人感兴趣（见图 7.16）。增强现实能够显示用户如何修理设备或带领游客游览城市（见图 7.17）。导游眼镜能让游客查看关于古建筑特色的标签，或查找大学校园中的较大餐厅。增强现实策略还能让用户使用应用程序来操纵现实世界的仿制品，然后查看图形模型上的结果（Ishii, 2008; Poupyrev et al., 2002），例如操纵蛋白质分子来了解分子间的引力场/斥力场。使用增强现实系统提升幼儿所玩的社交扮演游戏（4～6 岁），能够提升儿童的沟通和思维能力（Bai et al., 2015）。

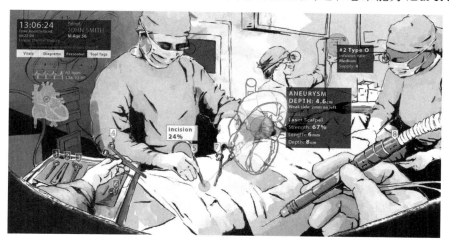

图 7.16　虚拟现实可在外科手术中为医生或助手提供帮助，它能显示相关的手术信息，并在真实世界中显示（http://augmentarium.umiacs.umd.edu）

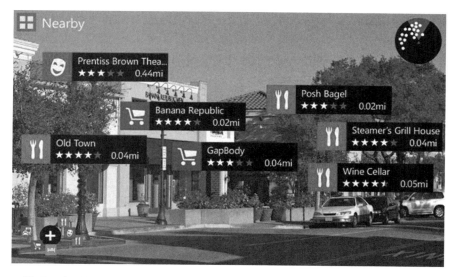

图 7.17　增强现实叠加图，HERE City Lens 应用在手机上显示了各种感兴趣的热点。图标代表位置类型（食品、购物等）及与当前位置的距离。此外，图中还提供了用户评论的链接

室内设计师与客户在房间漫步时，可以"使用"开关窗帘的工具，或通过手柄让窗户开得更大，还可通过刷墙来改变房间的颜色，但保持窗户和家具不变。宜家家居这样的公司提供增强现实工具，因此客户不必出门，就能看到产品目录中的产品（见图 7.18）。

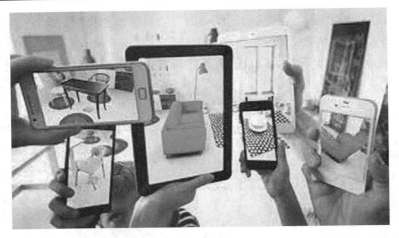

图 7.18　用户可用移动设备从宜家产品目录中选定产品，看看摆放在房间中是否合适

7.6.2　虚拟现实

　　虚拟现实的远程呈现打破了空间限制，使得用户认为身处他处。务实的思想家立即领会了虚拟现实与远程直接操纵、远程控制和远程视觉的联系，但幻想家们看到的则是逃避当前现实的可能性、游览科幻世界、动画乐园、历史进程中的远古时代、具有不同物理定律的星系或未探索的情感领域。

　　虚拟环境已在一些医学领域获得成功。例如，虚拟世界可用于治疗恐高症病人，办法是给病人一种能够控制其视角和移动的沉浸式体验。安全的沉浸式环境可使恐惧症患者自我调节，以适应令人害怕的刺激，并为应对现实世界中的类似场景做好准备。另一个戏剧性结果是，沉浸式环境能分散病人的注意力，进而减轻某些疼痛（见图 7.19）。沉浸式虚拟现实环境已用于治疗患有创伤后应激障碍（PTSD）的军人（见图 7.20）。虚拟世界可用于积极计算（Calvo and Peters, 2014）和健康问题（见图 7.21）。

图 7.19　在加尔维斯顿施赖纳斯儿童烧伤中心，医护人员正用华盛顿大学 HITLab/Harborvview 实验室的 SnowWorld 来分散病人的注意力，进而减轻病人的痛苦。开发人员正使用 www.3ds.com 上的虚拟世界开发软件创建最新版本的 SnowWorld。沉浸式体验可以减轻病人的痛苦

图 7.20　在充满声音的沉浸式虚拟现实中，士兵可重现战斗经历。有些系统甚至提供完整的沉浸式体验，包括震动和移动，因此体验非常逼真。士兵和医生一起合作，可慢慢地摆脱创伤（http://ict.usc.edu）

图 7.21　冥想活动的虚拟世界图像。虚拟世界的声音随着冥想过程的不同阶段变化，是积极计算的一种应用

　　表演艺术家、博物馆设计者和房屋建筑师，正在探索用于艺术表现和公共空间布置的可行性。创造性设备由投影图像、3D 声音和雕塑组件组成，有时还可结合摄像机和用户通过移动设备进行的控制。其他创新想法包括虚拟试衣间，用户可在自己的身上试穿衣服。可以说，可能性永无止境。

　　有关虚拟现实和增强现实的更多信息，可在各类教材中找到（Fuchs et al., 2011; Boellstorff et al., 2012; Kipper and Rampolla, 2012; Craig, 2013; Hale and Stanney, 2014; Barfield, 2015; Jerald, 2016）。Billinghurst et al.（2014）最近编辑了有关增强现实的综合文献，介绍了增强现实领域的历史及相关技术和工具的一些细节，包括未来的研究方向等。这一领域正在迅速变化，虚构世界和虚拟世界仍然同时存在，且仍有待开发（Blascovich and Bailenson, 2011），但"第二人生"之类的其他虚拟世界已完全消失（Boellstorff, 2008）。

从业人员的总结

　　在提供相同功能性和可靠性的交互系统中，有些系统在竞争中已处于支配地位。通常，最有吸引力的系统都具有令人愉悦的用户界面和用户定制的内容，并提供任务对象和动作的

自然表示——因而出现了"直接操纵"这一术语（见框 7.2）。这些界面易于学习、使用，并可以长时间保持。新用户可得到动作的简单子集，进而使动作更为精细。动作是快速的、渐进的和可逆的，它采用物理移动方式而非复杂的语法方式执行。动作的结果即时可见，因此所需的出错消息也比以前少。

在界面中使用直接操纵原则并不能确保成功。设计差、实现慢或功能不当，会威胁到界面的验收。对某些应用来说，采用其他方法可能更加适当。然而，直接操纵的应用非常多，因此潜力巨大。有吸引力的虚拟现实与增强现实演示，正应用于日益增长的社会互动应用。交互设计（见第 4 章）在测试高级直接操纵系统方面特别重要，因为这些方法的新颖性可能会给设计者和用户造成意想不到的问题。

研究人员的议程

应通过研究来提高对每个直接操纵特性造成的影响的理解：模拟表示、渐进动作、可逆性、物理动作等。相反，不要试图通过语法、结果的即时可见性及某些特征（平移距离、图形显示）达成这一目标。可逆性能很容易地通过常规的取消动作来实现，但为每个动作都设计一个自然的反向动作可能会更有吸引力。采用直接操纵能更好地表示复杂的动作，但为了使新用户持续成长，最好为专家用户使用多层设计策略。专家用户仍可直接操纵编程，但需要较好的方法来保存历史记录并编辑动作序列，还要更加关注用户生成的内容。因此，我们需要更好地理解可触摸界面及其使用，并研究双手与单手操作。3D 交互的诱惑巨大，但研究人员需要更好地了解如何使用遮挡、减少导航、3D 动作（远程操作或 X 射线视觉）的特性、最佳的视野范围。更好地理解 3D 图像的语义，可为存在视觉障碍的用户提供更多有用的信息，帮助他们更好地了解所处的环境。同时，游戏和虚拟世界中采用了大量社交媒体交互，这些交互跨年龄、跨活动，因此设计人员还需要更好地理解这些沉浸式体验所带来的影响。

除桌面计算机和笔记本电脑外，还有来自虚拟环境、增强现实和环境感知设备的诱惑。因此，需要通过研究来深入了解呈现如何影响各种行为和交互，其中就包括隐私问题。有趣且愉悦的界面注定会有大量追随者，但真正的挑战是，要置身于丰富社交媒体的参与环境中，既作为个人，也作为协作者和玩家。查看 3D 世界时，既要找到实用的设计，又要理解"置身于其中"的含义。无论如何，我们都需要一组新工具来审查与理解数字游戏及其影响。

万维网资源

其他资源

学术期刊

- 呈现（远程操作设备和虚拟环境）：http://www.mitpressjournals.org/loi/pres
- 虚拟现实—Springer: http://www.springer.com/computer/image+processing/journal/10055
- 虚拟现实国际期刊: http://www.ijvr.org/
- 虚拟现实和多媒体国际期刊: http://www.inderscience.com/ jhome.php?jcode=ijvtm

学术会议

- VRST ACM Symposium on Virtual Reality Software and Technology: http://vrlab. buaa.edu.cn/vrst2015/
- IEEE Virtual Reality: http://ieeevr.org/2016/
- IEEE Symposium of Mixed and Augmented Reality，IEEE and ACM Symposium on Augmented Reality: http://ismar.vgtc.org

除可视化领域的期刊和会议外，还可在多媒体类期刊和会议中找到更多关于这一主题的信息。

参考文献

Bai, Zhen, Blackwell, Alan F., and Coulouris, George, Exploring expressive augmented reality: The fingAR puppet system for social pretend play, *Proceedings of the ACM Conference on Human Factors in Computing Systems*, ACM Press, New York (2015), 1035–1044.

Barfield, Woodrow (Editor), *Fundamentals of Wearable Computers and Augmented Reality*, 2nd Edition, CRC Press (2015).

Billinghurst, Mark, Clark, Adrian, and Lee, Gun, A survey of augmented reality, *Foundations and Trends in Human Computer Interaction 8*, 2–3 (2014), 73–272.

Blascovich, Jim, and Bailenson, Jeremy, *Infinite Reality: Avatars, Eternal Life, New Worlds, and the Dawn of the Virtual Revolution*, William Morrow (2011).

Boellstorff, Tom, *Coming of Age in Second Life: An Anthropologist Explores the Virtually Human*, Princeton University Press (2008).

Boellstorff, Tom, Nardi, Bonnie, Pearce, Celia, and Taylor, T. L., *Ethnography and Virtual Worlds: A Handbook of Method*, Princeton University Press (2012).

Calvo, Rafael, and Peters, Dorian, *Positive Computing: Technology for Wellbeing and Human Potential*, MIT Press (2014).

Cockburn, Andy, and McKenzie, Bruce, Evaluating the effectiveness of spatial memory in 2D and 3D physical and virtual environments, *Proceedings of the ACM Conference on Human Factors in Computing Systems*, ACM Press, New York (2002), 203–210.

Craig, Alan B., *Understanding Augmented Reality: Concepts and Applications*, Morgan Kaufmann (2013).

Csikszentmihalyi, Mihaly, *Flow: The Psychology of Optimal Experience*, Harper & Row (1990).

de Castell, Suzanne, Taylor, Nicholas, Jenson, Jennifer, and Weiler, Mark, Theoretical and methodological challenges (and opportunities) in virtual worlds research, *The International Conference on the Foundations of Digital Games 12* (2012), 134–140.

Few, Stephen, *Information Dashboard Design*, 2nd Edition, Analytics Press (2013).

Fisher, Kristie, Nichols, Tim, Isbister, Katherine, and Fuller, Tom, Quantifying "magic": Learnings from user research for creating good player experiences on Xbox Kinect, *International Journal of Gaming and Computer-Mediated Simulations 6*, 1 (January–March 2014), 26–40.

Fuchs, Phillippe, Moreau, Guillaume, and Guitton, Pascal, *Virtual Reality Concepts and Technologies*, CRC Press (2011).

Hale, Kelly S., and Stanney, Kay M. (Editors), *Handbook of Virtual Environments: Design, Implementation, and Applications*, 2nd Edition, CRC Press (2014).

Han, Jefferson Y., Low-cost multi-touch sensing through frustrated total internal reflection, *Proceedings UIST '05 Conference*, ACM Press, New York (2005), 115–118.

Hicks, Martin, O'Malley, Claire, Nichols, Sarah, and Anderson, Ben, Comparison of 2D and 3D representations for visualising telecommunication usage, *Behaviour & Information Technology 22,* 3 (2003), 185–201.

Higuchi, Keita, Chen, Yinpeng, Chou, Philip A., Zhang, Zhengyou, and Liu, Zicheng, ImmerseBoard: Immersive telepresent experience using a digital whiteboard, *Proceedings of the ACM Conference on Human Factors in Computing Systems*, ACM Press, New York (2015), 2383–2392.

Ishii, Hiroshi, Tangible user interfaces, in Sears, Andrew, and Jacko, Julie (Editors), *The Human-Computer Interaction Handbook*, 2nd Edition, Lawrence Erlbaum Associates, Hillsdale, NJ (2008), 469–487.

Jerald, Jason. *The VR Book: Human-Centered design for virtual reality*. Morgan & Claypool (2016).

Johnson, Daniel, Nacke, Lennart E., and Wyeth, Peter, All about that base: Differing player experiences in video game genres and the unique case of MOBA games, *Proceedings of the ACM Conference on Human Factors in Computing Systems*, ACM Press, New York (2015), 2265–2274.

Jones, Christian, Scholes, Laura, Johnson, Daniel, Katsikitis, Mary, and Carrs, Michelle C., Gaming well: Links between videogames and flourishing mental health, *Frontiers in Psychology 5* (March 2014), Article 260.

Kipper, Greg, and Rampolla, Joseph, Augmented Reality: An Emerging Technologies Guide to AR, Syngress (2012).

Kofman, Ava, Dueling realities, *The Atlantic* (June 9, 2015).

Kokalitcheva, Kia, Magic Leap files for a big pile of patents, including for a sci-fi contact lens, *Fortune* (September 1, 2015).

Kristoffersson, Annica, Coradeschi, Silvia, and Loutfi, Amy, A review of mobile robotic telepresence, *Advances in Human-Computer Interaction* (2013), Article 902316.

Kulshreshth, Arun, and LaViola, Joseph J. Jr., Exploring 3D user interface technologies for improving the gaming experience, *Proceedings of the ACM Conference on Human Factors in Computing Systems*, ACM Press, New York (2015), 125–134.

Kushner, David, Is it live, or is it VR? Virtual reality's moment, *IEEE Spectrum* (January 2014), 34–37.

Laha, B., Sensharma, K., Schiffbauer, J. D., and Bowman, D.A., Effects of immersion on visual analysis of volume data, *IEEE Transactions on Visualization and Computer Graphics 18,* 4 (April, 2012).

Lee, Min Kyung, and Takayama, Leila, "Now, I have a body": Uses and social norms for mobile remote presence in the workplace, *Proceedings of the ACM Conference on Factors in Computing Systems*, ACM Press, New York (2011), 33–42.

Lecky-Thompson, Guy W., *Video Game Design Revealed*, Charles River Media, Boston, MA (2008).

Lucero, Andres, Karapanos, Evangelos, Arrasvuori, Juha, and Horhonen, Hannu, Playful or gameful? Creating delightful user experiences, *ACM Interactions*, May–June (2014), 34–39.

McGill, Mark, Boland, Daniel, and Murray-Smith, Roderick, A dose of reality: Overcoming usability challenges in VR head-mounted displays, *Proceedings of the ACM Conference on Human Factors in Computing Systems*, ACM Press, New York (2015), 2143–2152.

McGonigal, Jane, *Reality Broken: Why Games Make Us Better and How They Can Change the World*, Penguin Press (2011).

Metz, Rachel, What's it like to try Magic Leap's take on virtual reality? *MIT Technology Review* (March/April 2015).

Milgram, P., and Kishino, F. A., Taxonomy of mixed reality visual displays, *IECE Trans-actions on Information and Systems (Special Issue on Networked Reality) E77-D*, 12, (1994), 1321–1329.

Mims, Christopher, Virtual reality isn't just about games, *The Wall Street Journal* (August 2, 2015).

Minsky, Marvin, Telepresence, *OMNI Magazine* (June 1980). Murphy, Robin R., *Disaster Robotics*, MIT Press (2014).

Ossola, Alexandra, Could analyzing how humans think make better video games? *Popular Science* (February 17, 2015).

Pagulayan, Randy J., Keeker, Kevin, Fuller, Thomas, Wixon, Dennis, Romero, Ramon, and Gunn, Daniel V., User-centered design in games, in Jacko, Julie (Editor), *The Human-Computer Interaction Handbook*, 3rd Edition, Taylor and Francis/CRC Press (2012), Chapter 34, 795–824.

Parkin, Simon, *An Illustrated History of 151 Video Games*, Lorenz Books (2014).

Poupyrev, Ivan, Tan, Desney S., Billinghurst, Mark, Kato, Hirokazu, Regenbrecht, Hol-ger, and Tetsutani, Nobuji, Developing a generic augmented-reality interface, *IEEE Computer 35*, 3 (March 2002), 44–50.

Rae, Irene, Mutlu, Bilge, and Takayama, Leila, Bodies in motion: Mobility, presence, and task awareness in telepresence, *Proceedings of the ACM Conference on Human Factors in Computing Systems*, ACM Press, New York (2014), 2153–2162.

Rae, Irene, Venolia, Gina, Tang, John C., and Molnar, David, A framework for understanding the designing telepresence, *Proceedings Computer Supported Cooperative Work and Social Computing (CSCW)* (2015), 1552–1566.

Shneiderman, Ben, Direct manipulation: A step beyond programming languages, *IEEE Computer 16*, 8 (August 1983), 57–69.

Sonnenwald, Diane H., Söderholm, Hanna Maurin, Welch, Gregory F., Cairns, Bruce A., and Fuchs, Henry, Illuminating collaboration in emergency health care situations: Paramedic-physician collaboration and 3D telepresence technology, *Information Research 19*, 2 (June 2014).

Stein, Joel, Inside the box, the surprising joy of virtual reality, *Time* (August 17, 2015). Thomas, Bruce H., A survey of visual, mixed, and augmented reality gaming, *ACM Computers in Entertainment 10*, 3 (November 2012), Article 3.

Weiser, M., The computer for the 21st century, *Scientific American 265*, 3 (1991), 94–104. Wellner, P., Mackay, W., and Gold, R., Computer augmented environments: Back to the real world, *Communications of the ACM 36*, 7 (July 1993), 24–27.

第 8 章　流畅的导航

> 每个人都应对自己的选择负责，无论后果如何都必须接受。

W. H. Auden, A Certain World, 1970

8.1　引言

本章介绍与导航相关的设计问题。通过导航，用户可知道自己的位置，并引导自己到达目的地。简而言之，导航是指通过一连串的动作来完成工作或得到乐趣，就像水手将船驶入港口一样。导航是成功操作交互式应用的关键，如安装移动应用、填写调查问卷或购买火车票（任务导航）。导航也是在网站上查找信息、浏览社交媒体（网络导航）或在桌面应用中查找所需动作（命令菜单导航）的关键。

导航可充分发挥用户的能力，以便快速浏览多个选项，找到相关的选项并选择所需的信息，进而实现用户意图。设计者的目标是通过流畅的导航，让用户优雅地、信心十足地到达目的地，探索新的路径，并在必要时按原路返回。导航时，要根据用户对标志的识别来引导选择，因此这与搜索有很大的不同，搜索需要用户在空白搜索框中输入关键字来描述他们的需求（见第 15 章）。

在巨大的信息空间中启动信息搜索这一过程时，搜索框是主要技术（如在因特网和数字图书馆中搜索信息），而或大或小的菜单、嵌入式链接、工具栏这些导航技术，则促进了导航功能的发展。

用户使用手指触摸、轻敲或按压，或使用指向设备做出选择（见第 7 章和第 10 章），可以立即通过反馈了解他们做了什么。通过选择进行导航这种交互风格，对新手、知识渊博的间歇性用户或在制订决策过程中需要帮助的用户来说，特别有效。即便如此，精心设计复杂的菜单和便捷的交互，菜单选择对熟练用户来说也很有吸引力。这些策略可与命令语句结合使用（见 9.5 节），以便帮助用户从新手顺利成长为专家。因为菜单能提供各种线索，帮助用户进行识别，而不是强迫用户回忆命令语法。精心的设计、采用键盘快捷键及加入各种手势，可让专家用户迅速浏览大型信息结构。

菜单的一种宽泛定义是，一种可以用于选择的表现形式，它描述了技术设计人员呈现选项及引导用户选择想要选项所用方法的多样性。可把复选框或填写表格视为主要的数据输入技术，它有助于提升用户对浏览应用程序或网页导航的体验（例如，完成一个调查，注册一个服务，进行一次购买），本章将探讨所以这些内容。类似地，对话框也有助于让用户进行选择，因此本章最后探讨对话框设计。

早期的研究表明，需要以一种有意义的结构来组织菜单，因为这样做可以提高选择速度，同时提升用户的满意度（见 8.4 节）。导航以线性方式进行（如在向导或调查问卷中），在易懂的正常分层结构中（例如，将电子书分为章节，将商店分为部门，或将动物王国分为物种），可通过多条路径到达所选的网络结构（如网站）。

采用最新版本的 HTML 或 CSS，即使是在网页和移动应用中，也可播放流畅的动画和漂亮的图片，这些设计将基本的菜单变成自定义的窗口小部件，因此可帮助定义网站或应用程序的整个外观。使用熟悉的术语或可识别的视觉元素来设计链接和菜单、选项和命令，并以有意义的结构和序列进行组织时，用户就能轻松地浏览复杂的信息结构。只需轻点鼠标、轻敲手指或从若干备选中流畅地滚动页面，即可查看要完成任务的"下一步"。精心地选择手势，可提升在触摸屏上导航的愉悦感和流畅性。

当然，如果仅使用流畅的图形菜单、简洁的表格或手势，仍然无法保证界面的吸引力和易用性。要显示有效的界面，就需要精心考虑和测试很多设计问题，如与任务相关的组织、菜单项的措辞和顺序、图形的布局和设计、适应各种尺寸的设备响应设计、为博学用户提供的快捷键，以及在线帮助和纠错能力等（Bailly et al., 2015）。

本章首先回顾若干可用的技术，例如从单一技术到多种技术的组合，用户可以指定他们的选择（见 8.2 节）。8.3 节讨论小型显示器的一些相关问题，8.4 节探讨内容组织结构，8.5 节讲解音频菜单的需求，8.6 节介绍表格填充和对话框。

参阅：

第 10 章　设备
第 12 章　提升用户体验
第 14 章　文档和用户支持
第 16 章　数据可视化

8.2　导航选择

可以显式地表示各个"选项"，选项可以按照一定顺序列举带有少量无关信息的各项，还可将选项嵌入到文本或图形中。网页中嵌入的链接首先在 Hyperties 系统中得到了推广（Koved and Shneiderman, 1986），该系统被早期的商业超文本项目采用，并成了万维网热点链接的创作灵感。突出的名称、位置或短语，成了嵌入文本的菜单项，它们为用户提供各种信息，有助于说明菜单项的含义。图形技术既是展示选项的一种非凡方式，同时还能提供上下文来帮助用户明确他们想要的结果。例如，在用户选择感兴趣的项目之前，可通过地图定位自己的大致地理位置；在选择某个日期或时间之前，用户可以通过日历或时间表了解相关的可用性和约束（示例可参阅图 1.7 中的 HIMPUNK）。对分析师来说，信息的交互可视化有助于以流畅的可视化方式浏览大量数据（Elmqvist et al., 2011；也可参见第 16 章）。

最简单的显式菜单，是提供"是/不是"或"真/假"选择的二元菜单（见图 8.1）。

图 8.1　有两种选择的简单菜单，图中提供了简要的解释。按钮要大到能轻
　　　　易做出选择。标签要包含丰富的信息，并突出显示最有可能的答案

简单菜单的另一个例子，是移动设备上常见的网格菜单，这类菜单中包含几个图标和标签（见图 8.2）。

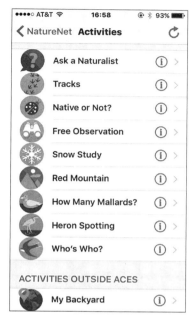

图 8.2　两个简单菜单的例子。左图是 NatureNet 公民科学 APP 中主菜单的九大功能，右图是僵尸跑酷 APP，它列出了这个沉浸式奔跑游戏第一季中若干可能的任务

用户需要做出一系列选择时（例如，在调查问卷中选择一些选项，或从应用程序中选择若干参数），有几种行之有效的方法来展示这些选择。

单选钮能从多项选择菜单中进行单项选择（见图 8.3），复选框允许在菜单中选择一个或多个项目。对于处理多个二元选择来说，多项选择菜单是一种便捷的方法。因为用户在做决定时，可以一次浏览项目的完整列表（见图 8.4）。不可用的选项可以显示为灰色。

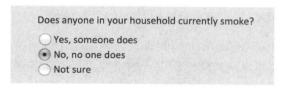

图 8.3　三个单选钮构成的菜单，帮助用户在健康风险评估网站中获取合适的信息

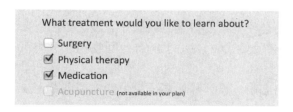

图 8.4　复选框可让用户表达他们想要探讨的治疗偏好。通过选择标记来提供反馈，不可选的选项设置为灰色

8.2.1 菜单栏、弹出菜单、工具栏、面板和功能区

菜单通常位于应用程序的顶部（见图 8.5），或位于屏幕的一侧和顶部。桌面或平板电脑的应用程序中，常见的选项有：文件、编辑、视图和帮助，大部分用户都熟悉这一顺序。点击一个菜单标题，就会弹出一系列相关的选项，用户可将指针移到所要选项的上方并点击来做出选择。由于要遵从位置一致性，因此当某个选项不可选时，将其变为灰色与从列表中删除它相比，效果明显要好一些。

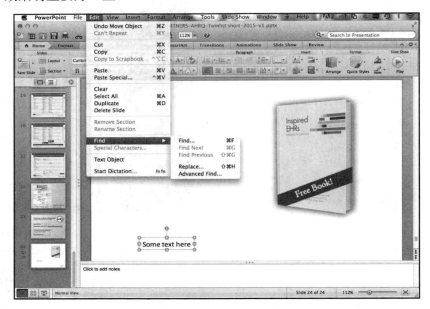

图 8.5　PowerPoint 顶部的菜单栏，打开的是"编辑"下拉菜单中的"查找"子菜单。
用户可通过菜单探索应用程序的新功能。为便于发现和学习，菜单项的右侧
显示了图标和键盘快捷键（如 C 为复制、F 为查找）。黑色小三角形表示该
菜单项包含子菜单。三个点表示该选项会弹出一个对话框。部分选项隐藏在
"编辑"菜单后面，可以看到应用工具栏，同时所选标签中显示了大量选项

由于创建自定义组件越来越容易，因此设计人员能创建原始菜单栏的多个变体。保持可读性并确保用户能认出菜单，这是创建新设计的重要目标。许多设计会使用多个菜单栏，把菜单放在屏幕或网页的顶部，或一侧的顶部和底部。放在一侧时，可折叠打开当前位置的菜单，或侧向打开菜单。有些情况下，如子菜单中包含的选项不多，或用户不需要滑动得太远而导致折叠式菜单崩溃时，折叠式菜单就很合适。但当缩进格式不明晰或菜单结构多于两层或三层时，折叠式菜单就会使用户变得迷惑。最好的做法是，让大型子菜单向下或向一侧展开（例如，REI 网站在一个大菜单中列出了所有的回收物品分类，它向右展开，占据了大部分屏幕（见图 8.6）。

移动设备的屏幕空间有限，设计师们需要尽可能缩减屏幕上显示的菜单数量。为了给内容更多的显示空间，设计师们要将多数（甚至全部）菜单项统一放在单个屏幕上，用户可通过主菜单上的图标来打开该屏幕。这种形状的图标通常称为"汉堡菜单图标"，可以在每个屏幕上都放置这样的一个图标（见图 8.7）。

图 8.6　在 REI 网站上，"回收物品"分类一次性在顶部菜单下方展
开，这个大型菜单以一种有意义的层次结构显示了 34 种物品

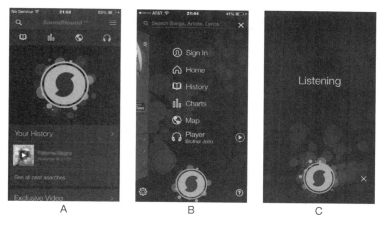

图 8.7　Soundhound 的主菜单有 6 项，每页都显示了太多的内容，因此在所有合
适页面的右上方提供了主菜单"汉堡"图标。例如，图标只在 A 中显示，
而不在 C 中显示，C 中只有关闭图标"×"可见。B 的主菜单从右侧启
动，因此大多数用户知道左滑会打开主菜单、右滑会关闭主菜单。B 中，
前一屏幕的一部分在左侧仍然可见，因此强化了可以使用滑动操作的建议

　　工具栏、标志性菜单和面板能提供很多动作，因此用户可通过点击做出选择，并将所做
的选择应用到显示的对象上（见图 1.10）。大量工具栏会让人难以招架，因此用户需要定制工
具栏中的哪些选项可见，并控制这些工具的位置。工具面板（如色盘或图层）可从菜单中分
离并移动到其他位置，以避免遮盖相关内容。对于想要节省屏幕空间的用户而言，可移除大
部分或所有工具栏和面板。对新手用户而言，密集的菜单上包含许多小图标让人难以接受，
但专家用户却很喜欢这种排列，因为它们占用的空间小并且访问速度快。

　　显示器上的弹出菜单，可针对指向设备的点击或按压做出反应。弹出菜单的内容取决于
光标位置时，称为上下文菜单。由于弹出菜单会覆盖了较大的显示屏空间，因此应保证菜单

文本的内容短小精悍（因此不包含菜单上下文）。弹出菜单可能不易找到，因此要提供替代访问方式。也可把弹出式菜单设置为圆圈，形成饼状菜单或标记菜单（marking menu）（见图2.5和图8.8）。这些菜单的好处在于，选择一个选项的平均距离要小于线性菜单。实践证明，用户记住选项的方向后，不用看选项就能做出选择（选项为 4～8 个时，会更容易一些）。设计应用程序时，这非常有用，应用程序上需要有稳定的菜单选项（见图8.8）。

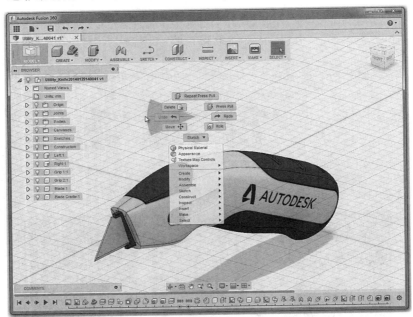

图 8.8　工程师可用 Autodesk 3D 计算机辅助设计工具 Fusion 360 设计多用途刀具。在图像背景上点击，会出现弹出式标记菜单（同时下方出现传统的线性菜单），它提供 8 个排成圆圈的上下文相关菜单项。左滑鼠标表示撤销命令，它由饼状灰色背景突出显示。快速完成点击和移动操作后，屏幕上不显示菜单本身，这时可通过简单的手势快速选择命令（http://www.autodesk.com/products/fusion-360）

　　MS Office 2007 中引入了"功能区"的概念。功能区尝试用 2.54 厘米长的标签分组命令，通过任务取代菜单和工具栏（见图 8.5）。虽然这种方法对新用户可能有好处，但熟练用户很难适应改变后的菜单，且很难在熟悉的位置找到原来的选项，因此凸显了菜单重组导致的挑战。功能区减少了文档占用的屏幕空间，对许多用户来说这并不是好消息。

8.2.2　快捷方式和快速交互手势

　　为让使用台式计算机的熟练用户快速进行选择，需要为其提供键盘快捷键（有时也称热键，如 PC 上的 Ctrl+C 组合键或 Mac 上的 ·+C 组合键）（见图8.5）。用户能记住经常使用菜单项的快捷键，因此能大大加快交互速度。为便于记忆，命令的第一个字母通常就是快捷键，但要注意避免冲突。应尽可能在不同应用中使用一致的快捷键，例如 PC 上的 Ctrl+S 组合键和 Mac 上的 ·+S 组合键通常表示"保存"，Ctrl+P 组合键和 ·+P 组合键通常表示"打印"。键盘快捷键应位于对应的菜单项附近，并且在菜单图标的提示框内进行标识。虽然记住快捷键是实现熟练使用的有效途径（Cockburn et al., 2014），但许多用户从来都不尝试记住它们。对这些用户而言，使用辅助按键一次性显示所有可用快捷键很有帮助（Malacria, 2013）。

由于在触屏设备上输入键盘快捷键既不现实也不可能，因此设计人员为智能手机和平板电脑用户发明了其他一些技术，如功能类似于快捷键的手势（见框 8.1）。iPhone 中广泛使用了手势，并已颠覆了平板电脑和智能手机中的导航。遗憾的是，用户很难发现这些手势并记住它们，因此可能根本没有提示。解决之道是采用冗余的办法，即用户需要进行选择时，系统要提供传统选择方式作为备选方案，而不只是依赖于手势操作（见图 8.7）。对熟练用户来说，精心设计的手势（Wigdor and Wixon, 2011; Zhai et al., 2012）可能会带来流畅的导航，而在不经意触发了某些动作后，他们可能会产生沮丧的情绪。更为可取的做法是，利用触摸屏的多点触摸功能。例如，将两个手指向右滑动与浏览器的后退按钮关联起来。

框 8.1　常见手势及影响举例

手势能提高交互的速度。虽然直接性的手势极具吸引力，但用户很难在应用中找到这些手势。在对象、背景或屏幕的边缘使用手势时，可能会有不同的动作含义。无意触发手势时，用户可能会更无奈。因此，确保动作易撤销很重要。手势的一致应用，也是一个问题。

- 点击：选择
- 长按：各不相同，可以表示放大光标（iOS）或显示提示框（Windows 8）
- 双击：各不相同，例如，在 iOS 中表示缩放
- 轻滑：各不相同，例如，移动位置或对象的顺序，显示删除按钮
- 长滑：通常表示滚动
- 快速滑动：惯性快速滑动
- 手指内捏和张开：缩小和放大
- 两个或多个手指的动作：多种结果

通过 FastTap，用户可结合拇指点击（显示菜单）和食指点击来选择命令（Gutwin et al., 2014）。用户记住菜单选项相对于拇指的位置后，就能在菜单显示前迅速做出选择。用户可自定义手势，因此能轻易记住并使用这些手势。然而，识别程序通常很难理解用户定制的手势，因此识别这些手势很困难（Oh and Findlater, 2013）。

其他方面的设计也有助于快速导航，如错误预防、避免滚动、将菜单平铺在屏幕上等。采用这些方式时，执行常见任务时经过的距离最小（见第 12 章和第 13 章）。

8.2.3　长列表

菜单项列表会长达三四十行，而这一长度恰好是能合理适配显示器的长度。常见的解决方案是，创建树形结构的菜单（见 8.4.1 节），但有时用户又希望将界面限制在同一个菜单中，例如希望从美国的 50 个州中选出一个州，或从长长的国家列表中选出一个国家。典型列表通常按字母排序，但按类别排序的目录可能更有用。菜单列表的排序原则依然适用（见 8.4.2 节）。

滚动菜单、复选框和鱼眼菜单　滚动菜单显示菜单的第一部分和一个额外的菜单项，并通常采用一个箭头指向菜单序列的下一部分选项。滚动（或分页）菜单可能会有几十个或数

千个选项。使用这类菜单时，用户若输入字母 M，就会直接滚动到第一个以字母 M 开头的菜单项。这样做虽然减少了手部滚动，但用户并非每次都能找到这样的功能。同样，输入 M 两次，可滚动到第二个以字母 M 开头的选项。整合滚动菜单与文本输入字段的复选框可让这种选择更为明显。

　　用户可通过输入首字母来快速滚动列表。另一种可选方式是鱼眼菜单，它能一次性显示所有菜单项，但只完整地显示光标附近的菜单项，远离光标的菜单项则以较小的尺寸显示。从 Mac OS X 系统开始，鱼眼菜单逐渐变得流行（见图 1.2）。当菜单项的数量为 10～20 时，鱼眼菜单就很有吸引力，因为缩放比例都不大，且所有菜单项都可读。菜单项的数量使得较小菜单项变得不可读时，鱼眼菜单具有改进滚动菜单速度的潜力，但分层菜单的速度仍要快一些（hornbæk and Hertzum, 2007）。鱼眼菜单是一种引人注目的方案，但由于长列表的原因，不建议作为默认菜单风格。

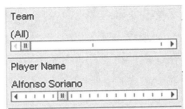

滚动条和字母滑块　可选项是连续数值时，可用滚动条来选择单个数值。使用双向（范围）滚动条可选择数值范围。用户用手指或指向设备，沿标尺拖曳滑块可选择不同的值（滚动框）（见图 1.7）。需要更高精度的数值时，可单击位于滑块结尾的箭头来逐渐调整滑块的拖曳位置。还有一个类似的技术称为字母滑块，用户可在大量有序的选项中选择一个名称或类别（见图 8.9）。由于其紧凑性，滑块、滑

图 8.9　Tibco 的 Spotfire 可视化工具中的字母滑块（也称选项滑块）。可以使用户从大量分类项目中选择，并迅速浏览其他项目（http://spotfire.tibco.com）

块范围和字母滑块通常用于交互式可视化系统的控制面板（见第 16 章）。能实时得到结果时，可在几秒内通过扫动滑块，快速地比较几十个选择结果（甚至不需要看滑块）。对标准的菜单来说，用户需要为每个新数值重新开始选择过程，这非常烦琐。

　　二维大型菜单　有些菜单可能会充满所有可用空间。二维大型菜单能清晰地显示所有选项的概况，可减少所需动作的数量，进而可让用户快速选择。触摸屏上滚动的方便性，使得设计师在网页设计中大量使用滚动的二维菜单（如 http://www.pinterest.com 或 NASA 网站；见图 8.10）。网站大赛（如 http://www.awwward.com 或 http://www.webbyawards.com/）将 2015 年的奖项，颁给了那些充斥着漂亮照片且时髦的网站。首先，网页顶部是可见的（称为顶折），这十分重要，因为用户在向下滚动之前，需要相信网站能够解答他的问题，但用户可能会在滚动几秒后，接触到成千上万的可选区域或菜单项，且这些选项全部都在用户的控制之中。

　　相比之下，有些设计师会选择使用只有文本框的简洁二维菜单（见图 8.11）。紧凑的文本菜单可让用户快速扫描数百个选项，既不会眼花缭乱，也不需要重新定位。这种实用的解决方案对竞争力不强的网站较有吸引力（如公司内部网络）。另外，还有一些网站，它们的成功完全源于通过搜索引擎直接访问网站的下级页面。同样，网站地图列出了站点中的每个页面，这是非常有用的内容列表。

　　网站中包含这种精巧的面向文本的设计或包含大量的图形时，就需要着手解决可访问性问题（见图 2.1）。

　　浏览用户生成的内容时，比如查看照片或文档收藏时，还需要在未经过精心设置的项目

的标签中进行选择。紧凑的二维文本菜单最近才开始出现，而在此之前，标签云相当时髦。在标签云中，标签的字体越大，可用的项目就越多。标签云很有市场，也很有趣，但常常会让人产生误解，用户可能会认为长标签要比短标签重要，并且标签的不同位置表示了不同的含义，但事实并非如此。为解决这一问题，标签索引越来越受人们的欢迎。标签按选项的数量排序，这样用户在查找包含最多选项的标签时就不会出错（见图 8.12）。列表较长时，水平布局可能比较方便，而垂直排列标签则有助于浏览列表。

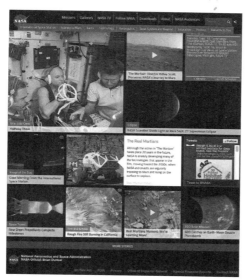

图 8.10　NASA 网站采用了大型的滚动二维菜单。主菜单下方，每个方形或矩形都是一个大按钮。通过滚动，用户可以轻易地对多个项目更新和重排。这种自适应的方格设计可以缩小，以适应小型显示器。右侧为安卓手机上显示的相同页面。手机屏幕上仅显示了方格

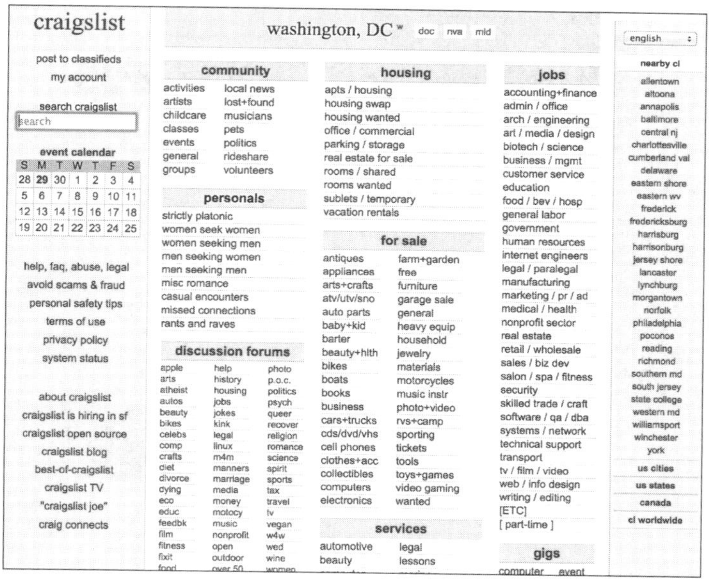

图 8.11　Craigslist 网站首页是一个只有文字的二维巨型菜单。用户可以快速浏览数百个选项，基本没有滚动的需要。网站按分层来组织项目（http://www.craigslist.org/）

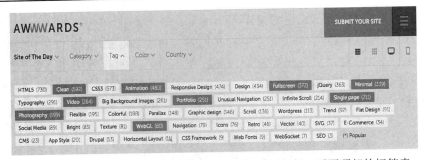

图 8.12 Awwwards.com 为许多网站颁奖并加上了标签。页面顶部的标签索
引显示了所有根据总量分类的标签，总量在括号中显示。绿色标签
表示常被选择的流行标签（这些标签最有可能生成更多的选择）

8.2.4　线性呈现与同步呈现

通常，相互依存的菜单序列可指导用户的浏览与选择。例如，比萨饼订购界面可能会包含
一个线性序列菜单：选择尺寸（小、中、大），厚度（厚壳、适中、薄壳），最后选择配料。另
一个较为常见的例子是在线考试。在线考试中通常包含多个多项选择的测试序列，每个序列由
一个菜单或向导小工具（微软术语）组成，小工具中提供一系列菜单选项，用户根据这些选项
来安装软件。线性序列中每次只给用户显示一个决定，进而引导用户。对于新手完成简单任务
来说，这种方式效率很高。这也可能是小型显示器唯一可能的选择。

同步菜单在屏幕上同时展现多个活动菜单（也称过滤器）是，用户可以按任何顺序输入选
择。这种方法需要更多的显示空间，但同步菜单在经验丰富的用户执行复杂任务时，优势明显。
分面搜索菜单目前已成为非常强大的同步菜单应用程序，它广泛用于网上购物、图书馆目录和
其他的一些数据库搜索（见图 8.13 和第 15 章）。

图 8.13　使用分面搜索界面，用户可以通过左侧的同步菜单进行选择，不断缩小结果列表，然后找到帐
篷。可选内容包括：类别、容纳人数、品牌、季节等，以便缩小结果列表来寻找所需的帐篷。
可将结果存放在一行或一个方格中，且可以通过价格或评级进行分类（http://www.rei.com/）

8.3 小型显示器

多数设计可很容易地适配各种尺寸的显示器，从桌面计算机到较大的平板电脑（设计通过触摸性审核即可），但多数桌面设计在小型显示器上往往实用性不强，且简化的设计很可能不会取得成功。在小型显示器上，需要彻底思考界面中应包含什么功能，因此经常会引发一些新奇的界面和菜单，在适配一些特殊设备和应用时更是如此。

屏幕越小，界面的显示时间就越短暂（无显示时，就会是线性音频界面）。例如，菜单的线性序列可以显示，但同步菜单很难适配。在微型设备上（如手表或运动手环），可以采用卡式菜单平台，每单击一次就进入下一次选择，长按或两个手指轻按，可选择该项目来获得更多的信息。带有动画的股票菜单已开始广泛应用。用户不需要手动滚动或翻页来浏览菜单项，单击一下就可停止滚动，然后在视图上选择一个选项即可。另一方面，对有些用户来说，必须等至某个项目出现或消失让人沮丧，尤其是选项的数量不断增加时。

菜单能适配屏幕本身就很有诱惑力。但成功的设计通常能将功能的数量限制到最必要的几个（见框 8.2 和图 8.14）。它们可能会在界面访问不多的位置推送其他特性，或在软件的桌面版或平板电脑版上显示这些特性，也可能会完全去掉这些特性。在小型设备开发领域应遵从的一个基本原则是：简单就是美。

应让用户在几秒内就能学会应用程序的使用方法，否则程序就可能会被用户抛弃。按使用频率来排序的菜单项，要比按类别或按字母排序的菜单项更有用，因为最常用选项的访问速度至关重要。例如，在移动设备上，关于航班状况和办理登机手续的应用，很可能要比购买机票的应用更常用，这可通过记录使用数据来验证。

框 8.2　小型显示器的设计考虑

- 简化：简单就是美
- 尽量降低或消除数据输入
- 学习能力是关键
- 考虑使用的频率和重要性
- 为中断做好计划
- 上下文信息的使用
- 清楚什么可选、什么不可选
- 为滚动和滑动手势留出空间，避免无意的行为
- 考虑把不重要的功能转到其他平台

设计人员还需要让用户处理环境中的中断和干扰，因此应提供自动保存功能来解决被打断的问题（如电话铃响时），还要简化界面。

描述一定要准确。在对标题、标签及用法说明进行编辑时，要多加小心，务必要让界面简单、易用。每个字符都会占用屏幕空间，因此要去掉不必要的字母和空格。一致性仍然非常重要，但明确地区分菜单类型有助于用户在没有上下文的情况下有章可循。小图标很难设计，且很少使用，因为这种图标会占用空间，且需要标签。另一方面，汽车导航系统或大多数智能手机的主屏上需要使用彩色图标，用户一旦学会如何使用，就会很容易地辨认这些图标。

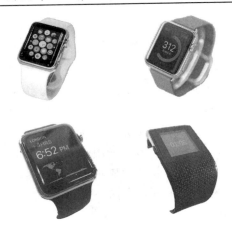

图 8.14　小型设备的功能非常集中，选择区域很小。菜单的易发现性是一个问题

数据输入对小型设而言是一面严峻的挑战，因此应尽可能避免。使用位置这类上下文信息（如 GPS）或近场对象（如 RFID 或二维码），辅以简单的触摸控件，有助于导航获取相关的信息。例如，使用智能手机查找酒店时，会默认使用当前位置，因此在许多情况下不需要数据输入。只是简单地打电话或发邮件时，应尽量能直接选择电话号码或邮件地址。在地图上应有可加载的地址，在日历上应能轻松地选择日期，进而极大地缩短导航时间。某些情况下，最好的办法是将数据传到另一台较大的设备上（如手表应用的登录，可传到附近的手机或笔记本电脑上执行）。

有些位置信息与用户的身体相关，要在小型设备菜单上显示这些信息，可能需要新型的交互方式。例如，用户可将设备水平或竖直地放到眼前，滚动浏览长长的列表，也可查看整个地图。将设备的背面作为触摸板，可能有助于加强选择机制。

响应式菜单要适应不同的屏幕尺寸仍然是一项挑战。因此，可删除那些不太重要的功能，或把它们移植到其他平台上（如在目录中删除名称）。不同的风格可在狭小的空间中容纳更多的按钮，但这样做时须给触摸设备留出更多的空间，以便用户轻易地做出选择。可用缩写来表示标签，也可直接用图标来代替标签。多个菜单可安排在不同的位置，或作为整体在单独的屏幕上显示，如使用"汉堡"菜单图标（见图 8.7）。成功的策略是，不要先从为大显示屏进行设计开始，而要先为移动设备进行设计（Wroblewski, 2011）。

为老式功能性手机设计界面，对更多的用户敞开了大门，如新兴市场的用户（Medhi et al., 2013，见图 2.1）。这种手机通常通过专用按键来控制连接和断开功能，使用向上和向下按钮浏览列表，同时提供与屏幕标签匹配并能根据上下文动态变化的软键。软键非常有用，因为它可让设计师提供直接访问功能，这些功能在每一步都能直接访问下一个最符合逻辑的命令。按照一致性原则排列的各种命令，可以提高交互效率。例如，把用户需要选择的命令放在左侧，而把返回或退出选项放在右侧。

8.4　内容组织

要对有意义的菜单项分组和排序，还要精心地编辑标题和标签，并适当地设计布局。这些做法可使菜单易学，并提高用户的选择速度。本节讲解内容组织问题，并提供若干设计指南。在桌面应用的传统菜单背景下，针对这个领域的设计已进行了大量研究，但大部分成果也适用于网站设计和手机应用程序设计（Krug, 2014）。网页可视为大型菜单，网页上的各项是嵌入的链接或按钮，用户可以利用这些链接、按钮导航至另一个页面。

我们可从餐厅的菜单得到一些启示。餐厅的菜单将开胃菜、主菜、甜品及饮料分开列出，可帮助食客对选择进行组合。菜单项的分类应符合逻辑，且含义易于理解。列出的菜名很奇怪时，如"牛肉爱美丽"这样莫名其妙的标签，或像"装修房子"这样模糊的表达，应会料到顾客会产生困惑或犹豫，这时服务员必须浪费时间来解释。同理，对计算机的菜单来说，分类应易于理解并能相互区分。这样，用户就可信心十足地做出选择，而且能清楚地知道选择的结果。随着选择数量的增加及复杂度的提升，计算机菜单要比饭店菜单更难设计，而且用户还无法得到服务员那样的帮助。

8.4.1 结构、宽度及深度

选项数量不断增长时，设计师可按照选项的不同对其分类，并创建一种树形结构（见框 8.3）。有些选项集可根据不同的标识轻易地分为互斥组。例如，在线杂货店中的商品可分为农产品、肉制品、乳制品、清洁用品等，而农产品又可分为蔬菜、水果和坚果等，乳制品可分为牛奶、奶酪、酸奶等。

框8.3　菜单树的形成规则

按树形结构对菜单项分组，不仅便于用户理解，而且符合复杂的任务结构。这个问题类似于将厨房的餐具按次序放好，如将牛排刀放在一起，将勺子放在一起。然而，应在何处放黄油刀或切肉套件呢？还有一些问题，比如：分类重叠、无关选项、相同菜单中的互斥分类、生僻行话、通用术语等。

- 用任务语义组织菜单
- 限制层级数（宁愿广而浅，而不窄而深）
- 创建逻辑上相似的选项组。例如，1 级表示国家，2 级表示州，3 级表示城市
- 形成涵盖所有可能性的选项组。例如，年龄范围：[0 - 9] [10 - 19] [20 - 29] [> = 30]
- 保证选项不重叠。例如，用"音乐"和"运动"分类，而不用"娱乐"和"事件"分类
- 在每个分支上自然排列项目（不按字母），或将相关项分为一组
- 保持各项的顺序固定（否则在菜单的专用部分可能会出现重复的频繁项）

即便这样，分组也可能会产生混乱或分歧。分类和索引非常复杂，不存在每个人都能接受的方案。对吸引用户和形成初步设计而言，卡片式分类很有用，因为这种分类法可通过可用性测试或 A / B 测试（见第 5 章）进行改进。因此，结构会被不断优化，用户也会越来越熟悉这些结构，因此成功率会逐步提高。

树形结构的菜单系统能满足表示大型数据集的要求，且新用户或间歇用户都能使用。每个菜单包含 10 个选项时，未受过任何训练的用户实际上可通过 4 级菜单树浏览 10000 个目标。对于文字处理程序而言，这简直就是一个天文数字，但对于报纸、图书馆或企业门户网站来说，这个数字并非遥不可及。

如果每个层次对用户而言都是自然且易懂的，且用户知道目标是什么，就能在几秒内完

成菜单的遍历，甚至比翻一本书的速度还快。反之，用户对分组不熟悉，且对要所查找选项的概念模糊时，就可能会在菜单树中浪费几小时的时间。用户任务领域的术语，可帮助用户改进这种体验：应使用类似于"银行便利服务"或简单的"游戏"，而非强调计算机领域的模糊标题，如"主菜单选项"。

图书馆的标题栏和综合业务分类，都采用大型索引菜单，这对导航来说是一种挑战。这时，提供搜索功能就成了一种有价值的选择（见第 15 章）。

菜单树的深度和层数，一定程度上取决于宽度，即每层中选项的数量。将更多的选项放到主菜单中，菜单树就会不断扩展，同时层数会相应减少。这种形状可能有优势，但优势仅在保证清晰的前提下才能体现。有些人极力主张每个菜单中仅使用 4～8 个选项，同时不超过3～4 层。在大型菜单应用中，必须对这些限制进行折中。

许多实证研究探讨了深度与广度方面的折中问题（Cockburn and Gutwin, 2008），且证据充分表明，只要用户在每层都能到达预期的位置，就应广度优先。随着层次结构深度的增加，导航问题（找不到预期位置或采用低效路径）会变得越来越不可预测。当然，除语义组织外，还须考虑屏幕的容量。屏幕的空间足够时，可以显示大部分菜单结构，这时用户就能迅速指向打开的树形结构（见图 8.6 和图 8.11）。

虽然树形结构很有吸引力，但有时网络结构更为合适。例如，在网上购物时，能够同时访问个人资料和链式结构的结算部分就很有意义。采用菜单网络的第二个目的是，我们更希望树形资料的不同分支中存在多条路径，而不要从主菜单开始新的遍历。用户了解能从主菜单中走多远后，就会很放松。因此，提供网站地图并保留层次的概念会很有帮助。

8.4.2　顺序、措辞和布局

顺序　选定菜单中的各项后，设计师还要明确展示顺序。如果选项存在自然顺序，如一周中的各天、一本书中的章节、鸡蛋的大小，那么明确各项的顺序就很简单。但在很多情况下，不存在与任务相关的顺序，此时设计师就必须做出选择：按字母排序、对相关项进行分组、最常使用项目放在第一个位置。一般来说，分类组织要比按字母排序好。按使用频率分类，可提升列表最前面各项的选择速度，但不常用选项的排序毫无意义，且可能会造成混乱，因此最好是在小列表中采用这种方法。这种方法为反映当前的使用模式，能自适应地改变顺序，业已证明这种做法会造成混乱，并会增加用户的选择时间。此外，随时发生的变化会使得用户焦虑，进而降低用户学习菜单结构的效果。为避免中断和不可预知的行为发生，明智的做法是，让用户指明是否及何时对菜单进行重构。一种结合实际的折中方案是，从选项集中选出最常用的三四个选项，并放到列表的顶端，而保持其他各项的顺序不变。业已证明，这种分隔菜单的策略很有吸引力，统计数据表明这样做能明显提高性能，且许多商业软件已采用了这种形式（见图 8.15）。

除自适应菜单外，还有一种可适应菜单，它是前者的一种有益替代形式。可适应菜单能让用户控制菜单项的顺序。一项研究比较了采用自适应菜单的 MS Word 版本，它为用户提供一个变量作为"开关"，用户可在两种操作模式之间切换：正常的完整功能模式和用户模式。在用户模式中，用户可以定制菜单，即能决定将哪些选项定制到菜单中（McGrenere et al., 2007）。结果表明，通过个人定制版本的菜单，参与者能更好地学习和导航。用户喜好因人而异，该研究表明，部分用户对于可适应菜单整体来说是不满意的，但他们又不愿意花费宝贵

的时间来定制界面。新方法使用了短暂适应的技术
(Findlater et al., 2009)，以帮助用户快速识别重要的
命令。采用这种技术显示菜单时，菜单项的一小部
分会立即显示。同时在很短时间内，菜单的其他各
项会逐渐消隐。

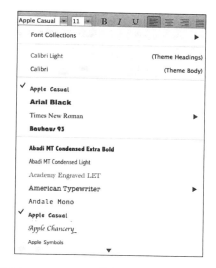

　　措辞　对于每个菜单，都有必要用简单的描述
性标题来表示使用环境。为树形结构的菜单选择标
题要困难一些。很有帮助的一条准则是，将菜单选
项中的用词作为子菜单或下一页的标题。例如，菜单
选项为"商业和金融服务"时，标题也应是"商业和
金融服务"，这样用户就会放心点击。显示的标题为
"管好你的钱"时，即使本意相似，也会让用户感到
不安。在网页中，可以使用独特的短标题作为浏览器
标签页，这样做可帮助用户在访问其他标签后，返回
到当前的标签。独特的图标也可改善标签页。

　　即使菜单标题仅包含词汇、短语或句子，也无
法保证菜单通俗易懂，或保证菜单能提供足够的信
息线索（见 3.4 节介绍的理论）。

图 8.15　MS Office 的自适应分隔菜单。字体
选择菜单列出了主题字体，最近使用
的字体显示在菜单顶部附近（全部位
于完整的列表中），以便快速选择流
行的字体。各部分之间用细线分隔

　　某些用户可能不熟悉个别单词（如 expunge），或两个菜单选项名称看起来满足需求（如
disconnect 或 eject），但实际上其中只有一个合适。针对这类问题，目前还没有完美的解决方案。但
设计人员可从同事、用户、预备测试、验收测试和用户性能监视中，搜集到有用的反馈信息。下面
的指南看起来司空见惯，且经常有人对其视而不见：

- 使用熟悉的、一致的术语。仔细选择指定用户群熟悉的术语，并保留这些术语列表，
  为一致地使用它们提供方便。
- 确保选项与选项之间彼此截然不同。每个选项都应明显有别于其他选项。例如，与 Bike
  tours（自行车旅游）、Train tours to national parks（到国家公园的火车旅游）和 Cruise-ship
  tours（乘船旅游）相比，Slow tours of the countryside（乡村漫游）、Journeys with visits
  to parks（公园观光之旅）和 Leisurely voyages（休闲旅行）之间的区别就不大。
- 使用一致、简洁的措辞。应通过对选项集进行评审来确保措辞的一致性和简洁性。与
  Information about animals（关于动物的信息）、Vegetable choices you can make（可做的蔬菜）
  和 Viewing mineral categories（查看矿物类别）相比，用户可能对 Animal（动物）、Vegetable
  （蔬菜）和 Mineral（矿物）感觉更舒服，因此更能成功地区分。
- 把关键词放在前面。编写菜单时，要尽量让第一个单词就能帮助用户识别和区分不同
  的选项，例如可用 Size of type（类型大小）而非 Set the type size（设置类型大小）这
  样的词。如果第一个单词表明该项不相关，那么用户就可开始浏览下一项。

　　布局　虽然能通过模板和网站管理工具来协助进行应用程序和网站的布局，设计人员还
是建立了若干指导方针，这些指导方针能保证在成千上万台显示器上显示的一致性，还能通
过提供可预测性减轻用户的焦虑情绪（参见 3.2 节）。布局通常包含如下因素：

- 标题。有些人更喜欢标题居中，但左对齐方式也可接受。
- 选项的布置。通常，选项是左对齐的，选项描述前面有选项编号或字母。空白行可用于分隔有意义选项的分组。使用多列时，应使用一致的编号或编号模式（如纵向浏览要比横向浏览更容易）。关于显示设计的信息，还可参见 12.2 节。
- 说明。在每个菜单中，说明的风格应相同，并应放在相同的位置。这一原则适用于遍历、帮助或功能键使用的说明。
- 出错消息。用户做出无法接受的选择时，出错消息应出现在一致的位置上，并使用一致的术语和语法。把无法接受的选项显示为灰色，有助于减少错误。

用户可能不了解自己位于菜单的什么位置，因此指明用户在菜单结构中位置的技术很有用。在书籍中，不同的字体和字形会显示章、节和小节的组织情况。同样，在菜单树中，由于用户沿树形结构遍历，因此可将标题设计为能表示级别或至主菜单的距离。使用图形、字体、字形或突出显示技术有很多益处。例如，美国国会图书馆的网页标题的设置，清楚地指明了树形结构的层次：

按主题浏览
体育、娱乐和休闲
棒球

棒球卡 1887-1914

用户想要遍历整个树或再次遍历同级的相邻菜单时，会信心十足地知道下一步该做什么。

8.5　音频菜单

手和眼无空时，如用户正在开车或测试设备时，交互式语音应答（IVR）系统中的音频菜单就会派上用场（Lewis, 2010）。在一些电话调查或服务中，音频菜单十分有用，譬如在信息亭或投票机上为盲人或视障用户提供服务。

使用音频菜单时，要将说明提示和选项列表读给用户听，而用户则通过键盘、手机或说话来响应。比较而言，可视菜单具有持久性的优点，音频菜单则必须依赖于记忆。同样，视觉上的突出显示可以确认用户的选择，音频菜单则必须在选择之后提供确认的步骤。为用户读出选项列表时，用户必须比较建议的选项和他们的目标，然后再放到从"不匹配"到"完全匹配"的量尺上。为减少对短期记忆的依赖，最好先描述选项，然后再给出数字。最后，还须给出一种方式来重复播放选项列表，还要提供退出机制（最好的方式是检测到用户已无动作）。

应避免复杂且层次很深的菜单结构。一条简单的原则是，将选择的数量限制为 3～4 个，从而避免记忆问题，但这一规则还要根据不同的应用软件重新评估。例如，在剧院信息系统中，使用包括所有电影名称的较长列表较为合适，而不要将它们分成两个随意分组的两个较小菜单。老用户可通过"提前拨号"功能跳过提示。例如，使用药店的电话菜单时，依次拨"1"和"0"，就能立即连接到药店，而不必聆听商店的欢迎信息和选项列表。

语音识别的识别率终于达到了让人可以接受的程度，用户可以直接说出他们的选择，不再需要按字母键或数字键（见 9.2 节）。大多数系统仍然使用编号选项，能用键盘和语音输入

（如"重复选项，请按 9 或说 9"），但这种设置可能会使提示信息更长，或需要更长的时间完成任务。

为开发成功的音频菜单，必须了解用户的目标，还要使最常见的任务易于执行。此外，还要尽可能少地出现提示信息（例如，不要让用户一直听"请仔细听，我们的菜单项最近发生了变化"）。第 9 章特别是 9.2 节中，包含了更多关于交互式语音应答（IVR）系统的讨论。

8.6　表格填充和对话框

要从一组选项中选择某个选项时，可采用"选择"的方式，而要输入人名或数值时，采用键盘输入就更为可取。需要很多数据域时，合适的交互风格是表格填充（见图 8.16）。组合使用表格填充、菜单和定制组件（日历或地图等），可快速实现导航。快速导航广泛适用于不同的应用程序，例如从机票预订到急诊室中对患者伤情的分类。

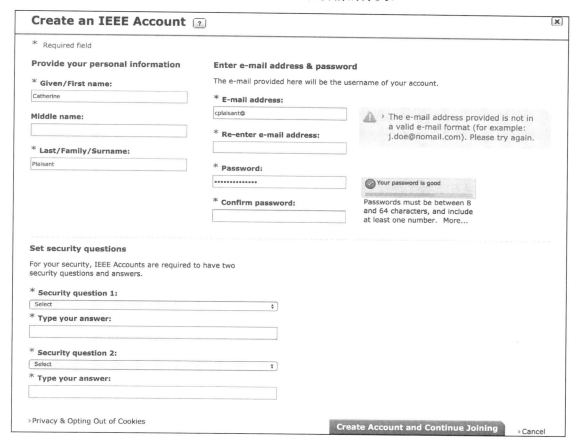

图 8.16　用户加入 IEEE 时需要填写的信息。该表按含义将字段分组，有些字段的旁边会提供填写要求，比如密码字段。填写信息时要进行验证（与提交时才验证的表单不同），错误信息应说明如何修正（http://www.ieee.org）

8.6.1　表格填充

虽然在表格填充方面只进行了少量的实证研究，但从业人员已形成了若干设计指南

（Jarrett and Gaffney, 2008）。软件工具能够简化设计，有助于确保一致性、易维护性和快速实现性。但是，即使采用优秀的工具，设计者依然需要做出很多复杂的决策。

表格填充设计的元素包括以下内容：

- 有意义的标题。标题应能表明主题，避免使用计算机术语。
- 易于理解的说明书。用熟悉的术语描述用户任务，且要尽可能精简。需要更多信息时，应提供为新用户提供帮助的屏幕显示。一条有用的规则是，使用单词 type 来表示键入信息，使用 press 来表示特殊键，如 Tab 键、Enter 键或箭头键。因为 Enter 通常是回车键，因此应避免在说明书中使用这个单词。例如，不应使用 Enter the address（输入地址），而应使用 Type the address（键入地址）。确定说明书的语法风格后，就要注意一致地使用这种风格。
- 标识字段。要将标签放在一致的位置（如放在字段的顶部或左侧）。要把不常用的标签放到字段内部，并用灰色字体标识。这样做可节省空间，但一旦用户开始输入内容，标签就会消失，因此需要用户记住需要做什么，而这也是常常会导致错误的原因。
- 限制数据输入。确保所有的字段都是真正需要的。要小心设置默认值（如使用当前位置），这对小型显示器来说特别重要（见框 8.4）。例如，只使用邮政编码代替城市。有时一个电话号码就已足够，而不需要有多个备选方案。某些字段完全可以删除，它们只在大型设备中才会用到。

框 8.4　对小型显示器的表单填写指南

- 只包括关键数据字段
- 将长字段分为多个短字段
- 使用合理的默认值（如当前位置或日期）
- 把短标签放在字段顶部，而不要放在右侧
- 将键盘设置为与输入的数据相匹配（例如，用数字键盘来输入一个数字）

- 字段的解释信息。字段的信息（如"您的电子邮件地址将是您的账户的用户名"）或其允许填写的值，应位于标准位置，如字段的旁边和下面，最好使用不同的字体和样式。
- 错误预防。应尽可能防止用户输入不正确的值。例如，在要求正整数的字段中，不允许用户输入字母、负号或小数点。
- 错误恢复。应将错误消息放在页面顶部，以便突出显示窗体中的错误。用户输入了不可接受的值后，应给出字段的允许值。例如，若输入的邮政编码为 28K21 或 2380，则错误信息可以是"邮政编码应为 5 位数字"。
- 立即反馈。我们更倾向于错误能够立即反馈。若只能在提交表格后才提供反馈，则应使需要改正字段的位置清晰可见（例如，除了表格顶部的通用说明外，在字段的旁边还应以红色显示出错消息）。
- 字段的逻辑分组和排序。彼此相关的字段应是相邻的，并且要与组间的分隔空白对齐。排序应反映常见的顺序，例如城市后面是州，州后面是邮政编码。
- 具有视觉吸引力的表格布局。对齐会让用户感觉到有序和可理解。例如，"名字""地

址"和"城市"字段标签应该右对齐，以便数据输入字段能垂直对齐。基于这种布局，常用用户可只关注输入字段而忽略标签。

- 熟悉的字段标签。应使用常规术语。若使用 Domicile（住处）而非 Home Address（家庭住址），那么很多用户就会不确定到底需要输入什么，甚至出现焦虑情绪。
- 一致的术语和缩写。准备术语和可接受缩写列表，并认真使用该列表，仅在仔细考虑后才对其进行补充。不要在 Address、Employee Address、ADDR.和 Addr.之类的术语间变来变去，要坚持只使用一个术语，比如 Address。
- 数据输入字段的可见空间与边界。用户应能看到字段的大小，并预期是否需要缩写或其他简化策略。大小适当的框能够显示最大的字段长度。
- 方便的光标移动。应提供一种使用键盘的机制，如使用 Tab 键或光标移动箭头，在字段间移动光标。
- 清楚地标记必选字段。对于必须填充的字段，应使用词语"必填"或其他指示符（如星号）。只要有可能，可选字段就应在必选字段之后。
- 隐私和数据共享信息。用户会对分享个人信息这一事实感到焦虑，他们希望知道这些数据是如何使用的，以及谁能使用这些数据。
- 可访问性。例如，应确保表格内容能用屏幕阅读器读取。
- 完成信号。填写完所有字段后，用户应清楚地知道他们必须做什么。通常，应避免最后一个字段填充完毕时自动提交表格，因为用户可能希望复查或修改之前输入的字段。表格较长时，应在表格的不同位置提供多个"提交"或"保存"按钮。

这些考虑似乎显而易见，但设计人员经常忽略标题、忘记明确给出表格填写完成的信号，或包含不必要的计算机文件名、奇怪的编码、莫名其妙的说明、不直观的字段分组、混乱的布局、含糊的字段标签、不一致的缩写或字段格式、笨拙的光标移动机制、令人迷惑的纠错流程或不友好的出错消息。

8.6.2　特定格式的字段

采用定制控件和直接操纵交互技术，有助于数据的输入和减少错误的产生。日历能用于输入日期，座位图能帮助用户选择飞机的座位，带有图片的菜单能更清晰地展示不同的比萨。

触摸屏设备上的应用程序，需要打开已预先设置过的键盘，例如在输入数字时，会默认出现数字键盘；输入电子邮件地址时，会显示"@"和"."按钮；对于网址来说，有":"和"/"符号会很方便。

字母字段在输入和显示时一般应左对齐。数字字段在输入时应左对齐，但在显示时应变成右对齐。只要有可能，就要避免在数字字段输入和显示最左边的零（邮政编码除外）。有小数点的数字字段，应按小数点对齐。

要特别注意下面这些常见的字段：

- 电话号码。提供表格显示子字段：

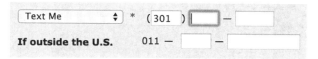

要留意特殊情况，如需要分机号码或非标准格式的国际号码时。已输入前 3 个数字后，光标应跳到下一个字段最左边的位置。

- 日期。弹出的图形日历应能显示当前的月份，这样就可以减少某些情况下的错误。但是，如果设置正确的日期需要多次点击，那么用户可能仍然希望在数字字段中输入（如输入出生日期）。不同任务的日期格式各不相同，同时欧洲的格式与美国的也不一样。永远不会有一个能普遍接受的标准。说明中要给出正确的输入示例。例如，

Date: __/__/____ （04/22/2016 表示 2016 年 4 月 22 日）

对许多人来说，这样的例子比抽象的描述更好理解，比如 MM/DD/YYYY。

- 时间。虽然 24 小时制很方便，但很多人会对这种方式感到困惑，他们更喜欢 A.M.或 P.M.这种表示方法。

- 美元金额（或其他货币）。货币符号应出现在屏幕上，用户直接输入金额即可。要输入大额的美元数时，可采用类似如下的方式为用户提供输入字段：

存款额：$__ __ __ __ __ · __ __

光标在小数点的左侧。随着用户开始输入，数字应能左移，这是计算器风格。要输入偶尔出现的美分金额，用户可把光标放在右侧的字段中（但要记住，不同国家可能会有不同的输入数字习惯，如许多国家使用逗号而非小数点）。

- 密码。要求输入密码时，若用户忘记了密码，则需要一种途径来恢复或更改它，然而避免恶意使用这一功能也非常重要。设计师与安全团队合作时，应使系统的安全级别更高，以便与数据及应用的重要性相匹配（Bonneau et al., 2015; Shay et al., 2015）（见框 8.5）。例如，更改银行应用或电子邮件密码时，强烈建议使用双因素验证机制（密码及发送到另一台设备中的代码）。但是，在不包含或只包含很少个人信息的、不太重要的账户中也进行这样的验证时，用户就会觉得很麻烦。创建新密码时，要求用户输入两次密码，这不仅能帮助用户发现输入错误，还能为用户提供练习输入刚创建密码的机会。对于不可接受的密码，应提供指导和说明，进而帮助用户生成更强的密码（可设置一个度量器来显示密码强度）。

- CAPTCHA。CAPTCHA（Completely Automated Public Turing test to tell Computers and Humans Apart，全自动区分计算机和人类的图灵测试）要求用户输入图形化表示的文本，这种文本对于计算机来说是模糊的。有必要在 CAPTCHA 中包含音频选项，以方便视觉障碍用户的使用。新版本的 CAPTCHA 通过观察用户行为，来判断交互的是人还是机器（见图 8.17）。

框 8.5　密码创建指南

- 对安全账户采用双因素验证
- 显示密码创建规则
- 要求输入两次密码
- 为保护隐私，默认使用****隐藏密码
- 提供显示密码的选项
- 提供反馈，鼓励采用强密码

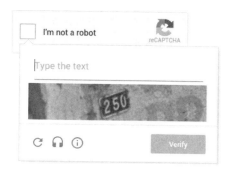

图 8.17　2014 年谷歌公司推出了一种新的验证机制（reCAPTCHA），这种机制通过观察交
　　　　　互情况来预测是人还是机器人正在点击对话框。若无法确定，则会给出更复杂的验
　　　　　证码。音频版能播放一串难以理解的词汇，因此不必显示视觉上难以阅读的文本

8.6.3　对话框

　　要求用户选择选项、执行有限的数据输入或检查警告信息与出错信息时，要中断多项任务（见 12.8 节），最常见的解决方案是提供对话框（见图 8.18）。

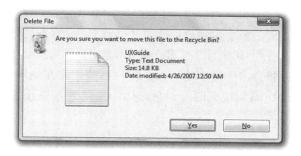

图 8.18　该对话框中包括一个二元菜单，有两个选项（Yes 和 No）。Yes 选项被高
　　　　　亮显示，表明它是默认选项，按回车键即可。可以提供特定的键盘快捷键，
　　　　　如用 Esc 键关闭对话框，输入字母 N 选择 No，如带下画线的 N 所示

　　对话框设计整合了菜单选择和表格填充问题，但仍需要关注大量对话框之间及对话框与屏幕上其他各项之间关系的一致性问题。在对话框中设置指南文档，有助于保证对话框的一致性。要使用有意义的标题来标识对话框，且标题应具有一致的视觉特性。不同情况下要使用不同形状和尺寸的对话框，在表示错误、确认或应用程序的组件时，要使用不同的尺寸或宽高比。

　　对话框通常在屏幕某部分的上方弹出，故存在遮挡相关信息的风险。因此，对话框在合理的情况下应尽可能小，将重叠和视觉破坏降至最低。对话框应出现在相关屏幕选项的附近而非上方：用户点击地图上的某个城市时，关于该城市的对话框应出现在点击处的旁边。让用户烦心的一个经典例子是："查找"或"拼写检查"对话框遮挡了相关的文本。同时使用多个大型显示屏时，将对话框放到多个位置，能够提高交互的速度（Hutchings and Stasko，2007）。

　　对话框应特别到足以让用户轻易地将其与背景区分，但同时不应太突兀而破坏视觉。快捷键对提高对话框的响应速度必不可少。惯例通常是用 Esc 键来取消和关闭对话框，而用回车键来选择默认的命令。对话框并不总是要求用户响应或关闭（如很多应用程序中的"查找"对话框在完成搜索后仍是打开的）。模态对话框要求用户立即进行选择，而非模态对话框则允许用户继续手头的工作，稍后再返回到对话框。警告信息十分重要时，可能会要求用户立即关注对话框（见图 8.19）（https://sbmi.uth.edu/nccd/SED/Briefs/sedb-mu03.htm）。

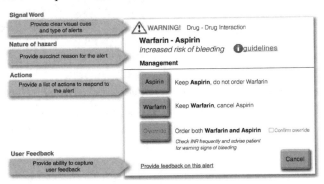

图8.19　对话框对准备开药的临床医生发出了警告，因为对于已使用阿司匹林的患者来说，Warfarin 增加了出血风险。警告信息还列出了几种可能的行为。可以忽略这条信息，但需要点击复选框确认。鉴于警报信息的严重性，这是一个模态对话框，需要确认才能退出

任务较复杂时，可能需要多个对话框，此时某些设计人员会选择使用选项卡式的对话框。在这种对话框中，一行或几行中有两个或多个突出的选项卡，表示存在多个对话框。这项技术有一个潜在的问题：可能会产生过多的碎片。用户可能很难在选项卡下面找到想要的内容。这时，最好采用数量较少、面积较大的对话框，因为用户通常更愿意进行视觉搜索，而不是记住到哪里找到需要的控件。

从业人员的总结

设计者关注的是如何组织菜单的结构和顺序，使它们与用户任务、用户优先级及用户所处环境相适应。如果每个菜单都是有意义的任务相关单元，那么每个选项应是独特且可理解的。应优先使用宽而浅的层次化菜单。对经常使用系统的用户来说，快捷方式和手势能大大提升交互速度。应允许对以前显示过的菜单或主菜单进行简单的遍历。要记住，对于音频菜单和为小设备设计的菜单，要求审慎地考虑什么功能应包含在内。对于这类菜单，应仔细限制选项的数量，并考虑将使用频率作为菜单选项排序的标准。对非固定交互使用手势是有用的，但这些手势很难被发现和学习，往往需要提供互补的交互方式。要使用户在使用表格填充方式进行数据输入时更加便捷，设计人员应考虑使用直接操纵的图形组件，如日历或地图。这类组件连同即时反馈和动态帮助，有助于减少错误和提高数据输入速度。

要确保进行可用性测试，并邀请人因专家参与设计过程。实现界面时，要收集使用数据、错误统计和主观反应，以指导并改进工作。还要考虑用户可适应菜单的设计。

研究人员的议程

实验研究有助于改进关于菜单组织的设计指南。不同用户群的信息需求明显不同时，如

何才能对公共组织的形式满意？应允许用户裁剪菜单结构吗？或者说，强迫每人都使用相同的结构和术语具有更大的优势吗？即便引入冗余，也应保留树形结构吗？有什么好办法能逐渐引导新用户使用大型菜单结构呢？如何鼓励用户发现和学习新手势与键盘快捷键？在小型和超大型显示器上，哪些改进能够提高菜单选择的速度？密码创建过程中，更好的指导和反馈，能提高可用性和安全性吗？

研究机会永无止境，在小型和大型显示器上进行新颖的菜单选择策略的探索，将继续向前迈进。执行人员在促进菜单组织自动化方面，将受益于高级软件工具的发展（Bailly and Oulasvirta, 2014），他们还会进一步推进响应式菜单的发展，并促进这类菜单不断改进。

万维网资源

- 菜单技术的详细综述：http://www.gillesbailly.fr/menua/
- 一些主流供应商在其指南中对使用手势的介绍，Google 的 Android、Apple 的 iOS 及 Microsoft 的 Windows 8：https://www.google.com/design/spec/patterns/ gestures.html, https://developer.apple.com/library/ios/documentation/UserExperience/Conceptual/ MobileHIG/InteractivityInput.html#//apple_ref/doc/uid/TP40006556-CH55-SW1, https://msdn.microsoft.com/en-us/library/windows/desktop/dd940543(v=vs.85).aspx
- 在移动设备中，如何诠释 "简单就是美" 的理念：http://www.fastcompany.com/1816610/ sharing-app-bump-30-slashes-most-features-proves-less-really-can-be-more
- 英国政府提出的设计模式：https://www.gov.uk/service-manual/ user-centred-design/ resources/patterns
- 在多个分类（网站、平板电脑、智能手机等）中的设计赢家：http://www. awwwards.com
- 网站可访问性举例：http://www.raisingthefloor.com

一边浏览网站，一边慢慢体验设计师是如何在商业网站、政府网站及内部网络布局各种菜单、表格填充，是最令人惬意的体验。

参考文献

Bailly, G., Lecolinet, E., and Nigay, L., Visual menu techniques , Research Report hal-01258368, Telecom ParisTech (2016) https://hal.archives-ouvertes.fr/hal-01258368

Bailly, G., and Oulasvirta, A., Toward optimal menu design, *Interactions 21,* 4 (2014), 40–45.

Bonneau, J., Herley, C., van Oorschot, P. C., and Stajano, F., Passwords and the evolution of imperfect authentication, *Communications of the ACM 58*, 7 (2015), 78–87.

Cockburn, A., Gutwin, C., Scarr, J., and Malacria, S., Supporting novice to expert transitions in user interfaces, *ACM Comput. Surv. 47,* 2 (2014), 36 pages.

Cockburn, A., and Gutwin, C., A predictive model of human performance with scrolling and hierarchical lists, *Human Computer Interaction 24*, 3 (2008), 273–314.

Elmqvist, N., Vande Moere, A., Jetter, H.-C., Cernea, D., Reiterer, H., and Jankun-Kelly, T., Fluid interaction for information visualization, *Information Visualization 10*, 4 (2011), 327–340.

Findlater, L., Moffatt, K., McGrenere, J., and Dawson, J., Ephemeral adaptation: The use of gradual onset to improve menu selection performance, *Proceedings of the SIGCHI Conference on Human Factors in Computing*

Systems, ACM Press, New York (2009), 1655–1664.

Gutwin, C., Cockburn, A., Scarr, J., Malacria, S., and Olson, S. C., Faster command selection on tablets with FastTap, *Proceedings of the SIGCHI Conference on Human Factors in Computing Systems*, ACM Press, New York (2014), 2617–2626.

Hornbæk, K., and Hertzum, M., Untangling the usability of fisheye menus, *ACM Transactions on Computer-Human Interaction 14*, 2 (2007), 6.

Hutchings, D. R., and Stasko, J., Consistency, multiple monitors, and multiple windows, *Proceedings SIGCHI Conference on Human Factors in Computing Systems*, ACM Press, New York (2007), 211–214.

Jarrett, C., and Gaffney, G., *Forms That Work: Designing Web Forms for Usability*, Morgan Kaufmann (2008).

Koved, L., and Shneiderman, B., Embedded menus: Menu selection in context, *Communications of the ACM 29* (1986), 312–318.

Krug, S., *Don't Make Me Think: A Common Sense Approach to Web and Mobile Usability*, New Riders (2014).

Lewis, J., *Practical Speech User Interface Design*, CRC Press (2010).

Malacria, S., Bailly, G., Harrison, J., Cockburn, A., and Gutwin, C., Promoting hotkey use through rehearsal with ExposeHK, *Proceedings of the SIGCHI Conference on Human Factors in Computing Systems*, ACM Press, New York (2013), 573–582.

McGrenere, Joanna, Baecker, Ronald M., and Booth, Kellogg S., A field evaluation of an adaptable two-interface design for feature-rich software, *ACM Transactions on Computer-Human Interaction 14*, 1 (2007), 3.

Medhi, I., Toyama, K., Joshi, A., Athavankar, U., and Cutrell, E., A comparison of list vs. hierarchical UIs on mobile phones for non-literate users interface layout and data entry, *Proceedings of IFIP INTERACT'13: Human-Computer Interaction 2* (2013), 497–504.

Oh, U., and Findlater, L., The challenges and potential of end-user gesture customization, *Proceedings of SIGCHI Conference on Human Factors in Computing Systems*, ACM Press, New York (2013), 1129–1138.

Shay, R., Bauer, L., Christin, N., Cranor, L. G., Forget, A., Komanduri, S., Mazurek, M. L., Melicher, W., Segreti, S., and Ur, B., A spoonful of sugar? The impact of guidance and feedback on password-creation behavior, *Proceedings SIGCHI Conference on Human Factors in Computing Systems*, ACM Press, New York (2015), 2903–2912.

Wigdor, Daniel, and Wixon, Dennis, *Brave NUI World: Designing Natural User Interfaces for Touch and Gesture*, Morgan Kaufmann, San Francisco, CA (2011).

Wroblewski, L., *Mobile First*, A Book Apart (2011).

Zhai, S., Kristensson, P. O., Appert, C., Andersen, T. H., and Cao, X., Foundational issues in touch-screen stroke gesture design: An integrative review, *Foundations and Trends in Human-Computer Interaction*, The essence of knowledge, *5*, 2 (2012), 97–205.

第9章 表述性人类和命令语言

> 我很快发现日常用语的表达形式过于啰唆……不久后我决定，最有利的途径是借助于符号语言。由此，需要发明一种符号，如果有可能，它应既简单又富于表达性，一开始就容易理解并易于记忆。
>
> Charles Babbage, "*On a Method of Expressing by Signs the Action of Machinery*", 1826

9.1 引言

与计算机交谈及让计算机说话，一直以来都吸引着研究人员和梦想家们。1968年，在电影《2001：太空历险》中，Arthur C. Clarke 虚构了 HAL9000 型计算机，为科幻小说制定了计算机性能标准，也为自然语言系统的开发人员建立了标准。现实比梦想更复杂，有时甚至比梦想更令人沮丧，但语音识别器的效果已大为改善，并已经应用到了被人们广为接受的语音电话菜单程序中，同时也在各类应用中广为使用。差错问题仍然是一个重大的挑战，并非所有的情况都能受益于语音输入，因此须在出错成本和纠错所造成的挫败感之间折中。识别了命令、问题或表达语句后，就需要人类语言技术执行合适的动作，发起澄清对话的程序或提供翻译。

有些应用能模拟自然语言交互。这些应用要求用户使用一个受限的语音命令集来对话，用户必须学习和记住这些命令。类似地，有些文本交互系统依赖于大量文本库的可用性。通过标准搜索算法，可在这些文本库中搜索问题的答案，而这些问题都是用完整的句子写成的。翻译文本库，如联合国的多语言翻译，也有助于产生高质量单词、片段或完整句子的翻译。

> **参阅：**
>
> 第 14 章　文档和用户支持
> 第 15 章　信息搜索

随着图形用户界面的出现，早期的计算机命令语言（如 DOS 或 UNIX 中的命令语言），已逐渐退出历史舞台。然而，从计算机程序员到数百万使用 MATLAB 工具（整合了命令语言和图形环境）的工程师和科研人员，再到专业应用的专家用户，仍在广泛使用命令语言。事实上，由于设计人员选择的一些命令组合会在语音界面中以命令的方式识别，因此人们可以认为，语音界面的传播正在重振命令语言的发展。

然而，理解自然语言仍然是一个遥不可及的梦想，虽然许多应用程序能成功地利用话音和输入文字（参见框 9.1）。

本章从迅速增长的语音界面开始（9.2 节的语音识别和 9.3 节的语音生成），深入探讨人类语言技术（9.4 节），其中包括翻译教育应用。最后，9.5 节回顾具有强大表达能力的传统命令语言界面。

框 9.1　语音技术

- *存储和回放（博物馆参观指南）*
- *听写（文档编写，网络搜索）*
- *关闭字幕，转录*
- *电话交易*
- *个人助理（移动设备上的常见任务）*
- *与装置的自由交互*
- *针对残疾用户的自适应技术*
- *翻译*
- *警告*
- *说话人识别*

9.2　语音识别

最近几年，语音识别技术已取得巨大进步（Huang et al., 2014），并已应用到了一些针对性很强的知识领域，如航空信息、行李遗失、病历数据录入、个人数字助理（Cohen 2004; Karat et al., 2012; Pieraccini, 2012; Bouzid and Ma, 2013; Neustein and Markowitz, 2013; Mariani et al., 2014）。在使用移动设备（电话或触摸平板）的同时进行文字输入很困难，因此人们逐渐接纳了语音输入。更多的用户开始学习如何使用语音命令，如"最近的咖啡店在哪里"或"告诉约翰我会迟到"。可发现性和可学习性通常是语音识别存在的一个较大问题，但开车时（配备了免提电话）或在崎岖的小道上徒步旅行时，用户通常不看屏幕就可以说出命令。然而，有些命令仍然是一项巨大的挑战，如"在我的驱动器上腾出空间"。因此，还需要进行广泛的对话框设计（见 9.4 节的人类语言技术）。听写和转录技术的实现与应用，要归功于识别率的提高。但是，纠错仍然是一项挑战，在大多数应用程序中，用户需要学习和记住复杂的命令才能完成任务。背景噪声和用户语音行为的变化，是语音识别中更为严峻的挑战。

9.2.1　口语交互的场所

虽然语音识别技术已越来越成功地用于各种应用程序，但要让计算机和用户针对不同的开放式话题来闲聊，更多的是仍是幻想而非现实。《2001：太空历险》中的 HAL9000 计算机，主要通过声音与船员交流，而后来的科幻作家则改变了这一情节，如电影《星际迷航：航海家号》《少数派报告》《阿凡达》和《碟中谍 4》中都减少了语音交互的使用，转而支持动作更大的视觉显示和手势。与具备情感的机器人进行语音交互，仍然是诸多电影中的一个主题，如《她》和《机械姬》。

早期的语音识别应用，主要局限于对单个单词的识别（通过广泛的训练，让系统去学习特定用户的声音）。过去 10 年中的重大突破，是连续语音识别算法的改进及网络上超大型语音数据库可用性的进步，即能通过分析语音数据库来训练算法。还有一些其他的重大进展，包括在移动设备中应用语音识别程序，以便远程处理语音输入，并快速处理交互。训练的减少（或弃用依赖于扬声器的系统）大大扩展了语音识别程序的商用范围。在安静的环境中，头戴高品质的麦克风并仔细地筛选词汇，可提高识别率。低成本的语音芯片和袖珍麦克风或扬声器，可让设计人员把语音系统应用到批量产品中，如玩偶和其他玩具。

在某些条件下（见框9.2），若应用程序能满足用户需求，具有较低的认知负担和错误率，并能帮助用户快速工作，那么这个应用程序就会成功。即使已经解决若干技术问题，且识别率正在不断提升，但与手/眼协作相比，语音命令对用户的记忆要求仍然很高。因此，在执行任务时，语音命令可能会产生干扰。语音需要占用有限的资源，同时大脑的其他位置负责处理手/眼的协作过程，进而进行更高层次的并行处理。规划和问题求解可通过手/眼协作并行解决，但同样的事情难以边说边做（Radvansky and Ashcraft, 2013）。总之，"说话"要比许多语音识别报告中的拥护者所要求的更高。

框9.2　语音识别和生成：机会与障碍

语音识别机会

- 残疾用户
- 腾不出手的说话者
- 不断移动的人员
- 腾不出眼的说话者
- 妨碍键盘使用的恶劣或狭小环境
- 词汇和任务有限的应用领域
- 无法进行读写的用户（如儿童）

语音识别障碍

- 嘈杂环境和劣质麦克风的干扰
- 命令需要学习和记忆
- 口音和不正常的词汇表会对识别产生影响
- 说话并非总是可被用户接受（如在公共办公室中和开会期间）
- 纠错很耗时
- 与打字或指向相比，增加了认知负担
- 没有独特的定制功能，编程困难

语音生成障碍

- 与视觉显示相比，语音输出的速度较慢
- 语音具有短暂性
- 公共场所下无法得到社会的广泛认同（存在隐私问题）
- 难以扫描/搜索语音信息

早期的应用包括航空发动机检修员系统，检修员戴着无线麦克风，在发动机周围进行检查，并要用手打开盖板或调整特种组件。通过有限的词汇量，这些应用能发出命令、读取序列号或检索以往的维护记录。所有语音输入系统都会对其他人造成干扰，如噪声会使他人心烦意乱。

对于残疾用户或视障用户，语音识别的优点即使是暂时的，也值得尝试（见图 9.1）。在移动过程中使用语音识别，对用户的价值可能更大。这些用户要花时间来学习和记住语音命令能完成哪些任务，但对办公室的普通用户或个人计算机而言，并不急于采用语音输入和输出设备。

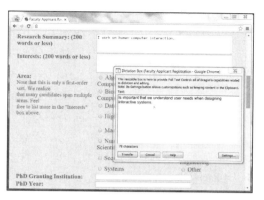

图 9.1　使用 Dragon 的语音听写和头戴式鼠标（前额上的银色小圆点），计算机科研人员可以克服暂时失去手部功能的情况

9.2.2　语音识别应用

对人机交互系统的设计人员来说，语音识别技术存在许多变化，因此也可与语音生成有效整整合（Li et al., 2015）。

语音识别的主要目的是基于语音输入生成文本（Lewis, 2011），最直接的应用是听写。当前，在很多情况下，听写系统的识别率已达到人们可接受的水平（如谷歌文档的话音输入）。这些系统可让用户撰写一篇文档或说出搜索条件，如"大学校园里的电影院"，然后用键盘来纠错，而不需要输入所有的文本。使用移动设备能节省大量时间，但使用键盘、功能键和直接操作的指向设备时，速度仍会更快，因此这些系统能否成功将取决于许多因素，如识别率和使用环境的好坏（是否移动）、用户打字速度的快慢、词汇是否复杂、是否由非母语用户使用等。

具有讽刺意味的是，包含大量专业术语的技术领域已成为语音识别的重要应用领域，原因在于专业的独特性和文档需求的限制。例如，医疗工作者的专业系统已取得了商业上的成功（Nuance 公司的 Dragon Medical 已融入电子健康记录系统，如 Cerner PowerChart Touch）。听写能处理大量词汇，但不可避免地需要医生或律师所用的专业术语。

听写变得越来越实用时，认知负担就会影响如何规划和组织句子结构。听写时，用户最初的想法和这些想法的阐述之间可能会产生冲突，因此他们会不断地经历这一过程。与精心输入的句子相比，口语可能太不正式。

无论是实时的还是存在延迟，都可以采用语音识别技术来转录音频，因此能促进广播电视字幕、法庭诉讼或报告誊写等工作。即便存在一些错误，但对某些应用而言仍然大有裨益。例如，虽然错误会影响用户的使用体验，但对于大多数电视或 YouTube 观众而言仍然可以接受，因此能使用搜索功能。在需要准确拼写之处，如人名或地名，必须提供仔细的检查和纠错功能。

另一大类语音识别用途，是允许用户说出一些用户界面经过训练后能有效识别的命令，例如在手机上完成交易，不方便或不可能直接操作时与设备进行交互，以及使用专门的语音服务或助理。在纠错、另起一段、要求拼写名字的情况下，不使用键盘时，听写要通过命令来实现。

专业语音服务或个人助理，如 Siri、Google Now、Cortana 和 Hound，已广泛使用语音识别技术。移动交互使得键盘的应用变得不切实际，因此语音更具吸引力，它能让用户说出命令，并在这些设备上执行常见任务，如查找某个感兴趣的位置、设置提醒、日历、与他人交流、启动应用程序等。自 2011 年苹果发布 Siri 以来，各厂商开始竞相提供灵活且可靠的服务，因此竞争日趋激烈。这样做的目的是让用户采用自然语言技术，而用户常常不知道说什么内容才会得到可靠的结果。因此，这种适用性仍然是一个大问题，但记录识别失败的日志，推动了这种输入方式的尝试。今天，语音助手已广泛使用，但许多用户却从未用过，部分用户也仅使用能学会并记住的少数命令，少数用户会在掌握所有技巧后，在朋友面前炫耀。各大公司并未报道个人助理的使用情况，虽然演示令人印象深刻，但对比测试通常会揭示若干问题（Ezzohari, 2015）。传统桌面用户通常会比较大量使用口头命令与大量使用键盘快捷键的情形，但不是每个人都会这样做，精通口头命令的专家已离不开它们。

语音已广泛用于完成交易或电话接入服务，如报告断电事件、股票交易、跟踪丢失的行李等。这些电话服务［也称交互式语音应答（IVR）系统］可为公司节省大量资金，并为消费者提供全天候服务（Lewis, 2011）。语音提示会欢迎用户，并给出可能的选择。用户按下与之选择相匹配的数字，或说出相应的数字或短语来做出响应。我们可将简单的 IVR 系统视为一个音频菜单（见 8.5 节中的详细讨论）。

一种挑战性很大的应用是对话翻译，它能促进人与人的交流，如外国游客须用不熟悉的语言进行交流时。其他新兴的语音识别应用，包括在视频、电话中快速识别特定的文字或主题，这称为"说话人确认"（也称语音生物识别技术）。系统回答问题时，会验证用户是否为其所声称的那个人。然而，依然存在许多挑战，如确保系统的健壮性、应对感冒的用户、处理嘈杂的环境等。

9.2.3　设计口语交互

设计师确定使用语音是合适之选后，需要决定是否完全通过音频通道进行交互（如打电话、驾车或视力较差时使用语音识别和语音生成）。设计人员可集成语音通道和视觉通道，在移动设备或计算机屏幕上提供信息反馈（Oviatt and Cohen, 2015）。一般情况下，结合语音输入与视觉输出是可取的，因为在屏幕上阅读与听完冗长的提示后进行选择相比，速度要快得多。若能同时操作键盘，则对纠错帮助很大。

发起交互　语音交互的第一步，是用户表明他们要开始进行语音交互。在电话系统中，这时使用一个欢迎提示就已足够。但在显示器屏幕上，则需要一个开始按钮（通常为麦克风形状），或一个能用语音命令打开监听的选项（如 Hey Siri 或"起床"）。必须认真选择语音命令，以避免出现错误识别语音命令的情形。误报不可避免，如果用户无意间识别了更多的命令，就会产生挫折感，甚至导致混乱。每个命令都能启动，或用单独的一条语音命令停止识别过程。例如，Nuance Dragon 系统采用"起床"和"睡觉吧"命令，它允许用户在语音会话期间与他人聊天或放松一下。对新手和间歇性用户而言，屏幕上的停止命令提示很有帮助。

知道该说什么　下一步，用户需要知道能说什么并被可靠地识别。学习能力是人类语言技术的主要问题之一，人类语言技术用户尝试模拟自然语言。IVR 电话系统采用语音提示引导用户，并要求用户通过按键选择或说出建议菜单中的某个选项。通常情况下使用 IVR 系统的用户是新手或间歇性用户，因此要保证交易尽可能简单，且对话要有针对性（例如，请说"账户余额"、"支付账单"或"转账"来指导用户）。有些 IVR 系统会使用更多的开放式提示（如"你需要什么服务"），并通过一系列对话来澄清和确认选择。使用语音识别可让用户通过捷径绕过菜单树，用户知道他们要查找的名称如城市名、人名或股票名称时，这样做会取得成功。阅读说明性提示时，用户甚至可以说话。多数用户在重复使用系统时，能立即说出之前用过的习惯性选项，这种"切入"技术运行良好。所有情况下都面临的挑战是识别新用户。新用户会尝试使用命令，而这些命令又无法被系统识别，因此需要转换为更直接的模式，进而列出所有可能的命令。必须在复杂的多级菜单结构中导航时，或不允许"切入"时，或冗长的语音信息中包含不相关的信息时，或选择的菜单无法表达用户需求的信息时，用户就会有挫败感（见 8.4 节）。

使用个人数字助理的用户，需要学习和记忆有效的命令。如果尝试后未达到想要的效果，那么可能很快就会变得沮丧，并中途放弃。此时，命令示例可为用户提供帮助（见图 9.2），也可让用户搜索博客，寻找包含有效提示的列表（Cross, 2015），但这些列表可能会很长，导致用户仍然需要记住这些命令。

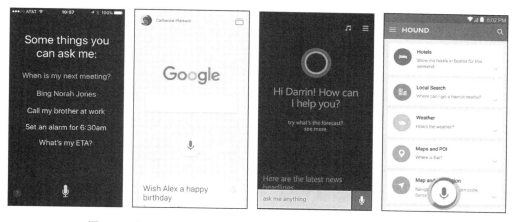

图 9.2　移动设备助手（从左到右：Siri、Google Now、Cortana、
Hound）都有相似的麦克风按钮，但呈现的方式不同

错误识别　语音识别程序中出现的问题，逐渐成为《商业周刊》上的产品评论内容。词汇表中包含类似的术语时（如 dime/time 或 Houston/Austin），就会出现一些常见的错误。另外，在处理地方口音或外国口音及背景噪声方面，语音识别还面临着一些挑战。此外，用户也可能会出现口吃、说错或使用错误术语的情形。面对未知的新单词，肯定会导致程序错误识别为发音相近的单词。当然，最难的问题是匹配语义解释和语境理解，而人往往能够轻易地使用这些功能来预测和消除话语中的歧义。IBM 公司少有的一篇幽默技术报告中，精彩地阐述了这一问题："如何破坏一个漂亮的海滩"（实际情况应是"如何识别语音"）。为引述语音识别的成果，Huang et al.（2014）谦逊地报告道："尽管过去几十年里取得了巨大进步，但即使感觉上偏差很小，即人类在听觉上感受不到差别或根本毫无困难，但今天的语音识别系统仍然退化了不少。语音识别的健壮性仍然是一个重大的研究课题。"最后，全球的语言浩如烟海，但只针对部分语言设计了识别器，同一个句子中混用两种或两种以上的语言（对于会说多种语言的人来说很常见）时，也会导致一些问题。

　　早期的语音识别系统与说话者相关，用户需要训练这些系统来识别他们的声音，或使用特殊的麦克风。今天，手机所面临的情况已不可同日而语，但仍然鼓励专业应用包含一定程度的个性化，以提高识别率。此外，换麦克风后也需要重新校准。在所有情况下，限定可接受命令的范围，并仔细选择容易区分的术语，能极大地改善识别效果。

　　纠错　　纠错费时耗力，尤其是在用户没有能用的键盘或指向设备时。此外，所有纠错都须使用语音，而这可能会引发新的错误。即便存在可用的键盘和指向设备，在进行主要任务时不得不修正语音错误也是一件令人分心的事情。这时，通常需要暂停任务，以区分听到的命令和编辑命令。清楚地提供校正后命令有助于识别这些命令。目前，实现这一目标的方式是取消最后的口令，让用户重说一遍，或换一种表达方式。识别校正命令（见图 9.3）后，系统就可给出替换文本，用户也可添加和记录新术语（如将 IEEE 读为"I triple E"），或直接拼出单词（如新的姓名或城市名）。

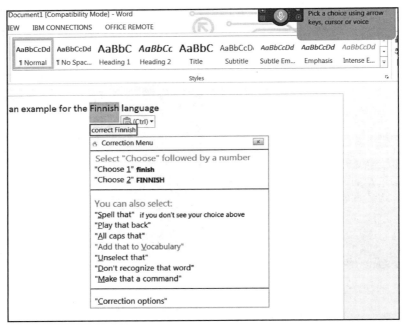

图 9.3　听写期间使用 Nuance Dragon 纠正单词。说出 Correct finnish 后就选中它，同时菜单显示出可能的修正和一些额外的命令，如 spell that。可通过光标、箭头键或声音来指定选项

　　映射可能的动作　　今天，语音识别应用的成功秘诀，是将程序限制到有限的应用领域，保证动作的范围有限，进而让识别程序利用精心挑选的命令来提高识别率（如用 scratch that 来删除文本）。银行的 IVR 仅了解银行业术语，因此只包含一小部分可能出现的动作。有些用户能够使用移动设备上个人助理程序中的许多命令，这让朋友大开眼界。然而，每个应用程序的功能都是有限的，主要原因有两个：第一，移动应用程序设计人员自然会专注于有限但经常使用的功能；第二，语音是高度可变的信号，要实现较好的识别效果，需要将大型录音语料库与应用程序进行匹配。因此，在进行过广泛研究和建模的应用领域中，语音识别的效果会更好一些。即使语音识别未出现错误，在对应文本和预期行为之间也可能会存在多种层次的错误，如图 9.4 所示。公司要不断收集用户的数据，如用户的语音错误和纠正错误，以

便进一步改善语音识别与适当动作之间的映射。若将今天的多个语音助手进行比较，如 Siri、Google Now、Cortana 和 Hound，就会发现将识别的文本与最适当的动作进行映射，是一件极具挑战性的任务（Ezzohari，2015）。

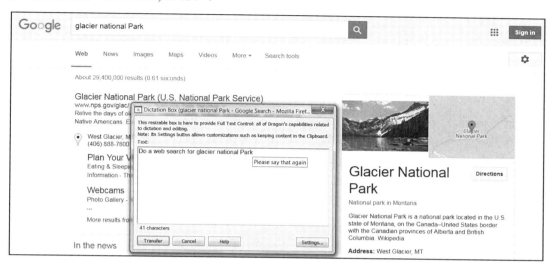

图 9.4　用户很难记住完成任务所需的确切命令。例中，用户说"Search the web for glacier national park"时，会启动谷歌搜索，并按预期执行搜索。但当用户说"Do a web search for glacier national park"时，尽管能准确识别，但由于它不是命令，因此会将这句话放在 Nuance Dragon 听写框中

　　若能依靠上下文信息，如前几个命令中的位置或文本，则会让人产生一种包含更多对话交互的印象。例如，用户可能会说"给我显示附近的饭店""在巴尔的摩的饭店怎么样"和"带有 3 星或以上评论（的饭店）"，这些命令很难正确解释，即使用户了解哪些命令会成功。今天，这种任务只能由受限的应用程序和训练有素的用户来完成。。

　　反馈与对话　在听写或转录过程中，识别的文本会显示在撰写的文档或听写缓冲区中，且一般会有短暂的延迟（1～2 秒）。此时，用户可以继续说话，或使用键盘、语音导航或编辑命令来纠错。纠错完毕后，还可将文本发送到搜索框、电子邮件正文、表单域中。紧密集成语音识别的应用（不依赖于听写缓冲区）更有吸引力，还能生成语音反馈。

　　除非要先对命令进行确认，否则命令通常都会直接执行（如"我准备给 Ben Shneiderman 发封电子邮件，我应该继续吗"），也可能需要更多的信息，或需要消除歧义（如"地址簿中有两个 John Smiths，应该发给哪个"）。已使用上下文信息时，可从反馈中了解这些上下文信息是如何使用的。程序可能会问一些具体的问题来填补任务模型及其属性中的空白，比如，用户说"设置闹钟"时，可能会引出另一个问题"设置今天几点的闹钟"（即闹钟设置任务模型中缺少日期和时间，它将"今天"设为默认的日期属性，但还需要一个时间属性）。

　　显示给用户的信息中应给出建议动作的细节，并要求用户确认或取消。这样做能极大地提升交互速度，但难以解放用户的眼睛（如可能危及司机的安全）。另一方面，完整的语音对话可能会很长，甚至可能会说出一些用户不希望听到的信息。

9.2.4　语音提示和命令

　　在某个应用程序上确认人类语言技术合适后，就须为该程序设计与自然语言类似的提示

和命令。一种语言的语法或简单或复杂，因此拥有的操作也或多或少，但关键问题即主要的可用性决定因素，是要明确地设计出清晰的提示，以及一组用户可以轻松说出、易记且系统能可靠地识别的命令。

用户选择语音输入而非键盘输入的原因，主要在于语音输入的可能性。然而，即使是语音设计师，也要确定支持什么样的功能、使用什么样的命令、用户找到功能的方式、提供什么样的反馈或错误信息。

设计人员首先要研究用户的任务域。研究结果要能产生一组任务动作和对象列表，然后将其抽象为界面动作和对象集。接着，用较低级界面的语法来表示这些选项。观察用户在大声说话时很关键，因为此时能够发现用户能自然使用的那些命令。命令和提示中，可能包含直接操作或菜单系统中很少使用的选项。例如，尽管图形日历界面的菜单中不存在"明天"这个具体的菜单，但用户仍可能会说"为明天设置一个预约"。

典型格式通常是在动词之后加名词，然后加动词或名词的限定词或参数。例如，用户可能会说"启动 Facebook"或"设置上午 7 点的闹钟"。有意义的结构会极大地促进人类的学习。如果一组命令经过了精心设计，用户就会轻易地认出其结构，并轻松地将其编码在语义知识记忆中。例如，如果用户能用相同的方式编辑词汇、句子和文档，那么用户就能很容易学习、使用和回忆这类有意义的模式。反之，如果用户必须使用不同的术语来改变词汇、修改句子、修改文件，那么无论语法多么优雅，各种挑战和潜在错误都会大幅增长。要达到"自然"的境界，就必须精心设计并包含同义词（见图 9.5）。

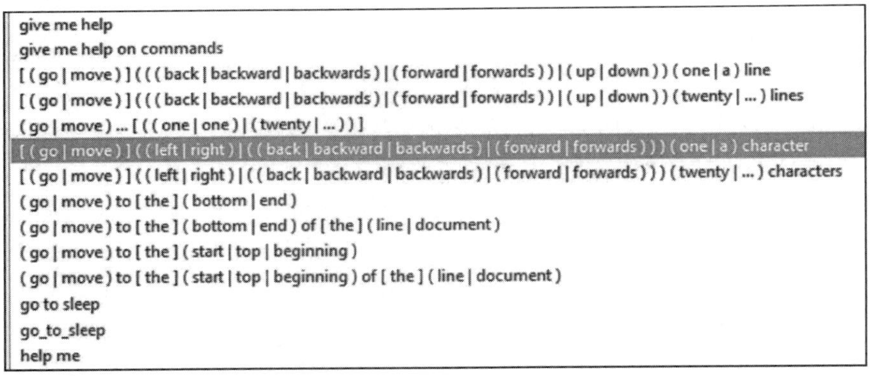

图 9.5　Nuance Dragon 语音识别系统仅使用了丰富命令集
的一个小子集，其中包含并一致地使用了同义词

测试早期口语交互程序的一种有效方法是，进行"绿野仙踪"式的评估，即让一位隐身者将口头命令转录为文本，模拟完美的识别，并通过屏幕为不知情的参与者输入对话提示，这样的一个例子请参阅 Dyke et al.（2013）。

9.3　语音生成

信息简单明了但用户的视线被遮挡时，或用户正在步行或打电话时，或环境太亮、太暗或剧烈振动时，或用户处于不适合用眼观看的情形时，语音生成就会派上用场。此时，设计人员必须处理语音输出的 4 个问题：与视觉相比，语音输出的速度较慢；语音具有短暂性的特征；在公共场合，语音存在可接受性和隐私问题；语音难以查看和搜索（见框 9.2）。

　　生成语音的常用方法有三种。常见的商用语音生成方法是峰段合成，它通过一组基于文本语音表示的算法生成语音。声音听起来有点像人工合成的，类似于机器人发出的声音。相反，串接合成则将事先录好的较短人类语音片段（如音素、词汇和短语）拼接为完整的句子，这种声音更自然，但需要更多的存储空间和计算能力来动态地组合句子。峰段合成和串接合成都能生成任何需要的句子。最后，由固定数量的数字化语音片段构成的语音录音，可将各个语音片段拼合在一起，形成更长的语音片段（例如，首先是"11"，然后是"分钟"，再后是"之后下一班车将抵达"），但能组成的完整句子的数量是有限的，片段之间的过渡听起来也可能不自然。

　　我们可用易懂性、自然性和可接受性来评估语音生成的质量。有些应用程序偏好那些计算机发出的声音。例如，亚特兰大机场的地铁就采用了这种声音，与磁带上录制的人声相比，它更具吸引力。交互式语音应答（IVR）系统通常会混合使用语音录音片段和语音合成，以便表达适当的情感并呈现实时信息。

　　博物馆的音频书籍、旅游景点的语音导览也会用到语音录音。这些语音录音之所以取得成功，原因在于它允许用户控制节奏，同时能表达馆长的热情或作者的情感。教育心理学家认为，若能同时用上多种感官（视觉、触觉、听觉），则能促进学习。为教学系统或在线帮助系统（见 14.3.2 节）添加语音组件，同样可以改善学习过程。

　　语音可用来展现警报和警告。目前，语音已应用于汽车导航系统（"右转到路线 M1"）、互联网服务（"你有新邮件"）、设备控制室（"危险，温度上升"），但多数情况下，人们的新鲜感会很快消失。超市中会说话的收银台会读出产品名称和价格，但人们认为这样做侵犯了消费者的购买隐私。今天，收银台只会说一些通用的指令，但许多消费者仍然认为它们太嘈杂。相机发出的警告（"太暗，请使用闪光灯"）和汽车发出的警告（"门未关严"）同样令人讨厌，因此不再使用这些警告，而代之以轻柔的语调和可视化的指示灯。驾驶舱和控制室仍在使用语音警告，因为这些警告是全方位的，并能引起快速反应。然而，即使在这些环境中，特别是与人类间的沟通存在冲突时，仍然会出现错过语音警告的情形，这时就要采用多种方式（如视觉警报或对话框）。

　　针对视障人士开发的许多应用，是意义重大的成功案例。Windows 系统中内置的 Narrator 程序和苹果公司的 VoiceOver 程序，都可用于阅读文本信息，或倾听屏幕上选项的描述信息。Freedom Scientific 的 JAWS、NV Access 的 NonVisual Desktop Access（NVDA）及苹果公司的 VoiceOver 等屏幕阅读器，可让视障用户有效地浏览窗口、选择应用程序、阅读文本。这些工具依赖于视觉元素的文本描述（图标的标签和图形图像的描述）。阅读速度可调，并可在需要时加速交互过程。图书阅读器也广泛用于图书馆中，读者可将书放在类似复印机的设备上，扫描文本，然后阅读。

　　正常口语的输出速度缓慢、自然语言本身无法持续、语音查看/搜索困难等，依然是语音技术所面临的挑战。尽管如此，语音生成技术仍被人们广泛使用，原因在于它可避免昂贵的人工服务。毕竟，聘请训练有素的客户服务人员为客户提供全天候服务，对许多机构来说并不现实。

9.4　人类语言技术

在计算机出现之前，人们就梦想创造出能理解自然语言的机器，这种机器能根据不同的上下文中采取适当的行动，而无须用户学习任何命令语法或从菜单中进行选择。这是一种奇妙的幻想，但语言的微妙性会导致很多需要处理的特殊情况，如上下文很复杂，同时人类的情感会对沟通产生巨大的影响。尽管可能永远无法实现机器能完全理解的开放式语言，但人们在人类语言技术方面已展开了广泛的研究。不过，研究进展缓慢，原因在于这种开放式语音存在强大的竞争对手。与普遍公认的想法相反，对于人为操纵计算机而言，人人交互不一定是合适的模式。计算机显示信息的速度，可能要比人输入命令的速度快 1000 倍，因此使用计算机来显示大量信息，而用户只需在显示的选项中做出选择，这样做效果似乎更好。显示的内容要清楚地表明哪些对象和动作可用，以供用户选择，并帮助和指导用户。知识丰富的常用用户非常清楚哪些功能可用，并偏爱精确、简洁的语言（文字或语音）（参见 9.5 节）。

采用类似对话交流方式的自然语言交互（NLI），很难设计和构建，即便是对于单一的主体。NLI 的主要障碍是用户界面的宜居性（habitability），即用户确定适当对象并采取合适动作的难易程度。视觉界面能提供交互语义的线索，但 NLI 界面通常取决于假定的用户模型。有些用户对任务非常了解。例如，知道股票代码（对象）和买卖动作的股票经纪人，就能通过自然语言下单，但这些用户更喜欢紧凑的命令语言，因为它们更快捷、更可靠。

尽管早期的人类语言技术概念假设计算机以文字或口头形式解析自然语言表达，并能在一定程度上"理解"和描述用户意图，但当前取得的成果依靠的却是统计学方法，这些方法基于大量的文本或口语语料库和数百万用户的使用数据分析。

例如，存在相关的语料库时，问答策略就会非常成功，因此设计师能设计出高效的用户界面，这种界面能扩充查询、检索数据库，为用户提供其他选择，并以最有效的方式来展示最终结果。这些策略的成功，不是因为对自然语言的理解，而是因为眼前的问题此前出现过（使用相同的专业术语）并得到了解决（Hearst, 2011）。另一种方法是，通过分析 Web 搜索使用日志来定位用户经常查找的结果。例如，用户输入"Leddo 餐厅"时，程序会用人类语言技术从数据集中提取相关查询，并识别出虽然"Leddo"不存在，但"Ledo"却频繁使用。然后，"餐厅"一词经反复确认为一个术语，它表示用户是在查找一个地址、操作所需的时间或一幅地图，因此会默认显示相关的信息。这一操作可根据以往查询的频率或在以往用户动作日志的基础上完成。

有些应用程序具备提取和标记内容的功能。提取是指分析人类语言并创建结构性更强格式（如关系数据库）的过程，它的优点是，用户提出关系查询请求时，在构建整个数据库并加快搜索进度前，就能进行一次解析。有人曾使用过法律文本（最高法院决议）、医学文本（学术期刊上的文章或病历）和新闻文本（美联社新闻报道或《华尔街日报》报道），其中的一个变体是基于内容给文档分类。例如，对商业新闻报道进行自动分析时，可按照电子、制药或石油工业公司的合并、破产及首次公开募股进行分析。提取和标记应用很有前途，因为即使增加了一些适当的检索，用户也会欣然接受。在自然语言交互中，与出错相比，用户更易接受不正确的检索。另一方面，采用提取信息做出决定或制定政策时，这些错误就存在很大的问题。一个典型的例子是，人类语言技术在医学上的应用。在电子健康记录中，医生的文本记录和有关医疗条件、治疗和结果的大量信息都会被埋没。从文本注释中自动提取诊断或测试结果，对于确定候选人进行临床试验是非常有用的，因为临床医生要审查所有记录。另一方面，为临床决策使用自动标签可能会有问题。少数成功的病例仅适用于特定的用户、文件类型及决策支持目标（Demner-Fushman et al., 2009）。情感分析是一种专用标记，它可在新闻、评论或社交媒体中用于监测全球舆论的变化，但针对个别文件的标记仍然很容易出错。

人类语言文本生成可用于简单的任务，例如准备结构化的天气预报消息（"周日下午到傍晚，北郊下小雨的概率为 80%"），即能自动发送由结构化数据库生成的报告。自动生成的文本可作为标准数据图表的补充，如条形图或散点图，使之更加适用于视障用户（如 Google Sheet 的 Explore 或 iweave.com）。文本生成的更复杂应用包括为医学实验或心理测试准备报告。计算机不仅能生成可读的报告（"白细胞数是 12000"），而且能生成警告消息（"该值超出 3000～8000 正常范围 50%"）或建议（"建议对全身感染做进一步检查"）。文本生成涉及更多的场景，包括法律合同、遗嘱或企划书的创建。文本摘要仍然面临着很大的挑战，取得的成果十分有限，因为摘要必须抓住内容的本质，并以紧凑的形式准确地表达（Liu et al., 2012）。

教学系统中使用了人类语言技术。语法错误检查和校对过程中有许多成功的案例。对简答题或论文进行自动评分的技术应用广泛，但更具争议性。许多教育形式（如阅读辅助）中也引入了人类语言技术。经过严格测试的教学方法以自然语言的方式提供反馈，进而鼓励学生积极参与教学过程。还可采用模拟方法练习在其他环境中学习到的沟通技巧（见图 9.6）。

剩下的一个问题是：学生用嘴说出答案和用键盘输入答案的学习过程是否不同。"绿野仙踪"实验（在提交给导师之前，转录了学习者的语音）发现，在这两种模式下，学习效果并无不同。但与说话相比，积极性高的学生在打字输入时的认知负担更小，并能学到更多的知识（D'Mello et al., 2011）。

人类语言之间的翻译是一个长期目标（Green et al., 2015），但以前

图 9.6　新军官采用沉浸式海军军官训练系统（INOTS）在虚拟现实环境下练习应答技巧。一名虚拟人物向军官说话，军官用口语回答。屏幕上显示了若干与学习目标匹配的多选提示（Dyk et al., 2013; http://www.netc.navy.mil/nstc/news_page_2012_02_24_2.asp）

使用句法层次来替换词语的策略，已逐渐被统计学方法所代替，统计学方法则基于含有正确人类翻译的大型数据库，比如用五种语言写成的联合国文件。这时，精心设计的用户界面可明确用户在文本窗口中输入的内容，提供翻译选项和翻译结果，并指导用户进行后续操作（见图 9.7）。输入错误、语言中存在不熟悉字符、与英语从左到右的格式的不同、调用目标语言中不存在的词语等，都会使得设计尝试变得更加复杂。

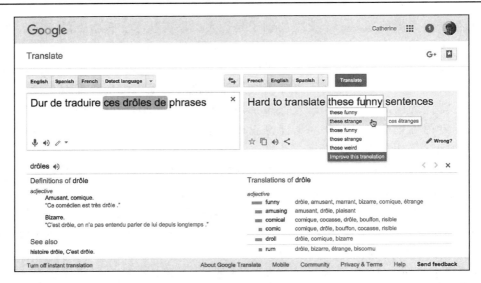

图 9.7　将法语语句翻译为英文语句的谷歌翻译界面。点击单词 drôle 显示了其定义；选择 funny 突出显示了 these funny 及匹配的法语单词，还可选择另一种备选翻译

9.5　传统的命令语言

在数字或其他记数法出现前，洞穴中的记数符号和象形文字已存在了几千年。最终，带有小字母表和组词造句规则的语言占据了统治地位。人们很快发现，计算机在处理逻辑表达式、进行操作、搜索大型数据库等方面，效率很高。这些应用鼓励了设计人员寻找方便的符号来指挥计算机，进而推动了了命令语言的产生。用户使用命令语言界面输入命令，然后观察结果。结果正确，就发出下一条命令；结果不正确，就采用其他策略。相较而言，菜单选择用户更多的是进行响应，而非发起动作。他们只能看到（或听到）有限的菜单项。使用命令语言界面时，虽然提示的输入会给出正确补齐的清单，但用户仍需记住那些要用到的确切命令和正确的语法。例如，在命令语言的早期，需要打印文档的用户，应输入如下命令：

CP TAG DEV E VTSO LOCAL 2 OPTCD=J F=3871 X=GB12

另一个例子是用于从文件中删除空行的 UNIX 命令：

grep –v ^$ filea > fileb

以高级方式使用应用程序时，首选命令行界面（例如，专业人员每天会使用应用程序数小时）。普通用户偏爱图形用户界面，但由于这两类界面提供的功能并不完全一致，因此可以同时采用这两种不同的风格。例如，在 MATLAB 中，命令语言既可以处理所有的计算，而且还可用图形用户界面访问大量计算的子集，因此新人很容易上手。有经验的用户更愿意使用运算符 AND、OR 或 NOT 输入复杂的布尔表达式与正则表达式，进而快速完成大量工作（见图 9.8）。

网页地址或 URL 可视为一种形式的命令语言，用户很快就会记住喜爱网站地址的结构，即使典型应用是在网页或搜索结果中点击链接来选择一个地址。浏览器的地址域也可用做命令行。例如，在 Chrome 浏览器中的 URL 域中输入"(1024*768)/25"可进行数学计算，输入"100 feet to meters"将启动转换工具，并显示结果 30.48 米。

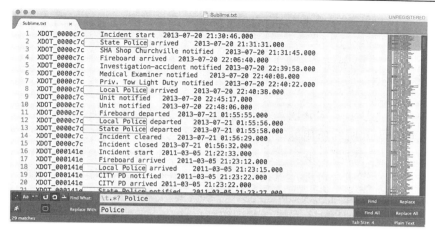

图 9.8　Sublime 文本编辑器使用正则表达式进行查找和替换。在搜索框中输入"\t.*?
　　　　Police"，表示搜索 Tab 键，后接零个或若干字符、一个空格及单词"Police"。
　　　　黑色细线标记了搜索到的含有 "Local Police" 和 "State Police" 的匹配结
　　　　果。右侧显示的是文档缩略图，其中给出了可以替换的其他匹配词汇

　　推特标签(#hcil, $TWTR, @benbendc)可视为需要学习和记忆新命令语言的例子。有些专门
负责撰写手机短信的大师们非常聪明，他们采用了大量首字母缩写和缩略语（例如将 "laugh
out loud" 缩写为 LOL，将 "too good to be true" 缩写为 2G2BT）。传统的桌面环境中，用户经
常使用快捷键，因此需要花费大量时间去学习（如按 Ctrl+Q 组合键表示退出，按 Ctrl+P 组合
键表示打印，参见 8.2.2 节）。成天使用单个应用程序（如计算机辅助设计程序或出版应用程
序）的程序员或专业人士，能记住几百个命令和快捷键（Cockburn et al., 2014）。

　　与命令语言相关的一个重要机会是，执行历史很容易保存，且可创建宏或脚本来自动化
操作。然而，命令语言具有短暂性，它们会立即对目标对象产生影响。命令正确时会产生反
馈，命令错误或拼写错误会出现错误消息（参见 12.7 节）。自动补全功能对于预防错误十分重
要。命令语言系统可为选择提供简短的提示，且正变得与菜单选择系统越来越相似。命令语
言通常不需要指向设备，因此有助于无法使用鼠标和触摸屏的视障用户。

　　20 世纪 70 年代中后期，人们为关系数据库开发了数据库查询语言。直到今天，人们仍在
广泛使用结构化查询语言（SQL）。SQL 强调短代码段（2～20 行），它们可在终端编写并立
即执行。例如，

```
SELECT * FROM Products
WHERE Price BETWEEN 10 AND 20;
```

这里用户的目标是产生结果而非程序。数据库查询语言及信息检索语言的关键部分是布尔运
算规范：AND、OR 和 NOT。关于搜索的更多探讨，参见第 15 章。

　　专家用户的主要考虑是，针对个人的工作方式不断裁剪语言，进而创建命名宏，通过一
条命令执行若干操作。宏工具可扩展设计人员未预见到或仅对小部分用户有益的一些功能。
宏工具可成为包含参数、条件、迭代、整数、字符串、屏幕操纵原语、库和编辑工具的完整
编程语言，因此与成熟的编程语言类似。

　　总之，虽然错误率很高，但命令语言的复杂性和性能对部分计算机用户社区而言仍有一

定的吸引力。这些用户会从克服各种困难中获得满足感，并逐渐成长为命令语言圈子中的"大师"。

从业人员的总结

自然语言交互之梦，大部分已被基于大量口语和文本语料库及用户交互日志的统计方法取代。个人数字助理和听写所用的语音识别越来越成功，但仍然存在许多错误和纠错问题。业已证明，基于语音的方法也很有用，这些方法可以通过电话来引导交互。

设计良好的语音生成，可通过电话、移动设备或图书阅读器来支持高效的应用。设计良好的用户界面能整合语音与视频显示器及语音触摸屏。文本分析、文本生成和文本翻译是很有用的人类语言技术，这些技术基于大型训练数据库和合适的用户界面。

对于了解语义和语法的专家用户而言，命令语言仍有吸引力，因为他们能快速指定涉及多个选项的动作。命令语言能以宏或脚本的形式存储命令序列，以便将来使用。

对于命令语言和口语命令语言，设计师首先要仔细地分析任务，然而确定应提供哪些功能。有意义的特定名称有助于用户的学习和记忆。

研究人员的议程

用户群体不断增长的有效设计，快速推动了语音识别和语音生成用户界面的发展。整合了语音与视频显示器及触摸屏控制的用户界面，会吸引更大的用户群体，但在减少错误和纠正错误方面仍需要开展进一步的研究。

自然语言交互的成功故事依然很难找到，但自然语言技术为搜索技术的成功发挥了重要作用（见第 15 章）。语音和文本生成已显示出了潜在的价值，因此有理由进行更深入的研究。继续探索用于特定应用系统的研究人员，将通过实证检验和长期的案例研究，为适当的设计提供成功的策略。

万维网资源

- 设计师可在 YouTube 上找到许多口语互动的演示。例如，从 Hound Beta vs. Siri vs. Google Now vs. Cortana 中可以找到个人助理所用的不同反馈和对话：https://www.youtube.com/watch?t=134&v=9zNh8kQLhfo
- 使用常用的搜索引擎和个人数字助理（如 Siri 或 Google Now）进行试验，提供有关当前人类语言技术用于问答策略的提示
- 翻译：http://translate.google.com 或 http://www.babelfish.com
- 语音识别商业系统：http://www.nuance.com/dragon
- 交互式语音应答对话系统：http://www.ibm.com/smarterplanet/us/en/ibmwatson/developercloud/dialog.html

参考文献

Bouzid, Ahmed, and Ma, Weiye, *Don't Make Me Tap! A Common Sense Approach to Voice Usability*, Dakota Press (2013).

Cockburn, A., Gutwin, C., Scarr, J., and Malacria, S., Supporting novice to expert transi-tions in user interfaces, *ACM Computing Surveys 47*, 2 (2014), Article 2.

Cohen, M. H., Giangola, J. P., and Balogh, J., *Voice User Interface Design*, Addison Wesley (2004).

Cross, J., A list of all the Google Now voice commands, Greenbot blog http://www.greenbot.com/article/2359684/system-software/a-list-of-all-the-ok-google-voice-commands.htm (2015).

Demner-Fushman, D., Chapman, W. W., and McDonald, C. J., What can natural language processing do for clinical decision support? *Journal of Biomedical Informatics 42*, 5 (2009), 760–772.

D'Mello, S. K., Dowell, N. N., and Graesser, A., Does it really matter whether students' contributions are spoken versus typed in an intelligent tutoring system with natural language? *Journal of Experimental Psychology 17*, 1 (2011), 1–17.

Dyke, G., Adamson, A., Howley, I., and Rosé, C. P., Enhancing scientific reasoning and discussion with conversational agents, *IEEE Transactions on Learning Technologies 6*, 3 (2013), 240–247.

Ezzohari, H., [ULTIMATE] personal assistant review: Hound vs Siri vs Google Now vs Cortana http://www.typhone.nl/blog/ultimate-voice-assistant-review/ (2015).

Green, S., Heer, J., and Manning, C. D., Natural language translation at the intersection of AI and HCI, *Communications of the ACM 58*, 9 (2015), 46–53.

Hearst, M. A., "Natural" search user interfaces, *Communications of the ACM 54*, 11 (2011), 60–67.

Huang, X., Baker, J., and Reddy, R., A historical perspective of speech recognition, *Communications of the ACM 57*, 1 (2014), 94–103.

Karat, M-C., Lau, J., Steward, O., and Yankelovich, N., Speech and language interfaces, applications and technologies, in Jacko, J. (Editor), *The Human-Computer Interaction Handbook,* CRC Press (2012), 367–386.

Lewis, J. R., *Practical Speech User Interface Design*, CRC Press (2011).

Li, Jinyu, Deng, Li, Haeb-Umbach, Reinhold, and Gong, Yifang, *Robust Speech Recogni-tion: A Bridge to Practical Applications*, Academic Press (2015).

Liu, S., Zhou, M. X., Pan, S., Song, Y., Qian, W., Cai, W., and Lian, X., TIARA: Interactive, topic-dased visual text summarization and analysis, *ACM Transactions on Intelligent Systems Technology 3*, 2 (2012), 28 pages.

Mariani, Joseph, Rosset, Sophie, Garnier-Rizet, and Devillers, Laurence (Editors), *Natural Interaction with Robots, Knowbots and Smartphones: Putting Spoken Dialog Systems into Practice*, Springer (2014).

Neustein, A., and Markowitz, J. A. (Editors), *Mobile Speech and Advanced Natural Language Solutions,* Springer (2013).

Oviatt, Sharon, and Cohen, Philip, *The Paradigm Shift to Multimodality in Contemporary Computer Interfaces*, Morgan & Claypool (2015).

Pieraccini, Roberto, *The Voice in the Machine: Building Computers that Understand Speech*, MIT Press (2012).

Radvansky, G., and Ashcraft, M., *Cognition,* 6th Edition, Pearson (2013).

第 10 章 设 备

车轮是脚的延伸；书是眼的延伸；衣服是皮肤的延伸；电路是中枢神经系统的延伸。

Marshall McLuhan, Quentin Fiore, *The Medium Is the Message*, 1967

10.1 引言

输入/输出设备是用户操作计算机的物理媒介。随着计算机处理器速度和存储能力的提升，在过去的 50 年中，计算机的物理特性和基本功能已发生了巨大变化。20 年前，标准的计算机平台是配备了屏幕、鼠标和键盘的台式机或笔记本电脑。移动设备已彻底改变了计算的面貌，使得许多人甚至没有意识到智能手机、平板电脑或便携式 MP3 播放器，实际上也是强大的计算机。计算机的发展已深深扎根于人们生活中的方方面面（Dourish and Bell, 2011）。目前，移动设备的数量已轻松迈过 50 亿大关。与大约 8 亿台个人计算机相比，25%的移动设备能"智能"地访问互联网，这足以证明移动计算已成为世界通用的计算平台（Baudisch and Holz, 2010）。更重要的是，与上一代个人计算机有所不同，移动计算的普及已不再局限于全球

各地的工业化地区，即使是在农村、贫穷和欠发达地区，移动计算也正在迅速成为生活的一部分（Pew Research Center, 2014）。事实上，诸如 DataWind 公司专为印度市场设计的、售价 35 美元的 Aakash 平板电脑（见图 10.1），及加纳 Rlg Commuications 公司推出的 Uhuru 平板电脑，都在努力尝试为每个人提供先进的计算设备。

图 10.1　2011 年，印度信息部部长 Kapil Sibal 宣布 35 美元的平板电脑 Aakash 在印度上市

新一代计算设备令人兴奋，并得到了广泛使用。计算设备的流行进一步突出了交互设计的重要性，以适应输入/输出设备的多样性。为跟上快速变化的步伐，越来越多的有经验的设计师，都采用微观 HCI 和宏观 HCI 理论（见第 3 章），超越了具体的功能和单台设备的特性。其中的一些理论涉及一致性、响应能力、曝光度、层次结构、信息结构的微观规模，以及背景、社会环境、情绪、学习能力和个性化的宏观理论。

设备复杂度不断升高，这表明计算机技术最有可能为用户界面带来颠覆性的创新。实际上，这种创新的宣传常常涉及新设备的用户界面的方方面面。苹果的 iPhone 和 iPad 凭借其自然流畅的用户体验，一夜之间改变了智能手机和平板电脑的历史。任天堂公司的 Wiimote 设备和 Xbox 公司的 Kinect 设备，都采用了手势和全身的交互功能，使这些技术走入千家万户。最后，Oculus 公司的 Rift 设备及微软公司的 HoloLens 设备，正将虚拟现实和增强现实技术应用于现实生活中（见第 7 章）。

参阅：

第 7 章　直接操纵与沉浸式环境

第 8 章　流畅的导航

　　鉴于多样性和应用范围，本章仅简要介绍输入/输出设备中最重要的一类。首先回顾文本输入（见 10.2 节），包括键盘和按键及它们的布局、物理设计、可访问性。然后讨论移动设备的文本输入技术。指点功能是另一种常见的用户交互方式，10.3 节介绍如何使得指向动作更高效、更准确、更便捷。10.4 节讲解传统和新兴的显示技术，重点介绍大型和小型设备特性、可穿戴设备（见图 10.2）。本章各节均有针对残疾用户问题的可行方案。

图 10.2　Owlet 是一种可穿戴的婴儿监视器，它采用无线"智能袜子"监控婴儿的心率和血氧饱和度（左）。监视器采用蓝牙技术将信息发送到基站（中），基站为主警报系统。基站是联网的，将婴儿数据上传后，父母就能用智能手机查看数据（右）

10.2　键盘

　　文本输入是最常见的输入任务之一，而文本输入的主要途径依然是键盘（见图 10.3）。尽管多年来人们对键盘多有诟病，但它获得了巨大成功，且仍是效率最高的文本输入机制。数十亿人正在使用键盘，初学者的打字速度通常是少于一次按键每秒，而办公人员的平均速度是 5 次每秒（每分钟约 50 字），有些用户则能达到 15 次每秒的按键速度（每分钟约 150 字）。输入大写字母时（Shift 键加字母键），或输入特殊功能时（Ctrl 或 Alt 键加字母键），需要用到双按键。

　　若能同时按多个键（"和弦"），则能实现更快的输入速度。这一灵感可能来自钢琴键盘，一些先进的数据输入装置允许用户的多个手指同时点击按键，而且还能对不同的压力和持续时间进行响应。同样，弦键盘用多个按键代表多个字符或整个单词。掌握这些方法需要不断地训练和使用。用户可以在标准的办公环境外使用这类键盘，比如在小型移动设备或可穿戴设备上单手使用或盲打。在法庭上，这样的装置称为"按音速记"，能满足法院记录员以 300 字/分钟的速度输入口头陈述的全文。然而，熟练掌握这个复杂的弦键盘模式并不容易，往往需要几个月的训练并频繁地使用。

图 10.3　MacBook Air 笔记本配有 QWERTY 键盘（左），图中可见右下方的倒
　　　　　T 形移动键和顶部的功能键。多点触摸板支持指点功能。右图为联想
　　　　　笔记本键盘的细节，在 G 键和 H 键之间有一个触控点（也称指向杆）

10.2.1　键盘布局

位于华盛顿特区的美国历史博物馆中，展出了打字机的发展历程。19 世纪中叶，人们尝试了无数次来制造打字机，这些打字机有各种各样的放纸位置、产生字符的构造和键盘的布局。19 世纪 70 年代，Christopher Latham Sholes 的设计成为主流：这种设计具有良好的构造设计和巧妙的字符布局，且这种布局减慢了用户的输入速度，以避免频繁出现按键冲突的情况。称为 QWERTY 的这种布局，远远分隔了频繁使用的字母组，增大了手指的移动距离。

Sholes 的成功促进了标准化。一个多世纪后，几乎所有的键盘都采用了 QWERTY 布局，或针对其他语言进行了少量改进。电子键盘的开发解决了打字机的构造问题，使得 20 世纪的发明家们提出了减少手指移动距离的替代布局。专职打字员使用 Dvorak 布局，打字速度从每分钟约 150 个单词提高到 200 多个单词，同时也减少了错误。遗憾的是，这种得到改进的布局并未得到认可，因为对用户来说，改进所带来的可感知优点，并不值得付出更大的努力。

第三种键盘布局是有趣的 ABCDE 风格。在这种风格中，英语字母表的 26 个字母按字母表顺序布局，基本原理是非专业文字输入人员很容易就可找到每个键的位置。尽管研究发现 ABCDE 风格并无优势可言，但有些用于数字、字符数据输入的终端仍然采用这种风格。有些用户基本上没有使用 QWERTY 的经验，他们希望能了解如何使用 ABCDE 键盘布局，但对其也颇有微词。

数字键盘引起的争论远不止于此。电话键盘将 1-2-3 三个键放在上面，计算器则将 7-8-9 三个键放在上面。研究表明，电话键盘的布局稍有优势，但大多数计算机键盘仍采用计算器的布局。

有些研究人员意识到人们在使用标准键盘时，手腕和手的位置很别扭，因此提出了更符合人机工程的键盘。研究人员对分隔和倾斜的键盘尝试了各种几何图形，但实际情况是：这些键盘带来的好处很难验证，如打字速度、准确性或减少重复性压迫损伤等方面。

10.2.2　可访问的文本输入

运动障碍用户尽管通常仍能使用普通键盘，但速度很慢。帮助这些用户的方法有多种。早期的方法是固定菜单项，目前实际使用的方法包括自适应键盘和屏幕键盘。自适应键盘采用的不是凸起的按键，而是凹陷的按键；屏幕键盘则将头戴式指向设备或超大轨迹球作为输入设备。所有这些文本输入方法，都能整合基于字典的自动补齐技术和自动纠错技术，进而明显提升效果（Kane et al., 2008）。对视障用户而言，文本输入是一项严峻的挑战。PerkInput（Azenkot et al., 2012）和 BrailleTouch（Southern et al., 2012）都提出了非可视输入法，这些方法可用于智能手机上的单手或双手盲打情况。

有些技术已超越了传统的键盘。Dasher 能预测可能的字符和词汇，用户能在连续的二维选择流中进行选择，并已与脑机界面（BCI）匹配，因此只需使用大脑就可输入文本（Wills and MacKay, 2006）。orbiTouch 公司的无键键盘用两个凸起代替了按键，用户的手指能舒服地置于键上（见图 10.4）。通过微小的手部移动，并用小指点击两个凸起的位置，用户就可选择字母或控制光标，因此不需要移动手指或手腕。对于患有腕管综合征或关节炎的用户来说，这种键盘很有用。

数据输入的其他设想则主要依靠点击设备，如使用鼠标、触摸板、眼球跟踪技术输入数据。另一种想法则基于可穿戴式设备，如利用腕带或戒指状设备输入文本（Ye et al., 2014）。除了这些常见的文本输入方法外，移动设备正越来越多地使用语音输入（见第 9 章）。

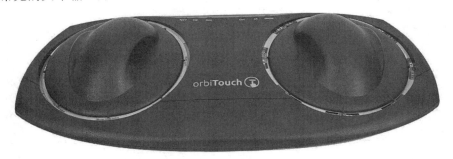

图 10.4　集成了鼠标功能的 orbiTouch 无键键盘（http://orbitouch.org /）。使用时，它不需要用户移动手，而只需用小指点击，因此支持高性能键盘输入和指示功能

10.2.3　按键

不论是在实验室内还是在市场上，键盘的按键都已得到了不断改进和全面测试。这种按键有稍凹的表面（以便按键与指尖的接触良好），且表面无光（减少反射眩光和手指打滑的概率）。按键时需要 40～125 克的力和 1～4 毫米的位移，以便打字迅速且出错率低，同时还为用户提供适当的反馈。按键设计的一个关键因素，是力位移的量变曲线。按键很深时，键会回弹并发出轻微的咔嗒声。这种触觉和听觉的反馈，对触摸打字非常重要。因此，使用无凹表面键盘时，进行大量触摸打字工作难度很大。然而，由于这种键盘持久耐用，因此在快餐店、工厂车间或娱乐场所这类具有挑战性的环境中，仍得到广泛使用。

某些按键，如空格键、回车键、Shift 键和 Ctrl 键，应比其他按键大一些，以便能轻易且可靠地使用。其他按键，如 Caps Lock 键和 Num Lock 键，应有明确的状态显示，如在较低的位置增加物理锁定或嵌入式指示灯。大字体键盘适用于视障用户。光标移动键（上、下、左、右）的布局，在快速和无差错使用方面很重要。流行的紧凑倒 T 形箭头键布局（见图 10.3），可让用户在减少移动距离的情况下旋转中间的三个手指。对新用户来说，十字形箭头键排列方式较好。有些大键盘会重复使用数字键盘上的 8 个键（除中间的 5 键外的所有键），以减少对角移动。对于这样的键盘，数字锁键用于切换键盘和箭头模式。对游戏一类的应用，用户会长达数小时地使用移动键，此时设计师应考虑将字母键作为光标移动键来使用，以尽量减少移动键时的手指移动和其他操作键之间的手指运动。例如，W、A、S 和 D 这几个键就常用做此目的。最后，要有自动重复输入功能，即持续按住键时能自动重复输入，这种设计能提高输入性能，但须控制重复率以适应用户的偏好（对年幼用户、老人和有运动障碍的用户来说，这一点特别重要）。

10.2.4 移动设备的文本输入

计算机正向新形式不断演化（如桌面计算机、平板电脑和手机等），开始适用于不同背景、国籍、能力的用户，同时也出现了超越传统键的文本输入方式。大多数老式或低成本移动设备仅提供一个数字键盘。使用键盘输入文本时，需要多次敲击数字键，然后在该键上方的几个不同值间循环查找。使用表示连续字母的同一个按键时，需要在不同的字母间停顿。T9 是 Tegic Communications 公司开发的一种预测技术，它采用基于字典的歧义消除技术来加速文本输入，并常用于输入较长的文本。类似地，LetterWise 技术利用前缀的概率，帮助输入非词典词汇，如专有名词、缩写或俚语。经过训练，使用 LetterWise 技术每分钟可以输入 20 个词，而之前采用 multi-tap 技术时每分钟只能输入 15 个词（MacKenzie et al., 2001）。

2007 年，iPhone 的发布（见图 10.6）标志着新一代智能手机的诞生，它去掉了物理键盘，采用了软键盘，而有些手机制造商仍然使用传统的 QWERTY 键盘。图 10.5 展示了两台这样的移动设备。许多用户需要用手机输入大量文本信息，因此依然青睐物理按键，比如忙碌地用手机管理电子邮件。使用机械键盘、用双手的拇指同时按键，或不小心按了旁边的键时，设备能自动修正"差 1 错误"。通过练习，打字速度可达每分钟 60 字（Clawson et al., 2008）。

图 10.5 左边的黑莓 Q10 手机（http://www.blackberry.com）有一个小物理键盘，用户用一个手指或大拇指即可操作。右边的 LG Cosmos 2 手机采用滑动式大键盘，不需要时能滑回手机中（http://www.LG.com/）

然而，触屏技术的发展意味着物理键盘正逐步被虚拟键盘（即"软键盘"）取代，屏幕上的虚拟键盘仅是一种视觉呈现（Dunlop and Masters, 2008）。投影键盘（真实世界中显示的键盘图像）也基于相同的原理（Harrison, 2010）。软键盘的优点是，不仅能动态地重新标记（如一个新字符集或布局），还能重新缩放或旋转，以适应物理显示器和设备方向（见图 10.6）。然而，由于软键盘缺乏有形的、像物理键盘那样的触觉反馈，因此很难不用眼睛看着而自由操作。同时，其输入效率也只能算是平均水平，即每分钟 20～30 个词。研究表明，电话键盘若能通过震动提供反馈，则可有效地提高打字速度（Hoggan et al., 2008）。另一项研究发现，专业打字员甚至能够实现 59 个字/秒的盲打速度，同时输入精度达 90%（Findlater et al., 2011）。

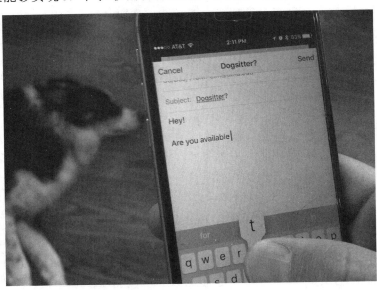

图 10.6　采用 Shift 技术的 iPhone 手机的软键盘（Vogel and Baudisch, 2007）。这种技术解决了点击或手指悬浮于按键位置时，产生的所谓"胖手指"问题，即手指会挡住点击目标的问题。iPhone 的键盘采用了提高精度的重定位技术

　　改善触摸屏上输入文本的方法有多种。基于键盘的文字输入方式可使用基于字典或预测文本输入的算法，目前的触摸屏文本输入方法则结合给定的输入字符串，给出可能的单词补全。更先进的技术是基于当前的语句，使用语言模型来预测用户想要说的话。在苹果的 iOS 和安卓手机的操作系统中，已采用了这样的语言模型。Swype 和 ShapeWriter（Zhai and Kristensson, 2003）可让用户仅用触摸姿势来跟踪字母，进而实现打字，甚至不需要抬起手指，因此避免了使用语言模型造成的冲突问题。最后，与最初基于笔的界面设计，采用移位技术减轻了输入文本时的"胖手指"问题。例如，iPhone 手机就解决了用户在使用过程中手指挡住按键的问题（见图 10.6）。

　　还有一种文本输入方法，即用户只需在触摸敏感的表面直接写字。通常情况下，用户可以使用手写笔，但字符识别率不高。语境线索、行程速度和方向因素可提高识别率，但成功的手势输入方法则利用了更易辨认的简化字符集。例如，Palm 操作系统设备上的 Graffiti 手写识别系统就采用了 Unistroke 输入法。另一个很有发展前景的方法是，在键盘上采用速记手势的方式来匹配按动时的形状，而非单纯地按动触摸屏。长期的研究证实，这种技术很有可能实现良好的文本输入性能（Kristensson and Denby, 2009）。

　　对于某些语言，如日文或中文，手写识别很可能会显著提高潜在用户的数量。另一方面，残疾人、老年人和儿童在有些对触摸敏感的小屏幕上使用界面时，不需要太强的肌肉控制能力。对他们而言，EdgeWrite 这样的技术创新（Wobbrock et al., 2003）可能会有所帮助。EdgeWrite 技术使用物理边界来构建绘图区域，并采用了修正字符集，因此可通过点击一系列边角进行识别。与 Graffiti 技术相比，它取代了笔触模式，为所有用户提供了更高的准确率。EdgeWrite 字符集也成功地用于轨迹球或眼球跟踪器，能满足残疾用户的需要（Wobbrock et al., 2008）。

最后，由于智能手表的兴起，人们展开了如何使文本输入在这类设备中更加实用的新兴研究。当然，智能手表面临的挑战，是有限的显示和输入空间，因其宽度仅为 2～3 厘米。ZoomBoard（Oney et al., 2013）采用迭代缩放技术在小显示器上实现了小键盘的使用。其他方法则还有待研究。

10.3 指向设备

新一代触摸显示器允许用户直接在屏幕上点击、拖曳和缩放图像。此外，对于复杂的信息显示，如计算机辅助设计工具、绘图工具或空中交通管制系统中的信息显示，指向并选择选项通常很方便。这种直接操纵方法（见第 7 章）之所以有吸引力，是因为用户既无须学习命令，又能减少键盘打字出错率，还能把注意力集中于显示上。这样做可以提升效率、降低出错率、促进学习并提高满意度。对小设备和大显示墙来说，指向设备很重要，因为键盘交互在这些设备上不太实用。

任务和设备的多样性及使用设备完成任务的各种策略，创造了丰富的设计空间（Hinckley and Wigdor, 2011）。对指向设备进行分类的方法有多种，如物理设备的属性（旋转或线性运动）、自由度（水平、垂直、偏移、倾斜等）和定位（相对或绝对）。以下描述的重点是任务和组织维度的直接程度。

10.3.1 指向任务和控制模式

指向设备可用于 7 种类型的交互任务：

1. 选择。从一个选项集合中进行选择。这种技术用于传统的菜单选择、感兴趣对象的识别，或在幻灯片上标记对象。
2. 位置。在一维、二维、三维或更高维空间中选择一个点。定位可用于在图形中放置形状、放置新窗口或重定位图形中的文本块。
3. 方向。在二维、三维或更高维空间中选择方向。方向可用于旋转屏幕上的符号、指示移动的方向或控制机械臂之类设备的操作。
4. 路径。定义一系列位置和方向操作。路径可能是绘图程序中的曲线、待识别的字符、切布机或其他类型机器的指令。
5. 量化。特定的数值。量化任务通常选取整数值或实数值作为参数，如文档中的页号、运输工具的速度或音乐播放的音量。
6. 手势。通过执行预先定义的动作来执行一人操作。手势的例子包括停留在对象上弹出上下文菜单，向左（向右）挥动前翻（后翻），挤压（或分离）手指缩小（或放大）。
7. 文本。在二维空间输入、移动和编辑文本。指向设备指定插入、删除或改变的位置。有关文本输入设备的详细信息，请参见 10.2 节。更详细的文本任务包括：文本居中、设置页边距和字体大小、突出显示（加粗或加下画线）及页面布局。

虽然所有任务都可以用指定方向、坐标和距离的命令语言在键盘上实现，但这样做是间接和低效的，而且还需要练习。过去，所有这些任务都是通过键盘完成的，而今天大多数用户则可以用指向设备来实现，且速度更快、错误更少。专家用户可使用快捷键来完成频繁调用的任务，从而进一步提高性能（如用 Ctrl + C 和 Ctrl + V 组合键来复制和粘贴）。

指向设备分为两类，即在屏幕上提供直接控制的指向设备（如触摸屏或输入笔）和远离屏幕提供间接控制的指向设备（如鼠标、轨迹球、操纵杆、图形输入板或触摸板）。每种类别有很多变体，且新设计层出不穷（见框 10.1）。

框 10.1　指向设备

直接控制设备（易于学习和使用，但手可能会遮挡显示）
● 触摸屏（单点和多点触摸）
● 手写笔（无源和有源）

间接控制设备（需要时间来学习）
● 鼠标
● 轨迹球
● 操纵杆
● 指向杆（小红点）
● 触摸板
● 图形输入板

新的设备和策略（特殊用途）
● 双手输入
● 眼球跟踪器
● 传感器（加速计、陀螺仪、深度相机）
● 3D 跟踪器
● 数据手套
● 触觉反馈
● 脚踏控制
● 有形用户界面
● 电子纸

成功的标准
● 速度和精确性
● 任务的功效
● 学习时间
● 成本和可靠性
● 尺寸和重量

指向设备还可按绝对输入和相对输入进行区分。触摸屏、绘图板和眼球跟踪器使用一种将输入（电动机）空间直接映射到输出空间（可视化）的输入模型，这称为绝对输入，因为运动空间中的一个点对应着视觉空间中的一个点。相对输入则从当前位置处理翻译（轮流处理），这类设备有鼠标、操纵杆和轨迹球等。下面的讨论中虽然不考虑这种区别，但也可将绝对输入与相对输入进行对比。

10.3.2　直接控制指向设备

触摸屏是典型的直接控制指向设备，它允许用户用手指触摸，直接与屏幕上的可视化内容交互。由于其天然的"可见性"，即这种形式能在触摸屏上引发合适的动作，因此通常会集成到面向新用户的应用中。

早期的触摸屏，存在指向不精确的问题，因为软件会立即对触摸进行响应（land-on 策略），而不会向用户提供验证选择之处是否正确的机会。早期的这些设计通常基于红外射线束格栅的物理压力、冲击或中断。高精度设计显著地改进了触摸屏。电阻式、电容式或声表面波式的硬件，通常提供高达 1600×1600 像素的分辨率。Lift-off 策略可使用户指向单个像素，它包含三个步骤：用户触摸表面，看到能拖动并调整位置的光标，对结果满意时抬起手指离开屏幕将其激活。

高精度触摸屏改变了移动设备（见 10.3.6 节），如平板电脑和手机。今天，用户能够很自然地在手机显示器上直接操作所指向的目标。用户一直以来都要求移动设备更小、更轻、更强大。为顺应设备的小型化趋势，触摸计算已使得目前的移动设备上能包含一整块触摸屏。事实上，研究人员正在研究增加移动设备表面输入/输出功能的方法：既可使用设备的背面（Baudisch and Chu, 2009），也可在适当的周围环境中使用投影仪和输入传感器（Harrison, 2010）。然而，使用手指时很容易出现前面提到的"胖手指"问题（见 10.2.4 节），即用户的手和手指会遮挡屏幕上的内容。有些新技术［如 Shift（Vogel and Baudisch, 2007）］和遮挡感知界面（Vogel and Balakrishnan, 2010），可通过替换用户触摸时的屏幕内容来进行补救。

避免"胖手指"问题的另一种方法是，使用手写笔。大多数用户都对手写笔感到熟悉和舒适，而且能尽量减少手和屏幕的相互遮挡。然而，这些优点须与拿起笔、放下笔的需求相平衡。多数手写笔界面（称为"笔基界面"）以触摸屏技术为基础。用户可用手写笔进行更自然的输入，并增加移动控制，但也可用手指进行快速选择（Vogel and Baudisch, 2007）。事实上，常见的电容式触摸屏，构成了今天大多数平板电脑和智能手机的屏幕。电容式触摸屏与带有电容笔头的廉价钝头手写笔进行交互。结果表明，即使是这样的低成本方法，也能提高在标准触摸屏上完成绘画和素描任务的精度与性能（Badam et al., 2014）。然而，使用标准的触摸显示屏时，若用户将手放在显示屏上休息，可能会无意触发某个操作。为此，人们开发出了一种称为"防止手掌误触"的技术。根据手掌的形状，或手指和手写笔输入形成的时机，这种技术能够消除各种不必要的交互。当然，也存在丢失手写笔输入的风险。

精度越来越高的触摸屏除用于移动设备外，还大量应用到了银行、医疗或军事系统的专业应用程序中。此外，由于能将触摸屏制作得非常坚硬，因此还适用于公用信息亭和移动应用。公共接入系统的设计人员非常重视触摸屏的使用，因为它不包含移动的部分，且在高强度使用环境下的稳定性也很好（迪斯尼主题公园中，触摸屏是唯一采用的输入设备）。针对特殊群体，如视力受损或失明、听力障碍或失聪、阅读障碍或文盲，或身体残疾的人，人们已经制定了详细的策略来指导他们如何使用触摸屏，如信息亭和投票系统（Vanderheiden et al., 2004）。设计信息亭时，要解决手臂疲劳的问题，如倾斜屏幕，或为用户提供可供手臂休息的表面。另一方面，信息亭通常不会用于大量的交互会话。一般情况下，人们用消耗耐久指标来衡量手臂在悬空或无支撑情况下的疲劳程度，它基于一种生物力学的手臂模型（Hincapié-Ramos et al., 2014）。

10.3.3 间接控制指向设备

间接控制指向设备分开了输入（电动机）空间和输出（显示）空间，因此能降低手部的疲劳感。界面上有一个用户能放松手臂的表面，它既能解决手臂遮挡的问题，还能分隔空间，但它要求用户用手确定设备的位置，因此需要更多的认知处理和手眼协调，才能将屏幕上的光标移动到期望的位置。

鼠标成本低廉、应用广泛，因此是最常见的间接指向设备。使用鼠标时，用户需要把手放到舒服的位置，以便轻易地点击鼠标键，然后通过前臂快速地移动较长的距离，进而通过手指的微小移动来精确地完成定位。然而，用户必须握着鼠标才能工作，还要占用宝贵的桌面空间。同时，用户在输入和输出空间之间的操作过程，也会分散注意力。还存在许多的其他问题，如长距离移动鼠标时，需要有拿起鼠标和拖动等动作。要想熟悉各种操作，需要进行一定的练习（通常需要 5～50 分钟，老年人和残疾用户需要的时间更多）。（物理的、光学的或声学的）鼠标技术、按键数、传感器位置、质量和尺寸方面的多样性表明，设计人员和用户还需要选择自己喜欢的鼠标。个人喜好和待完成任务的多样性，为激烈竞争留出了空间。鼠标可能很简单，也可能需要增加滚轮和若干附加按键，以方便用户滚动或浏览网页，或对专用软件进行操作（见图 10.7）。有时，可通过编程实现鼠标的附加功能，用于执行专用软件的任务，如调节显微镜的焦距和转换放大倍率。

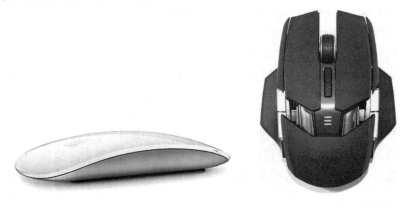

图 10.7　左侧的苹果 Magic Mouse 2 无线鼠标只有一个按键，按下整个鼠标就会激活该键（http://www.apple.com）。右侧的 Razer Ouroboros 游戏鼠标有 2 个标准按键、1 个中心鼠标轮及 9 个按钮。可以对这些按钮编程来设置特定的游戏功能（http://www.razerzone.com/gaming-mice/razer-ouroboros）

轨迹球沿两个轴来旋转滚轮进行控制，有时能用倒置的机械式鼠标表示轨迹球。通常情况下，轨迹球是一个旋转球体，其直径为 1～15 厘米。移动轨迹球，就移动了屏幕上的光标（见图 10.8）。轨迹球的耐磨性较好，能牢固地安装在办公桌上，用户可用力点击轨迹球并使其旋转。轨迹球目前已应用到了空中交通管制或博物馆信息系统的控制面板中，在视频游戏控制器中也很常见。

操纵杆的历史悠久，可追溯到飞机控制设备和早期的计算机游戏。人们一直在改进操纵杆，不同的操纵杆，其长度和粗细、位移力和距离、基座的锚固策略和相对于键盘及屏幕的位置均不同。操纵杆在跟踪目标方面极具吸引力（跟随或引导屏幕对象），部分原因是移动光标所需的位移相对较小且易于改变方向，还能将操纵杆与附加按键、滚轮和扳机结合起来（见图 10.9）。

图 10.8 Logitech Trackman Wheel Optical 是一种流行的轨迹球设备（http://www.logitech.com/）

图 10.9 图中的飞行模拟控制器，它组合了操纵杆（右）和油门（左）的两手操作

方向键（或 D 键）源于游戏操作台，它包括呈十字形排列的 4 个方向箭和位于中心的触发钮。Wii 遥控器就是这样的一个例子（见图 10.10 的左侧）。移动设备也在菜单导航中采用了这种设计。目前的第八代视频游戏机也采用了类似的控制器，它将操纵杆和 D 键整合在了一起。图 10.10 右侧为索尼 PlayStation 4 DualShock 控制器。

指向杆是等轴的压敏小摇杆，它固定在键盘上字母键 G、B 和 H 的中间（见图 10.3）。指向杆上方带有便于手指接触的橡胶顶盖。通过适当的练习，用户能快速准确地使用它来控制光标。同时，用户的手指仍放在键盘的引导位置。对于文字处理软件这种需要在键盘和指向设备之间不断切换的应用软件来说，指向杆非常有效。指向杆尺寸小，因此可很容易地与其他设备结合使用，如键盘和鼠标，进而使得二维滚动更为便捷。

触摸板很方便，它解决了触摸屏的精度问题。使用触摸板时，用户的手能远离显示表面。用户快速完成长距离移动后，可在抬起手指前轻动手指实现精确定位。触摸板通常内置于键盘下方。使用拇指操纵触摸板时，手仍放在打字位置。触摸板无活动部件且外形较薄，因此适用于笔记本电脑。此外，目前的触摸板通常具备多点触摸功能，允许同时触摸多达 5 个点。OS X 和 Windows 系统的手势操作充分利用了这种功能，如滚动、平移和缩放文档或图形视图。

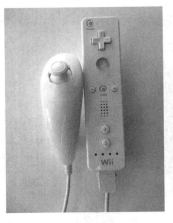

图 10.10　左图为连有 Nunchuck（左手）的任天堂 Wii 遥控器（Wiimote，右手）。Wiimote 含
有一个三轴加速度传感器，用于检测三个维度的运动。右图为 DualShock 4 无线控制器

　　绘图板是与屏幕分开的触敏表面，通常平放在桌上或膝盖上。这种分离考虑了手部定位的舒适感，可让用户的手远离屏幕。需要长时间操作设备而无须切换到键盘时，绘图板很有吸引力。因此，绘图板往往很受从事绘图和素描工作的数字设计人员欢迎。此外，绘图板还允许添加应用程序选项，如调色板、工具、画笔等，将屏幕延伸到绘图板，因此节省了宝贵的屏幕空间，既可为新手提供指导，也能让专家更易使用。绘图板通常使用手指、铅笔、光标定位器或手写笔，通过声学、电子元器件或位置传感进行操作。艺术家更愿意使用高精度和自由的无线笔（见图 10.11）。

图 10.11　数字艺术家正使用带有无线手写笔的 Wacom 13HD 触摸图形平板电脑（http://www.
wacom.com/）。Wacom 压敏输入笔和绘图板可为艺术家提供所需的精确指向和准确控制

　　在这些间接指向设备中，鼠标要比其他设备更为成功，原因在于快速的高精度指向能力和舒服的手部位置，且只需要简短的培训。多数桌面计算机系统都提供鼠标，但随着厂商在单机上提供多种指向设备，围绕笔记本电脑的竞争仍在继续。

10.3.4 指向设备间的比较

早期的研究发现，光笔或触摸屏之类的直接指向设备，通常速度最快，但准确性最差。几十年的研究表明，鼠标在速度和准确性方面要优于其他设备。人们已经感觉到指向杆要慢于鼠标，因为即使是最精细的手指移动也会产生颤动（Mithal and Douglas, 1996）。轨迹球和触摸板则介于它们之间。设备的比较与用户的任务相关。例如在浏览网页时，用户会不断地使用滚动和指向功能。研究表明，带滚轮的鼠标并未提升标准鼠标的性能。未来的研究可能会更好地了解每种设备的优缺点。

一般的看法是，选择对象时，指向设备要快于光标移动键，但这一判断依赖于任务。屏幕上仅有几个（2～10 个）对象且需要让光标从一个对象跳到下一个对象时，使用光标键要快于指向设备。对于距离短且需要交替使用输入和指向的任务而言，光标键要快于和优于鼠标。但与使用指向设备相比，尽管使用快捷方式来执行菜单选择会快得多（Grossman et al., 2007），但很多用户从未学习过快捷键（如用 Ctrl + Z 组合键执行撤销操作）。

运动障碍用户通常喜欢操纵杆和轨迹球，而不太喜欢鼠标，因为前者的位置固定且占用的空间较少（允许装在轮椅上），些许移动即能操作。难以用力时，触敏设备就会派上用场。例如，对于运动障碍用户，触敏设备很有市场。然而，设计人员应尝试检测无意的移动并消除轨迹。尽量让活动目标区域大于所选的按钮或图标，能大大缩短选择的时间，还能明显降低用户的挫折感。某些情况下，应用程序是否可用的关键，就在于要有更广泛的用户群体。

指向设备对视障用户极具挑战性。设计良好且尺寸和形状可调的光标，有助于轻度视障用户；对有严重视障而不得不依赖于键盘的用户来说，鼠标之类的间接控制输入设备完全不切实际，因此应尽可能地提供替代键盘或小键盘的导航选项。能用语音描述显示、朗读菜单选项并确认选择时，触摸屏界面更易于探索和记忆。例如，在触摸屏投票站中，用户可以用箭头键来浏览候选人的名字，并由耳麦大声读出候选人清单（见图 10.12）。许多成功的例子表明，人们完全能够设计出广泛使用的强大系统，这种系统即使是残疾用户也能使用（Vanderheiden et al., 2004）。最后一种设备是触觉图形，它通过热敏纸膨胀机产生，放在触摸屏上供盲人用户使用（见图 10.13）。

总之，在选择指向设备时，个体差异和用户任务至关重要。触摸屏和轨迹球在公共访问、车间和实验室应用系统中久经考验。鼠标、轨迹球、指向杆、图形输入板和触摸板，在像素级任务中的指向效果显著。用户在绘图和写作时，喜欢使用绘图笔和手写笔，而简单的手势可用于指定动作并量化其参数。目标数量较少时，光标移动键仍有吸引力。对于游戏或专用导航软件来说，操纵杆很有吸引力。

10.3.5 菲茨定律

保罗·菲茨（Paul Fitts, 1954）开发的人手移动模型，是人机交互的科学模型之一，因此常简称为菲茨定律。设计人员布局屏幕时，可借助微型 HCI 理论确定按钮和其他元素的最佳位置及大小，并指出哪种指向设备最适于执行普通任务。菲茨注意到完成手部移动所需的时间，取决于用户必须移动的距离（D）和目标尺寸（W）。距离加倍（如从 10cm 增大到 20cm），会使完成时间变长，但并不是两倍的关系。增大目标尺寸（如从 $1cm^2$ 增大到 $2cm^2$），用户就能够更快地指向它。

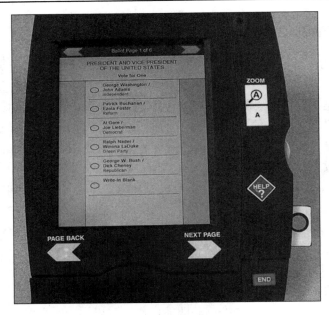

图 10.12　图中所示为一个触摸屏投票板。用户只需点击屏幕上的任意文字，就能读出，还能通过耳麦与其进行声音交流。触摸复选框就能进行投票。使用耳麦时，需要口头确认。盲人用户或残疾用户无法使用触摸屏（甚至语音），但可使用能拆卸的小键盘（有或没有语音）。小键盘可连接到投票人随身携带的定制开关（http://www.trace.wisc.edu/）

图 10.13　盲人学生使用装在触摸屏上的 Touch Graphics 触觉地图。右图采用不同层次的凸起让学生了解国家和首都的位置，它带有提供音频说明的笔（http://www.touchgraphics.com/）

　　由于开始移动和停止移动的时间为常数，对于给定的设备（如鼠标），计算其移动时间（MT）的有效方程是

$$MT = a + b \, lb(D / W + 1)$$

式中，a 为给定设备的开始/结束时间（单位为毫秒），b 为设备的固有速率测量值。每种设备的 a 和 b 都需要通过实验来确定。例如，若 a 为 300ms，b 为 200ms/bit，D 为 14cm，W 为 2cm，则移动时间 MT 为 $300 + 200 \, lb(14/2 + 1)$，即 900ms。

　　菲茨定律有多个版本，但上面的方程能在大范围内提供精确的预测。变化是由运动方向（水平或垂直）、设备质量（较重的设备难以移动）、设备控制、目标形状和手臂位置（在桌面上或在空中）等差异引起的。MacKenzie（2013）清楚地描述了菲茨定律、如何应用菲茨定律

及二维指向等方面的改进。高精度触摸屏的研究表明，除菲茨定律预测的手臂移动外，还存在移动单个像素等小对象的手指微调动作。因此，如下方程更适合于精确指向移动时间（PPMT）：

$$PPMT = a + b \text{ lb } (D/W + 1) + c \text{ lb } (D/W)$$

式中的最后一项为微调时间，它随目标尺寸 W 的减小而增加。菲茨定律的这一扩展是可以理解的，即精确指向的移动时间包括开始/停止时间（a）、粗略移动时间和微调时间。其他研究涉及了范围更大的手臂移动，包括三维空间中的指向或双拇指文字输入。其他扩展研究（Chapuis and Dragicevic, 2011）则专注于模型的其他方面。

对成年用户而言，菲茨定律成立；但对于特殊群体如儿童或老年人，则需要改进。一项研究让三组（每组 13 个用户）不同年龄的用户（分别为 4 岁、5 岁和少年）执行点击选择任务（Hourcade et al., 2004），如预料的那样，年龄对速度和准确性（包括轨迹，见图 10.14）的影响很大。一份详细的分析表明，菲茨定律能很好地模仿儿童首次进入目标的情形，但最终选择时的效果并不好。

然而，仍然存在悬而未决的问题。例如，设计产生较小预测方程常数的设备实际上"违背"了菲茨定律（Balakrishnan, 2004）。一项研究表

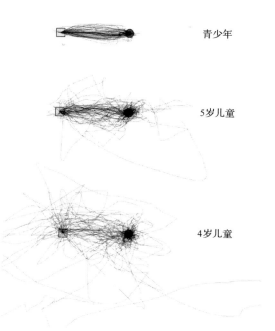

青少年

5岁儿童

4岁儿童

图 10.14 重复目标选择任务期间的跟踪轨迹，表明儿童和少年使用鼠标时存在极大差异（Hourcade et al., 2004）

明，具有缩放功能的多维指向设备，用双手输入且缩放速度不变时最为有效（Griard et al., 2001）。另一项研究针对的是基于交叉的界面，研究目标仅为交叉而非指向（如冲过终点）。结果表明，目标交叉的完成时间，在难度指数相同的情况下，要短于或等于指向的性能，并且还与所执行任务的类型有关（Accot and Zhai, 2002）。今天，人们对更快选择时间的追求仍在继续。

10.3.6 新型指向设备

指向设备的流行及新方式的不断探索，可让不同用户完成不同的任务，推动许多让人心动的创新。提高设备与任务间的匹配度、改进输入及增加反馈策略等，是一些常见的研究主题（Kortum, 2008）。

双手输入（同时使用两手输入）有利于多任务或复合任务。这种环境以非主导手为参照，而主导手则以更精确的方式进行操作。双手操作在桌面应用软件中的自然应用描述如下：非主导手选择动作（如绘图程序中的"填充"命令），而主导手则精确地选择操作对象（关于支持导航的详细内容，见第 8 章）。

用户的手可能会在键盘上忙碌，因此设计人员探索了选择和指示的替代方法。脚踏控制受到了摇滚乐手、风琴手、牙科医生和汽车司机的喜爱，计算机用户也能从中受益。测试表

明，用脚操作鼠标所花的时间，是用手操作鼠标所花时间的两倍，但前者可能有助于特殊的应用系统，如在某种场合下用脚启动开关和踏板更为可取。

眼球跟踪器是一种凝视检测控制器，它使用瞳孔位置的图像识别技术，精度达 1°～2°（见图 5.3 和图 5.4）。用户需要在 200～600ms 的定影时间内做出选择。遗憾的是，眼睛跟踪容易导致"米达斯接触问题"，因为每次凝视都有可能激活意外的命令。眼球跟踪与手动输入相结合，是解决这一问题的一种方式（Stellmach and Dachselt, 2013）。目前，眼球跟踪器主要是一种研究和评估工具（见 5.3.1 节），是针对运动障碍用户的一种可选辅助工具（Wobbrock et al., 2008）。

多自由度设备能够检测空间位置和多个维度的方向。显然，这种设备适用于三维对象的控制，但与其他策略相比存在精度低和反应慢的问题。对虚拟现实的支持（见第 7 章）是开发这种设备的目标之一，但很多设计、医疗和其他任务可能需要 3 个甚至 6 个维度来确定位置和方向。这样的商业跟踪设备包括罗技公司的 3Dconnexion、Ascension、Intersense 和 Polhemus。

普适计算和有形用户界面（Dourish and Bell, 2011）需要在环境中嵌入传感技术。例如，含有无线射频识别（RFID）标签的活动徽章，能在用户进入房间时，激活个人文件并预下载到计算机的操作。物理对象的定位可指定方式或激活动作，调整周围的光线、声音或气流，就可向用户呈现部分信息。娱乐和艺术应用系统使用摄像机或人体传感器来跟踪人体位置，可创造出令人眩目的用户体验。表演艺术家 Vincent John Vincent 针对戏剧的三维环境进行了早期探索，只要演员或观众触摸竖琴、钟、鼓或钹的图像，它们就会开始奏乐。Myron Krueger 的人工现实中包含了用户友好的、视频投影的类卡通生物，它能顽皮地在用户的手臂上爬行或靠近用户伸出的手。这种环境促进了人的参与，在探索快乐的同时进行了严肃的研究，产使人们步入了计算机世界（见 7.6 节）。StoryRoom 是另一个这样的应用，它能让孩子们主动构建自己的交互环境，使用道具和魔法棒来创作故事，然后邀请其他的孩子进行体验（Montemayor et al., 2004）。

纸也可用做输入设备。早期的应用证明了在大量文档中提取注解的优点，如随笔集、图纸或实验记录等。带有 Anoto 功能的 Livescribe 3 stylus 智能笔（见图 10.15）能促进交互，尤其是在移动情况下。这种智能笔的笔尖处装有一台小相机，它会记录并识别特殊纸张上的笔画，并将记录传送计算机或移动电话。易学性对新用户可能会有所帮助：PADD（Paper Augmented Digital Documents，纸张增强数字文档）能以数字和纸张的形式进行编辑（Liao et al., 2008），或通过在纸张上写字来请求翻译（见图 10.15）。

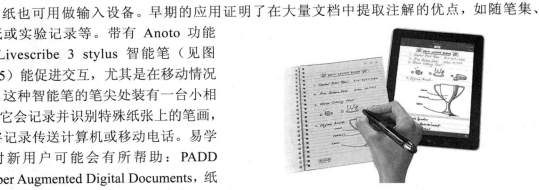

图 10.15　使用 Anoto 技术的 Livescribe 3 stylus 智能笔，记录增强纸（具有独特光点图形的纸张）上的墨水笔画，并无线传送给平板电脑。话筒允许用户在注释时录下音频，以后轻击注释，就能通过嵌入的扬声器重放（http://www.livescribe.com/）

移动设备也能用做输入设备。例如，美国卡内基·梅隆大学的 Pebbles 项目（Myers, 2005）和马里兰大学的 PolyChrome 项目（Badam and Elmqvist, 2014），都研究了移动设备用作输入设备的问题，包括个人计算机、其他移动设备、大显示器、家用电器、汽车或工厂设备。移动设备能够充当智能通用遥控器，可使所有用户朗读产品信息或菜单项，翻译外文说明书，或在需要时提供语音识别功能。最后，手机所拍图像能用做增强现实应用系统的输入（Rohs and Oulasvirta, 2008），甚至能控制普通的应用程序（Hansen et al., 2006）。

环境中安装的传感器或手持式设备中的传感器，能够丰富与设备自身的交互。例如，加速器允许 iPhone 手机检测设备方向的变化，因此动态地在纵向和横向屏幕显示间切换。多数数码相机中也存在类似的功能，因此能自动确定图片的显示方向。由于用户对手势交互越来越熟悉，因此设计人员有可能找到移动信息的更多自然用法。例如，用户也许能通过调整移动设备的接近程度或侧面位置，来缩放地图。倾斜设备可以扫描名称列表，让设备靠近耳朵可以接听电话。任天堂 Wii 视频游戏控制台的遥控器包含一个三轴加速器，它能检测三个维度上的移动和响应手势。例如，要击中网球，用户可像挥动具有真实手臂运动的球拍那样摆动控制器。Wii 启发了很多要求用户更主动的应用系统，并成功吸引了更多的女性和老年用户玩视频游戏（见图 10.10）。最后，深度相机如 Xbox Kinect，允许组合使用标准摄像机和红外摄像机来捕捉用户整个身体的运动。最近的研究工作探讨了如何使用这种能力，目的是为更优雅的触摸计算重建用户的手势（Murugappan et al., 2012）。

专用手臂传感器可确定用户每个手指关节的姿势和位置。跳跃运动控制器使用红外摄像机以 200 帧每秒的速度跟踪传感器上方用户的手掌，而不需要特殊的标记或触摸传感器（见图 10.16），因此能高精度地检测手的位置和姿势。类似地，1987 年推出的 VPL 数据手套，吸引了广大的研究人员、游戏开发人员、Web 冒险者和虚拟现实爱好者。原始数据手套的后续产品，能够连接光纤传感器，进而测量手指关节的角度（见图 7.13）。显示的反馈能够展现每个手指的相对位置，因此能识别紧握的拳头、张开的手、食指的指向和竖起大拇指的手势等命令。结合手部跟踪器，就能记录完整的三维位置和方向。爱好者认为，正是由于手势的自然性，许多讨厌键盘和恐惧鼠标的用户都能使用这些设备。虽然任天堂 Wii 游戏的简单手势

数量少，且最小化了模拟的动作（如高尔夫球杆的摆动或轮子的转动），但用户仍然需要大量训练才能掌握 6 种以上关于数据手套和跳跃运动的手势，特别是在它们无法映射到自然发生的手势时。此外，在用户使用手套的手势输入时，有可能将其应用到特殊应用中诸如识别美国手势语言或虚拟音乐表演。

具有触觉反馈的指向设备是吸引人的研究方向之一（Kortum, 2008），它采用了大量技术，用户在移动鼠标或其他设备时，能够感觉到反馈的

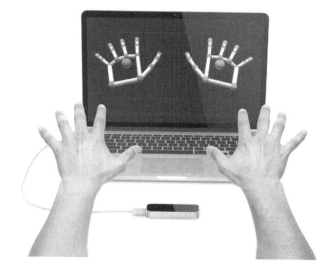

图 10.16　跳跃运动控制器跟踪用户的手指。它在三个方向使用红外摄像机精确重建每个手指的姿势（http://www.leapmotion.com/）

阻力（跨过窗口边界时）或坚硬的墙壁（探索迷宫时）。三维形式，如 SensAble Technology 的 PHANTOM，仍具有很强的吸引力，但它在商用应用中出现得较慢。声音和震动通常是较

好的触觉反馈，因此高级触觉设备仍然局限于专用的应用系统（如外科医生心脏手术培训系统），而简单振动设备已成为游戏控制器的主流配置，甚至应用到了普通的鼠标上。

最后，最新的研究进展推出了混合指向技术，它融合了上述的多种技术。大型和小型显示器的流行，推动了这类技术的发展，因为在这类设备上进行指向操作会突破现有的诸多标准。在大型显示器上指向时，采用鼠标或手指触摸有些不切实际，而且这种远距离的指向操作（不论是使用激光笔，还是用户自己盯着看）极易出错。最新研究通过结合直接指向和间接指向，整合小型和大型显示器，成功地解决了这一问题（Forlines et al., 2006；McCallum and Irani, 2009）。不久的将来，更为先进的指向技术可能会采用新型传感器，头部或肩部的微小移动、轻轻吹动吸管、眨眼，肌肉拉紧时产生的微弱电流，都有可能触发这些传感器。这类基于现实的（Jacob et al., 2008）、自然的（Wigdor and Wixon, 2011）交互机制，实际上已经超越了传统的鼠标和键盘，预示着下一代计算设备的到来。

10.4　显示器

显示器是从计算机到用户的主要视觉反馈源。它具备很多重要特征：

- 物理尺寸（通常为对角线尺寸和厚度）
- 分辨率（可用像素数）
- 可用颜色数和色彩校正
- 亮度、对比度和眩光
- 能耗
- 刷新率
- 价格
- 可靠性

显示器也可按使用特征来区分。可移动性、私密性、显著性（需要吸引注意力）、普适性（能够放置和使用显示器的可能性）和共时性（同时使用的用户数），都能用于描述显示器（Raghunath, 2003）。例如，移动电话作为个人设备，可提供私密性较好的小显示屏；大型显示器可以为社交活动提供服务，如视频游戏中多用户控制角色间的交互。类似地，在大型购物中心和博物馆中，有许多显示重要信息的显示器，它们既可为每位顾客提供店铺位置信息，也可让成群结队的游客对情感剧场般的体验叹为观止、印象深刻。合作者之间可通过白板显示器共享信息，开始头脑风暴并形成决策。沉浸式显示器可让用户置身于充满想象的世界，进而放松或学习新技能。

10.4.1　显示技术

经典的光栅扫描阴极射线管（CRT）几乎完全消失，取而代之的是液晶显示器（LCD），这种显示器外形很薄、重量轻且耗电量低。类似于 LCD，等离子显示器也具有平板式的外形，但消耗的电量更多。即便是从显示器的侧面观察，显示器的亮度也会亮到适合阅读。因此，这类显示器适合安装在控制室、公共显示环境或会议室的墙壁上。今天，发光二极管（LED）也可提供多种颜色并用于大型公共显示。有些头盔显示器使用了微型 LED 阵列。制造商正积极研发使用有机发光二极管（OLED）的新型显示器。这些经久耐用的有机显示器节能效果良好，能安装在软塑料或金属箔上，因此可穿戴或可弯曲显示器有了新的选择。

使用电子墨水技术的新产品的分辨率可与纸张相媲美。电子墨水微型胶囊中含有带负电的黑粒子和带正电荷的白粒子，因此能选择它们的可见性。电子墨水显示器仅在显示内容变化时才需要电源，与其他类型的显示器相比，待机时间更长，因此非常适合于电子书设备（如 Amazon 的 Kindle，见图 10.17；Barnes 和 Noble Nook；Bookeen 的 Cybook）。由于显示速度缓慢，因此只能显示一些动画而无法播放视频。

微型投影机（Dachselt et al., 2012）可将移动设备中的彩色图像投射到墙上，因此协同使用这些设备，效果会更好。针对盲人用户开发的盲文显示器包含 80 个字元，每个字元显示一个字符。两个字元可安装在鼠标上，小显示器则安装在键盘的上方。目前研究人员正在开发具有数千个引脚且可更新的图像显示器。制造商和政府机构正在关注健康方面的问题，这些问题与不同类型的视觉显示相关，如视觉疲劳、压力和辐射等。不利影响似乎大部分可归因于整体工作环境，而非视觉显示设备本身。

图 10.17　使用亚马逊公司的 Kindle 电子书阅读器阅读狄更斯的名著《荒凉山庄》。Kindle 阅读器采用电子墨水技术，显示器的亮度令人满意（http://www.eink.com/）。这种显示器仅在显示变化时才使用电源，阳光直射时能从各种角度阅读，因此大大提升了阅读的舒适度

10.4.2　大型显示墙

计算机显示器普遍存在，从台式机到移动设备，再到投影仪和大电视。设想一下应如何整合所有这些显示器才能提供更富有成效的工作和娱乐环境（Ardito et al., 2015）。大显示器之间的差别未来可能会消失，现有三种类型的大显示器。信息显示墙，为远离显示器的用户提供共享视野；交互式显示墙，允许用户走近显示器，在参与者之间交替进行交流和讨论；多桌面显示器，坐在办公桌旁的用户能将它们连接到计算机上，在鼠标能触及的范围内，同时显示大量的窗口和文档。当然，也有可能实现融合发展（Badam and Elmqvist, 2014）。

在控制室中，大型信息显示墙用于展示监视系统的概况，这种展示效果显著（见图 10.18），并可在主控台上检索显示细节。军事指挥和管制行动、公用事业管理和应急响应是常见的应用，因为大显示器有助于通过对所呈现信息的共识来构建态势感知并促进协调。有些应用程序运行于不同的本地或远程计算机，协作科学家或决策团队可通过显示墙查看一致的显示效果。

图 10.18　多台平铺的高分辨率显示器。马里兰州高速公路管理局控制室中的操作人员，借助于这些显示器来查看天气、交通流量、信息标志状态和路况信息（http://www.chart.state.md.us/）

显示墙最初采用 CRT 阵列构建，最常用于商业或娱乐环境中。今天，这种环境通常采用背投技术或平铺液晶显示器。背投技术成为主流的原因是，改进后的校准和阵列技术可无缝连接显示器。从远处观看时，信息显示墙需要亮度很高的投影仪，但分辨率不需要很高：35点每英寸足矣。然而，当用户想近距离观看显示器或操作显示器时，现有的低分辨率投影机通常无法满足要求。此外，每台投影机的背投距离导致其需要大量的空间。这时，由于大型液晶显示器的造价仍然很昂贵，因此最佳的解决方案是使用平铺液晶显示器网格（即便显示器面板之间存在明显的接缝）。纽约州立大学石溪分校的"实境甲板"（见图 10.19）就是这样的一个例子，它由 400 多个单独的高分辨率屏幕组成，是极具规模的拼接液晶显示器（Papadopoulos et al., 2015）。无论技术解决方案如何，这些显示器工作平台通常都需要专门的软件架构来协调多台计算机的显示与输入。PolyChrome 就是这种架构的一个例子（Badam and Elmqvist, 2014）。

图 10.19　置身于"实境甲板"上的用户正在讨论细节（Papadopoulos et al., 2015），这是一种让人有身临其境之感的像素显示器，由 416 个超薄边框液晶显示器构成，它通过高速网络连接 18 个图形工作站（https://labs.cs.sunysb.edu/labs/vislab/reality-deck-home/）

对交互式显示墙（见图 10.18、图 10.19 和图 10.20）而言，间接控制指向设备和下拉菜单这样的传统桌面交互技术不再适用。为实现与徒手画图或新菜单技术的流畅交互，诞生了许多新技术（见第 8 章）。即便是大型交互组显示器，空间也是有限的，因此设计人员正在不断地探索新的方式，如动态地按比例缩放内容、汇总信息、管理用户在显示器上呈现或生成信息等。

较简单的数字白板系统（如 SMART 公司的 SMART Board）提供大型触敏屏，它可将计算机图像投射到屏幕上，功能与台式机类似，需要用户使用手指作为指向设备。彩笔和数字橡皮擦可模仿传统的白板，此外还增加了注释记录和软键盘。

图 10.20　两位用户协作使用平板电脑的触摸屏和一个交互式光
标，控制巴黎的十亿像素图像屏幕（Chapuis et al., 2014）

交互式显示墙的机遇与挑战并存。例如，它们能促进本地或远程用户之间的协同（见第 11 章）、管理头脑风暴信息的记录和复用、为艺术家和表演者提供新的创造性工具、设计移动设备使用的新交互方法等。

多桌面显示器通常使用传统的平板式面板，这种面板会导致整个显示平面的不连续（见图 10.21）。同时，这些显示器的尺寸或分辨率也可能不同，因此失配性会增大。另一方面，用户却能以熟悉的方式与应用系统交互，而不需要培训，因为用户仅仅是跨显示器展开了窗口。用户不喜欢的一种情形是，使用多桌面显示器时，可能需要站立，或至少需要转动头部和身体，才能看到所有显示器。即便是专心致志的用户，也可能不会注意到超出其视角的警告信息。组织性强的用户，可能会给不同显示器分配不同的功能（例如，左侧的显示器显示电子邮件和日程表，右侧的显示器显示文字处理软件）。

多桌面显示器有助于个人的创造性应用程序。例如，使用 JavaScript 创建交互式 Web 应用程序时，可能需要同时打开时间轴、布景、图形组件编辑器、脚本语言编辑器、目录浏览器预览窗口。多桌面显示器也便于文档的并排比较、软件调试或基于大量信息源的推理。多桌面显示器很受欢迎，其优势也正逐步凸显（Andrews et al., 2011）。

图 10.21　分析师使用 6 个显示器的彭博终端查看资本市场数据。这种终端约有 320000 个，每个客
户的租赁费约为 20000 美元（http://www.bloomberg.com/professional/products-solutions/）

当然，随着显示器变得越来越大，已经很乱的显示器可能会变得更乱。此外，大显示器上对象间距离的变大也会影响到用户的操作。另一方面，研究却表明，个人使用大型显示器会使得推理更为容易，因为用户可智能地组织空间中的信息（Andrews et al., 2011）。通过创新可解决许多这样的挑战，因此用户应不断地改进方法，以便在使用跨显示器应用程序时，能更容易地定位和跟踪鼠标的光标。点击小窗口预览，在显示器窗口之间切换焦点，可能会更容易一些，窗口预览应放在显示器的重要位置。此外，自动窗口布局策略和窗口之间的协调也变得至关重要（见 12.3 节）。不言而喻，随着显示器价格的持续下降，多桌面显示器（或更大的单体显示器）将会逐渐流行。

10.4.3　桌面（水平）显示器

尽管显示墙的协调性和一致性稳步提升，但水平表面显示器更适合于协作和探讨（Rogers and Lindley, 2004）。因此，桌面显示器已成为深入合作的有趣平台，适用于创意设计、问题求解、实时资源管理与规划领域。这样的数字桌面通常配备多点触控触摸屏，用户可使用双手或多个手指操作，也可由多个用户在共享界面上协作。Microsoft Surface、Surface 2、Perceptive Pixel 和 SurfaceHub 都是这种设备。在 Circle Twelve 的 DiamondTouch 显示器中，应用程序能够分辨哪位用户触摸了屏幕，因此在进行多人协作时，显示器能更好地识别个人用户。显示器是水平的，用户可站在桌面旁边的任何位置，因此需要那种从任何方向都可使用的应用程序（见图 10.22）。也可采用物理对象标记位置并帮助设计环节。利用立体显示器或头戴式显示器，可设计出有效的三维桌面交互（Grossman and Wigdor, 2007）。此外，结合共享桌面与个人移动设备，功能会更强大（McGrath et al., 2012）。

无论是在桌面设备上还是在移动设备上，多点触摸屏都可为复杂的直接操作引入一组简单的操作手势，如挤压、抓取或分开两个手指（放大或缩小图像）、长时间按住不动等（如在所选对象上调出上下文菜单）。

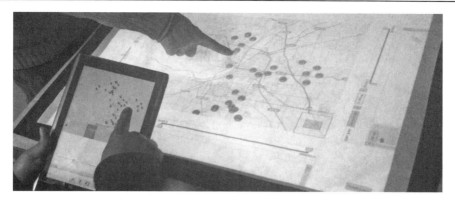

图10.22　图中的两人正使用桌面显示器和移动平板电脑,合作完成房地产任务
(McGrath et al., 2012)。作为共享和公共显示器的桌面,其变化
会影响所有合作者。平板电脑可充当用户独立工作的私有显示器

10.4.4　平视显示器和头戴式显示器

个人显示技术包括小型便携式监视器,它通常采用黑白或彩色 LCD 制作。平视显示器把信息投射到飞机或汽车的镀银挡风玻璃上,以便飞行员或驾驶员在接收计算机生成的信息时,还能注意到周围的环境。

另一种显示器称为头戴式显示器(HMD),常用于虚拟现实或增强现实应用系统中(见7.6 节)。即使是在转头时,用户也能通过这种显示器看到信息。实际上,这种显示器可跟踪用户的头部运动,动态地改变用户看到的信息。不同的模型提供不同级别的视野、音频性能和分辨率。谷歌公司的眼镜项目是将 HMD 与移动设备相融合的一种尝试,项目开发了一种可穿戴计算机,它能以用户的视角显示信息。Oculus 的 Rift 和 Microsoft 的 HoloLens 设备(见第 7 章)重新定义了 HMD 的概念,主要应用于业余用户。

10.4.5　移动设备显示器

在个人应用系统和商业应用系统中,移动设备的使用越来越广泛。移动设备能够改进医疗领域,方便学生的学习,加深游客的观光体验。医疗监护仪可在病人出现危险情况时提醒医生,学生可用手持式设备收集数据或解决问题,紧急援救人员可通过固定在衣服上的小装置来评估环境的危险性。小显示器也正在逐步进入家庭,且形式多种多样,如可编程相架和其他形式的设备,甚至还可戴在用户身上,如功能越来越强大的手表。新一代智能手表,如苹果手表和 Fitbit Surge(见图 10.23),整合了计步器、心率监视器、GPS 和其他先进功能(如文本、电子邮件、日历、语音识别),甚至整合了电子支付选项。

人们通过使用移动设备来不断地积累经验,并逐步提炼各项指南(Ballard, 2007)。在提供有用的设计案例研究、详细的指南方面,工业界一直走在前头,如为安卓设备或 iPhone 开发的详细指南。这类指南文档属于微观 HCI 理论范畴。

Ballard(2007)认为,根据移动设备的预期用途,可将其分为 4 类:(1)通用工作类(类似于 RIM 的黑莓或 Pocket PC);(2)通用娱乐类(关注多媒体特性,如苹果的 iPod);(3)通用通信和控制类(当今电话的扩展);(4)仅完成几项任务的目标设备(如美国 UPS 公司驾驶员使用的 DIAD IV)。移动设备常用于简短的例行任务。因此,关键是要为那些重复的任务优化设计，同时隐藏或消除不太重要的功能。只要可能，就应减少数据输入，并将复杂任务置于桌面。

图 10.23　左图中的苹果手表既支持健身，也支持个人信息管理应用，如电子邮件、日历和电子支付。右图中的 Fitbit Surge 智能手表主要用于个人健身，包括计步器、心率监视器和 GPS

　　研究人员和开发人员稳步扩大移动设备应用程序的范围时，应考虑动作范围的框架。无论应用程序是关于财务的、医疗的，还是关于旅游的，都应考虑以下 5 对动作：（1）监视动态信息源，适时报警；（2）从很多资源收集信息，将信息传送到多个目的地；（3）加入团队，与个人建立联系；（4）发现不可见的服务或选项（如距离最近的加油站），识别看到的对象（如人名或花名）；（5）从本地资源捕捉信息，与未来用户分享。

　　光照较暗或用户视力不佳时，可读性就会较差，此时用户希望能调整字体大小。在小屏幕上阅读时，可以通过快速序列视觉呈现（RSVP）来加以改进，以恒速或以适合于内容的速度来动态显示文本。使用 RSVP 时，尽管对长文本的影响不大，但阅读短文本的速度提升了33%（Öquist and Goldstein, 2003）。

　　对于移动设备，成功的交互设计要求内容适配显示器，包括尺寸和其他参数（色彩深度、分辨率、刷新率）。对于网页设计师而言，这尤为重要，因为人们正越来越多地使用移动设备访问网络。响应式网页设计（RWD）是一种创建网页和网络应用程序的方法，采用这种方法可让设备提供最优化的访问结果。响应式网页设计应遵循如下几个基本原则：（1）以移动优先设计而非桌面设计优先为主，以便设计人员更为了解有限资源的界限；（2）采用不明显的动态行为，以便网站不完全依赖于JavaScript 语言；（3）渐进增强，在网站中部署逐渐强大的功能，可向下兼容旧版本的浏览器，同时充分发挥新浏览器的作用。响应式网页设计在三种不同显示尺寸显示器上的显示效果如图 10.24 所示。

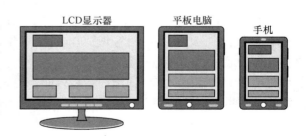

图 10.24　响应式网页设计示例。左侧显示器上的布局，被自动调整为适用中间的平板电脑和右侧的智能手机

　　移动用户通常仅有一只手可用，并用拇指与设备交互。支持单手交互的移动界面指南，内容包括相邻放置目标、允许用户将任务配置为左手或右手操作、目标放置在设备的中心（Karlso et al., 2008）。移动设备应用程序设计人员面临的另一个挑战是设备的日益多样化，因此需要寻找适应多种屏幕尺寸的交互风格，还需要能被多种输入机制激活（QWERTY 键盘及触摸屏、小键盘或方向键）。

　　人们正越来越多地采用移动设备作为信息装置，因此有助于消除数字鸿沟。这些价格低廉的装置，与桌面计算机相比更易于被人们掌握，因此可使更多的人受益于信息和通信技术。在发展中国家，移动技术普及迅速。与提供稳定的电力相比，移动设备需要的本地基础设施较少。对残疾用户来说，移动通信设备提供了设计模态翻译服务的难得机遇。利用移动设备，远程服务能在任何时间、任何地点，提供不同呈现方式的即时翻译，如文字、语音、手语的翻译，以及指纹识别和图像/视频描述服务。残疾人和运动障碍用户将受益于模态翻译。

10.4.6　形变显示器

　　受制造工艺和传统因素的影响，今天的显示器基本上都是平的，但不久的将来这一情形会有所改变。从制造工艺的角度而言，形状显示、数字制造和可编程新技术的出现，会使得许多硬件公司生产出各种形状的显示器。从传统习惯的角度而言，虽然计算机界面长期以来都是平面形式，但人类历史、文化和科技充斥着许多非平面数据与内容的例子，如雕塑、雕像、代币、纪念品、水彩画、奖牌和纪念品等。换言之，未来的显示器不再局限于平面形式，而可能出现变形：可弯曲、移动，不仅能响应虚拟交互，而且能响应物理交互。

　　图 10.25 中给出了未来非平面显示器和形变显示器的一些例子。物理可视化是屏幕上数据图形经渲染后的三维表现形式（Jansen and Dragicevic, 2013）。它们是数据静态物理可视化的例子（http://dataphys.org/），且通常可用 3D 打印机（也可视为一种显示或输出设备）制作。倾斜显示器的出现，撼动了平板液晶显示器的市场地位，这种显示器的动轴上安装了多个小显示器（Alexander et al., 2012）。移动显示器可对数据进行响应，同时显示器本身也可自动操纵。有了这些功能后，显示器就可作为输入设备使用。"纸手机"是柔性显示器的一种探索，它是可弯曲纸张式智能手机的雏形（Lahey et al., 2011）。类似于倾斜显示器，纸手机也是一种输入设备，用户可以为其定义若干手势、控制如何使用和接听电话、浏览通讯录等。图 10.26 显示了 inFORM 动态形状显示器可作为物理可视化的输入和输出设备（Follmer et al., 2013）。

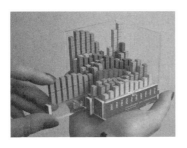

图 10.25　左图显示了复杂数据的可视化实体条形图（Jansen and Dragicevic, 2013）；中图是安装在执行机构上的由多个小显示器构成的倾斜显示器（Alexander et al., 2012）；右图为纸手机，它是一个能弯曲的智能手机原型，支持弯曲交互功能（Lahey et al., 2011）

图 10.26　正使用远程呈现应用的 inFORM 动态形状显示器，它是一
种能响应触摸的受驱形变显示器（Follmer et al., 2013）

从业人员的总结

在选择硬件的过程中，需要不断在理想和现实之间折中。对于什么是输入/输出设备，设计人员有其自己的想法。商业领域由于费用的限制，需要综合考虑多种因素。我们应在不同应用领域中测试这些设备，验证制造商所声明的功能，并听取用户的建议。

新设备层出不穷的同时，旧设备也在不断改进。设备无关的体系结构和各种软件，很容易整合到新设备中。应尽量避免只用一种设备，因为硬件通常是系统中最脆弱的部分。相反，要超越硬件的限制，则更应关注任务本身，而不能只关注执行这些任务的机制。记住，成功的软件思想如果要取得更大的成功，那么这种思想在其他设备上也应能很容易地实现。此外，要通过跨模态允许残疾用户访问系统。需要采用菲茨定律优化性能速度，并考虑采用需要两手的操作。

键盘输入仍会保留，但在文本输入受限时要考虑其他形式的输入。无论是对新用户还是对常用用户来说，采用"选择"方式而非"输入"方式的优点显而易见。对新用户而言，直接指向设备要比间接指向设备更快更方便，且有可能实现精确的指向。但要记住的是，用户很忙时，可能就会单手使用设备。由于简单的手势能触发多个动作，因此今天涌现出了许多前景光明的应用程序。移动设备已成为全球通用的计算平台，许多人在工作和消遣时只使用智能手机。为此，设计人员需要设计出能够响应各种不同设备的"移动为先"的界面。

显示技术发展迅速，用户的期望也随之提高。多点触摸显示器是今天大多数用户所期望的显示器，这种显示器配备了标准的触摸手势库。除移动设备外，大型高分辨率显示器也越来越流行。显示器当前的发展方向是会模糊输入和输出之间界限的形变显示器。

研究人员的议程

新型文本输入键盘可提高输入速度，并降低出错率。要想取代地位稳固的 QWERTY 键盘，新型键盘必须具有压倒性的优势。很多应用程序需要大量的文本输入，或需要在移动设备上运行。对于这些应用来说，仍有机会创建专用设备或重新设计任务，进而用直接操纵取代键盘输入。今天，人们逐渐可通过在线资源的转化或通过抽取数据的方式来完成输入。另一种输入来源是光学识别，如印刷文本、条形码、RFID 标签等。最后，在应用指向功能的各种情况下，虽然不可能真正地"击败"菲茨定律，但仍有许多方法来完成任务。

可用显示器的尺寸范围不断扩大，因此用户需要能在各种不同设备上运行应用程序，如移动设备、台式机和大型显示墙、平板显示器等。研究人员需要了解如何设计出可塑性界面或多模态界面，以便用户能按照环境、偏好和能力来改进界面。使用多屏幕来提高生产率的策略是什么？将传感器嵌入到环境和很多移动设备中，可提供用户位置或活动信息，因此情境感知应用系统的开发成为可能。这样做优点很多，但在广泛应用前，先要处理好不一致的行为和隐私问题。最后，为充分发挥形变显示器的全部潜能，还需要开展大量的研究。

万维网资源

输入/输出计算硬件是重点产业，每家制造商都有自己的网站和资源。键盘和指向设备的主要制造商如下：

- 罗技：http://www.logitech.com/
- 微软：http://www.microsoft.com
- 戴尔：http://www.dell.com

今天，触摸屏无处不在。没有哪家公司占主导地位，但 Wacom 长期以来一直是图形平板电脑的领跑者：

- Wacon: http://www.wacom.com

大型触摸屏（如桌面显示器和大型显示墙）的品牌包括：

- SMART Technologies：http://www.smarttech.com
- 微软：http://www.microsoft.com

最后，Trace Center 中提供许多可以访问的优质资源：

- Trace Center: http://trace.wisc.edu/

参考文献

Accot, Johnny, and Zhai, Shumin, More than dotting the i's: Foundations for crossing-based interfaces, *Proceedings of the ACM Conference on Human Factors in Computing Systems*, ACM Press, New York (2002), 73–80.

Alexander, Jason, Lucero, Andrés, and Subramanian, Sriram, Tilt displays: Designing display surfaces with multi-axis tilting and actuation, *Proceedings of the ACM Conference on Human Computer Interaction with Mobile Devices and Services*, ACM Press, New York (2012), 161–170.

Andrews, Christopher, Endert, Alex, Yost, Beth, and North, Chris, Information visualization on large, high-resolution displays: Issues, challenges, and opportunities, *Information Visualization 10*, 4 (2011), 341–355.

Ardito, Carmelo, Buono, Paolo, Costabile, Maria Francesca, and Desolda, Giuseppe, Interaction with Large Displays: A Survey, *ACM Computing Surveys 47*, 3 (2015), 46.

Azenkot, Shiri, Wobbrock, Jacob O., Prasain, Sanjana, and Ladner, Richard E., Input finger detection for nonvisual touch screen text entry in PerkInput, *Proceedings of Graphics Interface*, Canadian Information Processing Society, Toronto, ON, Canada (2012), 121–129.

Badam, Sriram Karthik, and Elmqvist, Niklas, PolyChrome: A cross-device framework for collaborative web visualization, *Proceedings of the ACM Conference on Interactive Tabletops and Surfaces*, ACM Press, New York (2014), 109–118.

Badam, Sriram Karthik, Chandrasegaran, Senthil, Elmqvist, Niklas, and Ramani, Karthik, Tracing and sketching performance using blunt-tipped styli on direct-touch tablets, *Proceedings of the ACM Conference on Advanced Visual Interfaces*, ACM Press, New York (2014), 193–200.

Balakrishnan, Ravin, "Beating" Fitts' law: Virtual enhancements for pointing facilitation, *International Journal of Human-Computer Studies 61*, 6 (2004), 857–874.

Ballard, Barbara, *Designing the Mobile User Experience*, John Wiley & Sons, New York (2007).

Baudisch, Patrick, and Chu, Gerry, Back-of-device interaction allows creating very small touch devices, *Proceedings of the ACM Conference on Human Factors in Computing Systems*, ACM Press, New York (2009), 1923–1932.

Baudisch, Patrick, and Holz, Christian, My new PC is a mobile phone, *XRDS: Crossroads, The ACM Magazine for Students 16*, 4 (2010), 36–41.

Chapuis, Olivier, and Dragicevic, Pierre, Effects of motor scale, visual scale and quantization on small target acquisition difficulty, *ACM Transactions on Computer-Human Interaction 18*, 3 (2011).

Chapuis, Olivier, Bezerianos, Anastasia, and Frantzeskakis, Stelios, Smarties: An input system for wall display development, *Proceedings of the ACM Conference on Human Factors in Computing Systems*, ACM Press, New York (2014), 2763–2772.

Clawson, James, Lyons, Kent, Rudnicky, Alex, Iannucci, Jr., Robert A., and Starner, Thad, Automatic whiteout++: Correcting mini-QWERTY typing errors using keypress timing, *Proceedings of the ACM Conference on Human Factors in Computing Systems*, ACM Press, New York (2008), 573–582.

Dachselt, Raimund, Häkkilä, Jonna, Jones, Matt, Löchtefeld, Markus, Rohs, Michael, and Rukzio, Enrico, Pico projectors: Firefly or bright future? *ACM Interactions 19*, 2 (2012), 24–29.

Dourish, Paul, and Bell, Genevieve, *Divining a Digital Future: Mess and Mythology in Ubiquitous Computing*, MIT Press (2011).

Dunlop, Mark, and Masters, Michelle, Pickup usability dominates: A brief history of mobile text entry research and adoption, *International Journal of Mobile Human Computer Interaction 1*, 1 (2008), 42–59.

Findlater, Leah, Wobbrock, Jacob O., and Wigdor, Daniel, Typing on flat glass: Examining ten-finger expert typing patterns on touch surfaces, *Proceedings of the ACM Conference on Human Factors in Computing Systems*, ACM Press, New York (2011), 2453–2462.

Fitts, P. M., The information capacity of the human motor system in controlling ampli-tude of movement, *Journal of Experimental Psychology 47* (1954), 381–391.

Follmer, Sean, Leithinger, Daniel, Olwal, Alex, Hogge, Akitmitsu, and Ishii, Hiroshi, inFORM: Dynamic physical affordances and constraints through shape and object actuation, *Proceedings of the ACM Symposium on User*

Interface Software & Technology, ACM Press, New York (2013), 417–426.

Forlines, Clifton, Vogel, Daniel, and Balakrishnan, Ravin, HybridPointing: Fluid switching between absolute and relative pointing with a direct input device, *Proceedings of the ACM Symposium on User Interface Software & Technology*, ACM Press, New York (2006), 211–220.

Grossman, Tovi, and Wigdor, Daniel, Going deeper: A taxonomy of 3D on the tabletop, *Proceedings of the IEEE International Workshop on Horizontal Interactive Human-Computer Systems*, IEEE Press, Los Alamitos, CA (2007), 137–144.

Grossman, Tovi, Dragicevic, Pierre, and Balakrishnan, Ravin, Strategies for accelerating on-line learning of hotkeys, *Proceedings of the ACM Conference on Human Factors in Computing Systems*, ACM Press New York (2007), 1591–1600.

Guiard, Yves, Bourgeois, Frédéric, Mottet, Denis, and Beaudouin-Lafon, Michel, Beyond the 10-bit barrier: Fitts' law in multi-scale electronic worlds, in *People and Computers XV—Interaction Without Frontiers (Joint Proceedings of HCI 2001 and IHM 2001)*, Springer-Verlag, London, UK (2001), 573–587.

Hansen, Thomas Riisgaard, Eriksson, Eva and Lykke-Olesen, Andreas, Use your head: Exploring face tracking for mobile interaction, *Extended Abstracts of the ACM Conference on Human Factors in Computing Systems*, ACM Press, New York (2006), 845–850.

Harrison, Chris, Appropriated interaction surfaces, *IEEE Computer 43*, 6 (2010), 86–89.

Hincapié-Ramos, Juan David, Guo, Xiang, Moghadasian, Paymahn, and Irani, Pourang, Consumed endurance: A metric to quantify arm fatigue of mid-air interactions, *Proceedings of the ACM Conference on Human Factors in Computing Systems*, ACM Press, New York (2014), 1063–1072.

Hinckley, Ken, and Wigdor, Daniel, Input technologies and techniques, in Jacko, Julie, and Sears, Andrews (Editors), *The Human-Computer Interaction Handbook*, Laurence Erlbaum Associates, Mahwah, NJ (2011), 95–132.

Hoggan, Eve, Brewster, Stephen A., and Johnston, Jody, Investigating the effectiveness of tactile feedback for mobile touchscreens, *Proceedings of the ACM Conference on Human Factors in Computing Systems*, ACM Press, New York (2008), 1573–1582.

Hourcade, Juan-Pablo, Bederson, Benjamin B., Druin, Allison, and Guimbretière, Francois, Differences in pointing task performance between preschool children and adults using mice, *ACM Transactions on Computer-Human Interaction 11,* 4 (December 2004), 357–386.

Jacob, Robert J. K., Girouard, Audrey, Hirshfield, Leanne M., Horn, Michael S., Shaer, Orit, Solovey, Erin Treacey, and Zigelbaum, Jamie, Reality-based interaction: A framework for post-WIMP interfaces, *Proceedings of the ACM Conference on Human Factors in Computing Systems*, ACM Press, New York (2008), 201–210.

Jansen, Yvonne, and Dragicevic, Pierre, and Fekete, Jean-Daniel, Evaluating the efficiency of physical visualizations, *Proceedings of the ACM Conference on Human Factors in Computing Systems*, ACM Press, New York (2013), 2593–2602.

Kane, Shaun, Wobbrock, Jacob O., Harniss, Mark, and Johnson, Kurt L., TrueKeys: Identifying and correcting typing errors for people with motor impairments, *Proceedings of the ACM Conference on Intelligent User Interfaces*, ACM Press, New York (2008), New York, 349–352.

Karlson, Amy, Bederson, Benjamin B., and Contreras-Vidal, Jose L., Understanding one handed use of mobile devices, in Lumsden, Johanna (Editor), *Handbook of Research on User Interface Design and Evaluation for Mobile Technology*, Information Science Reference/IGI Global, Hershey, PA (2008), 86–101.

Kortum, Philip (Editor), *HCI Beyond the GUI: Design for Haptic, Speech, Olfactory and Other Nontraditional Interfaces*, Elsevier/Morgan Kaufmann, Amsterdam, Netherlands (2008).

Kristensson, Per Ola, and Denby, Leif C., Text entry performance of state of the art unconstrained handwriting recognition: A longitudinal user study, *Proceedings of the ACM Conference on Human Factors in Computing*

Systems, ACM Press, New York (2009), 567–570.

Lahey, Byron, Girouard, Audrey, Burleson, Winslow, and Vertegaal, Roel, PaperPhone: Understanding the use of bend gestures in mobile devices with flexible electronic paper displays, *Proceedings of the ACM Conference on Human Factors in Computing Systems*, ACM Press, New York (2011), 1303–1312.

Liao, Chunyuan, Guimbretière, François, Hinckley, Ken, and Hollan, Jim, Papier-Craft: A gesture-based command system for interactive paper, *ACM Transactions on Computer-Human Interaction 14*, 4 (2008), 14.

MacKenzie, I. Scott, Kober, Hedy, Smith, Derek, Jones, Terry, and Skepner, Eugene, LetterWise: Prefix-based disambiguation for mobile text input, *Proceedings of the ACM Symposium on User Interface Software and Technology*, ACM Press, New York (2001), 111–120.

MacKenzie, Ian Scott, *Human-Computer Interaction: An Empirical Research Perspective*, Morgan Kaufmann, San Francisco, CA (2013).

McCallum, David, and Irani, Pourang, ARC-Pad: Absolute + relative cursor positioning for large displays with a mobile touchscreen, *Proceedings of the ACM Symposium on User Interface Software & Technology*, ACM Press, New York (2009), 153–156.

McGrath, Will, Bowman, Brian, McCallum, David, Hincapié-Ramos, Juan David, Elmqvist, Niklas, and Irani, Pourang, Branch-Explore-Merge: Facilitating real-time revision control in collaborative visual exploration, *Proceedings of the ACM Conference on Interactive Tabletops and Surfaces*, ACM Press, New York (2012), 235–244.

Mithal, Anant Kartik and Douglas, Sarah A., Differences in movement microstructure of the mouse and the finger-controlled isometric joystick, *Proceedings of the ACM Conference on Human Factors in Computing Systems*, ACM Press, New York (1996), 300–307.

Montemayor, Jaime, Druin, Allison, Chipman, Gene, Farber, Allison, and Guha, Mona Leigh, Tools for children to create physical interactive storyrooms, *ACM Computers in Entertainment 1*, 2 (2004), 12.

Murugappan, Sundar, Vinayak, Elmqvist, Niklas, and Ramani, Karthik, Extended multitouch: Recovering touch posture and differentiating users using a depth camera, *Proceedings of the ACM Symposium on User Interface Software and Technology*, ACM Press, New York (2012), 487–496.

Myers, Brad, Using handhelds for wireless remote control of PCs and appliances, *Interacting with Computers 17*, 3 (2005), 251–264.

Öquist, Gustav, and Goldstein, Mikael, Towards an improved readability on mobile devices: Evaluating adaptive rapid serial visual presentation, *Interacting with Computers 15*, 4 (2003), 539–558.

Oney, Stephen, Harrison, Chris, Ogan, Amy, and Wiese, Jason, ZoomBoard: A diminutive QWERTY soft keyboard using iterative zooming for ultra-small devices, *Proceedings of the ACM Conference on Human Factors in Computing Systems*, ACM Press, New York (2013), 2799–2802.

Papadopoulos, Chariloas, Petkov, Kaloian, Kaufman, Arie E., and Mueller, Klaus, The Reality Deck – An immersive gigapixel display, *IEEE Computers & Graphics 35*, 1 (2015), 33–45.

Pew Research Center, *Emerging Nations Embrace Internet, Mobile Technology*, February 2014.

Raghunath, Mandayam, Narayanaswami, Chandra, and Pinhanez, Claudio, Fostering a symbiotic handheld environment, *IEEE Computer 36*, 9 (2003), 57–65.

Rogers, Yvonne, and Lindley, Siân E., Collaborating around vertical and horizontal large interactive displays: Which way is best? *Interacting with Computers 16*, 6 (2004), 1133–1152.

Rohs, Michael, and Oulasvirta, Antti, Target acquisition with camera phones when used as magic lenses, *Proceedings of the ACM Conference on Human Factors in Computing Systems*, ACM Press, New York (2008), 1409–1410.

Southern, Caleb, Clawson, James, Frey, Brian, Abowd, Gregory D., and Romero, Mario, An evaluation of

BrailleTouch: Mobile touchscreen text entry for the visually impaired, *Proceedings of the ACM Conference on Human-Computer Interaction with Mobile Devices and Services*, ACM Press, New York (2012), 317–326.

Stellmach, Sophie, and Dachselt, Raimund, Still looking: Investigating seamless gazesupported selection, positioning, and manipulation of distant targets, *Proceedings of the ACM Conference on Human Factors in Computing Systems*, ACM Press, New York (2013), 285–294.

Vanderheiden, G., Kelso, D., and Krueger, M., Extended usability versus accessibility in voting systems, *Proceedings of the 27 RESNA International Annual Conference*, RESNA Press, Arlington, VA (2004).

Vogel, Daniel, and Balakrishnan, Ravin, Occlusion-aware interfaces, *Proceedings of the Conference on Human Factors in Computing Systems*, ACM Press, New York (2010), 263–272.

Vogel, Daniel, and Baudisch, Patrick, Shift: A technique for operating pen-based interfaces using touch, *Proceedings of the ACM Conference on Human Factors in Computing Systems*, ACM Press, New York (2007), 657–666.

Wills, Sebastian A., and MacKay, David J. C., Dasher-An efficient writing system for brain-computer interfaces? *IEEE Transactions on Neural Systems and Rehabilitation Engineering 14*, 2 (2006), 244–246.

Wigdor, Daniel, and Wixon, Dennis, *Brave NUI World: Designing Natural User Interfaces for Touch and Gesture*, Morgan Kaufmann (2011).

Wobbrock, J., Myers, B., and Kembel, J., EdgeWrite: A stylus-based text entry method designed for high accuracy and stability of motion, *Proceedings of the ACM Symposium on User Interface Software and Technology*, ACM Press, New York (2003), 61–70.

Wobbrock, J. O., Rubinstein, J., Sawyer, M. W., and Duchowski, A. T., Longitudinal evaluation of discrete consecutive gaze gestures for text entry, *Proceedings of the ACM Symposium on Eye Tracking Research and Applications*, ACM Press, New York (2008), 11–18.

Ye, Hanlu, Malu, Meethu, Oh, Uran, and Findlater, Leah, Current and future mobile and wearable device use by people with visual impairments, *Proceedings of the ACM Conference on Human Factors in Computing Systems*, ACM Press, New York (2014), 3123–3132.

Zhai, Shumin, and Kristensson, Per Ola, Shorthand writing on stylus keyboard, *Proceedings of the ACM Conference on Human Factors in Computing Systems*, ACM Press, New York (2003), 97–104.

第 11 章　沟通与协作[①]

> 走到一起是开始，待在一起是进步，一起工作是成功。
>
> Henry Ford
>
> 去掉 the，只保留 Facebook，这样更简洁。
>
> Justin Timberlake as Sean Parker, The Social Network, 2010

11.1　引言

在当今日益网络化的世界中，与家人、朋友、协作者、同事保持沟通和互动，甚至与宠物进行持续而即时的交流，已非常普遍。沟通与协作系统重新定义了整个生活层面，如工作方式、恋爱方式、外汇管理政策、公民参与方式、软件和其他创意产品的生产、游戏和娱乐、购物、求医、教育等（Rainie and Wellman, 2012）。人际关系的内在激励作用（Deci and flaste, 1995），正驱使着人们在所有层面上与他人进行沟通和交流。

2006 年，Twitter 的最初想法是推出一个微博平台，以便人们通过它发布 140 个字符以内的简短文本消息，介绍他们正在做什么。用户可以订阅其他人的消息，形成一个"发布和订阅"的社交网络。上线 10 年以来，该平台已成为人们分享信息的重要方式，如寻找专家、发布突发新闻的照片和视频、对自然灾害的响应等（Vieweg et al., 2010; Diakopoulos et al., 2012）。这一平台重塑了新闻和信息的传播方式，并逐渐偏离了由专业编辑对内容进行"把关"的传统模式。在 Twitter 上，社交行为、人际关系和算法排序同等重要。Facebook 是另一个重要的社交网络（Boyd 和 Ellison, 2007），2015 年近 15 亿全球用户每月至少登录一次。Facebook 同样改变了信息的生产和消费观，且已证明对人际关系有很大的好处。人们经常参与 Facebook 这类社交网站的目的，是为了和朋友保持联系或加深亲朋好友间的关系，如室友、同学和同事。早期的研究表明，Facebook 能帮助人们奠定社会资本，即拥有持久关系网后个人可获得的一种资源（Ellison et al., 2007）。当 Facebook 和 Twitter 在美国大行其道时，全球其他地区的社交网站和聊天平台也风起云涌，如中国的新浪微博和人人网、俄罗斯的 VKontakte 及韩国的 Kakao Talk。这些平台能让用户以轻松和廉价的方式保持和建立关系。这些平台取得了多方面的积极成果（Burke and Kraut, 2013）。社交网站甚至能提供积极的公共健康成果，如提供社会支持的戒烟计划等（Phua, 2013）。

同样重要的是，设计人员要考虑并说明系统的缺点和负面影响。犯罪分子、恐怖分子和暴虐的政客，都可使用社交网站来实现其邪恶目标。无赖可能会在线欺负或欺骗他人，仇恨组织可能会大肆鼓吹；有些人会沉迷于通信工具而浪费时间；有些人会不经意地分享

[①] Nicholas Diakopoulos 参与了本章内容的编写。

损害他人声誉的照片或其他信息。社交媒体甚至会让某些行为更加泛滥，如跟踪和公开羞辱（Ronson，2015）。轻易相信他人的儿童和青少年，可能会成为恋童癖的目标。自由派和保守派抛开信仰分歧聚集在一起时，思想日趋分化。Sherry Turkle 一直在强调移动通信技术扮演的重要角色，因为它成功分散了生活中人们的注意力（Turkle，2015）。因此，要考虑的重要社会问题是，新沟通方式是如何改变人们的思考方式、建立人际关系和社区的，是如何改变政治组织的。设计人员必须认识到这样的行为和可能的结果，并考虑规避或减轻后果的设计方案。良好的设计、有效的团体领导、详尽的治理政策和策略，会导致更积极的社会成果。

尽管社交网站有很大的知名度，但它只是一种特殊的在线交流方式。2014 年，美国皮尤研究所的一项调查表明，智能手机的五种用途中，4 种与沟通相关，包括文本信息、语音或视频通话、电子邮件和社交网络（Smith and Page，2015）。无论是与朋友或同事聊天、与人协作撰写文件，还是在论坛或 Q/A 网站上发帖、参与团体项目管理、协调真实世界的团体聚会（朋友小聚、文件共享或电话会议等），不同的沟通渠道和工具会适合不同的任务或需求。20 世纪 80 年代，学术界开展了"计算机支持的协作"（CSCW）研究，这项技术可供两人或多人使用。然而，30 年后这一领域使用了替代性术语"社会计算"，它指的是对协作与工作本身不全身心投入的行为、玩游戏和谈情说爱方面的非工作行为等。

人类彼此协作、实现共同目标的能力的大幅度提升，很大程度上要归功于设计师所设计的协作与沟通工具。交互程度、界面上出现的社交提示、通信技术的流畅性，已成为不同上下文中影响使用的设计维度（Baym，2015）。虽然设计只是行为的起点，但人们往往会很快调整沟通技术来满足自己的特定要求。在 Twitter 上引用信息源（一条基本的社交准则）时，需要转发信息的需求促进了语言的创新与简化。由于一条信息不能超过 140 个字符，因此这种做法的目的是节省空间（Kooti et al.，2012）。若干年后，Twitter 才将这一习惯正式化，并建立了直接将信息转发到平台的功能。技术视角下的社会形态反映了这样一个想法：设计师设计的工具无法确定人们如何使用这些工具，它会随着技术的发展而共同演进，并能与人类的目标互动。技术成果来源于多种"效用"及人们利用这些效用应对意外的方式（Baym，2015）。随着人类和技术的共同发展，界面和体验设计必须不断改进。

与单用户界面相比，协作与沟通界面的研究通常更加复杂。用户的多样性会使得控制组内变化的实验很难进行。参与者的物理分布存在巨大差异，会导致实验的进行更为困难。小众心理学、产业与组织行为、社会学和人类学的研究，则提供了有用的研究范例（Lofland 和 Lofland，2005）。内容分析法可用于分析个人发布的消息并对其分类，这不但有助于对内容的理解，还能显示人与人之间的关系（Riffe et al.，2013）。同时，考虑到宏观人机交互问题（见第 3 章），研究沟通平台需要使用科学的数据方法。沟通文本（包括聊天记录）、微博、Facebook 上的帖子和网上的评论，可使用自然语言处理（NLP）算法进行分析。这些方法有助于识别、计数或文本评分（Diakopoulos，2015），比如为文本表达出的积极或消极情绪评分。也可结合使用社会网络分析法和结构化理解法来分析文本（Hansen et al.，2011；Leetaru，2011）。例如，局部网络图已能阐明在线 Twitter 群组之间的结构，如分化的人群、聚集的人群、品牌集群、社区集群、广播或支持网络（见图 11.1）。这些方法能让人们更好地理解个人如何在线组织与沟通，并阐明结构和战略位置或网络中的角色（Smith et al.，2014）。

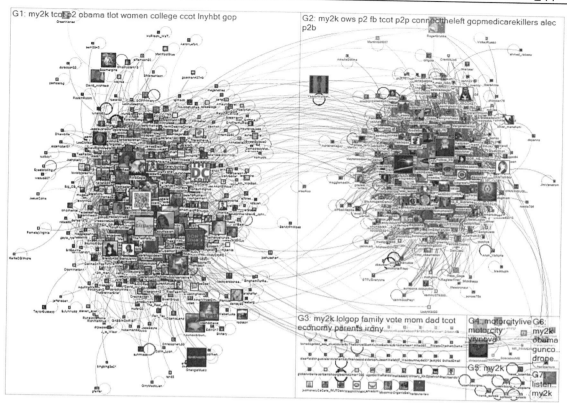

图 11.1　使用 NodeXL 软件实现的网络图，显示了 Twitter 中关于
#My2k 标签（2012 年美国预算的争论）的对话的分化性

　　人们在研究开放的沟通网络时，道德问题成了首要问题。因为人们在分享敏感的个人信息时，并未意识到研究人员可以对这些信息进行挖掘和分析，并用于其他目的。研究人员须慎重考虑是否应该匿名，并且要从此后发布的分析结果中，去掉那些可识别的信息（Bruckman et al., 2015），还要考虑研究中普遍存在的风险和收益。Facebook 的一项研究表明，用户的情绪会受到新闻所传递的积极或消极因素影响（Kramer et al., 2014），这一结论引发了人们对实验伦理的质疑。研究人员对在线数据进行调查后，发现在若干道德准则中存在几条共识：告知参与者为何要收集数据，与参与者共享研究结果，从数据集上删除个人信息，与外部人员分享信息保持谨慎（Vitak et al., 2016）。学习其他平台会带来额外的挑战，比如缺少对界面的控制，无法获知平台在 A/B 测试中是如何转换的及动态性如何（见 5.3.4 节）。克服这些问题的一种方法是开发专用的社交软件，建立用户群，在网络空间中保留真正的资源。这种方法实现起来很困难，但也有取得成功的项目，如明尼苏达大学的 GroupLens 项目已经能对推荐系统进行大规模研究，并且能将这种方式应用到其他在线社区。

　　11.2 节给出的模型可为设计空间中的新用户提供一些帮助。11.3 节根据不同的协作与沟通目标，说明设计如何才能适应不同的用户需求。11.4 节探讨沟通与协作技术的一些设计考虑和挑战。

11.2 协作模型

典型数字原住民的一天如下：起床，查看社交网络账号了解最新消息，去上班，合作编写报告，与同事谈论新来的实习生，在 Q/A 网站上发一个报告所用的统计测试帖，然后在下班途中给一位重要人物发一条短信沟通晚餐计划，晚餐后查阅待看电影的大众点评。这些活动都取决于沟通（人与人之间交换信息的过程），即使积极的合作中不包括与他人共同完成某件事情。然而，各种沟通与协作引出了一个问题：如何理解设计空间？从设计的角度来看，这些日常活动中的哪些类似、哪些不同？设计的描述性模型或框架，可帮助设计人员正确地理解这一问题，并识别、比较和讨论各种设计背景下的特性与需求。

分解协作界面的传统方式，是采用四象限时间/空间矩阵：同时、同地（如墙壁显示）；同时、异地（如电话会议）；异时、同地（如公开展示）；异时、异地（如电子邮件、论坛讨论、版本控制）。常用术语包括：同步（同一时间）、异步（不同时间）、同地协作（相同位置）、远程（不同位置）。当然，在设计这样的协作工具时，时间和空间都是要考虑的重要方面，但这一矩阵的二元特性似乎有些过于简单。在时间方面，现代沟通工具如 Slack 或 Facebook，都模糊了异步消息传递与同步聊天之间的界限，没有明显的异步或同步。

下面介绍协同行为模型（MoCA），它是在中间层和宏观层面运行的现代框架。协同行为模型整合了传统模型，并将传统模型扩展为包含 7 个维度的一个集合，然后演化为深刻理解"协作行为"的模型，并包含了大量目标导向的、传统上人们认为并不管用的行为（Lee 和 Paine，2015）。Lee 和 Paine 将协同行为定义为"相互依赖的两名或多名参与者在各自的活动中，针对某个特定目标通过行为域叠加所做出的努力"。这一定义解释了这样一些场景：参与者通过分散或间接方式进行协作，例如众包或协同推荐引擎。"行为域"对所有参与者不必相同，因为他们会执行不同的任务。下面详细介绍模型的七个维度。图 11.2 中显示了同步性、物理分布、规模、实践社区数、起源、计划持久性和人员调整率。在某些情况下，这些维度会促进人们对沟通工具或平台设计的思考，但协同行为中的性质、品质和初衷，在成功实现目标上通常扮演着极其重要的角色。协作与沟通系统的通用设计，可针对所有维度为用户灵活地提供服务。

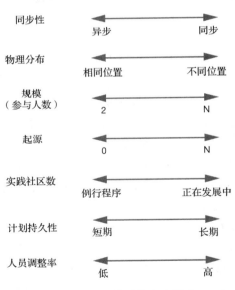

图 11.2　MoCA 模型的七个维度

11.2.1　同步性

在同步性的整个范围内，都会发生协同行动，例如从完全异步的行为到完全同步的行为。重要的是，这一维度允许的行为混合了同步和异步行为，而不会在两个极端之间强加明显的边界。正在进行的工作流程和异步交互的大环境中，通常会包括间歇的同步活动（Olson and Olson，

2000）。沟通信道更为同步的例子包括语音或视频会议（如 Skype），更为异步的例子包括消息系统、Q/A 论坛（如 iMessage 和 Stack Overflow）。信道的同步性（即信道间的延迟）也会对语境或社会期望产生影响。我们可以想象用户正通过电话以近乎同步的方式与他人沟通，而对方的回复出现了很长延时的情形。也许对方这时分心了，导致聊天从同步转为了异步。

较新的项目管理工具反映了这样一个想法，即协作往往需要结合使用异步通信与同步通信，同时允许用户在这一范围内进行选择。Google Docs（谷歌文档）是让协作者共同编写文本的一个写作计划，它能让不同用户在不同时区或工作时段异步完成写作，还允许多用户实时编辑。此外，需要同时工作并解决问题，内置的聊天功能可让协作者交换信息，讨论可能需要进行的各种编辑（见图 11.3）。

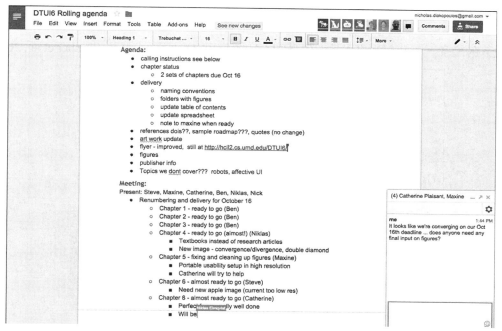

图 11.3　多个用户同时编辑一个文档的 Google Docs 界面。注意，不同用户的颜色标志提供谁在编辑文档的某个特定部分的反馈。右下角的聊天框可邀请多名用户针对文档同步地交谈

11.2.2　物理分布

团队协作可在多种场合实现，从共用一张办公桌到同一个房间、建筑、校园、城市、国家、大陆或星球。因此，可以说协作是物理分布的。尽管用户能使用互联网的所有信道，但协作者的实际物理分布情况才是关键（Olson and Olson, 2000）。亲临现场能消除沟通的意外，有助于营造融洽的关系，而这无法通过其他渠道获得。有时，这类饮水机旁边闲聊所建立的信任感，对项目的成功而言不可或缺。

不同的物理位置通常存在文化上的差异，它可能包含对事物的期望，如谈话中的停顿、发言的顺序等（Olson and Olson, 2013）。在不同国家中，节日安排或工作时间可能会有所不同。例如，在中东的部分地区，星期天为工作日，而在美国却不是。由于时区的原因，同步通信通常很难实现，因此很难找到对所有人都方便的时间：在挪威下午 5 点打电话，在加利

福尼亚却是早晨 8 点。极端情况下，某个工作日可能对任何人都不方便。因此，问题就出现了：如果找不到大家都方便的时间，团队中谁应最不方便呢？

11.2.3　规模

参与人数或协作规模，是影响交互性质和类型的一个重要维度。例如，与一人协作撰写论文并在维基百科上发表，与 10 人或 100 人协作相比，差别巨大。在小规模协作中，每人都能知道其他人的名字，但在大规模的集体协作中，个人之间事实上很少直接联系。许多人可能偶尔才会进行短暂的接触，如投票时。维基百科管理的通常是大规模的贡献，即不同用户能按不同的粒度做出自己的贡献，如修正拼写错误或补齐逗号，从结构上重构文章（见图 11.4）。在传统的组织中，处理规模较大任务的典型做法是，引入分解任务的层次结构，并明确权责。层级任务的分解、工作整合和质量监督一直都在大规模协作中探讨，如 Crowdwork（Kittur et al., 2013）。随着投入的增加，要确保产出成功，领导和专家的作用会变得非常明显（Luther et al., 2010）。

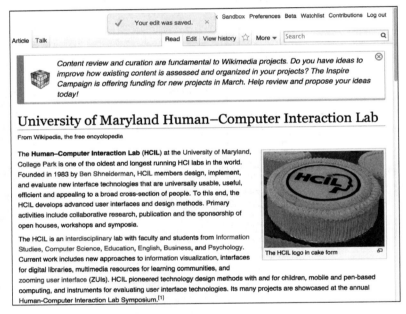

图 11.4　编辑后的维基百科页面。在页面顶部的用户界面选项卡中，用户可快速访问"编辑"标签，直接编辑，然后保存新版本的页面。要查看详细的编辑决策，首先要点击"谈话"标签来与其他编辑进行讨论

11.2.4　实践社区的数量

实践社区指的是，随着时间的推移，若干人互为老师和学生，形成一致的价值观、规范和实践，进而形成一个小组（Wenger, 1998）。小组或团队可能会反映多个不同的实践社区，这些社区须携手共进，为共同的目标而协同工作。其中，跨学科这一概念很关键：科学家围绕某个绝妙的创新成立一家公司时，需要其他学科的人才，如工程、法律、会计、通信、商业等，以便将想法变为产品。然而，不同实践社区的思考方式和所用术语存在不同。例如，对工程师而言，"代码"才是计算机能够解释的内容；而对于法律人士来说，则可能是需要引用的一条法令。不同社区有着不同的目标、不同的标准或不同的工具，它们反映了不同的教

育模式。极端情况下，一个小组可能仅由单个实践社区构成；另一种极端情况是，世界各地的人差异巨大，他们可能来自不同的学科，有着不同的工作方式，说着不同的语言，并习惯了不同的合作文化，但依然会走到一起。在不同的团队工作，意味着可能需要连接不同的实践社区。

11.2.5　起源

新团体不断涌现，并协调彼此之间的行动。与此同时，另一些人则常年遍布于全球各地。部分新生群体的存在时间很短，比自然灾害应急小组；而有些群体可能会存在多年甚至数十年。起源的含义是，协同行为已发展到何种程序并成为例行程序，或协同行为还未建立而正在发展之中。例如，早期的不同（和潜在不同）团队成员，可能需要调整目标并寻找共同点。协作组织中出现的小组、团队或社区，通常一直处于变化中，但这并不是说长时间存在的社区就不会继续发展。日常工作期间可能需要突然适应新要求、情景或规范。研究表明，在小组生命周期的早期，根据创始人的特征和行为往往能预测小组存在的时长（Kraut 和 Fiore，2014）。根据经常性的某些行为，例如小组中存在多名管理者、在最初阶段就确定小组的目标和组徽，往往也可预测小组的生存情况。

11.2.6　计划持久性

有些协同行为是短期的，有些则是长期的。例如，应对危机事件可能要花几小时、几天、几周、几个月甚至几年的时间。基于所需响应事件的规模，时间跨度最初可能就会与事件响应契合。不论合作是临时的还是永久的，参与者都需要建立共享的词汇库，协调工作实践和输出。参与者知道协同行为要持续较长时间时，就会开始制定标准，统一不同社区实践形成的意见。在为长期合作制订计划时，制定管理工作框架或政策并达成共识，往往需要更大的开销。

11.2.7　人员调整率

人员调整率是指合作中人的稳定性，即新参与者加入协作和离开协作有多频繁。协同行为一方面表现为彼此协作，人员流失率很低，如学校管理人员的电子邮件列表；另一方面表现为新人不断加入和离开，如不需要注册的网上讨论板块。例如，《经济学人》的博客曾进行了一项在线评论调查的分析，分析表明在超过 8 个月的时间里，约 79% 的用户只会评论一次，即只有较少的群体（21%的用户）会反复评论（Hullman，2015）。这样高的人员调整率，以及稳定的新人进入率，可能会对制定政策、行为预期及群体规范造成困难。解决这一问题的设计方法之一是，为用户发放在社区中有使用权的证书，或以其他方式将用户标记为"已验证用户"或"受信用户"（见图 11.5）。另一种方法是营造一种积极的氛围，并与社区已有成员互动（Morgan et al.，2013）。

图 11.5　DUST 虚拟现实游戏中使用的三个证书（http://fallingdust.com），提示协作期间要完成不同的目标

11.3 具体目标和语境

人们之所以协作，是因为协作本身令人满意，或协作的成果富有成效。协作可让人获得只在与他人进行社交和互动时才会获得的情感回报。一个人在协作中可以实现更高的目标，而这是单打独斗无法实现的。本节探讨 MoCA 模型维度，并把该模型与工作产生的不同语境关联起来，实践宏观人机交互的想法。用户关注的目标和任务的不同时，语境也不同，同时它还与社会和物理环境和 MoCA 的维度有关。

11.3.1 沟通与对话

多数人每天进行的基本协同行为，是通过对话与他人交换想法、信息和知识。用户表达想法、信息和知识的方式有多种：声音、文字、表情、肢体动作。不同的对话工具可能会采取不同的方式，但人们会利用他们可能用到的任何渠道。例如，打电话时，用户无法通过皱眉来表达不同意见，但在进行 Skype 视频会议时，用户就能借助于脸部表情、手势、身体姿势或注视方向来表达想法。同时，用户打电话时如果不高兴，即使无法表现出不悦的表情，仍然可通过调节自己的声音来表达分歧。临场感（见第 7 章）则更进一步，它能提供视图全景和逼真的体验（如三维虚拟现实），或用机器人把一名参与者物理延伸到另一名参与者的空间中。物理环境、参与者的移动性、视觉反馈和其他一些因素，都是这些系统的设计维度（Rea et al., 2015）。

图 11.6 Snapchat 是一个允许对照片构图、涂鸦和添加表情的应用程序，照片发出后，只能看 10 秒，此后照片消失

对话系统经常会改变其支持的同步度。语音或视频会议系统通常是高度同步的，而聊天系统可支持同步模式或异步模式，但讨论区或电子邮件的群发则很少是同步的。对于简短形式的沟通设计，有些聊天系统中已探讨了交互变化产生的影响。例如，SnapChat（见图 11.6）是一个流行的应用程序，在该程序中，用户可以分享照片、视频等，但这些内容最多 10 秒后就会消失。这就提出了一个有趣的设计问题：如何通过设计来限制"计划的持久性"？

不同对话系统的尺度通常不同：在 iMessage 上与好朋友聊天，和参与电子邮件群发讨论是很不相同的体验，而这与对《纽约时报》上的文章公开发表评论又有不同。在大规模的讨论中，节奏可能会慢一些，用户可能根本不了解其他参与者的身份、声誉、语境或地理位置。在 Twitter 这样的社交网站中，对话是分散的。为将这些对话合并，标签应运而生。标签的使用，使得彼此不相连的用户可通过引用或搜索标签来找到其他人。匿名或缺少持久性标识，可能会导致过激的行为，如诅咒、骂人或其他人身攻击（Diakopoulos and Naaman, 2011）。缺少身份信息，会掩盖实践社区数量的偏差和参与人员的调整率，因此很难建立共同点并共享词汇库。

11.3.2　在线市场

买卖和交易已推动商业发展几千年。但过去 20 年来，随着人们开始网上购物、交易、购买、销售和交货，活动的性质发生了巨大的变化。Amazon、Airbnb、eBay 和 Etsy 这些网上购物公司为用户提供了丰富的选项，不仅可让买家与传统企业建立连接并进行交易，而且可让收藏家、工匠或服务提供商与传统企业建立连接并进行交易，因此交易的范围大为扩大，且允许参与者分布在不同的物理位置。Etsy 的用户可在世界的另一端购买朋克服装，这种购买和从城市的另一端购买那样容易（运费会不同）。此外，市场的同步性往往会更低，因此交易双方可按自己的时间来完成订单。设计有效的在线市场面临的一个重大挑战，是需要与从未谋面的参与者建立信任关系，而此时甚至缺少对方的背景资料。

在线市场中包含有大量的消费者、项目和展示内容，为处理这些信息，人们开发出了协同过滤算法（Linden et al., 2003），这种算法可分析用户的购物行为或偏好，然后找出有着同种购物行为或偏好的其他用户，并为这些用户进行引荐。这样做的目的是，两个用户的喜好和购买行为类似时，他们可能会为对方提供中肯的产品建议。协同过滤是一种隐式协作：两个人可能从未直接联系过，甚至不认识对方，因此彼此之间完全匿名。网上市场还出现了其他一些反馈形式。例如，eBay 采用了分数反馈

星型	颜色	分数范围
☆	黄	10～49
★	蓝	50～99
★	蓝绿	100～499
★	紫	500～999
★	红	1000～4999
★	绿	5000～9999
★	黄（带拖尾）	10 000～24 999
★	蓝绿（带拖尾）	25 000～49 999
★	紫（带拖尾）	50 000～99 999
★	红（带拖尾）	100 000～499 999
★	绿（带拖尾）	500 000～999 999
★	银（带拖尾）	1 000 000及以上

图 11.7　eBay 评级范围中使用的图标，它对应于不同的积极反馈

形式，计算方法是用+1 分表示积极评价，−1 分表示负面评价，分数以不同颜色和不同样式的星形图标显示在用户的账号旁，因此用户能迅速评估他们是否愿意与对方交易（见图 11.7）。

11.3.3　会议协调

用户有时仅使用通信工具就能协调真实会议的时间和地点。采用这些工具，用户可以创建小组和社区，然后在需要时在现实生活中聚集并协调。一个有说服力的例子是 Meetup 平台。该平台的网站宣称，2015 年通过为那些自发的组织提供帮助，每天召开了 9000 多次本地小组会议。这个平台能安排会议的时间和地点，能为小组成员发送电子邮件，能记录 RSVP（回复情况）和管理考勤，能在活动后上传和共享照片与视频，并提供时事评论、信息共享。Meetup 明确地将目标定位于为"物理分布"相对较近的社区提供帮助，如同一城市中的不同社区。网站的功能主要面向同步范围中的异步端（即同步事件的异步规划），它非常适用于快进快出的用户，以便他们能按自己的时间来规划事件。这个平台的维度仍不可知，如社区数量、人员周转率和计划持久性。因此，小组领导有很大的灵活性，可根据需求来定义自己社区的范围。

另一种非常受欢迎的会议协调平台是在线交友网站，但这种工具的需求与 Meetup 平台的需求非常不同，如该平台将会议的规模限定为两人。潜在的"伴侣"需要通过某些方式来打

破僵局，这种情况有时甚至会很尴尬。他们需要采取的方式是有时是同步聊天，而有时异步聊天，并且还能根据自己的情况安排时间。用户描述自身身份和个性的方式很重要。2015年年底，eHarmony 称许多人通过其网站相识，且每天成全了 438 对新人。OKCupid 网站则称每天有 700 多万人交换消息。然而，交友网站由于语境需求特殊，因此与普通社交网络的需求完全不同。用户的调整率相当高，因为老用户牵手成功后就会退出平台。渴望与另一半见面，意味着要有效地过滤物理上分布的配对，这是一个关键因素。所提供通信类型，需要为"计划持久性"的整个范围（单一的信息交换到直接会面，再到发展为伴侣）提供完整的支持。平台交流要能随交互计划持久性的变化而变化。

11.3.4　创造性作品

不论是开发新软件、编写在线百科全书、编辑动画电影，还是实施跨国科学实验、大型创新性项目，都需要用户协作才能完成。因此，需要将工作分解为多个部分，然后重新组合，规划突发事件和依存关系，保证质量，使用不同的角色和技能，并实施相应的管理工作来支撑这些任务。创造性作品往往涉及原创和创新，且有时并没有清晰的发展方向，因此这时小组领导就会显得特别重要。创造性协作包括上面提到的一些情景，如沟通、会议协调等。此外，通常还需要基本信息（如数据或媒体），并要在创造性工作时对基本信息进行管理。例如，移动应用程序 Bootlegger（见图 11.8）通过视频协作和协调，来收集和编辑现场活动。在其他应用中，访问控制功能非常重要，即某些特定阶段或特定任务只允许部分参与者参与（Olson and Olson, 2013）。很多平台和工具可促进这些活动，如社交编码平台 GitHub、文件共享工具 Dropbox，以及项目管理工具 Slack 和 Basecamp。

可能性无处不在，在 MoCA 框架的设计维度内的任何位置，都或多或少地存在协同创新活动。例如，"规模"可能是几名软件开发人员共同开发某个开源工具，也可能是上百人合作开发 Mozilla Firefox。工作的物理分布往往非常广泛，因此无论参与者在什么位置，创造性项目都能找到。通常，为召集具有不同才能的参与者，实践社区的数量通常会多于 1 个，例如让动画师、声效设计师和程序员在交互游戏中共同工作。因此，需要领导和经验来协调针对同一项目协作的不同参与者（Luther et al., 2010）。

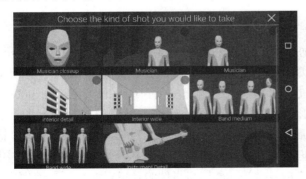 

图 11.8　Bootlegger 应用程序，它可让用户协作完成现场活动的视频创作工作

11.3.5　众包与外包

越来越多的网络服务商开始为人们提供有偿性的服务，因此成了在线承包商。虽然可用

的外包平台很多，如 Fiverr、CrowdFlower 或 TaskRabbit，但最有代表性的一个有偿外包系统是亚马孙的 Mechanical Turk 平台，其中"请求者"发布任务（HIT，即人类智能任务）、费用和完成期限，承包商（更常称为 Turker）浏览任务并接下任务。这种方式可让请求者能在很大的物理范围内挖掘劳动力，并能让工人灵活地加入和退出，而不需要明确雇佣关系。众包的形式则与外包稍有不同，众包项目通常是游戏，或通过除金钱外的其他方式来激励用户的国民科学等。例如，纽约公共图书馆发布了一个流行的众包项目，项目要求是让用户将历史档案数字化。需要数字化的图像会放到网络上，访问者点击菜单项后，可输入图像的数字化内容，然后提交即可。仅用 4 个月时间，就完成了 8700 份档案的数字化（见图 11.9）。

Kittur 及其同事（2013）发布的一个外包模型，提出了若干研究领域，包括：任务分解、依赖和汇总的工作流程；匹配任务的人员与技术；领导结构层次的创建；实时任务延迟的支持；同步协作；质量控制；工作和任务设计的兴趣保证；声誉和凭证；动机和奖励。D 许多外包平台上，会出现请求者和承包商之间权利和义务不对等的情况，这表明除了传统的雇佣安排外，还要考虑伦理问题和承包商的权利问题。外包的人员流动率很高，因为承包商可能会根据自身的情况加入或离开。因此，这类工作安排通常倾向于短期项目。Kittur 等人提出的一些研究挑战也涉及 MoCA 框架的维度。例如，如何以高同步性支持外包，如何借助于更多的实践社区来为不同的劳动力分配任务。

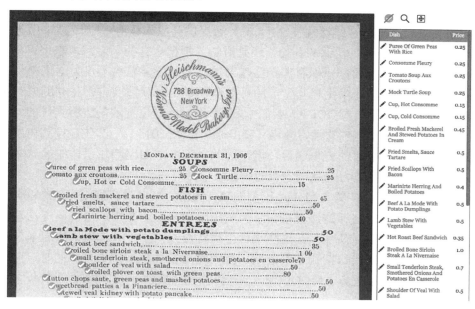

图 11.9　Fleischmann's Bakery 餐馆 1906 年的一份颇具历史意义的菜单。这份
　　　　　菜单由纽约公共图书馆成千上万的众包人员合作，每人独立输入菜单
　　　　　项来完成数字化工作。右侧的用户界面显示了可进行数字化的项目

11.3.6　娱乐和游戏

与他人共同娱乐是人类的天性。今天，许多在线服务和社区可为人们提供这方面的服务，这样的例子有大型多人在线角色扮演游戏《网络创世纪》、《魔兽世界》和《星球大战：旧共和国》等。人们都很喜欢这种沉浸式游戏，无论是幻想类、科幻类还是主题类，因为人们不

仅能享受到传统游戏的乐趣（有目标、得分、升级、竞争和奖励机制），还能在达成目标的过程中体验到社会交往和团队合作。每位玩家都在虚拟世界中控制一个人物，并发展为具有一个独特的身份，进而成为具有独特技能和属性的虚拟人物的化身。例如，在《魔兽世界》中，玩家可以加入行会来完成不同的任务（Rheingold, 2014）。为成功完成任务，行会会协调不同的成员，以便让成员在安全且愉快的环境中进行团队合作。早期关于《魔兽世界》的调查，研究了人们加入游戏行会、结识新人进而拓展真实生活的方式（Williams et al., 2006）。流行的在线情景喜剧《行会》，讽刺了游戏和现实生活的模糊边界。

有趣的是，行会中的一些因素，如规模、人员调整率，是定义所产生的交互性的关键。例如，规模较大的行会，往往是目标导向型的，这与游戏的目标一致。较小的行会通常专注于社会关系（Williams et al., 2006）。行会的出现，有时会造成不同玩家之间的冲突，因为这些玩家对于友谊、分享和领导力有不同的期待。

当然，在线角色扮演和行会行为虽然非常流行，但仅是在线游戏的一个类型。其他在线社交游戏包括一些整合到了社交网站如 Facebook 的游戏，或只为玩家提供入口的游戏，如扑克这样的经典游戏。

11.3.7　教育

近年来，人们对在线交互课程资源产生了浓厚的兴趣，如 Coursera、Udacity 和 EdX。这种课程也称"大规模开放式在线课程"（MOOC），它提供开放式注册，注册人数的范围为 100～10000。不论是对"面对面"授课的补充，还是对学生根据自身的学习需求来进行学习，在线交流和协作系统对于远程教育课程而言，已越来越常见。这类系统不仅为学生提供了获取信息的新方法，而且提供了让学生相互学习的可能性，学生可以共同进行互动测试和考试、完成合作类项目。研究发现， MOOC 中为不同文化、不同地理位置的学生所安排的同步视频讨论工具，可为学习提供更理想的学习效果（Kulkarni et al., 2015）。即使是校园内的课程，通信技术今天也能提供了丰富的协作学习环境，因此在许多方面已超越了传统的课堂教学，譬如在学生之间建立了互联能力，且学生能随时获取学习资料。

MOOC 在线协同教育定义了 MoCA 模型的独特坐标。这种教育规模可能会非常庞大，物理分布也可能相当广泛。这样的课程吸引了大量国际用户，否则用户可能就无法获得教育机会。由于不存在强加的前提条件，在这些平台上进行交互的学生，也可能来自非常不同的实践社区。教育课程包括开始日期和结束日期，持续时间长达数周或数月。同时，围绕某门课程的教育社区会周期性地更新。MOOC 是一个活跃的研究领域，因此需要进行更多的研究来评估教育的拓展问题。

11.4　设计考虑

存在功能列表时，设计人员就需要将其实现为通信和协作系统。为何有些功能很重要？这些功能是如何为任务或交互提供具体支持的？Kraut and Resnick（2012）在其著作《建立成功的在线社区》中给出了很好的建议。书中给出了许多基于证据的设计断言，这些断言关联了许多条件和预期的结果。设计断言的一个例子如下："在网上公开显示多个不恰当行为的例子，可让成员相信这样的行为是常见的且可预期的"，它关联了设计特征（显示不适当的行为）和社区成员对这一信息的预期。这样做很有用。然而，这类设计断言往往会因为没有具体的情境而寸步难行，因此了解设计师设计的情境至关重要，还要考虑参与者的多样性，如个性、文化程度、国际差异等。

本章剩下的内容介绍设计考虑而非一些具体的主张，目的是帮助读者了解为何要考虑每个设计维度。由于设计时需要考虑整个场景中功能和任务的关联性，因此以下内容根据动因来组织设计依据：认知因素、个人因素和协作因素。

11.4.1　认知因素

建立共识　设计人员应通过沟通，达成基本的共识。例如，所说的"这个按钮"或"该菜单"表示的是什么？用户站在某人的旁边并用手指向电梯的一个按钮时，可以肯定地说"这个"就是他指向的按钮。指向对象和引用对象称为"指示参考"或"指示语"。其他形式的参考有通用参考（如"左上"）、确定参考（如组织名称或地名）和详细参考（如"红色按钮"）（Heer and Agrawal, 2008）。用户参与沟通时，应了解这一点。因此，为达成共识，人们需要不同层次的努力（Olson and Olson, 2000）。例如，视频会议的屏幕往往是共享的，因此讨论会有共同的视觉参考。然而，用户说"这个按钮"时，其他人很可能无法理解，或根本不知道他们在说什么，因为在共享屏幕上，可能没有用户提到的"这个"按钮。完整的视频会议中，用户在交谈的过程中常常会用到手势，因此可提供指示信息，使得他们的话更易被他人理解。在社交媒体上，支持引用的方式有多种，如"@用户名"表示引用具体的人名，"#标签"表示引用某个话题，还可使用嵌入式引用，或直接引用其他帖子（见图 11.10）。界面中通常采用评论主线来表示显式引用，这样做的好处是在较大的对话空间中，能很清晰地了解谁对谁进行了回复。设计沟通系统时，应仔细考虑要完成的任务，然后针对这些任务提供不同的支持方式。

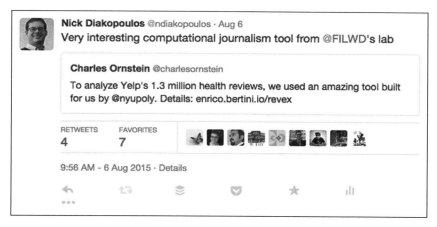

图 11.10　引用能以不同方式嵌入到 Twitter 的网页上，包括引用他人的账户（例中为@FILWD）、引用他人的整段推文，以便为信息提供关键的上下文

社会线索　除了引用外，许多其他的非语言线索也可加强沟通，如面部表情、视线方向、姿势、距离和身体的方向（Baym, 2015）。例如，在视频会议中竖起两个大拇指时，表示参会者完全同意某个建议；皱眉或点头微笑，会向他人传达大量重要的反馈。另外，有些媒体可提供更为丰富沟通方式。然而，即使是对"不那么丰富"的沟通方式（如文本），用户会适应

和发展出多种机制来传达社会线索与情感，其中最受欢迎的是聊天系统中逐渐流行的表情符号。聊天用户通常会组合使用键盘上的常规符号来表达各种情绪。对 Twitter 的研究表明，不同文化中使用的情绪符号各不相同，亚洲文化使用眼状符号来表达愉悦的情绪（如"＾ ＾"表示"快乐"），而西方文化则使用嘴状符号来表示（如":p"表示伸舌头）（Park et al., 2013）。表情符号与情绪符号类似，但所用的是实际图像。在努力满足用户向其他用户表达情感方面，Facebook 于 2015 年末开始尝试结合表情包与帖子，允许表达"爱"、"哈哈"、"是的"、"哇"、"悲伤"和"愤怒"等情感。同时，表情包也出现在手机应用中。然而，在不同的地区，人们所用的表情包也不相同：2014 年 SwiftKey 的一项研究发现，即都使用英语，美国、英国、加拿大和澳大利亚的用户，在使用表情包时也有很大的不同，如图 11.11 所示。

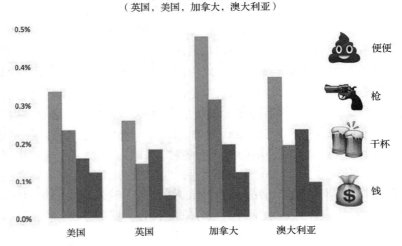

图 11.11　表情符号的跨文化差异

活动意识　社会透明度概念认为，透明的社会行为会推动认知的发展，并最终对人的行为负责（Gilbert, 2012）。透明的社会行为可能包括透明地显示信息，如"谁看到什么"、"谁做过什么"和"谁知道我知道（某件事情）"。例如，围绕共享产品的协作活动中，协作者通常需要了解他人完成了哪些工作（Olson and Olson, 2013）。警报和其他界面信号用于显示哪些事情发生了变化，及这些事情由谁发起（如"Andy 在周一下午 4:23 更新了文档"）。这不仅可让合作者跟踪工作的进展情况，而且提供了一定程度的可靠性。例如，如果最后一次编辑需要撤销，那么整个团队就应了解应与谁探讨这一事件。协同软件产品已广泛进行了感知信息研究。研究表明，新旧程度和活动量的线索、随时间推移的动作序列、对人工制品或人的关注、关于行动的详细信息等，能支持社会判断，譬如兴趣和承诺、行动意图等（Dabbish et al., 2012）。透明的行为也可通过其他人来了解，如人们很容易就可观察到过程的工作方。在 GitHub 中，每个项目页面上的"贡献者"选项卡，都提供活动概述和具体的深入细节，因此可看到个体是对项目做出贡献的方式（见图 11.12）。

中断　沟通渠道的中断会影响沟通本身。例如，在同步电话或视频通话中，糟糕的网络服务造成的不稳定连接时，对话就会中断。恢复沟通的过程有时会令人沮丧，因为在对话中暂停和继续沟通很正常，而技术故障导致的暂停会让人摸不着头脑。通信技术更常导致沟通异步。因此，关于中断人们提出了一个不同的问题：新消息、文本或电子邮件到达时，通常会产生通知用户的新警报。在办公环境中，手机或平板电脑同时闪烁，且计算机屏幕底部的图标同时跳动，这种情况并不罕见。研究检验了中断的设计空间，阐述了各种维度，如中断的对称性、接入性（如集中的或外部的）和时间梯度（如历史、现状或预测可用性），以及其他一些特性（Hincapié-Ramos et al., 2011）。沟通技术融入设计空间的位置，会影响到用户将其整合到工作流中的方式。

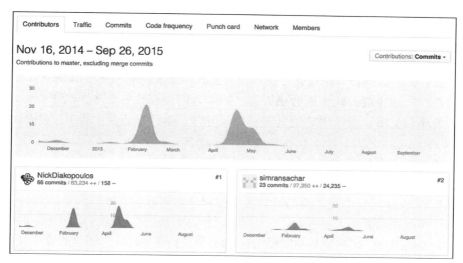

图 11.12　GitHub 仪表板显示随时间变化的活动图表，图中显示了项目的两个活跃用户，包括他们的全部编码活动和时长。通过点击可进入个人用户了解更多的活动细节

11.4.2　个人因素

隐私　系统中，伴随行为感知产生的一个问题是隐私缺失问题。如果系统隐式而非显式地收集用户的动作记录，就会影响到系统的使用和接纳，因为用户不想让他人看到他们的每个微小动作。许多情况下人们需要知道协作项目中的分工是什么，以便提供指导和建议，出现问题时也能方便地查找问题的源头。在社交网站这种开放的论坛中，用户在有些情况下也需要隐私，例如用户需要在特定的环境下谈论敏感话题。"语境崩溃"反映了这样一种可能性，即针对某个特定人群的沟通，实际上超出了这些人群的理解能力。例如，用户并不希望母亲或老板看到她凌晨 4 点在 Mallorca 俱乐部所发的照片，而若是好朋友看到这些照片，她可能会不介意。在 Facebook 上，用户可对隐私内容进行设置，譬如谁能复制他的帖子、谁能看到他的档案、是否要将某个帖子在时间线上隐藏起来、系统是否基于面部识别技术为照片标签提供建议。有时，算法干预可能会侵犯到用户的隐私。例如，分析什么用户在 Facebook 上"喜欢"什么的算法，可以预测许多敏感的个人信息，如性取向、人格特征、种族和心理健康（Lee, 2014）。设计沟通系统时，一定要考虑所处的情境，要能让用户保留不同程度的隐私，还要为用户提供一定程度的控制、适应性或退出机制。

身份　采用不显示身份而将文本或头像当作主要沟通媒介的方式，在线社区开放了许多问题来帮助人们表示和描述自身。例如，在《魔兽世界》这样的网络游戏中，老人可能会扮演一位年轻的女子，青年可扮演圣人和中年魔术师。信息量偏少的媒体渠道，为人们的一个或多个身份表达提供了很大的灵活性。身份最关键的因素之一是姓名的选择（Baym, 2015）。某些情况下，如在金融交易中，需要使用真实姓名，但在有些情况下使用假名甚至匿名可能更为合适。Facebook 这类社交网站采用真名注册方式，但其论坛通常允许人们使用假名。因此，人们在同一个社区中就可用一个或多个身份进行互动，但采用的方式不同。例如，一位富有的律师偶尔会以真实姓名在当地报纸的商业版面发表评论，但有时也会以假名来批评当地的球队。针对不种的评论采用不同的化名，应能很好地满足这位律师的需求。研究表明，匿名消息应用 Whisper 上的特定主题，如 NSFW（"不安全的工作"）、LGBTQ（"女同性恋、男同性恋、双性恋和变性人"）、"毒品和酒精""黑市"，都存在对匿名的强烈需求。在这些内容分类中，与年轻用户相比，年长用户对匿名的需求更为敏感（Correa et al., 2015）。匿名的失控使用，虽然会导致暴力和反社会行为，但可能有助于实验和创新（Bernstein et al., 2011）。此外，匿名在线沟通也能反映人的合法诉求，例如人们可以匿名表达愧疚感和羞耻感、分享敏感的个人健康信息等，否则用户的真实身份公开时，就会担心受到报复（Diakopoulos and Naaman, 2011）。

信任和声誉　与身份相关的是信誉及围绕信誉建立的信任感。信任是指人们对信息（或他人）的依赖。在市场环境中进行商品或服务的买卖和交换时，信任尤其重要。例如，在线挂牌服务提供商 Yelp 的目的是，帮助消费者定位和评估可能会光顾的服务或业务。在该服务中，早期用户可以撰写评论，并进行 1～5 级的评分。系统汇总这些评级和评论，再提交给寻找这类服务的其他用户。用户看到一家餐馆有 742 个评论和平均 4.5 颗星的评分时，那么它将是一个非常强烈的信号：他们有理由相信会在那里享受一顿美食。此外，用户还可通过界面深入挖掘评论，查看个人的网评、评分，了解社会活动和其他用户的反馈，这些措施都有助于评估其信誉（见图 11.13）。如果有人在评价某个餐厅时，给出了非常差的评论，而他之前还撰写了 20 条四星或五星的评论，则表明他一直以来都给出了积极的评价，而这次给出一星评论则表明他在这家餐厅的经历相当糟糕。用户融入这样的大型市场时，信用系统就会跟踪和反映这种评级及其他参与者的评论，因此信用系统已成为参与者沟通信赖体系中的重要组成部分。

动机　像在任何交互式系统中一样，理解人们为什么协作和沟通至关重要。人与人之间保持联系通常有着强烈的内在动机（Deci and flaste, 1995），但人们进行协作和沟通还有许多其他的原因，如无私、互惠、名誉、地位、习惯等（Preece and Shneiderman, 2009）。了解这一点方式是，采用"使用与满足理论框架"（Ruggiero, 2000），它描述了消费者通过媒体来满足特定要求的原因与方式。这个理论框架给出了人们通常能从媒体中找到的满足类型，包括曝光信息、测试个人身份的机会、进行社会交往的机会和纯粹的休闲娱乐。在线新闻评论社区的一项研究发现，参与者被问到是什么激励他们写评论或读评论时，一种满足感溢于言表（Diakopoulos and Naaman, 2011）。在线社区的其他研究也采用了"使用与满足理论框架"，研究人员发现动机可以转换：发现的满足感与最终获得的满足感并不相同（Lampe et al., 2010）。动机还会随时间变化，优秀的设计师了解动机是如何影响社区的人员流动率的。例如，在国民科学背景下，研究表明，影响人们最初决定是否参与的因素很多，如个人兴趣、自我提升和社会责任感等。但是，要使得人们长期参与，则要肯定用户的努力，同时加以指导，并不断提及共同目标（Rotman et al., 2014）。在其他协作情境（如外包）下，金钱奖励会发挥作用（Kittur et al., 2013）。在线社区动机的多样性表明，设计师一定要了解多样性，要通过调查或汇总来更好地理解用户的需求，并在设计用户体验时考虑通用性，以适应用户的不同动机。

图 11.13　Yelp 的用户页面展示了各种社交行为，包括活跃度、评论和照片、"精英"徽章、之前给出的评级、用户评论的反馈（包括主题是否有用或有趣）和其他溢美之词。丰富的信息可以帮助他人了解这位用户的可靠性

领导力　领导力指的是引导或指导一个团队进行活动的能力。领导力在网上环境中非常复杂，因为在这种环境下更难了解他人的行动，进而妨碍发展、保持人与人之间的融洽关系和彼此信任（Olson and Olson, 2013）。任务相互依赖程度很高时，比如不同的团队成员要依靠于彼此的中间工作成果时，领导力就特别重要。领导往往负责制定和管理工作计划，并在问题出现时要调停纠纷，阐明角色与目标，确保正确的团队成员得到正确的信息，监督进度和质量，并执行相关的政策。领导者所在的小组，常常会提出更高层次的小组想法和目标，并在出现问题时承担责任（Preece and Shneiderman, 2009）。协同创新任务研究表明，虽然正式的领导要出席并启动项目，但也可选择不同的领导风格。例如，在小组内可以明确并重新分配领导责任（Luther et al., 2013）。有些系统要进行创意制作或外包，这种系统的设计师应仔细考虑如何给领导授权，以便满足管理小组的需求。

11.4.3　集体因素

越轨　社会规范的定义是，给定社会背景下得体或不得体行为的稳定共识，它描述了他人对各种行为的预期，是个人的行为"规则"（mckirnan, 1980）。群内的哪些内容是可接受的行为，不同的社会、文化和亚文化可能会有自己的社会规范。群内的某名成员违反社会规范时，会被认为是一个越轨行为。故意违反群内规范的人常被称为"怪物"，他们的活动则称为"燃烧"。怪物会发布一些煽动性的言论，有时甚至会干涉和挑衅他人，只为自己而高兴而与其他社区成员对抗（Lee and Kim, 2015）。另一种越轨行为是自私的操纵。例如在网上市场中，操纵者可能会创建虚假账户，实施虚假的伤害，或为提升另一方的信誉而进行虚假评论（kiesler et al., 2012）。在外包平台上，越轨行为可能是授受某项工作后，仅完成工作的基本要求，让发包方又无可指责。人并不完美，在某些情况下，人们可能并未注意到社区的具体规范。因此，设计师必须要详细考虑各种的越轨行为，突出社会规范，减少非规范行为并降低其对社会的影响。

　　审核　网络社区中或多或少存在某种程度的越轨行为，而处理这一问题的方法之一是，由版主评估用户的贡献并对不规模的发帖采取行动。例如，版主可以删除骚扰其他用户的帖子，或将帖子降级。版主既可以像《纽约时报》评论系统中的专业人士，又可以像 Slashdot 网站中的社区成员。在某些情况下，可以采用自动文本分析算法来评估帖子是否存在恶意。Yelp 平台采用算法来自动识别虚假的评论，以便尽量降低其影响。在界面中可以降低虚假评论的重要性，但无法完全将其删除。通常，社区成员能够标记违反社区规范的某些内容，随后让专业人员审查这些标记，最终确定是否发表这些内容（Diakopoulos and Naaman, 2011）。然而，这种方法很难在大型社区中推广。当然，审核系统并不完美，帖子被删的发帖人可能想知道删除帖子的原因。透明的审核标准可为审核流程提供合法性，这样用户就能知道决定的方式（Kiesler et al., 2012）。审核社区对话的另一种技术是暂时或永久地阻止或禁止用户。有时，给用户一段时间来调整其行为是一种行之有效的方法。

　　政策和规范　对于在线社区中的用户来说，政策、规则和规范非常重要。了解政策和规范之后，用户就能知道哪些行为可以接受，哪些行为不可接受，且能保证审核、仲裁或其他决定的透明性。某些渠道或社区的规范并不透明，因此要将政策和规范文档放到醒目之处。例如，社交评论网站 Reddit 在 Reddiquette 中列出了各种行为指南，包括"使用正确的语法和拼写"、"查找原始内容来源"和"发布之前搜索重复的内容"。这些良好的行为准则对新手和现有用户而言非常有用。用户学习并接受规范的另一种方式是，观察和了解其他用户的行为，包括哪些行为会受到惩罚、哪些行为会得到褒奖。系统设计人员要突出这些行为，以便提高系统的可学习性。例如，《纽约时报》网站上会将特殊的评论标记为"时报选择"，表示这是接受该评论的标准。这种方式为评论员和社区中的其他人提供了有价值的反馈（见图 11.14）。执行政策和规范，既可通过技术规则（即系统使其很难违反规则），也可通过规则的社会过程（即有人可能会打破规则，但之后会通过社会过程对其进行处罚，比如上面提到的审核）。在更大范围内对沟通技术进行社会化设计时，需要考虑的一个重要方面是政策和规则的应用方法。用户使用工具的行为方式，不应只是工具的功能问题，还应包括其他参与者（如管理员、版主和其他用户）理解和行动（如何执行项目、如何突出规范）的方式。

图 11.14　《纽约时报》评论系统中，版主采用亮黄色徽章将一些评
　　　　　论标记为"时报精华"，表示它们是可接受的特殊评论

从业人员的总结

　　沟通和协作工具的不断发展，支持了整个人类体验范围内的交互。尽管使用这些工具导致了许多积极的成果，但设计师须认识到这些工具可能会导致负面行为，因此应对其有所准备，并准备一些缓和的备选方案。用户在使用沟通和协作系统时，要了解不同的语境。类似于 MoCA 的模型有助于人们在设计过程中思考各种情景。有些因素会影响到沟通和协作系统的用户体验与可用性。沟通工具的界面和经验设计，要随着人和技术的适应性和发展而持续。

研究人员的议程

　　设计和理解沟通与协作工具时，仍存在大量开放性问题。最重要的是，需要形成一套能将设计决策和特定结果关联起来的预测性理论。与此相关的另一个问题是，沟通与协作系统涉及的组织和社会影响：家庭生活和工作将如何改变？这种技术是恢复社区的社会作用，还是会拉大邻里的距离？患者、消费者和学生所获得的信息是越来越少？对一些重要的社会问题会产生什么样的影响？回答这些问题需要进行长期的观察，并在宏观层面上进行研究。研究人员的兴趣源于大量的未知领域：需要大量理论，难以进行受控研究，大数据分析自身也面临着挑战。总之，研究人员正面临着研究重大问题的机会，且他们的研究成果会在新兴领域产生重大的影响。

万维网资源

　　要培养对沟通和协作工具的直觉，直接使用这些工具将是一种有效的措施。研究人员可以通过很多网站、应用程序来实验，包括：

- Facebook：http://www.facebook.com
- Twitter：http://www.twitter.com
- Reddit：http://www.reddit.com
- Slack：http://www.slack.com
- eBay：http://www.ebay.com

要分析社交网络，可先从 NodeXL 开始，这是一款收集和可视化数据的强大工具：

- NodeXL：http://www.smrfoundation.org/tools/

收集和分析社交媒体数据的工具列表会不断更新：

- Deen Freelon：http://dfreelon.org/2015/01/22/social-media-collection-tools-a-curated-list/

参考文献

Baym, Nancy, *Personal Connections in the Digital Age*. Polity, 2nd Edition (2015).

Bernstein, M., Monroy-Hernández, A., Harry, D., André, P., Panovich K., Vargas, G. 4chan and /b/: An analysis of anonymity and ephemerality in a large online community. *Proceedings of the International Conference on Web and Social Media (ICWSM)*. (2011).

boyd, danah m., and Ellison, Nicole B., Social network sites: Definition, history, and scholarship, *Journal of Computer-Mediated Communication 13*, 1 (2007).

Bruckman, A., Luther, K., and Fiesler, C., When should we use real names in published accounts of Internet research?, in Hargittai, E., and Sandvig, C. (Editors), *Digital Research Confidential: The Secrets of Studying Behavior Online*, MIT Press (2015).

Burke, M., and Kraut, R., Using Facebook after losing a job: Differential benefits of strong and weak ties, *Proceedings of the Computer Supported Cooperative Work and Social Computing (CSCW)* (2013).

Correa, Denzil, Araújo Silva, L., Mondal, M., Benevenuto, F., and Gummadi, K. P., The many shades of anonymity: Characterizing anonymous social media content, *Proceedings of the International Conference on Web and Social Media (ICWSM)* (2015).

Deci, Edward, and Flaste, Richard, *Why We Do What We Do: Understanding Self-Motivation*, Penguin Books (1995).

Dabbish, L, Stuart, C., Tsay, J., and Herbsleb, J., Social coding in GitHub: Transparency and collaboration in an open software repository, *Proceedings of the Computer Supported Cooperative Work (CSCW)* (2012).

Diakopoulos, N., De Choudhury, M., and Naaman, M., Finding and assessing social media information sources in the context of journalism, *Proceedings of the ACM Conference on Human Factors in Computing Systems*, ACM Press, New York (2012).

Diakopoulos, N., and Naaman, M., Towards quality discourse in online news comments, *Proceedings of the Conference on Computer Supported Cooperative Work (CSCW)* (2011).

Diakopoulos, N., Picking the NYT picks: Editorial criteria and automation in the curation of online news comments, *#ISOJ Journal* (2015).

Ellison, N., Steinfield, C., and Lampe, C., The benefits of Facebook "friends:" Social capital and college students' use of online social network sites, *Journal of Computer-Mediated Communication (JCMC) 12* (2007).

Gilbert, E., Designing social translucence over social networks, *Proceedings of the ACM Conference on Human Factors in Computing Systems*, ACM Press, New York (2012).

Hansen, D., Shneiderman, B., and Smith, M., *Analyzing Social Media Networks with NodeXL: Insights from a Connected World*, Morgan Kaufmann (2011).

Heer, J., and Agrawal, M., Design considerations for collaborative visual analytics, *Information Visualization 7* (2008), 49–62.

Hincapié-Ramos, J. D., Voida, S., and Mark, G., A design space analysis of availability-sharing systems, *Proceedings of the Symposium on User Interface Software and Technology (UIST)* (2011).

Hullman, J., Diakopoulos, N., Momeni, E., and Adar, E., Content, context, and critique: Commenting on a data visualization blog, *Proceedings of the Computer Supported Cooperative Work and Social Computing (CSCW)* (2015).

Kiesler, S., Kraut, R., Resnick, P., and Kittur, A., Regulating behavior in online communities, in Kraut, R., and Resnick, P. (Editors), *Building Successful Online Communities: Evidence-Based Social Design*, MIT Press (2012).

Kittur, A., Nickerson, J., Bernsetin, M., Gerber, E., Shaw, A., Zimmerman, J., Lease, M., and Horton, J., The future of crowd work, *Proceedings of the Computer Supported Cooperative Work and Social Computing (CSCW)* (2013).

Kooti, Farshad, Yang, Haeryun, Cha, Meeyoung, Gummadi, Krishna P., and Mason, Winter A., The emergence of conventions in online social networks, *Proceedings of the International Conference on Web and Social Media (ICWSM)* (2012).

Kramer, A., Guillory, J., and Hancock, J., Experimental evidence of massive-scale emotional contagion through social networks, *Proceedings of the National Academies of Science (PNAS) 111,* 24 (2014).

Kraut, R., and Fiore, A., The role of founders in building online groups, *Proceedings of the Computer Supported Cooperative Work and Social Computing (CSCW)* (2014).

Kraut, R., and Resnick, P., *Building Successful Online Communities: Evidence-Based Social Design,* MIT Press (2012)

Kuklarni, C., Cambre, J., Kotturi, Y., Bernstein, M., and Klemmer, S., Talkabout: Making distance matter with small groups in massive classes, *Proceedings of the Computer Supported Cooperative Work and Social Computing (CSCW)* (2015).

Lampe, C., Wash, R., Velasquez, A., and Ozkaya, E., Motivations to participate in online communities, *Proceedings of the ACM Conference on Human Factors in Computing Systems,* ACM Press, New York (2010).

Lee, Charlotte, and Paine, Drew, From the matrix to a model of coordinated action (MoCA): A conceptual framework of and for CSCW, *Proc. Computer Supported Cooperative Work and Social Computing (CSCW)* (2015).

Lee, Newton, *Facebook Nation: Total Information Awareness,* 2nd Edition, Springer (2014). Lee, So-Hyun, and Kim, Hee-Woong, Why people post benevolent and malicious comments online, *Communications of the ACM 58,* 11 (November 2015).

Leetaru, K., *Data Mining Methods for the Content Analyst: An Introduction to the Computational Analysis of Content,* Routledge Communication Series (2011).

Linden, G., Smith, B., and York, J., Amazon.com recommendations: Item-to-item collaborative filtering, *IEEE Internet Computing 7,* 1 (2003).

Lofland, L., and Lofland, L., *Analyzing Social Settings: A Guide to Qualitative Observation and Analysis,* 4th Edition, Wadsworth Publishing (2005).

Luther, K., Caine, K., Ziegler, K., and Bruckman, A., Why it works (when it works): Success factors in online creative collaboration, *Proceedings of the ACM Conference on Supporting Group Work (GROUP)* (2010).

Luther, K., Fiesler, C., and Bruckman, A., Redistributing leadership in online creative collaboration, *Proceedings of the Computer Supported Cooperative Work and Social Computing (CSCW)* (2013).

McKirnan, D., The identification of deviance: A conceptualization and initial test of a model of social norms, *European Journal of Social Psychology 10,* 1 (1980), 75–93.

Morgan, J., Bouterse, S., Walls, H., and Stierch, S., Tea and sympathy: Crafting positive new user experiences on Wikipedia, *Proceedings of the Computer Supported Cooperative Work* (CSCW) (2013).

Olson, Gary, M., and Olson, Judith S., Distance matters, *Human-Computer Interaction 15,* 2 (2000), 139–178.

Olson, Judith S., and Olson, Gary M., *Working Together Apart: Collaboration over the Internet,* Synthesis Lectures on Human-Centered Informatics (Ed. John M. Carroll) (2013).

Park, J., Barash, V., Fink, C., Cha, M. Emoticon Style: Interpreting differences in emoticons across cultures. *Proceedings of the International Conference on Web and Social Media (ICWSM).* (2013).

Phua, J., Participating in health issue-specific social networking sites to quit smoking: How does online social interconnectedness influence smoking cessation self-efficacy? *Journal of Communication 63* (2013), 933–952.

Preece, J., and Shneiderman, B., The Reader-to-Leader Framework: Motivating technology-mediated social participation, *AIS Transactions on Human-Computer Interaction 1,* 1 (2009).

Rae, I., Venolia, G., Tang, J., and Molnar, D., A framework for understanding and designing telepresence, *Proceedings of the Computer Supported Cooperative Work and Social Computing (CSCW)* (2015).

Rainie, Lee, and Wellman, Barry, *Networked: The New Social Operating System,* MIT Press (2012).

Rheingold, Howard, *Net Smart: How to Thrive Online,* The MIT Press (2014).

Riffe, D., Lacy, S., and Fico, F., *Analyzing Media Messages: Using Quantitative Content Analysis in Research,* 3rd

Edition, Routledge Communication (2013).

Ronson, J., *So You've Been Publicly Shamed*, Riverhead Books (2015).

Rotman, D., Hammock, J., Preece, J., Hansen, D., Boston, C., Bowser, A., and He, Y., Motivations affecting initial and long-term participation in citizen science projects in three countries, *Proc. iConference* (2014).

Ruggiero, T., Uses and Grats theory in the 21st century, *Mass Communication & Society 3,* 1 (2000).

Smith, M. A., Rainie, L., Himelboim, I., and Shneiderman, B., Mapping Twitter topic networks: From polarized crowds to community clusters, *Pew Research Center Report* (2014).

Smith, A., and Page, D., U.S. smartphone use in 2015, *Pew Research Center Report* (2015). Turkle, S., *Reclaiming Conversation: The Power of Talk in a Digital Age*, Penguin Press (2015). Vieweg, S., Hughes, A. L., Starbird, K., and Palen, L., Microblogging during two natural

hazards events: What Twitter may contribute to situational awareness, *Proceedings of the Conference on Human Factors in Computing Systems (CHI)* (2010).

Vitak, J., Shilton, K., and Ashktorab, Z., Beyond the Belmont Principles: Ethical challenges, practices, and beliefs in the online data research community, *Proceedings of the Computer Supported Cooperative Work and Social Computing (CSCW)* (2016).

Wenger, Etienne, *Communities of Practice: Learning, Meaning, and Identity*, Cambridge University Press (1998).

Williams, D., Ducheneaut, N., Xiong, L., Zhang, Y., Yee, N., and Nickell, E., From tree house to barracks: The social life of guilds in *World of Warcraft, Games and Culture 1* 4 (2006).

第四部分

设计问题

概要

设计问题，既能使用户体验复杂化，又能提升用户体验。设计者确定使用什么样的交互风格的组合后，要遵循形成用户界面初步版本的开发过程，并在整个过程中不断获得反馈。设计者乐于修改设计，以便增加设计价值、提升系统接受度和成功的可能性。

最终目标是提高用户体验。第 12 章不仅介绍了有关用户体验评价标准的功能问题，而且也为不同的风格留出了空间以适应各种客户：陈列设计、橱窗设计、网页设计、色彩设计、非拟人化设计和错误信息。第 13 章深入阐述了用户体验的提升，说明了时间敏感性是成功用户界面设计的关键。人性如此，缓慢的系统响应会让人有挫折感并且易犯错。本章还介绍了一些注意事项，以确保系统的响应时间满足或优于用户需求。

第 14 章介绍了文档和用户支持的重要性。虽然人们逐渐不再大量使用打印文档，并且也没有地方存放打印文档与移动设备，但仍然需要不同格式的写作良好且全面的帮助文档（包括在线帮助）。有了恰当的工具集，用户就可快速掌握他们不熟悉的系统功能，最终提高他们的用户体验。

用户界面设计中，成功的关键在于如何表示和管理信息。用户能找到所要的信息，并能迅速理解屏幕上所示信息的深层含义，因此可以提高生产力，且使用系统时也会充满乐趣和享受。第 15 章首先介绍了强大搜索能力的重要性，包括搜索文本技术、数据库技术和多媒体技术。第 16 章介绍了如何以图表方式来表示数据，以便充分利用人类的感知特性，轻松掌握可用数据并理解数据，还介绍了构建信息可视化设计的分类法，以保证用户在不需要自己重新处理或重构数据的情况下，就能轻易地操纵它们。

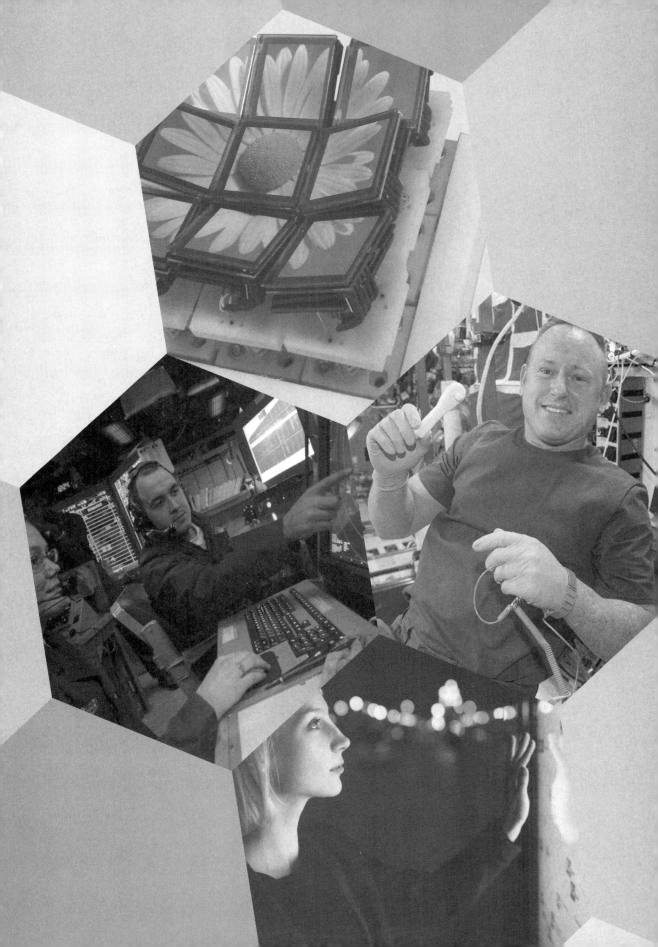

第 12 章　提升用户体验

语言，有时是一种能衡量精度的敏感仪器。借助于语言，可以完成精确的操作，触碰转瞬即逝、难以捉摸的真理。

Helen Merrell Lynd, *On Shame and the Search for Identity*

12.1　引言

界面设计越来越类似于设计学校所讲授的艺术、时尚和技术。在智能手机、平板电脑、超薄笔记本电脑和可穿戴时代，设计竞争正在加剧。早期的汽车注重于功能，例如福特汽车创始人亨利·福特可能会开玩笑地说：只要客户想要黑色的车，他们就可以选择任何颜色。然而，现代汽车设计师已学会了如何在功能和时尚之间折中。本章探讨七个设计事项，内容既包括用户体验评估标准内的功能问题，又包括针对不同用户的不同风格：显示器设计、视图（窗口）管理、动画、网页设计、颜色、非拟人化设计和错误信息。

改进设计的另一个机会在于信息显示的布局（见 12.2 节）。混乱的显示甚至会使得知识丰富的用户也不知所措，但只要投入精力，设计人员就能创造出组织良好、信息丰富的布局，进而减少用户的查找时间，提高用户满意度。这些主题还涉及与通用性、用户生成内容、网站设计和开发技术相关的问题。

视图（窗口）管理已越来越规范，但了解多窗口协调的动机会促使人们提出新的建议（见 12.3 节）。使用得当时，动画可为用户提供更为丰富的体验（见 12.4 节）。设计与开发、用户生成内容的通用标准和工具的出现，正使得网页设计不断完善（见 12.5 节）。

对于大型或小型高分辨率彩色显示器，设计人员面临着很多的可能性和挑战。色彩设计指南非常有用，但经验丰富的设计人员知道需要反复测试才能确保成功（见 12.6 节）。

消息按人与人之间的沟通方式建模，本意是用于沟通的，但由于人与计算机存在很大差异，因此这种策略存在诸多局限性。尽管这些问题很明显，但这里仍单独列出一节（见 12.7 节）来介绍非拟人化设计，以便引导设计人员理解、预测和控制界面。

软件中包含计算机系统的提示、解释、错误诊断和警告时，有助于用户接受软件。在针对新用户设计的系统中，消息的措辞很重要，同时专家用户也能从这种改进的信息中受益（见 12.8 节）。

在功能设计与时尚设计之间进行折中并不容易。将设计人员的名字和照片放在标题或荣誉页面上，是一种可行的认可方式，它类似于将作者的姓名放到图书的扉页上。在游戏软件和有些教育软件中，常采用这种认可方式，但它对所有软件也适用。给予工作负责且努力的人员荣誉，可鼓励他人努力地工作。

参见：

第 6 章　设计案例研究

12.2　显示设计

对大多数交互系统来说，显示方式是设计成功与否的关键（见图 12.1），但也引发了很多争论。密集的显示或混乱的显示，可能会引发用户的不满，格式不一致也会使得执行很困难。Smith and Mosier（1986）提出的显示数据的 162 条经典指南（见框 12.1），使人们了解到了这一问题的复杂性。显示设计一直掺杂着艺术元素，因此需要发明创意，但认知原则越来越清晰，并由此产生了理论基础（Galitz, 2007; Johnson, 2014）。支持动态控制用户界面的创新型信息可视化，已成为人们讨论的主题（见第 16 章）。

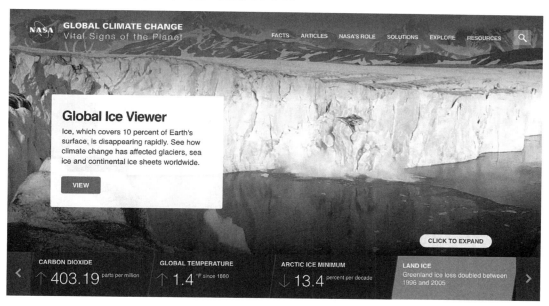

图 12.1　威比奖（Webby Award）得主美国航空航天局（NASA）气候网站的简洁视觉设计

设计人员应从彻底了解用户任务入手，而不要受显示器尺寸或可用字体的约束。有效的显示设计，须按合适顺序提供必需的数据，才能更好地完成任务。有效的项目分组（具有适合于用户知识的标签）、一致的分组序列和整齐的格式，都是为完成任务服务的。"格式塔认知"法则（认知场景的组织规则）此时非常适用，Johnson（2014）在其著作中针对这一主题进行了深入探讨。一般来说，设计人员可以用空格或框图环绕分组，或用突出显示、背景阴影、颜色或特殊字体来表示相关项。在每个分组内，实现格式整齐划一的方法有多种，如左对齐、右对齐、小数点对齐或分解冗长域的标记。

平面设计师最初设计印刷媒体时，通常能适应显示设计原则。Mullet and Sano（1995）经过深思熟虑后提出了若干建议，包括商业系统中的一些较好和较差设计示例。他们提出了能揭示设计者任务复杂性的 6 个原则：

1．优雅和简单性。统一性、精炼和适当。

2．大小、对比度和比例。清晰度、和谐性、活动性和约束性。

3．组织和视觉结构。分组、层次结构、关系和平衡。

4．模块和程序。焦点、灵活性和一致性的应用。

5．图像和表示。即时性、一般性、内聚性和特征性。

6．风格。特殊性、完整性、可理解性和适当性。

　　如预期的那样，显示正在出售的房屋时，需要特殊处理手机的（小型）屏幕。在一项关于手机和平板电脑的研究中，研究人员认为不同设备的用户体验各不相同。例如，设计时要在触摸屏的方便性、便携性与其他因素（更小的屏幕、连通性问题、APP 设计中的大量不确定因素、智能手机上打开的窗口）之间进行折中。2015 年，Nielsen Norman 小组发布了移动用户体验设计指南。

　　本节继续讨论其他显示设计问题，这些问题可从经验上为一些有用的概念提供支撑。但是要注意的是，人们目前还未对如何衡量用户体验达成共识（Law, 2011）。

框 12.1　Smith and Mosier（1986）的 162 个数据显示指南示例

（资料提供：MITRE Corporate Archives: Bedford, MA）

- 在事务序列的任何一个步骤中，要确保可以显示用户需要的任何数据。
- 要以直观的方式向用户显示数据，而不要求用户转换显示数据。
- 对于任何特殊类型的数据显示，不同显示器之间要保持一致的格式。
- 使用言简意赅的语句。
- 使用肯定性而非否定性陈述。
- 采用合理的原则整理列表；无其他原则时，按字母顺序安排列表。
- 尽可能让标签靠近数据字段，以突出关联性，但二者之间至少要有一个空格。
- 左对齐字母数据列，以便快速扫描。
- 分页显示时，要给每页加上标签，以便展示它们间的关联性。
- 采用标题或页眉开始每个显示，以便简要描述显示的内容或目的；标题和正文之间至少空一行。
- 编码中较大符号的高度至少应是较小符号的 1.5 倍。
- 针对需要用户快速区分不同类型数据的应用，可采用颜色编码方案，特别是显示的数据项较分散时。
- 对于超出显示范围的大型表格，要确保用户能在表格的所有显示内容中看到列标题和行标签。显示大型表格式的病人数据时，美国得克萨斯大学的一项研究（2013）给出了表格使用指南，以便降低对病人安全的不良影响。
- 为用户（或系统管理员）提供对显示功能做出必要改变的方法。

12.2.1　字段布局

　　采用不同的布局进行探索可为设计人员提供帮助。设计方案应直接在显示屏幕上开发。

含有配偶和子女信息的雇员记录不加美化时，显示结果如下：

```
糟糕的格式: TAYLOR,SUSAN        34787331        WILLIAM TAYLOR
           THOMAS              10292014
           ANN                 08212015
           ALEXANDRA           09082012
```

这条记录可能包含任务所需的信息，但在提取该信息时，速度会很慢且容易出错。下面这种格式进行改进。首先，采用空格和分隔行区分各个字段：

```
较好的格式: TAYLOR,SUSAN        34787331        WILLIAM TAYLOR
           THOMAS              10292014
           ANN                 08212015
           ALEXANDRA           09082012
```

子女的名字可按时间顺序列出，并对齐日期。可用我们熟悉的日期分隔符来帮助识别：

```
较好的格式: TAYLOR,SUSAN        34787331        WILLIAM TAYLOR
           ALEXANDRA           09-08-2012
           THOMAS              10-29-2014
           ANN                 08-21-2015
```

要在长文件中强调字典顺序，可能需要按照"姓，名"这种方式列出雇员，但按"名，姓"列出配偶的可读性更强。一致性很重要，因此可能要进行一些折中：

```
较好的格式: SUSAN TAYLOR        34787331        WILLIAM TAYLOR
           ALEXANDRA           09-08-2012
           THOMAS              10-29-2014
           ANN                 08-21-2015
```

　　对常用用户而言，虽然标签会引发混乱，但这种格式仍可以接受。然而，对大多数用户而言，需要提供标签。缩进子女信息也有助于表达重复字段的分组：

```
较好的格式: Employee:  SUSAN TAYLOR  ID Number: 34787331
           Spouse:    WILLIAM TAYLOR
           Children:  Names        Birthdates
                      ALEXANDRA    09-08-2012
                      THOMAS       10-29-2014
                      ANN          08-21-2015
```

　　在标签上混用大小写字母，有助于区分记录信息。也可采用黑体和大小写方式来显示内容。雇员名称和 ID 号放在同一行中，可使显示更为紧凑：

```
较好的格式: Employee:  Susan Taylor  ID Number: 34787331
           Spouse:    William Taylor
           Children:  Names        Birthdates
                      Alexandra    09-08-2012
                      Thomas       10-29-2014
                      Ann          08-21-2015
```

　　最后，可用阴影或边框来描述相关信息集，进而创建合理的分组：

```
较好的格式：  Employee:  Susan Taylor ID Number: 34787331
              Spouse:    William Taylor


              Children:  Names        Birthdates
                         Alexandra    09-08-2012
                         Thomas       10-29-2014
                         Ann          08-21-2015
```

对国际受众而言，还需要明确日期格式（月-日-年）。即使在这个简单的例子中，也有很多可能性，例如可以使用其他编码方法对其进一步改进，如使用背景阴影、颜色或图标。在任何情况下，都应探索各种各样的设计。经验丰富的图形设计师对设计团队而言大有好处。针对预期用户的初步测试能够提供很多有用的参数，如主观满意度、完成任务的时间、各种格式的出错率等。

12.2.2　实证结果

在控制应用和生命攸关应用中，显示效果极其重要（见 3.3 节），因此显示设计指南就成为了人机交互研究的早期主题。随着技术的发展，许多厂商推出了高分辨率彩色显示器，因此需要为设计人员提供新的经验性指南。此外，Web 标记语言、用户生成内容、适应老年人并提供通用性的需求，进一步增大了设计的挑战性。为使得用户能够控制字体大小、窗口大小和亮度，设计人员须确保信息的体系结构甚至有些显示元素发生改变时，用户也能够理解信息。今天，小型显示器、显示墙和购物中心显示器提供了更多的可能性，于是人们又开始对显示设计产生了浓厚的兴趣。

针对字母数字显示器的早期研究，为设计指南和预测指标奠定了基础。这些研究清楚地说明了消除不必要的信息、按相关信息分组及强调与所需任务相关信息的优点。简单的变化，有时会使得任务的执行事半功倍。

针对专家用户，可以采用紧凑的显示格式，因为他们熟悉这种格式，且他们发起的动作也不多，事实上专家用户可能更偏爱这种显示方式。与采用数量多但稀疏的显示相比，采用数量少但较紧凑的显示时，执行时间可能会较短。任务需要跨显示器来比较信息时，就要特别留意这种改进方式。股市数据、空中交通管制和航班预订系统，是多台显示器紧凑排列、标签不多、字段高度编码的成功示例（见图 12.2）。

例如，在网站和移动应用中，优秀的设计会吸引人们的目光，并且使用效率高。美国国家航空航天局（NASA）的网站（见图 12.1）就采用了这种设计，并因此被相关组织（Webbys，http://webbyawards.com 和 Awwwards，http://www.awwwards.com）授予威比奖（NASA, 2015）。备受赞誉的设计团体值得关注，因此他们的网站中往往包含许多这样的例子。

12.2.3　显示序列

对于类似的任务，整个系统中的显示序列也应是类似的，但例外也时有发生。在一个序列内，用户既要能了解已完成了多少，还要了解还有多少需要完成（见图 12.3 和图 12.4）。在序列内应能后退，以便用户可以纠错、复核决定或进行其他选择。

图 12.2　美国海军空中交通管制工作环境中包含多台数据密集型专业显示器

与显示设计相关的讨论还有滚动。例如，在较小屏幕上进行滚动（手机和平板电脑）一直都是挑战。下节讨论如何管理多个视图和窗口，其他关于滚动的讨论见第 8 章。

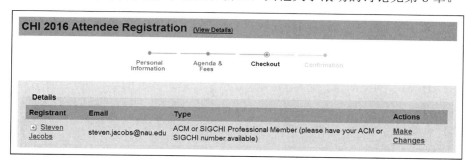

图 12.3　用户可在 ACM SIGCHI CHI 2016 网站的页面注册会议。页面中间的进度指示器提示用户正处于四步显示序列中的第三步，用户可了解已进行到了哪一步

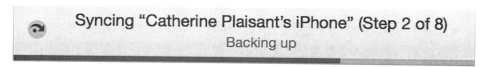

图 12.4　显示 iTunes 中备份进度状态的一个进度指示器示例

12.3　视图（窗口）管理

计算机用户完成任务时，通常需要查阅文档、表单、电子邮件和网页。设计人员一直苦苦追求的策略是，为用户提供充分的信息和灵活性，同时减少窗口管理动作，以免分散用户的注意力。用户充分了解任务并且任务需要定期执行时，设计人员成功开发有效多窗口显示方式的概率就很大。

窗口管理动作减少，用户就快速完成任务，且所犯的错误也会减少。窗口所用的视觉特性，使得很多设计人员可将直接操作策略应用于窗口动作（见第 7 章）。要拉伸、移动和滚动窗口，用户可指向窗口边界上的合适图标，也可简单地单击鼠标按键并拖动。由于动态窗口会明显影响用户的感知，因此须精心设计过渡动画（如图框的缩放、窗口打开和关闭时的重绘、轮廓的闪烁、拖动期间的突出显示）。

20 世纪 80 年代，窗口设计得到了快速发展：从 Xerox PARC 颇具影响的设计，到苹果公司针对 Macintosh（见图 1.1 和图 1.2）的创新产品，再到微软高度成功的 Windows 系列（见图 1.3）。宽大桌面上可重叠、可拖动、可调大小的窗口，已成为大多数用户的标准设置。忙于多项任务的高级用户，能在称为"工作空间"的窗口集合之间切换，由于每个工作空间已容纳若干状态已保存的窗口，因此用户可很容易地恢复活动。尽管进展有目共睹，但在个人窗口管理方面仍有许多工作要做，例如与任务相关的多窗口协调。

12.3.1 　多视图（窗口）协调

通过开发协调窗口，设计人员可突破下一代窗口管理器：用户在工作域中所发起动作的直接结果，是窗口显示、窗口内容改变、窗口自动缩放和窗口关闭。例如，在医疗保险索赔应用中，当代理检索客户信息时，显示器会自动填充客户地址、电话号码和编号这样的字段。同时，无须使用任何附加命令，客户的病历就能出现在第二个窗口中，而此前的索赔记录可能出现在第三个窗口中。第四个窗口则包含代理需要完成的赔付或拒赔表单。病历窗口的滚动，可能会导致此前索赔窗口的同步滚动。索赔完成时，应能保存所有窗口的内容，同时采用一个动作就可关闭所有窗口。这类动作序列可由设计人员或由具有终端用户编程工具的用户建立。

同样，针对 Web 浏览而言，求职者应能选择 5 个最感兴趣的职位描述链接，单击一次就将它们全部打开。此后，用户还应能采用一个滚动动作来同步查看这些内容，以便能方便地比较这些工作的细节（说明、职位、薪水等）。选中一个职位时，其信息应占满屏幕，而其他 4 个职位则应自动关闭。

协调描述的是信息对象如何根据用户的动作发生改变。仔细研究用户任务，可获得基于动作序列的特定任务的协调。下一节将介绍处理大图像的有趣案例，如地图、电路图或杂志版面。界面开发人员需要支持的其他几个重要协调任务如下：

- 同步滚动。一个简单的协调是同步滚动，此时一个窗口的滚动条与另一个滚动条耦合，一个滚动条上的动作会使得另一个窗口的内容并行滚动。这项技术对于比较程序或文档的不同版本非常有用。同步可能是逐行的、按比例的，对两个窗口中的标记匹配也很重要。
- 分层浏览。协调窗口可用于支持分层浏览（见图 12.5）。例如，假设一个窗口中包含图书目录，用指向设备选择章标题时，应能在相邻窗口中显示该章的内容。Windows 浏览器和 Outlook 都支持分层浏览，许多其他的应用也支持分层浏览。
- 依赖窗口的打开/关闭。打开窗口的一个选项是，在距离较近且方便的位置同时打开依赖窗口。例如，当浏览程序的用户打开一个主要软件过程时，会打开相互依赖的多个过程，开发工具环境就是这样的例子。类似地，当用户填写表单时，会自动显示列出了偏好的对话框，这个对话框可能会导致用户激活弹出窗口或出错消息窗口，反过来这些窗口可能会触发帮助窗口。用户在对话框中做出选择后，所有窗口应能自动关闭。

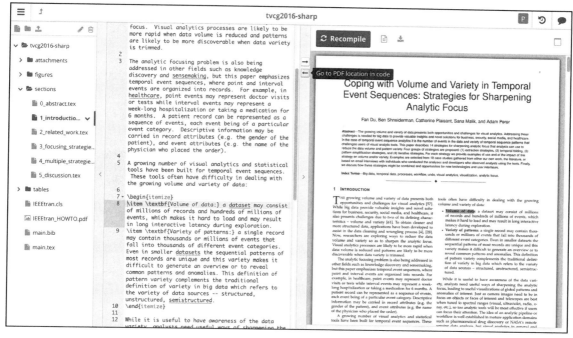

图 12.5　ShareLaTeX 允许用户编辑结构化的 LaTeX 文档，并能看到格式化的文件。图左是文档部分的层次列表。"1. Introduction"部分突出显示为红色，中间可以编辑文本。图右是输出预览，在一个视图中选择一段文章后，也可在另一个视图的对应位置看到

- 保存/打开窗口状态。保存文档或一组参数的自然扩展，是保存当前的显示状态，当前的显示状态应包含所有窗口及窗口中显示的内容。

- 分面浏览。用户可通过浏览器标签在同一个浏览器中查看多个网页，而无须打开新的浏览器会话。

- 平铺或重叠窗口。要能自动调整窗口的大小并排列窗口，以便窗口不相互重叠。重叠窗口有时称为"层叠窗口"（见图 12.6）。

- 丝带界面。在 Microsoft Office 的界面中，设计人员在帮助用户轻松找到所需内容并快速完成工作方面，付出了很大的努力。微软公司将这种界面称为"流畅的"用户界面。

- 设计模式。本书第 4 章和 Tidwell 于 2011 年出版的著作中，介绍了管理界面的设计元素和设计模式。在软件设计中，对于给定上下文环境下经常出现的问题，设计模式是一种复用解决方案。

- 开始菜单。像 Windows 的"开始"菜单那样，软件或设备的启动过程也要易于使用（重启和关机过程也应如此）。

在很多界面方案中，用户可在屏幕的焦点视图和背景视图中工作，还可在多个窗口和视图间切换。Cockburn 等（2009）根据用于单独视图和混合视图的界面机制，研究了界面方案并进行了分类。4 种方法分别是：以"概要+细节"界面为代表的空间隔离；以可缩放界面为代表的时间隔离；以鱼眼视图为代表的无缝的"焦点+背景"法；基于线索的技术，这种技术会选择性地突出或弱化信息空间内的各项。

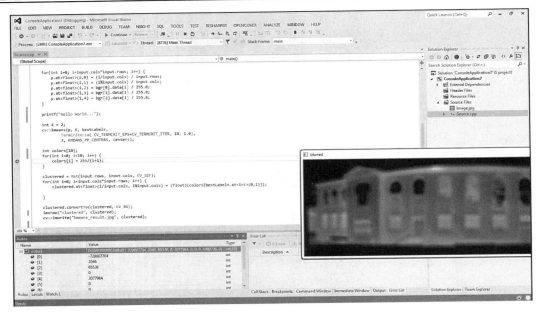

图 12.6　显示了协调窗口视图的 Visual Studio 集成开发环境（IDE）。层次浏览器的右侧列
出了项目文件。选中文件（source.cpp）在左侧列表中是突出显示的。代码中以
"color[i]"开始的一行设置了一个断点（红点），底部左侧窗口显示了断点的颜色数组值。
除覆盖所有其他窗口的输出窗口（热传感器数据彩色图像）外，所有窗口都有标题

12.3.2　浏览大型视图

与分层浏览类似的另一种需求是图像浏览。采用图像浏览方式，用户可以进行大型地图、电路图、杂志版面、照片或艺术品方面的处理。用户可在一个窗口中看到概要，而在第二个窗口中显示细节。用户还可移动概要中的视场，以调整详细的视图内容。类似地，用户滚动细节视图时，视场也会在概要视图中移动。设计良好的协调窗口，其视场和细节视图的宽高比应匹配，任何形状的改变，会在另一视图中导致相应的改变。

同样，Google 和 MapQuest 地图中有许多这样的实例。概要视图到细节视图的放大倍数称为缩放系数。缩放系数为 5～30 时，协调的概要视图和细节视图是有效的；缩放系数较大时，需要额外的中间视图。例如，概要视图显示法国地图时，显示巴黎地区的细节视图是有效的，而当概要视图显示世界地图时，就应保留中间视图（显示欧洲和法国的视图）（见图 12.7）。

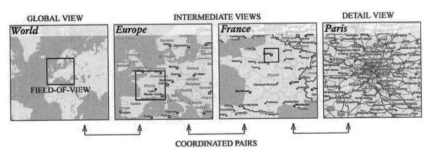

图 12.7　全球视图和中间视图，它提供了巴黎的概要视图和细节视图。
视场移动时，细节视图中的内容发生变化（Plaisant et al., 1995）

最常见的布局是并列放置概要视图和细节视图，因为采用这种布局用户可以同时看到大图和细节。然而，某些系统仅提供单一的视图，要么平滑地放大某个选取点（Bederson, 2011），要么使用细节视图代替概要视图。这种缩放并替换的方法实现起来很简单，且每个视图都会占据最大的屏幕空间，但它们无法让用户同时看到概要和细节视图。这种方法的一个变体是部分重叠概要视图和细节视图，但这样做可能会挡住一些关键条目。采用语义缩放（表示对象的方式随其放大倍数而变化），可通过快速缩小和放大的方式来帮助用户查看概要（Hornbaek et al., 2002）。

为了能够提供细节视图（焦点）和概要视图（背景），且不遮挡关键条目，研究人员进行大量尝试后，提出了鱼眼视图（Sarkar and Brown, 1994; Bartram et al., 1995; Baudisch et al., 2004）。这种视图会放大一个（或多个）焦点区域，以便显示细节，同时可保留单个显示上的所有背景（见图 12.8）。这种变形方法视觉上很有吸引力，让人欲罢不能，但不断变化的放大区域可能会使得用户失去方向感。在已发布的例子中，缩放系数很少超过 5。

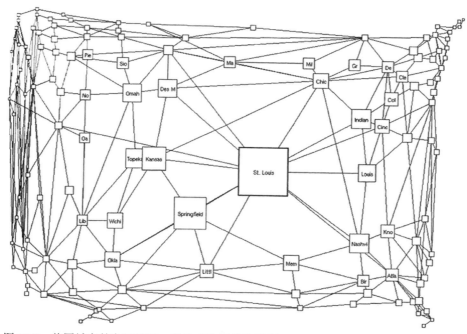

图 12.8　美国城市的鱼眼视图，其焦点位于圣路易斯（St. Louis）。尽管这种变形会使人失去方向感，但依然保留了各个城市间的相对位置关系（Sarkar and Brown, 1994）

双焦点显示与鱼眼方法类似，它首次演示了使用变形技术来提供信息的"焦点+背景"视图。例如，用户阅读一个或两个文档时，还能看到包含全部信息空间的整体视图（Spence, 2001）。

鱼眼视图方法的一个成功案例是 Mac OS X Dock（见图 1.2），它通常是位于屏幕底部的程序菜单或文件图标。在图标上滚动时，就会放大并突出显示选中的图标（应用程序/文件）。用户仍然可能会找不到方向，但可清楚地识别突出显示的图标。

图像浏览器的设计应根据用户任务确定。用户任务分为如下几类（Plaisant et al., 1995）：

- 图像生成。绘制或构建大图像或图表。
- 开放式探索。浏览以了解地图或图像。

- 诊断。在整个电路图、医学图像或报纸版面中查找不足。
- 导航。了解概要，但需要沿高速公路或静脉来查找细节。
- 监视。查看概要，出现问题时，放大细节。

在这些高级任务中，用户会执行很多低级动作，如移动焦点（在地图上的城市间跳转）、比较（同时查看两个港口比较它们的设施，或查看左肺和右肺 X 光照片中的对称区域）、遍历（沿静脉寻找阻塞点），或标记位置以方便返回。

12.4 动画

许多程序为创建吸引用户的界面，会提供小动画。理解和解释动作，是人类感知的基本要素。人眼会被现实世界中的移动物体吸引，并会将同向运动的物体视为一组。良好的动画引人注目，而劣质的动画会让人分心（见框 12.2）。

在屏幕布局重组（如缩放和平移地图、打开和关闭窗口）的过程中，平滑的动画可引导用户。独特的屏幕元素可通过动画来引导用户。例如，使用闪烁的向下箭头来表示平板电脑用户向下滚动，使用从左到右的动画来演示如何滑动进而解锁手机。显示时间的变化是一种自然应用，加上旁白会更有效（Rosling, 2015）。

框 12.2   动画的用途

- 过渡期间引导用户
- 指示功能可见性，邀请互动
- 娱乐
- 指明后台进程（如进度条）
- 讲故事
- 警示
- 提供虚拟漫游（如参观建筑物）
- 解释进程
- 传递不确定性和随机性

Gapminder（2015）所用的应用软件，采用统计数据介绍了全球的主要发展趋势。统计数据的可视化是动画的一种较好应用（见图 12.9）。更多关于数据可视化的例子见第 16 章。

复杂动画得益于多个清晰步骤的分解。例如，对两个项目列表进行比较时，动画的第一步是将相同项目移到屏幕中心，然后向左或向右移动独特的项目，再后将类似的项目移到一起（Plaisant et al., 2015）。反之，在同一时间移动所有项目时，用户就很难跟随这些项目，因此无法了解最终布局的意义。用户可能需要控件来暂停、跳过或重放动画。动画的速度调整需要精心制作和测试。例如，缓慢滑动到视图中的警告框可为用户提供有效但不突兀的通知。

然而，动画设计可能很困难，且动画并非总是有用。瞬时动画的载入时间过长时，或者动画会分散用户的注意力而阻碍交互时，就会使得用户产生挫败感。视差滚动（包括背景缓慢地移向前景，向下滚动页面时创建三维效果）今天很时髦（Parallax, 2015），但过度使用则会分散用户的注意力，屏幕较小时问题更多。然而，有些网页设计师能有效地使用视差滚动。最近获得过视差滚动奖项的网站列表，详见 http://www.awwwards.com/websites/parallax/。

尽管人们对于演示复杂进程的动画的有用性仍广泛存疑，但就创建动画本身而言，是有利于学生学习的（Tversky et al., 2002）。作为通用导航模式的缩放，是地图或文档导航的关键，Prezi（http://www.prezi.com）这样的工具可创建令人心动的展示效果，但缩放桌面版本还未实现（Bederson, 2011）。

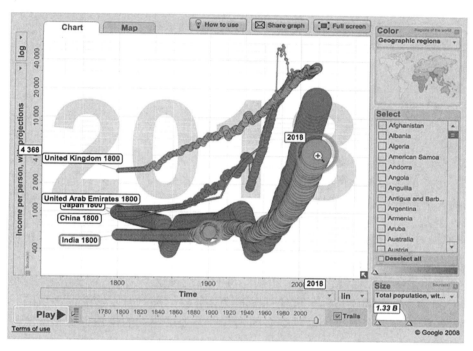

图 12.9　Gapminder 使用动画来比较五国人均收入随时间的变化情况。图中选取的
国家是印度，重放的是该国人均收入状况的动画（http://www.gapminder.org）

针对沟通功能（信号状态的变化、信号的不同语境）和动画类型（位置的变化、大小的变化）之间关系的研究，得出了在两者间进行折中的有趣结论（Novick et al., 2011）。虽然动画会吸引用户，但仍然需要进行深入的研究。

12.5　网页设计

近年来，网页设计人员明显地改进了他们的产品，同时该学科的成熟也促进了指南和互联网资源的发展。视觉布局会强烈影响性能，因此是网页设计的关键因素。近期的研究表明，网页设计与传统 GUI 设计之间存在许多差异。

网页设计人员易犯的错误是，所设计的页面可能会分散用户的注意力或误导用户。有些文献探讨了这类错误中的人为因素，Tullis（2005）编译了在万维网上显示信息时易犯的十大常见设计错误（见框 12.3）。Nielsen Norman Group（2011）也给出了网页设计的十大错误列表。这些列表见解独特，值得回味。但要注意，首先列出的是"不良搜索"错误（见第 15 章）。

框 12.3　基于 Web 显示信息的十大错误（Tullis, 2005）

1. 信息在网站中藏得太深。
2. 页面加载了过多的内容。
3. 提供的导航笨拙或令人困惑。
4. 信息放到了页面之外。
5. 链接不明显、不清楚。
6. 显示信息的表格设计拙劣。
7. 文本太小，导致很多用户无法阅读。
8. 文本使用了用户无法阅读的颜色组合。
9. 使用了很差的表单。
10. 隐藏（或不提供）能帮助用户的功能。

受众的广泛性导致基于 Web 的设计彼此间差异明显，有些网站会使用彩色图形，而有些网站则使用吸引人的照片。设计的竞争在于要创建超酷的设计、迷人的图像和引人入胜的布局。因此，用户的喜好就变得至关重要，在市场分析人员证明用户会在视觉吸引力强的网站上停留更长的时间并购买商品时，尤其如此。在网站上添加图形后的缺点之一是，下载时间明显变长。因此，对于笔记本电脑和移动设备而言，设计人员必须选择有趣的设计选项，尤其是当网站的数据使用量存在问题时（Chetty et al., 2012; Mathur et al., 2015）。数据使用约束和优化须在设计过程中发挥作用。

近年来，为适应平板电脑、智能手机显示屏和其他触摸屏交互，网页设计已发生了变化。术语"响应式设计"指的就是提供最佳视图和交互体验的网站开发。今天出现的一种设计趋势是，针对触摸屏在每个网页上添加更多的内容，并使用更大的按钮、图形或照片来让用户选择任务。使用鼠标进行输入的传统用户，不得不适应这种新的设计模式。目前还未出现太多关于这方面的研究，但可以肯定的是，触摸屏技术的普遍使用，已迫使网页设计决策适应这些设备。

与技术相关的网页设计也开始提供更多的动画（如 GIF 动画、动画和视频链接）。为方便分享和评论，至社交媒体网站的图标链接已成为网页设计的基本要求之一。设计人员需要时刻关注可访问性问题，同时还要注意网页动画可能会造成的干扰。许多不断播放的广告带有重复的动画或抓人眼球的自动播放窗口，并提示用户点击以便获取声音，或查看关于主题的详细信息。这种方式不仅是对可访问性的挑战，而且会令所有用户分心。例如，用户在新闻网站上浏览新闻时，页面加载完毕后总会自动弹出一段令人心烦的视频。这时，用户不得不关闭视频，并将注意力集中于视频下方的文字。用户希望限制数据，但设计却阻止了这样做。

最近，连续滚动的网页设计似乎已成为一种趋势，而这与 Tullis 提出的一些想法矛盾（见框 12.3）。近年来，最佳实践建议尽量少用滚动功能，特别是在主页上：用户更喜欢用鼠标点击菜单来直接访问所需的信息。移动设备出现后，人们开始能用很大的按钮，在长长的页面中滚动，进而找到所需的信息。新闻网站和体育网站的研究表明，使用移动设备（智能手机和平板电脑）浏览内容的人正变得越来越多，因此它们也采用了这种方法。没有触摸屏的设备（台式机或未启用触摸功能的笔记本电脑），只能被迫使用滚动条或滚动鼠标轮来查看长长的页面。Windows 8 刚刚推出时，人们震惊地发现"开始"按钮被平铺的"metro"界面取代（随后的 Windows 版本中又恢复了"开始"按钮）。这是对话框风格之争，最终直接操纵的支持阵营完胜菜单驱动、鼠标点击式导航的阵营，尽管后者的对话框设计一度非常流行。

近期又出现了一种趋势，即动态网页和网页的实时更新。网页设计正与其他应用设计相融合，虽然其他应用（如移动应用）可能只是通过加载基于 HTML 的网页集成到了 Web 视图中。事实上，HTML 的发展既推动了窗件、布局等内容的 Web 设计，又限制了它们的使用。

通用性再次成为网页设计的关键因素之一。大显示字体、亮度设置和音频支持，可以增强弱视用户的网页可用性。

网页内容的显示问题可分为站点级问题、页面级问题和"特殊"信息问题（Tullis, 2004）。显然，站点级问题会贯穿整个网站而非单个页面，这种问题包括：网站的深度与广度、使用的框架和导航设置考虑。页面级问题必须在单个页面内考察，包括页面的组件（如表格、图形、窗体和控件）、页面布局和链接显示等；"特殊"信息问题包括站点地图、搜索功能、用户帮助和反馈。

许多用户表示偏好较大的页面，这种页面采用柱状组织结构，动画形式的广告不多，链接文本通常是无衬线字体形式的两三个单词，并采用不同的颜色来突出显示文本与标题。可用性研究结果表明，设计人员能适应较高的个人偏好，如可理解性、可预见性、熟悉性、视觉吸引力等。

在万维网上可找到很多针对网页设计人员的指南，在设计过程中参照这些指南，可确保网页的一致性，并使之符合新颁布的标准。部分指南图书如下：

- *The Java Look and Feel Design Guidelines* (Oracle, 2015)
- *Research-Based Web Design & Usability Guidelines*
- *The World Wide Web Consortium's Web Accessibility Initiative* (Web Accessibility Initiative, 2015)
- *The Web Style Guide* (Lynch and Horton, 2008)

涉及网页设计的网站很多，其中的一些是作为参考图书的配套资源而创建的：

- *Web 2.0 How-To Design Guide* (Hunt, 2015)
- *Web Bloopers* (Johnson, 2003；2008 年在线更新)
- *Building Scalable Web Sites: Building, Scaling, and Optimizing the Next Generation of Web Applications* (Henderson, 2006)

12.6　颜色

彩色显示对用户很有吸引力，因为这种显示方式通常能提高任务效率，但滥用颜色的风险也很大。彩色显示通常能达到如下成效：

- 赏心悦目或引人注目
- 为乏味的显示营造氛围
- 便于巧妙地分辨复杂的显示
- 可强调信息的逻辑组织
- 引起对警告的注意
- 唤起喜悦、兴奋、恐惧或愤怒等情感反应平面艺术家为图书、杂志、公路标志和其他印刷媒体提出的颜色使用原则，已针对用户界面进行了调整（Marcus, 1992; MacDonald, 1999; Stone, 2003）。交互式系统设计人员不仅了解如何创建有效的计算机显示，而且能够避免混乱情形的出现（Brewer et al., 2003; Galitz, 2007）。

毫无疑问，彩色会使得视频游戏更吸引用户，同时也能在大型电厂或过程控制图中表达更多的信息。对于人像、风景或三维物体的真实图像而言，彩色显示也很有必要（Foley et al., 2002; Weinman, 2002）。然而，以彩色方式显示字母与数字、电子表格、图形和用户界面组件的优点，仍存在较大的争议。

尽管使用彩色时不存在简单的规则，但设计人员须考虑如下原则：

- **谨慎使用颜色。** 很多程序员和设计新手渴望使用彩色来增强显示，但结果常常事与愿违。例如，一个家用信息系统采用大字体显示姓名的 7 个字母，且每个字母使用不同的颜色。从远处看时，这种显示方式似乎引人入胜；但近处看时却难以阅读。颜色不表示有意义的关系时，往往会误导用户去寻找不存在的关系。再如，菜单中 12 个不相关的选项使用不同的颜色时，会产生令人困惑的效果。反之，12 个选项使用 4 种颜色（如红、蓝、绿和黄）时，会让用户误认为颜色类似的选项是相关的。正确做法是，采用一种颜色显示所有选项，而用另一种颜色显示标题，用第三种颜色显示说明，用第四种颜色显示出错消息。然而，颜色在视觉上过于醒目时，即使采用这种做法也会令人困惑。安全的做法是：总是在白色背景上使用黑色字母，用斜体或加粗表示强调，并为特殊的强调保留颜色。

- **限制颜色数量。** 很多设计指南建议单页显示中的颜色数量不超过 4 种，同时建议整个显示序列中的颜色不超过 7 种。经验丰富的用户会受益于大量的颜色，但颜色过多时会使得新用户困惑。

- **认识彩色编码技术的优点。** 彩色会加快很多任务的识别速度。例如：在财务应用中，采用红色显示逾期 30 天的账款数据会方便这种数据的识别；在空中交通管制系统中，高空飞行的飞机可能与低空飞行的飞机颜色不同；在有些编程语言中，关键字的颜色与变量的颜色不同。

- **确保颜色编码支持任务。** 注意，颜色编码可阻止违反编码方案的任务的执行。例如，对于上述按逾期天数进行颜色编码的财务应用，若任务是找出余额超过 55 美元的账款，则现有编码方案可能会妨碍第二个任务的执行。设计人员应尝试将用户任务与颜色编码关联，并尽可能为用户提供相应的控制权。

- **让用户轻而易举地使用颜色编码。** 一般而言，不应让用户在每次执行任务时激活颜色编码，而应让颜色编码自动出现。例如，用户开始执行检查逾期账款的任务时，应能自动设置颜色编码；点击执行找出余额超过 55 美元账款的任务时，新颜色编码方案也应自动生效。

- **颜色编码应能让用户控制。** 用户应能适时关闭颜色编码。例如，拼写检查程序采用红色突出显示可能拼错的单词时，用户应能接受、更改拼写，并关闭该编码。显眼的红色编码，会分散用户阅读并理解文本的注意力。

- **首先针对单色进行设计。** 显示设计人员的主要目标，应是按照逻辑方式来安排内容。相关字段应按照邻近程度显示，或按照类似的结构化模式显示。例如，后续的雇员记

录可能存在相同的缩进模式。相关字段可按照所画的框线来分组，不相关字段可通过
插入空白区来分隔（在垂直方向上至少空一行，或在水平方向上至少空三个字符）。

● **考虑色盲用户的需求。**要考虑的一个重要方面是色盲用户的颜色可读性（通常为红/绿
色盲或全色盲）。色觉障碍很常见。在北美地区和欧洲，约有 8% 的男性和 1% 的女性的
视觉存在某种永久性色觉缺失。同时，很多人会因疾病或药物治疗而导致暂时性色觉缺
失。例如，他们可能会混淆橙色、红色或绿色，或看不到黑色背景上的红点。通过限制
颜色的使用、适当采用双编码（即使用形状和颜色或位置和颜色方面变化的符号）、提
供可选的调色板或允许用户自己定制颜色，设计人员可轻易地解决这一问题。例如，
SmartMoney 的"市场地图"所提供的配色方案有两种选择：红/绿和蓝/黄。可用各种工
具（如 Vischeck）来模仿色觉障碍，或优化现有的各种图形。对大多数用户而言，白底
黑字或黑底白字效果很好。ColorBrewer（见图 12.10）是一个在线工具，旨在帮助人们
为地图和其他图形选择良好的配色方案，并为色盲用户提供配色方案指南（Brewer et al.,
2015; Brewer, 2015）。

● **使用颜色帮助格式化。**在空间紧缺、排列密集的显示中，类似的颜色可用于对相关
选项分组。例如，在警方调度员的表格式任务显示中，处理紧急呼叫的警车可能用
红色编码，处理常规呼叫的警车可能用绿色编码。因此，出现新紧急情况时，识别
不同警车并进行调度就很容易。不同颜色可区分物理上接近但逻辑上不同的字段。
在块结构编程语言中，设计人员可采用颜色级数来显示语句，进而显示嵌套层次。

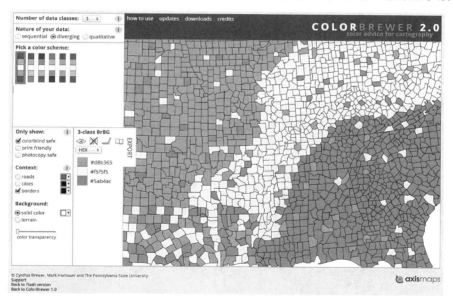

图 12.10　ColorBrewer 帮助设计人员选择地图和其他图形的配色方案（Brewer et al.,
　　　　　2015）。用户可通过控件缩小可选颜色的范围，使之对色盲用户可见

● **颜色编码要一致。**整个系统都应使用相同的颜色编码方案。若一些出错消息用红色显
示，则要保证每个出错消息出现时都为红色。黄色通常表示信息的重要性发生变化。
不同系统设计人员使用颜色的方式不同时，用户在给不同颜色赋予不同的含义时，就
会举棋不定。

- 留意对颜色编码的共同期望或文化期望。设计人员需要与用户交谈，以确定在任务域中使用什么颜色代码。在交通领域，红色通常表示停止或危险，黄色表示警报，绿色表示警报解除或通行；在投资领域，红色表示财产损失，黑色表示收益；在化学领域，红色表示热，蓝色表示冷；在地图领域，蓝色表示水体，绿色表示森林，黄色表示沙漠。这些完全不同的规范，会给设计人员带来问题。设计人员可能会使用红色来表示发动机已经预热和就绪，但用户可能会将红色编码理解为危险。红灯通常表示电气设备已通电，但这种决策会使得某些用户担心，因为红色与危险或停止关联紧密。因此，设计人员应在显示器或帮助面板上给出颜色编码的说明。
- 留意颜色配对问题。纯红色和蓝色同时出现在显示器上时，用户通常难以读取信息。红色和蓝色位于可见光谱的两端，要同时清晰地看清这两种颜色，会使得眼肌劳累：蓝色逐渐消退，红色逐渐涌现。红色背景上显示蓝色文本时，用户更难阅读。其他类似的颜色组合（紫底黄字、绿底红字）同样耀眼且难以阅读。对比度不足时也会导致问题：设想白色背景上的黄色字母或黑色背景上的褐色字母情形。
- 使用变色来指示状态变化。在显示数字的汽车里程表中，将限制速度以下的数字显示为绿色，将限制速度以上的数量显示为红色，可起到警告作用。同样，在炼油厂中，当压力值超过或低于阈值时，压力指示器就会变色。因此，颜色起到了引人注意的作用。持续显示数百个值时，这种技术就会显示其优点。
- 在图形显示上使用彩色显示更密集的信息。在多曲线图中，颜色有助于表明整个图形由哪些线段组成。通常，用于区分黑白图中不同线条的一般策略（例如使用虚线、粗线和点画线），不如每根线条使用不同颜色那么有效。例如，建筑平面图就受益于电力线、电话张、热水管线、冷水管线和天然气管线的颜色编码。同样，使用颜色编码时，地图的信息密度也较大。

彩色显示的完全普及（即使对于移动设备），导致设计人员通常在界面设计中大量使用彩色。就用户满意度和性能持续增强而言，这样做毫无疑问存在优点，但也存在滥用彩色的风险。使用颜色时，要进行恰当的设计选择，并进行彻底的评估（见框12.4）。

框 12.4　使用颜色编码的优点和风险指南

使用颜色的指南

- 谨慎使用颜色：限制颜色数量
- 了解彩色加快或减慢任务的作用
- 确保颜色编码支持任务
- 让用户轻而易举地使用颜色编码
- 颜色编码应能让用户控制
- 首先针对单色进行设计
- 考虑色盲用户的需求
- 使用颜色帮助格式化
- 颜色编码要一致
- 留意对颜色编码的共同期望或文化期望

- 留意颜色配对问题
- 使用变色来指示状态变化
- 在图形显示上使用彩色显示更密集的信息

使用颜色的优点

- 各种颜色使人赏心悦目或引人注目
- 颜色能改进乏味的显示
- 颜色有助于区分复杂的显示
- 颜色编码可强调信息的逻辑组织
- 某些颜色能够引起人们对警告信息的注意
- 颜色编码能够引发人们喜悦、兴奋、恐惧或愤怒的情感反应

使用颜色的风险

- 颜色配对可能带来问题
- 颜色保真度可能会在其他硬件上降级
- 打印或转换为其他媒体时，可能存在问题

12.7　非拟人化设计

让机器像人一样"说话"，是一个不小的诱惑。儿童会接受所有类人的物体，如"蛋娃"和"海绵宝宝"。有些成年人也会被拟人化物体吸引，如汽车、轮船、计算机甚至手机。

斯坦福大学深入研究人机交互、多任务处理和汽车设计 Clifford Nass 曾道："人们要把计算机当作人一样对待。"他在一本书中详细阐述了关于计算机和人际关系的独到见解（Nass and Yen, 2010）。

用户界面中的词句和图形，会对人们的感知、情绪反应和动机产生很大影响。计算机的智能、自主性、自由意志或知识等属性，对有些人而言很有吸引力，但对其他人而言这些属性可能是骗人的、令人困惑的。计算机能够思考、知道或理解的建议，可能会给用户"计算机如何工作"和"这种机器有什么能力"的错误模型。最终，这种欺骗性变得显而易见，用户可能觉得受到了不公平的对待。

使用非拟人化措辞的第二个原因是，区分人与计算机之间的差异。与人建立关系和与计算机建立关系很不相同。用户可以直接操作和控制计算机，但与人相处时，就需要尊重每个人的独特身份和自主性。此外，如果在使用计算机的过程中出现错误，用户和设计人员就必须承担相应的责任，而不能归咎于计算机。

第三个动机是，尽管拟人化界面可能对某些人有吸引力，但对其他人来说，可能会分散注意力或造成焦虑感。有些人认为使用计算机会让他们焦虑，觉得计算机会使自己变笨。许多宣传使得许多人认为计算机是人类的朋友、亲人或伙伴，而向用户展示计算机的具体功能，实际上会使得用户更易于接受计算机。用户越专注，计算机就应越透明。让用户能专心于写作、求解问题或展开探索，进而让用户获得成就感，经历从新手到专家的过程，要远强于人们感觉神秘机器替代他们完成工作。拟人化界面可能会使得用户分心，甚至浪

费时间，因为用户在执行任务时要考虑如何取悦于屏幕上的角色，或以适当的社交方式对待它们。

消费品界面设计专家经常讲"让技术无形"（Bergman, 2000）。在购物中心售货亭、邮资自动出售机、交互式语音应答（IVR）系统等项目中，设计人员已开始处理其界面。这些界面给新用户一种计算机系统正在做某种智能推理的印象，无形中增大了用户的压力，剥夺了用户的权利。IVR 系统因拟人化界面而声名狼藉。一些新示例如下：一个航班预订系统在用户请求发起国内机票预订后说"好的，我能帮您做！"；自动银行系统说"请别挂断，我在检查您的账户余额！"；邮购药房说"你希望我把您的处方送到记录上的地址吗？"。想想用户与 Siri 之间令人发笑的交互经历吧！很多系统的语音识别技术正在改进（见第 9 章），但仍然会给用户造成挫折感。

一方面，个体的内控需求差异虽然很重要，但对大多数任务和用户而言，清楚地区分人的能力与计算机的能力，可能会体现出明显的优势（Shneiderman, 1995）。另一方面，许多人会倡导持续性，他们会创建拟人化的界面，常称"虚拟人"或"聊天机器人"等（Cassell et al., 2000; Gratch et al., 2002; D'Mello et al., 2007）。

有些人倡导拟人化的界面，并提出了这样的假设：人际沟通是人类操作计算机的适当模型。这种假设刚开始提出时可能很有效，即使这种"人类模仿"方法无法达到预期的效果，有些设计人员仍然锲而不舍。成熟技术已设法克服了泛灵论（即动物、植物和无生命体等非人类也拥有精神实质）的障碍。几个世纪以来，泛灵论一直是科研人员的陷阱（Mumford, 1934）。参观英格兰约克郡的自动机博物馆时，我们看到了关于动画玩偶和机器人玩具的一些古老资料，深刻体会到了人类在该领域坚持不懈的幻想。

拟人化银行柜员的先例并未获得成功，如 Tillie the Teller、Harvey Wallbanker 和 BOB（巴尔的摩银行），会说话的报废汽车和自动饮料机，似乎也未引起设计人员的注意。在提供若干有用的自动化服务时，人们希望比真人还大的 Postal Buddy（邮件伙伴）是聪明的、友好的，但该项目的花费超过 10 亿美元后，用户却不接受这种伪邮局职员。拟人化界面的倡导者建议，把它们当作教师、推销员、治疗员或娱乐形象，可能最为有用。卡通人物、现实人物和动画人物已融入许多界面，但越来越多的证据表明，这种做法增加了用户的焦虑感，降低了任务执行的性能，对有外控倾向的用户来说，尤其如此。

一个具体的设计争论是在界面中使用第一人称。倡导者认为这会使得界面友好，但这种界面可能事与愿违，因为它们会欺骗、误导用户并使得用户困惑。用户第一次遇到"我是 Sophie，高级教师，我将教你如何正确地拼写"的问候时，可能觉得它很可爱，但在第二次会话时，用户就会觉得很愚蠢；第三次会话时，会使得用户心烦意乱而分散注意力。对界面设计人员而言，一种替代方案是关注用户、使用第三人称单数或完全避免使用代词。改进的消息也可能意味着更高级的用户控制。例如：

　糟糕的消息：当你按回车键时，我开始上课。
　较好的消息：你可以通过按回车键开始上课。
　较好的消息：现在开始上课，请按回车键。

前两种形式似乎更适合于介绍。然而，会话一旦开始，减少代词的使用可避免用户分散注意力，从而专注于手头的任务。

交互式语音应答电话界面设计中再次出现了代词的使用问题，特别是在使用语音识别时。例如，支持者认为，汽车租赁预约服务中的问候语若能模仿人类操作者，可能会更有吸引力："欢迎致电 Thrifty Car Rentals！我是 Emily，我会帮您预订汽车。您在哪个城市需要汽车？"大多数用户并不关心措辞，反对者认为这种欺骗实际上会引发一些用户的烦恼和担心，折中方案是删除聊天中的第二句话，以产生较高的客户满意度。

有些儿童教育软件设计人员认为，使用幻想人物担任课程向导是适当且可接受的，如玩具熊或忙碌的河狸。屏幕上活动的卡通人物会吸引儿童的注意力，鼓励儿童开口讲话并指向显示器上的相关选项。Leap Frog 等成功的教育软件包和一些实证研究支持了这一立场（Mayer，2009）。儿童与计算机的交互，目前是一个独立的研究和开发领域，见 Hourcade（2015）和 Druin（2009）。

遗憾的是，在 BOB 这款被极力促销却短命的微软家用计算产品上，卡通人物并未获得成功。用户能够选择不同的屏幕人物，它们会在卡通泡泡中说出"我们是多么优秀的团队""到目前为止，你干得很好，Ben""我们下一步该做什么，Ben"之类的措辞。这种风格在儿童游戏和教育软件中可能会被接受，而工作场所的成年人很难接受它。界面上不必表扬和鼓励用户，也不需要批评和提醒用户，只需通过用户可理解的反馈，让用户能顺利地完成任务即可。即便如此，拟人化的角色也不一定会在这样的场合取得成功。微软公司设计的苦命"大眼夹"（活泼的纸夹卡通人物），用于为用户提供有帮助的建议。这个小东西确实让一些人耳目一新，但也让很多人厌烦，因此很快就被降级为可有可无的东西。拟人化界面支持者找出了放弃"大眼夹"的很多理由（主要原因是它会中断用户的工作）。其他人相信，成功的拟人化界面需要适当的社交情感表达，以及适时的头部移动、眨眼和目光接触。

许多用户似乎接受了一种备选的教学设计方法，这种设计方法会显示课程或软件包的人类作者，通过音频或视频剪辑，作者能够对用户讲话，类似于电视新闻播音员对观众讲话。设计人员不再将计算机当成人类，而是当成人类的向导。例如，联合国秘书长可以录制视频来欢迎联合国网站的访问者，比尔·盖茨可以提供对 Windows 新用户的问候。

介绍这些内容之后，可能还需要选取若干不同的风格。一种风格是继续采用导览隐喻的方法，由受尊敬的名人介绍各个部分，但用户可以自己控制节奏、重复各个部分并决定何时观看下一段视频。这种方法的一种改进版本可营造类似于访谈的体验，用户从有三个提示集中选取准备好的命令并读出，就可看到事先录好的名人视频片段，如参议员 John Glenn 的视频片断。这种方法适用于博物馆游览、软件教程和某些教育讲座。

另一种策略是显示用户能够选择的模块的概要，支持用户控制并提升用户体验。用户自己决定花多长时间来参观博物馆的各个部分、浏览具有事件的时间表，或在具有超链接的百科全书的文章之间来回跳转。这些概要信息可让用户整体认识可用信息的数量，还可让用户看到所涉及主题的进度。用户可从概要信息中知道什么时候结束，进而获得浏览完所有内容后的满足感。概要信息还可为用户提供能理解的环境，该环境中的所有动作都可预测，因此用户可培养一种令人欣慰的控制感。此外，用户还可复制或撤销动作，前者用于再次访问相关模块，后者用于后退或返回到某个已知位置。游戏用户可能喜欢令人困惑的挑战、隐藏的控制和不可预测性，但多数应用程序的情况并不是这样。相反，设计人员必须使得其产品可理解、可预测。非拟人化界面指南的概述，见框 12.5。

框 12.5　非拟人化界面指南

- 将计算机呈现为人时，无论是合成人物还是卡通人物，均需谨慎
- 设计可理解、可预测和用户可控的界面
- 利用适当的人来做音频或视频介绍或向导
- 在游戏或儿童软件中使用卡通人物，但在其他地方应避免使用它们
- 提供以用户为中心的概要，用于概述性和总结性内容
- 计算机响应人的动作时，不使用第一人称代词"我"
- 使用"你"来指导用户或仅陈述事实

12.8　错误消息

错误消息是用户指南中整个界面设计策略的关键部分。这一策略应确保完整且协调的错误消息在一个或多个应用程序中是一致的。

由多个作者编写的有些系统和网站中，出错信息已引发了灾难。只要读到这些消息，用户就能明显感觉到它是由多个作者编写的。在数个专门发布出错消息的"羞耻之殿"网站中，用户和开发人员社区会分享奇怪和令人误解的出错消息体验。有些体验是批判性的、幽默的，有些体验则包含丰富的信息，提供了经验教训和改进建议，微软开发人员网络（2015）上的出错消息讨论就是这样的一个例子。

下面介绍一些避免错误消息设计灾难的解决方案：在所有设计人员都要评审和遵循的风格指南框架内，讨论帮助和错误处理；确保在计算机系统或网站上设计出错消息，而不要将其作为补救措施。

我们经常遇到的一个问题是，错误消息与提供的帮助并不明显对应，这表明错误消息转换为帮助用户执行正确动作之间，存在明显的信息鸿沟。对于国际用户界面，让第三方专家翻译错误消息、帮助文本、提示和其他指南时，设计人员就会遇到麻烦。经验丰富的设计人员为方便开发阶段和后期维护阶段的翻译，会把出错消息和帮助文本信息保存为独立的文件。安装系统的国家不是创建该系统的国家时，就允许用户选择本地语言。

正常的提示、劝告消息和系统对用户动作的响应，可能会影响用户的感知，但错误消息和诊断警告的措辞非常重要。错误由知识缺乏、理解不当或疏忽大意造成，用户遇到这些消息时可能会迷惑和焦虑。使用傲慢语气谴责用户的出错消息，会加重这种焦虑，不仅会使得改正错误更加困难，而且会增大出现更多错误的概率。无用的帮助内容是另一个压力来源。

对新用户而言，这些令人担心的内容特别重要，他们因缺乏足够的知识和自信，会使得压力持续增大，进而引发一系列令人沮丧的错误。此外，良好的几次体验，根本无法弥补使用计算机时产生的令人气馁的糟糕体验。有些情况下，界面之所以被人记住，是因为在使用这些界面时情况变得更糟。尽管这些关注适用于计算机新用户，但老用户也会遇到这类情形。某些人是一类界面或部分界面的专家，但在很多其他情形下仍可能是新手。

改进错误消息是改进现有界面的最容易、最有效的方式之一。软件若能捕捉到出错频率，设计人员就能集中研究重要消息的优化。出错频率分布还能使界面设计人员和维护人员改进

错误处理过程、文档、教程、在线帮助，甚至改进相应的动作。完整的消息集应由同事和管理人员评审，并在通过经验测试后包含在用户文档中。

特异性、具体的建设性指南、积极的语气、以用户为中心的风格和适当的物理格式，已被人们建议为预备错误消息的基础（见框 12.6）。这些指南对新用户而言特别重要，当然专业用户也能从中受益。错误消息的措辞和内容会明显影响用户性能和满意度，进而整体提升用户体验。

框 12.6　最终产品和开发过程的错误消息指南。这些指南来源于实际体验和经验数据

最终产品

- 尽可能具体、精确，确定必要的、相关的错误消息
- 有建设性，指出用户需要做什么
- 使用积极的语气，避免谴责，有礼貌
- 选择以用户为中心的措辞，陈述问题、原因、解决方案
- 考虑多层消息，陈述简短但足够的信息来辅助正确动作
- 保持一致的语法形式、术语和缩写
- 保持一致的视觉形式和布局

开发过程

- 提高对消息设计的关注度
- 建立质量控制体系
- 制订和实施指南
- 执行可用性测试
- 考虑传导"错误处理"检验
- 记录每条消息出现的频率

12.8.1　特异性

过于普通的信息，会使得新用户难以确定什么地方出了错。谴责性的简单消息会令人沮丧，因为这种消息既不能提供什么地方出错的足够信息，也不能提供纠错的知识。因此，适量的特异性很重要。以下是几个例子：

糟糕的消息：SYNTAX ERROR（语法错误）
较好的消息：Unmatched left parenthesis（左括号不匹配）

糟糕的消息：INVALID DATA（无效数据）
较好的消息：Days range from 1 to 31（日期范围从 1 到 31）

糟糕的消息：BAD FILE NAME（文件名不正确）
较好的消息：The file C:\demo\data.txt was not found（未找到文件 C:\demo\data.txt）

糟糕的消息：???
较好的消息：Touch icon twice to start app（双击图标，启动应用）

用于登记入住信息的某个界面，要求接待人员输入 40～45 个字符串，包括姓名、房间号、信用卡信息等。若数据输入错误且给出的消息是 INVALID INPUT. YOU MUST RETYPE THE ENTIRE RECORD（输入无效，必须重新输入整个记录），不仅会使得接待人员产生挫折感，还会耽误心情糟糕的客人的更多时间。交互系统应按照合适的表格填充策略来进行设计，将输入错误减至最少（见第 8 章）。错误出现时，用户应仅需修改不正确的部分。

例如，一些网站中的较好设计是提示用户完成表格填充任务，然后提交。出现错误时，表格会再次返回给用户，并突出显示需要正确填写的信息。然后，用户可以进行修改并重新提交表格（而非被迫再次完成整个表格）。组合使用表格填充和菜单交互样式（见第 8 章），也可减少错误（如从列表中选择国家而非让用户在表格中输入）。

12.8.2　建设性指南与积极的语气

生成消息的目的，不是因为用户做错了而谴责他们，而是应尽可能地为用户指出如何改正错误。下面给出一些例子：

糟糕的消息：Run-Time error '-2147469 (800405)': Method 'Private Profile String' of object 'System' failed.（运行时错误 "-2147469 (800405)"："系统"对象的 "Private Profile String"方法失败）

较好的消息：Virtual memory space consumed. Close some programs and retry.（虚拟内存空间耗尽，关闭一些程序后重试）

糟糕的消息：Network connection refused.（网络连接被拒绝）

较好的消息：Your password was not recognized. Please retype.（密码未被识别，请重新输入）

糟糕的消息：Invalid date.（日期无效）

较好的消息：Arrival date must come after departure date.（到达日期必须在起飞日期之后）

使用具有暴力倾向的术语、包含大量不必要的敌意消息，会干扰非技术性用户。在某个交互式法律条文搜索系统中，曾使用了这样的消息：FATAL ERROR，RUN ABORTED（严重错误，运行中止）。同样，早期的操作系统曾使用 CATASTROPHIC ERROR; LOGGED WITH OPERATOR（灾难性错误；以操作者身份登录）来恐吓用户。使用这些充满敌意的消息不可原谅，而改进这些消息，在消息中包含"发生了什么""必须做什么"等信息后，就帮助用户改正错误。这些消息应是建设性的、积极的。尽量不要使用诸如 ILLEGAL、ERROR、INVALID 或 BAD 之类的消极词汇。

对软件开发人员而言，创建能准确了解用户意图的程序可能非常困难，因此"建设性"建议通常不适用。有些设计人员主张自动更正错误，但这种方法的缺点是，用户可能会因不了解正确的语法而极度依赖系统做出的修改。例如，假设小学语文教师正在努力训练小学生的拼写，而教师查阅学生交上来的报告后，发现学生在输入时就经过了拼写检查、语法检查甚至自动更正。学生不会存在任何自我改正的动机，教师自然也无法看到学生到底犯了哪些拼写错误。另一种方法是告知用户可能的选择，然后让他们自己做出决定。首选策略是，尽可能地预防犯错（见 3.3.5 节）。

12.8.3　合适的物理格式

大部分用户都偏爱大小写字母混用的消息，因为这种消息更易于阅读。仅有大写字母的消息应为简短的严重警告保留。以冗长且神秘代号开头的消息，仅用于提醒设计人员并不了解其真实需求的用户。确实需要代号时，可将它放到消息后面的括号中，或作为"提供更多细节"的函数。

人们对消息出现在显示屏上的最佳位置一直存在分歧。第一种观点认为，消息应放在界面中出现问题的位置的附近。第二种观点认为消息会让界面混乱，因此应放在界面的底部。第三种观点认为，应以接近但不掩盖相关问题的方式来显示对话框。这些方法似乎很常见：错误消息在页面中心位置弹出，所有活动立即停止，迫使用户移动对话框或单击"确认"按钮才能继续。

有些应用程序出现错误时会发出声音。若采用其他方式，操作者可能会错过这一错误，因此这种警告是有用的。然而，其他人正在附近时，这种警告会令人尴尬，即使操作者是独自一人，也可能会觉得它让人厌烦。

设计人员须在引发用户关注问题和避免用户尴尬之间折中。考虑到用户经验和性情的多样性，也许最好的解决方案是为用户提供对选择的控制。

改进后的错误消息的最大受益者是新用户，但正式用户和经验丰富的专业人员也会从中受益。随着优秀实例的出现，复杂、晦涩、粗糙的界面已越来越不合时宜。过去的简陋环境，会逐渐被完全针对用户需求设计的界面代替。我们应顺应这种变化，加快为用户群提供服务的步伐。

从业人员的总结

要特别留意显示设计，并为所有设计人员开发一套本地指南。要使用间隔、缩进、分栏和字段标签来为用户组织显示内容。显示密度增大而页数减少具有较大的优点。企业或组织应仔细研究显示设计指南文档，然后创建适合于自身的文档（见 3.2 节），文档中应包含本地术语和缩写列表。另外，一致性和彻底测试至关重要。

当前的网页技术和新的网页设计指南，为轻易且快速地将用户生成的内容插入网站，提供了新技术和新方法。今天，网页设计指南还能解决通用性问题，且良好的窗口设计方法能够增强用户体验。

颜色能在一定程度上改进显示效果，并能在提升用户满意度的情况下快速执行任务。然而，颜色使用不当时，可能会使用户分心，进而降低用户的效率。

发出指令时，应关注用户及用户的任务。在大多数应用中，应尽量避免拟人化的措辞，要使用第二人称"你"来指导新用户，要避免对用户进行评价。简单的状态语句会更简洁，通常也更有效。

系统消息的措辞可能会影响用户的表现和态度，措辞不当时，会让新用户产生挫折感，进而因为焦虑和知识不足而处于不利地位。设计人员能做出的改进有：仅使用更具体的诊断消息；要提供建设性指南，而不是只关注失败本身；使用以用户为中心的措辞；选择合适的物理格式；避免使用模糊的术语或代号。

研究人员的议程

应增加设计人员使用万维网工具和方法的知识，以便通过网页设计来增强用户体验，方便用户生成内容，并提升通用性。

显示技术的进步，提升了人们对显示视觉感知基本理解和认知模型的需求。用户还需遵循从左上方开始的浏览模式吗？眼动跟踪系统研究需要澄清阅读和注意力焦点模式吗？不同阅读方式的用户或不同文化背景的用户，其浏览显示内容的方式存在不同吗？在选项周围使用空白，或对选项加框，能促进用户理解吗？单页密集显示与双页稀疏显示，哪种方式更好？颜色编码如何重组或中断浏览模式？网页设计最新流行趋势（如视差滚动网页设计）的研究进展如何？

实验测试既能改进上述错误消息指南，又能了解用户的焦虑与困惑来源。消息放置、突出显示技术和多级消息策略，都是候选的研究对象。改进针对用户动作序列的分析，进而自动提供更有效的消息很有用。拟人化设计甚少成功，因此类人代理的支持者应通过实证研究来测试它们的性能。

万维网资源

网上存在一些关于显示设计、网页和窗口管理的指南，其中包含一些实证结果。要想获得丰富和愉悦的体验，可多参阅生动且多彩的网站。网页和其他界面的风格与样式，往往只是时尚潮流，来得快也去得快。

参考文献

Bartram, Lyn, Ho, Albert, Dill, John, and Henigman, Frank, The continuous zoom: A constrained fisheye technique for viewing and navigating large information spaces, *Proceedings of the ACM Symposium on User Interface Software and Technology (UIST)*, ACM Press, New York (1995), 207–215.

Baudisch, P., Lee, B., and Hanna, L., Fishnet, a fisheye web browser with search term popouts: A comparative evaluation with overview and linear view, *Proceedings of the Working Conference on Advanced Visual Interfaces*, ACM Press, New York (May 2004), 133–140.

Bederson, Ben, The promise of zoomable user interfaces, *Behaviour & Information Technology 30,* 6 (2011), 853–866.

Bergman, Eric, *Information Appliances and Beyond: Interaction Design for Consumer Products*, Morgan Kaufmann, San Francisco, CA (2000).

Brewer, Cynthia A., Hatchard, Geoffrey W., and Harrower, Mark A., ColorBrewer in print: A catalog of color schemes for maps, *Cartography and Geographic Information Science 30,* 1 (2003), 5–32.

Brewer, C., Harrower, M., Sheesley, B., Woodruff A., and Heyman, D. (2015). Available at http://colorbrewer2.org/.

Brewer, C., *Designing Better Maps*, 2nd Edition, ESRI Press, Redlands, CA (2015). Cassell, Justine, Sullivan, Joseph, Prevost, Scott, and Churchill, Elizabeth, *Embodied Conversational Agents*, MIT Press, Cambridge, MA (2000).

Chetty, M., Banks, R., Bernheim Brush, A. J., Donner, J., and Grinter, R. E., You're capped: Understanding the effects of broadband caps on broadband use in the home, *Proceedings of the ACM Conference on Human Factors in Computing Systems*, ACM Press, New York (2012).

Cockburn, A., Karlson, A., and Bederson, B., A review of overview + detail, zooming, and focus + context interfaces, *ACM Computing Surveys 41*, 1, ACM Press, New York (2009), Article 1.

D'Mello, S. K., Picard, R., and Graesser, A. C., Toward an affect-sensitive AutoTutor, *IEEE Intelligent Systems 22*, 4 (July/August 2007), 53–61.

Druin, A., *Mobile Technology for Children: Designing for Interaction and Learning*, Morgan Kaufmann (2009).

Foley, James D., van Dam, Andries, Feiner, Steven K., and Hughes, John F., *Computer Graphics: Principles and Practice*, 2nd Edition in *C*, Addison-Wesley, Reading, MA (2002).

Galitz, Wilbert O., *The Essential Guide to User Interface Design: An Introduction to GUI Design Principles and Techniques*, 3rd Edition, John Wiley & Sons, New York (2007).

Gapminder (2015). Available at http://www.gapminder.org/about-gapminder/. Gratch, J., Rickel, J., Andre, E., Badler, N., Cassell, J., and Petajan, E., Creating interactive virtual humans: Some assembly required, *IEEE Intelligent Systems 17*, 4 (2002), 54–63.

Henderson, Cal, *Building Scalable Web Sites: Building, Scaling, and Optimizing the Next Generation of Web Applications*, O'Reilly Media, Inc. (2006).

Hornbaek, K., Bederson, B. B., and Plaisant, C., Navigation patterns and usability of zoomable user interfaces with and without an overview, *ACM Transactions on Computer-Human Interaction 9*, 4 (December 2002), 362–389.

Hourcade, J. P., *Child Computer Interaction* (2015). Available at http://homepage.cs.uiowa.edu/~hourcade/book/index.php.

Hunt, Ben, *Web 2.0 How-To Design Guide* (2015). Available at http://webdesignfromscratch.com/web-design/web-2-0-design-style-guide/.

Johnson, Jeff, *Web Bloopers*, Morgan Kaufmann, San Francisco, CA (2003). Updates available at http://www.web-bloopers.com/ (2008).

Johnson, Jeff, *Designing with the Mind in Mind: Simple Guide to Understanding User Interface Design Rules:* 2nd Edition, Morgan Kaufmann, San Francisco, CA (2014).

Jones, M. C., Floyd, I. R., Rathi, D., and Twidale, M. B., Web mash-ups and patchwork prototyping: User-driven technological innovation with Web 2.0 and open source software, *Proceedings of the 40th Annual Hawaii International Conference on System Sciences (HICSS '07)*, IEEE Press, Los Alamitos, CA (2007).

Law, E. L. C., The measurability and predictability of user experience, *Proceedings of the 3rd ACM SIGCHI Symposium on Engineering Interactive Computing Systems*, ACM Press, New York (2011).

Lynch, Patrick J., and Horton, Sarah, *Web Style Guide: Basic Design Principles for Creating Web Sites*, 3rd Edition, Yale University Press, New Haven, CT (2008). Available online at http://webstyleguide.com/.

MacDonald, L., Using color effectively in computer graphics, *IEEE Computer Graphics & Applications 19*, 4 (July/August 1999), 20–35.

Marcus, Aaron, *Graphic Design for Electronic Documents and User Interfaces*, ACM Press, New York (1992).

Mathur, A., Schlotfeldt, B., and Chetty, M., A mixed-methods study of mobile users' data usage practices in South Africa, *Proc. ACM International Joint Conference on Pervasive and Ubiquitous Computing (UbiComp 2015)*, Osaka, Japan (2015).

Mayer, Richard E., *Multimedia Learning*, 2nd Edition, Cambridge University Press, New York (2009).

Microsoft Developers Network, Error messages (2015). Available at https://msdn.microsoft.com/en-us/library/dn742471.aspx.

Mullet, Kevin, and Sano, Darrell, *Designing Visual Interfaces: Communication Oriented Techniques*, Sunsoft Press, Englewood Cliffs, NJ (1995).

Mumford, Lewis, *Technics and Civilization*, Harcourt Brace and World, New York (1934), 31–36.

NASA, NASA wins 2015 Webby Awards (2015). Available at http://www.jpl.nasa.gov/news/news.php? feature=4566.

Nass, Clifford, and Yen, Corina, *The Man Who Lied to His Laptop: What Machines Teach Us About Human Relationships*, Penguin Group (2010).

National Cancer Institute, U.S. Department of Health and Human Services, *Research-Based Web Design & Usability Guidelines* (2008). Available at http://www.usability.gov/pdfs/guidelines.html.

Nielsen Norman Group, *Top 10 Mistakes in Web Design* (2011). Available at http://www.nngroup.com/articles/ top-10-mistakes-web-design/.

Nielsen Norman Group, *User Experience for Mobile Applications and Websites*, 3rd Edition (2015). Available at https://www.nngroup.com/reports/mobile-website-and-application-usability/.

Novick, D., Rhodes, J., and Wert, W., The communicative functions of animation in user interfaces, *Proceedings of the 29th ACM International Conference on Design of Communication (SIGDOC '11),* New York (2011), 1–8.

Oracle, *Java Look and Feel Design Guidelines* (2015). Available at http://www.oracle.com/technetwork/java/ jlf-135985.html.

Parallax, *50 great parallax scrolling websites* (2015). Available at http://www.creativebloq.com/web-design/ parallax-scrolling-1131762.

Plaisant, Catherine, Carr, David, and Shneiderman, Ben, Image browsers: Taxonomy and design guidelines, *IEEE Software 12,* 2 (March 1995), 21–32.

Plaisant, C., Shneiderman, B., and Chao, T., *Twinlist: Novel Interfaces for Medication Reconciliation* (2015). Available at http://www.youtube.com/watch?v= YXkq9hQppOw.

Rosling, Hans, 200 years that changed the world (2015). Available at https://www. youtube.com/watch?v= BPt8ElTQMIg.

Sarkar, Manojit, and Brown, Marc H., Graphical fisheye views, *Communications of the ACM 37,* 12 (July 1994), 73–84.

Shneiderman, Ben, Looking for the bright side of agents, *ACM Interactions 2,* 1 (January 1995), 13–15.

Smith, Sid L., and Mosier, Jane N., *Guidelines for Designing User Interface Software*, Report ESD-TR–86–278, Electronic Systems Division, MITRE Corporation, Bedford, MA (1986). Available from the National Technical Information Service, Springfield, VA.

Spence, Robert, *Information Visualization*, Addison-Wesley, Reading, MA (2001). Stone, Maureen, *A Field Guide to Digital Color*, A. K. Peters, Wellesley, MA (2003). Tidwell, Jennifer, *Designing Interfaces, Patterns for Effective Interface Design*, 2nd Edition, Sebastopol, CA: O'Reilly Media Inc. (2011), 8–24.

Tullis, T. S., Information presentation, in Proctor, R., and Vu, K. (Editors), *Handbook of Human Factors in Web Design*, Routledge, New York (2004).

Tullis, T. S., Web-based presentation of information: The top ten mistakes and why they are mistakes, *Proceedings of the HCI International 2005*, Las Vegas, NV, Lawrence Erlbaum Associates (July 2005).

Tversky, B., Morrison, J. B., and Betrancourt, M., Animation: Can it facilitate?, *International Journal of Human-Computer Studies 57,* 4 (2002), 247–262.

University of Texas, National Center for Cognitive Informatics & Decision Making in Healthcare, *Effective Table Design SEDB-G02* (2013). Available at https://sbmi.uth.edu/nccd/SED/Briefs/sedb-g02.htm.

Usability, *Research-Based Web Design and Usability Guidelines* (2015). Available at http://guidelines.usability.gov/.

Web Accessibility Initiative, *World Wide Web Consortium (W3C)* (2015). Available at http://www.w3.org/ standards/webdesign/accessibility.

Weinman, Lynda, Designing Web Graphics, 4th Edition, New Riders, Indianapolis, IN (2002).

第 13 章　适时的用户体验

> 要想体验到乐趣，刺激不可或缺，而时间紧迫可能是最不刺激的体验。
>
> William James, *Principles of Psychology*, Vol. 1, 1890
>
> 对人而言，没有什么能比从容地做出决定更有用。
>
> Henry David Thoreau, *Journal*

13.1　引言

多年来，数学计算、程序编译或数据库搜索的响应时间，决定了用户对计算机运行速度的体验。随着万维网的出现，用户对扩展服务的期望增加，同时造成延迟的原因也越来越复杂。因此，要考虑通过互联网搜索结果的速度（和准确性）。许多用户在使用手机时，加载一个应用往往要等待数秒的时间。对他们来说，缩短响应时间是一件无比令人向往的事情。

用户并不总是能够了解文本、图形、高分辨率图像、视频和动画对响应时间造成的影响，因此很难体会到各种因素产生的巨大变化，比如在服务器负载、网络阻塞、接近无线网速和达到无线网速等方面产生的巨大变化。用户还需了解导致问题出现的原因有多种，如掉线、网站无法访问和网络断电。这些复杂的问题，通常在最初源于电信业的术语"服务质量"（QoS, Quality of Service）下讨论。在电信领域中，人们会根据通话质量、连接丢失、用户满意度、连接时间、费用和其他一些因素来度量服务质量。

对适时用户体验的关注，源于一个基本的人类价值观：时间是宝贵的。当外部延迟拖累任务进度时，许多人会有挫折感，且心烦意乱，进而产生愤怒的情绪。如果应用的性能低下，那么用户在几分钟内就可能放弃它。如果客户不相信用户体验会改善，那么他们会离开网站，转而订购竞争对手的同类产品。有些用户对现状不以为然，而大多数用户更喜欢用软件和连接允许的快速数据工作。

要展开适时用户体验的讨论，还须考虑第二个基本的人类价值观：应避免有害的错误。然而，要在更快的性能与较低的错误率之间折中，有时意味着必须放慢工作节奏。工作进度太快时，用户学到的东西会少，阅读理解程度会低，所犯的数据输入错误会多，做出的错误决定也会多。在这些情形下，压力会不断恶化，在生命攸关系统中尤其如此。

适时用户体验的第三个方面是，要减轻用户的挫折感。长延迟会让用户产生受挫感，进而导致失误或放弃。延迟通常是导致挫折感的原因之一，但还有其他原因，如导致数据损坏的崩溃、产生错误结果的软件缺陷和让用户感到困惑的糟糕设计。网络环境会造成更多的挫折感：不可靠的服务提供商、始终存在的电子邮件网络钓鱼或垃圾短信，以及恶意病毒。

对适时用户体验的讨论，通常关注网络设计人员和操作人员将要做出的决策。因为他们的决策对很多用户具有深远的影响，因此这样做是适当的。他们具有很多帮助工具和知识，并且愈加需要遵守法律。界面设计人员和构建人员做出的设计决策，会对用户体验产生极大的影响。例如，要优化网页减少字节数和文件数，或提供从数字图书馆或档案中获取的资料的预览（如缩略图或覆盖图），以便减少对网络的查询和访问次数（见图 13.1 和 15.1 节）。对用户而言，主要体验是系统的响应时间（SRT），也称"响应时间"。

人类心理物理学提供了与时延相关的人文环境，而时延促进了适时用户体验的出现。事件的时间间隔小于 25 毫秒时，人类无法感知到任何不同；只有当时间间隔达到 100 毫秒时，人类才会感觉到事件间的不同。人的反应时间是另一个因素。每个人的反应时间都不相同，因为他们在操作应用时，存在年龄、环境等的不同。实践中，用户对程序切换时所出现的 1 秒时延并不关心，而在等待网站完全加载时，甚至能忍受更长的时间。

图 13.1　Earthdata Search（http://search.earthdata.nasa.gov）在下载数据之前，会显示地理和
　　　　时间覆盖数据集。图中选择了两个数据集。MODIS 数据集为蓝色，AIRS 数据
　　　　集为橙色。在时间轴和地图上使用这些颜色显示两个数据集的重叠位置和时
　　　　间。提供数据可用性预览可帮助用户用更少的查询和网络访问找到所需的信息

参见：

第 4 章　设计

第 12 章　提升用户体验

13.2 节首先讨论 SRT 模型的影响，然后研究 SRT 问题，分析人类的短期记忆，并找出人们犯错的原因。13.3 节介绍用户期望和态度对适时用户体验的主观反应。13.4 节介绍与 SRT 有关的生产力和变异性。13.5 节讨论糟糕用户体验所带来的严重影响，包括垃圾邮件和病毒。

13.2　系统响应时间模型的影响

系统响应时间（SRT）定义为：从用户发起动作（通常为触碰图标、按回车键或点击鼠标）到计算机开始呈现反馈结果所需要的秒数。SRT 模型中包含的各个阶段见图 13.2。

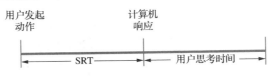

图 13.2　SRT 模型的动作阶段和用户思考时间简图

响应完成时，用户开始构思下一个动作。用户思考时间，是从计算机响应到用户发起下一动作所花的秒数。在这个简单的阶段模型中，用户将经历如下几个阶段：（1）发起动作；（2）等待计算机响应；（3）查看出现的结果；（4）滚动查看结果；（5）思考一会儿，然后再次发起动作。

在更真实的模型中（见图 13.3），解释结果、打字/点击或触摸图标、计算机正在生成结果或进行网络信息搜索时，用户都要进行计划。多数人会利用能用的所有时间提前计划，因此难以精确测量用户的思考时间。计算机的响应通常需要精确定义和测量，但也存在一些问题。有些界面会以分散注意力的消息、告知性的反馈来响应，或在发起动作后立即以简单的提示来响应，而实际结果可能会在几秒后才出现。然而，用户则希望联网设备的响应时延最小（如打印状态）。

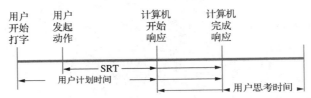

图 13.3　SRT 模型、用户计划时间和用户思考时间。该模型要比图 13.2 中的模型真实

设计人员指定响应时间，网络管理员试图提升系统性能，他们必须考虑各种相互影响的复杂因素，如技术可行性、费用、任务复杂性、用户期望、任务执行速度、出错率和错误处理规程等。

尽管有些人能接受某些任务（如计算）的较慢响应（延迟），但用户更喜欢快速的交互。总体生产力不仅依赖于界面速度，还依赖于人的出错率及由这些错误恢复的容易程度。漫长的响应时间（长于 5 秒）通常会危害生产力，如增加出错率、降低满意度等。人们通常青睐于较快的交互（少于 1 秒），因为它能提高生产力，但同时也可能增加复杂任务的出错率。提供快速响应时间的成本很高，而增加的错误会造成损失，因此须以最佳的速度对成本和损失进行评估。

13.2.1　网站 SRT

要了解交互对用户性能、态度、压力和行为意图的影响，就需要评估延时和两个网站设计因素（网站广度和内容熟悉度），进而研究网站的显示性能。用户因搜索目标信息而进行选择时，三个经验因素（延迟、熟悉性和带宽）会共同影响用户招致的认知成本和惩罚（Galletta, 2006; Galletta et al., 2006）。通过用户行为和知识发现实验，Liu 和 Heer（2014）对交互延时进行了研究。他们发现，交互式可视化应提供改进的 SRT 来支持有效的探索，因为延时增大会导致用户调整探索策略。

一项研究在引导用户经历几千次实验后，测量了网站性能（Kohavi et al., 2014）。Kohavi

等人（2014）关于经验法则的研究成果有"速度最关键"和"微小变化会对关键指标造成很大的影响"。在对受欢迎大型网站进行几千次受控实验后，人们发现这些规则可以指导设计人改进其网站，进而提升用户满意度和性能。

消费需求是提升性能的关键因素。网站经常会因为高性能（Google 或其他门户网站用户一直期待的特性，也是 Amazon 或 eBay 的消费者要求的特性）脱颖而出（King, 2008）。

预先存储用户账户信息（如送货地址），可以提升网络消费者的用户体验。另一个例子是，可以考虑先提示在线消费者输入邮政编码，然后自动填写省和城市。这种做法稍微改变了输入地址数据的顺序，但频繁购物的消费者很喜欢这种键盘敲击并保存的方法。此外，它还提升了地址数据库的准确性和一致性。

13.2.2　网络对 SRT 的影响

宽带服务提供商提供的上传速率和下载速率通常并不相同。要求更快上传时间的用户，如网站管理员、协同软件开发人员、上传大容量文件（如视频文件）至社会媒体网站的人员、定期发送大文件的用户，会发现宽带服务提供商在上传时间方面还有许多改进之处。在用户生成内容的时代，对越来越多的用户来说，上传速度与下载速度相同是很重要的。

宽带服务能力因国家而异。根据 2015 年的一份报告（Akamai, 2015），韩国以 23.1Mbps 的平均网速领先于世界，其次是中国香港，日本排第三，美国排第二十。

有些计算机用户可以使用评估下载/上传速度的 Web 工具。进行这种测试能使用户更好地了解适时的用户体验，并提供有用的信息。需要更好的服务或升级来满足网络响应时间需求时，可将这些信息提供给宽带服务提供商。

与无线网络相比，有线网络仍然是组织和个人的首选，但随着无线网络的巨大进步，对许多用户来说性能差异已不明显。覆盖整个社区的无线网络，可有效地提升通用性。

间歇性延时会造成图像跳跃和声音断续，因此相关的任务（如视频会议、IP 语音电话和流媒体）需要高性能。这些服务的推动者已发现了对更快、更高性能网络的需求。

尽管计算机间通信技术正在改进，但用户执行任务的时间并不会以同样的速度改进。吞吐量的提高，不一定意味着生产力的提高。

13.2.3　SRT 建模的要素

说明 SRT、设计界面和制定管理政策方面的完整预测模型，可能从不会实现，但即使是这种模型的片段也有助于设计人员。认知变化（如从浏览某个新闻故事转换为观看同一个新闻故事的视频）也很难用生产力去度量。

使用交互设备时，用户可以制订计划，然后在执行计划中的每一步时等待。如果某个步骤产生了意外的结果或较长的延时，那么用户就可能忘记部分计划，或被迫不断地审查计划。由这种模型导致的推测是，对于给定的用户和任务，存在首选的响应时间。响应时间长时，会浪费用户的努力，出现更多的错误，因为此时必须反复审查解决方案。另一方面，短 SRT 会导致较快的工作节奏，进而导致解决方案准备不充分。要证明这些推测，需要更多情况下的更多用户数据。

很多现实领域中，"速度/准确性"的折中很残酷，界面使用中这一点也很明显。一个相关的因素是"有节奏任务"和"无节奏任务"的性能比较。在有节奏任务中，计算机要求在特定的时间段进行决策，因而会增大用户的压力。对于生命攸关情形或要求高生产力的制造业用户而言，这种高压界面是合适的，但操作人员的错误和倦怠等，会是严重的隐患。在非节奏任务中，用户可决定何时响应，因此工作较为放松，可不急不忙地做出谨慎的决策。

生命攸关系统（如航空电子设备）提供了适时用户体验可以防止灾难发生的环境。针对混合临界系统的研究表明，系统中的有些功能要确保"安全第一"，其他功能则不要求这一点。这项研究着眼于调度和执行时间，形成了能产生足够 SRT 的最佳优先分配法（Baruah et al., 2011）。另一项研究发现，减少响应时间的可变性，可提升用户性能（Weber et al., 2013）。

对 SRT 的研究和分析已持续多年。许多因素得到了评估，得到的结果有时进行了讨论（Dabrowski and Munson, 2011）。这些因素包括：

- 不同级别 SRT 下的用户精度和错误率
- 用户性能速率和所用命令的效率
- 人机交互如何随 SRT 的变化而变化
- 身体对变化的生理反应
- SRT 变化时的用户情绪变化（高兴、满意、焦虑、生气）

Dabrowski 和 Munson 的这篇文章出色地对比了"控制"和"对话"任务，其中控制任务总是希望延时最小，而对话任务可在不困扰用户的前提下容忍适度的延时。

人们普遍认为，这一领域可用汽车驾驶来类比。较高的限速对很多驾驶员而言具有吸引力，因为他们能更快地完成行程，但这也会导致较高的事故率。汽车事故可能会造成可怕的后果，因此人们接受限速。错误使用计算机系统也会导致生命、财产或数据损失，因此也应对其限速。

13.3　期望与态度

要等待计算机响应多长时间用户才会生气？这个简单的问题引发了很多讨论和若干实验。它没有简单的答案，而更重要的是，我们可能就不应该问这种问题。更准确的问题应是关注用户需求：与不希望看到的广告相比，用户会愉快地等待有价值的文档吗？

影响可接受 SRT 的首个因素是，人们基于此前完成给定任务所需时间的经验而建立的期望。如果任务完成得比期望快，人们就会觉得满意；如果任务完成得比期望快很多，人们就可能会关注出了什么问题。同样，如果任务完成得比期望慢很多，用户就可能会关注这些问题，或产生沮丧的情绪。

一个重要的设计问题是快速启动。如果必须等待设备就绪才能使用，或必须遵循一系列复杂的"入门指南"步骤才能操作设备，用户就会感到烦恼。能够"快速启动"，是消费电子产品十分突出的特性。

影响 SRT 期望的第二个因素是，个人对延时的容忍度。不同的用户，其可接受的等待时间也不同，它受到很多因素的影响，如个性、费用、年龄、情绪、文化背景、时段、噪声和感受到的压力等。放松的网上冲浪者，可能喜欢在下载网页时与朋友聊天，临近发稿期限的新闻记者，可能会开始猛敲办公桌、设备或键盘，徒劳地尝试让计算机快一些运行。

影响 SRT 期望的其他因素是，任务的复杂性和用户对任务的熟悉程度。对于简单的重复性任务，用户可能会希望快速执行，即使对超过十分之几秒的延时也会很生气。对于有些复杂问题的求解，即使 SRT 变长，用户通常也会执行得很好，因为用户可利用延时事先进行计划。因此，用户是高度自适应的，能够改变工作方式来适应不同的响应时间。

系统满足如下标准时，用户就可快速执行任务，并且出错率低，还会有较高的满意度：

- 了解问题求解任务所需的对象和动作
- 毫不拖延地执行解决方案
- 消除分散注意力的因素
- 用户焦虑程度低
- 能显示关于解决方案进度的反馈
- 能避免错误，或出现错误时能轻易地处理

在设计过程中，最优问题求解的诸多条件（例如费用和技术可行性等）是基本的约束条件。但在决定最优交互速度时，其他一些因素也会发挥作用：

- 新用户在响应时间内的动作稍慢时，表现可能更好
- 新用户更喜欢以较慢的速度工作（比熟练用户的速度慢）
- 对错误几乎没有惩罚时，用户倾向于更快地工作
- 任务熟悉且易于理解时，用户偏爱更快的操作
- 若以前体验过高速性能，则在未来的情形中也希望获得这种性能

越来越多的任务已对高速系统的性能提出了很高的要求，用户控制的三维动画、飞行模拟、图形设计和数据可视化的动态查询等，就是这样的例子。在这些应用中，用户会持续调整输入控制，他们希望直接看到变化，而不要有可察觉的延时。

框 13.1 列出了影响用户对 SRT 的期望和态度的三个主要因素。

框 13.1　主要因素

1. 以往的经验
2. 个性的差异
3. 任务的不同

由此可归纳出三个推论：

1. 个体差异大且用户是自适应的。经验越丰富，工作速度越快，且能随着 SRT 的改变而不断地调整工作策略。允许用户设置自己的交互节奏可能会有用。
2. 对于重复性任务，用户更倾向于在较短的响应时间内迅速完成工作。
3. 对于复杂的任务，用户可在不降低生产力的情况下适应缓慢的 SRT，但随着响应时间的不断增大，用户的不满意度也会增大。

13.4　SRT 中的用户生产力和变异性

较短的 SRT 通常会形成较高的生产力。但在有些情况下，当用户遇到较长的 SRT 时，往往会寻找捷径来并行处理任务，进而减少完成任务所需的努力和时间。然而，工作得太快可能会导致错误，进而降低生产力。

运算就如同驾驶汽车，是走高速公路好一些还是走较短的捷径好一些，并无定论。设计人员必须仔细研究每种情况，才能做出最佳的选择。如果只是偶尔用到，那么这种选择并不重要。但在需要非常频繁地使用时，就值得研究了。大量使用计算机时，对于给定的任务和用户集，要确定适当的响应时间，就需要付出更多的努力。任务和用户改变时，还须进行新的研究，就如每次旅行前都要对路线重新进行评估那样。

一种解决方案是掩盖延时。例如，在填充背景时，先显示重要的关键信息。设计良好的网站通常先下载关键信息。同样，网站设计人员可能会先选择那些吸引人的信息下载，以此激励和鼓励用户在下载时延期间多等一会儿，再看到最终结果。有些新闻网站首先会下载文本标题，鼓励读者在下载文章的剩余部分时保持耐心。在下载动画、广告等信息时，用户可以开始阅读文章，直至最终屏幕完全显示预期的信息。

任务的性质对 SRT 的变化是否改变用户生产力具有重大影响。重复控制任务包括监视显示并发起一些动作来响应显示的变化。SRT 较短时，一方面，操作人员能跟上系统的节奏，工作效率也较高，但响应动作的决定可能不是最佳的；另一方面，选择不当时的惩罚可能也较小，因此可以轻易地尝试另一动作。实际上，操作人员在 SRT 较短时能更快地学会如何使用界面，因此可更容易地尝试其他选择。

使用计算机时，用户并不了解计算机内部是如何执行其发起的动作的，但根据 SRT 的长短可发现一些端倪。例如，如果一个常见动作的响应时间为 3 秒，而该动作实际花了 0.5 秒或 15 秒，这时用户就会开始担心。这种极端的变化会使人不安，因此应由界面予以禁止或给出确认。反应快得不同寻常时，应给出提示；反应非常缓慢时，应给出进度指示。进度指示器需要真实地反映事件的状态（见图 13.4）。最好给出时间估计，难以计算这一信息时，则要定期更新其他进度指示器，如正被处理的文件名称或完成的百分比。用户无数次陷入令人绝望的等待中时，最后可能发现缓慢的原因是网络断开或服务器宕机，而网页下载指示器的状态栏却显示页面正在加载。Sherwin（2014）进行了关于进度指示器的研究。

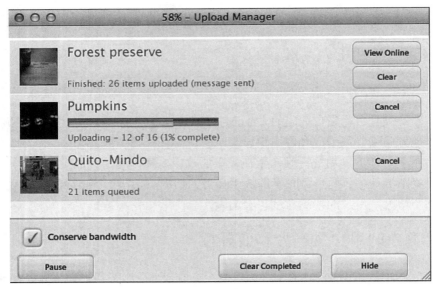

图 13.4　进度指示器通过显示从 Picasa 向 Web 上传照片的进度来
消除用户的疑虑。用户能看到上传的结果，也能取消上传

13.5 糟糕的体验

很多人崇尚技术，并认为用户使用计算机的体验质量正在不断改进，他们所指的实际上是增大的内存容量、存储容量和网络容量。然而，批评者认为界面和技术复杂性、网络中断及恶意干扰所造成的挫折感也随之增长。近期的有些研究已开始记录并帮助我们了解当前用户界面对用户造成挫折的原因。

不论中断是由当前任务造成的，还是由其他无关任务造成的，对许多用户而言都是问题。令人惊讶的是，业已证明，完成中断任务的时间，要比完成未中断任务的时间少，而任务质量并无差别（Mark et al., 2008）。这项研究的作者认为，用户可通过更快的工作来补偿中断造成的时间损失，但它是以更大压力、更大挫折感和更多努力为代价的。合适的界面设计允许用户限制中断次数，减少中断产生的负面影响，进而减少解决问题所需的时间。

媒体上存在由于分心、技术因素、办公室布局或人员问题而浪费大量工作时间的报道。办公环境和学生学习环境存在差异，因此它们导致的用户挫折感也不同。针对 107 名学生和 50 个不同工作场所的计算机用户的研究表明，这些因素不仅会导致很强的挫折感，还会浪费 1/3～1/2 的时间（Lazaret et al., 2006）。

注重技术（而非人）是生产力低下的原因。造成不满的主要原因包括高峰期的网络性能、应用程序崩溃、较长的 SRT 和令人困惑的错误处理方式。有些用于网页浏览、电子邮件、社交媒体和文字处理的软件是造成问题的主要根源。降低用户挫折感的建议包括：重新设计界面、提高软件质量和增强网络可靠性。针对用户的另一些建议是，加强学习、审慎地使用服务及情绪的自我控制。

服务器容量、网络速度和可靠性等基础设施的改进，会提升用户体验。改进的网络性能和可靠性会提升用户的信任，减轻用户的担心，进而最大限度地提升工作性能和输出。在新兴市场和发展中国家，基础设施的可靠性仍令人头疼，且提升糟糕的用户体验还有很长的路要走。

用户培训会大幅度提升用户体验，因此要努力改进学校的教育和工作场所的培训。改进的教育计划和用户界面对教育程度低的用户影响最大。由于这些用户很难使用互联网服务，因此实际上削弱了向他们提供电子学习、电子商务和电子政务服务的努力。

网络服务，特别是电子邮件，是最有价值的信息和通信技术之一。关于"网络礼仪"、正确用法、生产力、电子邮件使用等，存在大量的信息资源。很多公司会发布电子邮件指南，指导雇员在工作场合恰当地使用电子邮件，还会提出减少电子邮件信息超载进而提高生产力的方法。

电子邮件已成为令人沮丧的"垃圾邮件"（广告邮件、个人兜销邮件和色情邮件）之源。很多垃圾邮件来自小公司和个人，他们利用低成本的电子邮件，把不受限制的公告发送给庞大的电子邮件地址列表。很多国家颁布了反垃圾邮件的法律，但互联网的国际影响力和开放政策，限制了法律的成功实施。尽管系统或用户工具会拦截或过滤大部分垃圾邮件，但用户仍然会抱怨垃圾邮件太多。

另一个令用户沮丧的问题是恶意病毒的流行，它们一旦入侵机器，就会破坏数据、干扰使用，或传播到用户电子邮件通讯簿上的每个人。病毒由希望传播灾难的恶意程序员创建，通常通过电子邮件附件。毫无戒心的接收者可能会因接收认识联系人的邮件而感染病毒。无意义的主题或消息，往往是电子邮件包含病毒的线索。有些邮件会引用以前的电子邮件，或发出吸引人的邀请等欺骗性消息，因此会使得用户的决策复杂化，但安全意识较强的用户不会打开来自陌生人所发来邮件的附件。

　　通用性本身在解决用户挫折感方面就存在挑战。在一项研究中，100 位盲人用户使用日志记录了使用万维网时的挫折感（Lazar et al., 2007）。研究结果表明，受挫的主要原因是：（1）引发混乱屏幕阅读器反馈的页面布局；（2）屏幕阅读器与应用程序的冲突；（3）设计不良/无标签的表格；（4）图片无替代文本；（5）让人误解的链接、不可访问的 PDF 文件和屏幕阅读器崩溃三者并存。在这项研究中，盲人用户报告说，由于这些令人沮丧的情形，他们平均损失了 30.4%的时间。关注通用性的网页设计人员，能够使用更合适的表格和图形标签来避免令人困惑的网页布局，进而改善这些问题。

　　挫折感、注意力分散和中断会妨碍工作的顺利进行，因此设计策略应使得用户能够保持专注。最初的三个策略可减少用户的挫折感：减少短期记忆负荷，提供信息丰富的界面，提高自动性（Shneiderman and Bederson, 2005）。这里的自动性是指以自动、无意识的方式来处理信息，它会产生无意识的控制。例如，用户仅通过轻认知负荷就能完成复杂的动作序列，就像驾驶员几乎不必特别努力就能沿着熟悉的路线去上班那样。

从业人员的总结

　　适时的用户体验，是网络、计算机、移动设备的用户和供应商一直关注的问题。快速刷新屏幕和提供快速的系统响应很有必要，因为它们是用户生产力、出错率、工作方式和满意度的决定性因素（见框 13.2）。多数情况下，较短的响应时间（少于 1 秒）会产生较高的生产力。对于鼠标动作、多媒体性能和交互式动画，更快的性能很有必要（小于 0.1 秒）。满意度通常会随着响应时间的减少而增加，但可能会因节奏过快而产生压力的风险。用户加快系统节奏后，可能会出现更多的错误。若能轻易地检测和改正用户所犯的错误，通常会提高生产力。然而，如果错误难以检测，或检测错误的代价昂贵，那么适当的节奏可能最有益。

框 13.2　SRT 指南

- 用户偏爱较短的响应时间
- 较长的响应时间（大于 15 秒）具有破坏性
- 用户的使用情况会随响应时间的变化而变化
- 较短的响应时间会使得用户的思考时间很短
- 节奏加快会提高生产力，但也会提高出错率
- 错误恢复的难易和时间会影响最佳响应时间
- 响应时间应与任务相称
  - —输入、光标移动、鼠标选择：50～150 毫秒
  - —简单且频繁的任务：1 秒
  - —普通任务：2～4 秒
  - —复杂任务：8～12 秒

- 应告知用户较长的延时
- 争取更快的启动速度
- 响应时间适当变化可以接受
- 意外的延时可能具有破坏性
- 让用户选择交互的节奏
- 经验性检验有助于设置适当的响应时间

设计人员可通过测量生产力、错误率并提供较短的 SRT，来为特定应用和用户群设置最佳响应时间。随着节奏的加快，管理人员还须随时注意工作方式的改变。应用"正确完成任务"而非每小时的交互数量来衡量生产力。新用户可能偏爱较慢的交互节奏。一项研究中介绍了帮助用户从新手成功过渡到专家的一些方法，同时基于人类学习和发展技能的要素，审视了可提升专业技术的先进用户界面（Cockburn et al., 2014）。

围绕平均 SRT 的适度变化是可接受的，但较大的变化（少于平均响应时间的 1/4 或超过平均响应时间的 2 倍）应附带大量信息。应对响应过快的一种方法是，降低响应时间来避免提供解释性消息。

随着计算机用户的不断多样化，人们越来越关心用户的挫折程度（见框 13.3）。在用户生成内容和普遍参与社交媒体的时代，满意的用户体验由偏好或系统及时性的可接受水平决定。垃圾邮件和病毒的恶意传播，严重威胁着日益扩大的互联网用户群。应用程序的崩溃、令人困惑的出错消息和网络崩溃，都是改进后的界面和软件设计所能处理的问题。

从业人员可以考虑帮助用户成为专家的其他方式（如提供快捷方式）。关于通用性的一点提是，在帮助新用户学习使用新的触摸屏或可穿戴设备时，采用手势应更容易。

框 13.3　减少用户的挫折感

- 提升服务器性能、网络速度和网络可靠性
- 改进用户培训、在线帮助和在线文档
- 重新设计说明书和出错消息
- 努力保持技术领先，让用户远离垃圾邮件、病毒和弹出式广告
- 组织消费者保护团体
- 增加对用户挫折感的研究
- 促进公众讨论以提高认识

研究人员的议程

人们对适时用户体验问题的深入了解受制于层出不穷的新技术和新应用。对问题进行分类，有助于人们对其进行研究，但更应关注任务、认知方式和应用的差异。然后，使用问题求解理论来产生有用的设计假设。

要针对不同的任务和用户，研究出错率与 SRT 的关系。另一个目标是，适应破坏计划、干扰决策和降低生产力的真实干扰。

出错率随 SRT 变化可以理解，但它们如何影响用户的工作方式或消费者期望？身负多项任务的员工，在办公受到干扰进而导致压力增大、生产力下降时，最终会影响企业的利润吗？

为现代用户提供改进的通信工具、协同工具、用户生成内容和联网工具，能让他们更好地管理各种应用程序与任务的时间吗？延长响应时间和降低适时用户体验，能鼓励用户审慎地做出决定吗？动作档案能随着 SRT 的缩短而成为较小且较熟悉的动作集吗？

值得研究的问题还有很多。技术无法实现较短的响应时间时，能否通过转移用户的注意力来提升用户满意？长响应警告或道歉信息，能安抚用户的焦虑情绪吗？

为提升用户性能，未来的 SRT 研究需要分析（人和系统造成的）延时、认知负荷和变异性的影响。评估用户受挫程度的方法存在争议。时间日志可能要比回溯调查更为可靠，但如何让自动记录和观察技术更有效呢？设计人员如何才能更有效地利用大数据和网络分析报告（如 Google Analytics）更好地管理企业？软件开发人员和网络供应商，应如何构建可靠的月报，来衡量适时用户体验的改进和用户挫折感的降低？

万维网资源

尽管人们经常讨论网络的长延时问题，但 SRT 问题在互联网上很少出现。用户挫折感是一个活跃的话题，很多网站会指出有缺陷的界面和相关的糟糕体验。"新计算运动"网站提出了会带来改变的几种方法：

- New Computing: http://www.cs.umd.edu/hcil/newcomputing

参考文献

Akamai, *State of the Internet: Q3 2015 Report* (2015), 14–23. Available at https://www.stateoftheinternet.com/resources-report-state-of-the-internet.html.

Baruah, S., Burns, A., and Davis, R., Response time analysis for mixed criticality systems, *2011 IEEE 32nd Real-Time Systems Symposium (RTSS) (and IEEE Explore Digital Library)*, (November 2011), 34–43.

Cockburn, A., Gutwin, C., Scarr, J., and Malacria, S., Supporting novice to expert transitions in user interfaces, *ACM Computing Surveys 47*, 2 (November 2014), Article 31.

Dabrowski, J., and Munson, E., 40 years of searching for the best computer system response time, *Interacting with Computers 23*, 5 (2011), 555–564.

Galletta, Dennis F., Understanding the direct and interaction effects of web delay and related factors, in Galletta, Dennis F., and Zhang, Ping (Editors), *Human-Computer Interaction and Management Information Systems: Applications (Advances in Management Information Systems)*, M. E. Sharpe, Armonk, New York (2006), 29–69.

Galletta, Dennis F., Henry, Raymond, McCoy, Scott, and Polak, Peter, When the wait isn't so bad, *Information Systems Research 17*, 1 (March 2006), 20–37.

King, Andrew B., *Website Optimization: Speed, Search Engine & Conversion Rate Secrets*, O'Reilly Media, Sebastopol, CA (2008).

Kohavi, R., Deng, A., Longbotham, R., and Ya Xu, Y., Seven rules of thumb for web site experimenters, *Proceedings of the 20th ACM SIGKDD International Conference on Knowledge Discovery and Data Mining (KDD '14)* (2014), 1857–1866.

Lazar, J., Allen, A., Kleinman, J., and Malarkey, C., What frustrates screen reader users on the Web: A study of 100 blind users, *International Journal of Human-Computer Interaction 22,* 3 (May 2007), 247–269.

Lazar, J., Jones, A., Hackley, M., and Shneiderman, B., Severity and impact of computer user frustration: A comparison of student and workplace users, *Interacting with Computers 18*, 2 (March 2006), 187–207.

Liu, Zhicheng, and Heer, Jeffrey, The effects of interactive latency on exploratory visual analysis, *IEEE Transactions Visualization & Computer Graphics* (Proc. InfoVis) (2014).

Mark, Gloria, Gudith, Daniela, and Klocke, Ulrich, The cost of interrupted work: More speed and stress—Don't interrupt me, *Proceedings of the Conference on Human Factors in Computing Systems*, ACM Press, New York (2008), 107–110.

Sherwin, Katie, Progress indicators make a slow system less insufferable (2014). Available at http://www.nngroup.com/articles/progress-indicators/.

Shneiderman, Ben, and Bederson, Ben, Maintaining concentration to achieve task completion, *Proceedings of the Conference on Designing for User Experiences* 135, ACM Press, New York (November 2005), 2–7.

Weber, F., Haering, C., and Thomaschke, R., Improving the human–computer dialogue with increased temporal predictability, *Human Factors: The Journal of the Human Factors and Ergonomics Society 55* (October 2013), 881–892.

第14章 文档和用户支持

口授方式的充分性有限，因此我们可以通过例子和切身体会来学习。

Malcolm Gladwell, *Blink: The Power of Thinking without Thinking*, 2005

人们的生活被琐事所累。一定要简化、再简化。

Thoreau

14.1 引言

用户界面的标准化和不断改进，使得计算机应用程序变得更加容易使用，但用户在使用新界面时仍有较大的难度。计算机新用户会努力了解基本的界面对象、动作及要完成的任务。对经验丰富的用户而言，学习高级特性和了解新的任务域，需要的是认真和专注。有些人会向其他了解界面的用户学习，有些人通过试错法进行学习，还有一些人则通过系统提供的在线文档和外部资源（如图书）学习。随着时间的推移，人们对正式的用户手册、打印的文档及教程的依赖程度越来越低。为帮助使用易用在线搜索工具，这些素材正被定制的请求替代。然而，许多用户仍希望得到这类文档，因为他们能在出版公司的"成功"系列图书中看到它们，如"傻瓜"系列、"实战手册"系列、"看图自学"系列等。

学习任何新事物都是挑战，而挑战能够带来快乐和满足。然而，在学习计算机系统方面，很多用户会有焦虑、挫折和失望的体验。很多问题源于糟糕的菜单、显示或说明书设计，或仅源于用户无法轻易地确定下一步应做什么。因此，当通用性的目标变得更加重要时，提供在线帮助服务对于缩小"用户知道什么"和"用户需要知道什么"间的差别而言也越发必要。

早期的实证研究表明，编写和设计良好的用户手册，无论是纸质的还是在线的，都是有效的，但今天的用户对详细的手册并不感兴趣。相反，用户希望当今的用户界面提供在线的快速入门指南和互动教程，以满足用户培训和此后继续参考的需要。实际上，随着汽车、电话、照相机、公用信息亭、移动设备及其他地方上出现显示器，普适的定制在线帮助也应成为必然。人们越来越关注改进用户界面设计，但交互式应用程序的复杂性和多样性也在增加。证据表明，一直需要各种补充材料来帮助用户（印刷手册的使用似乎在减少）。

为用户提供在线指南的方式多种多样，范围从简单的弹出框（通常称为工具提示、屏幕提示或气球帮助）到高级的助手和向导。大多数用户界面提供常见问题解答（FAQ），并设有提供基本帮助和支持的用户社区。这种社区通常由公司支持或赞助，目的在于帮助用户解决问题，同时对产品进行改进。这种用户帮助可通过正式的结构化用户社区和新闻组获得，或通过电子邮件、聊天、即时通信等方式获得。要使用不同的格式和样式，来满足用户对文档的普遍需求（Earle et al., 2015）。

参见：

第5章 评估和用户体验

本章首先讨论文档（包括针对 Web 编写的文档）的内容（14.2 节），然后讲解如何访问文档（14.3 节）。14.4 节探讨显示器阅读与纸张阅读的差异。接下来，14.5 节讨论教程和演示，以及帮助与支持用户的在线社区（14.6 节）。最后，简要介绍用户文档的开发过程（14.7 节）。

14.2　确定文档内容

计算机系统的传统培训与参考资料是纸质的，它们通常由开发团队中资历最浅的成员在项目快要结束时编写，因此内容往往很糟糕，如不适合用户的背景、延期或不完整，即使有测试也不充分。文档化已被称为"信息系统的灰姑娘"（van Loggem, 2013）。管理人员现在认识到，设计人员可能未充分理解用户的需求、系统开发人员可能不是好的编者、编写有效的文档需要时间和技巧。他们还认识到，测试和修改必须在广泛传播之前完成，系统的成功与文档的质量紧密相关。用户的兴趣不是从头到尾地阅读使用手册或文档，而是搜集信息或完成任务（Redish, 2012）。今天，人们认识到了内容的重要性，因此文档写作已演变为一个独立的领域，同时出现了大量编写良好的书籍和指南。专为网页编写的内容，也有自己的指导方针（见 14.2.2 节）。

许多用户在技术上很成熟。用户对阅读和浏览多页面文档的兴趣不大，而是希望能快速使用所购买的产品。用户期望通过简单的学习过程就执行手头的任务。仅在拥有先进的计算机系统后，用户才需要进一步的培训和较长的准备时间。用户希望得到的是快速入门指南（见图 14.1）、易于浏览的内容和大量实例（Novick and Ward, 2006a）。在首选媒介中，用户还希望内容中包含视频/音频、基于主题的信息、嵌入式帮助、动画和三维图形（Hackos, 2015），这些特点导致人们很难写出针对广大受众的通用文档。

14.2.1　组织方式与写作风格

设计文档是一项颇具挑战性的工作。文档的作者要熟悉技术内容，要了解读者的背景、阅读水平、母语和智力水平，同时要擅长撰写清晰的散文。作者获得技术内容后，创建文档的主要工作就是了解读者及他们要完成的任务。

教学目标的精确描述，对作者和读者都是无价的指南。教学内容的顺序应由读者的现有知识和最终目标决定。精确的规则很难确定，但作者应按从易到难的逻辑顺序提出概念，确保每个概念在后续章节使用前都已得到解释，同时确保每节的容量基本相同。除上述结构要求外，文档中还应包含足够的示例和完整的示例会话。这些指南适合于通常按顺序阅读的手册和其他文档。编写复杂的界面时，按序编写文档可能不再有效，而需要尝试新的编写方式。许多专业作者的箴言是"一次撰写，多处发表"，因为他们认识到，相同的内容会在多个地点以不同的格式发布。像 Acrolinx 这样的公司可以协助作者完成这一过程。

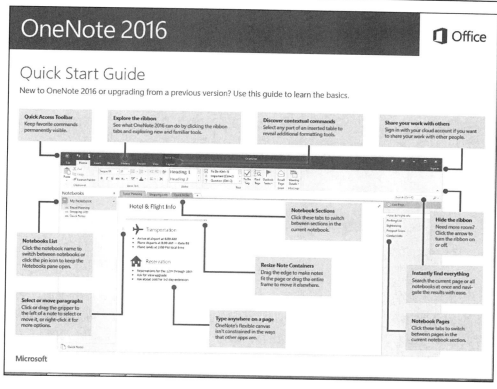

图 14.1 微软 OneNote 2016 的快速入门指南为用户介绍了常用操作，其目标是最大限度减少因旧版本升级带来的学习过程。该指南包含 4 页，这是第 1 页。除了其他的常用功能外，还提供了工具栏和功能区的解释

在动手编写任何文档之前，首先要了解文档的预期用户及用户使用文档的方式。Frampton（2008）建议了一些应考虑的问题：文档的预期受众是谁？文档的市场预期是什么？编写文档的预算是多少？文档的有些内容必不可少，有些内容可有可无吗？文档的使用方式是什么？文档使用完后是丢弃还是长期反复使用？潜在用户的阅读水平如何？文档是用受众的母语编写的吗？目标用户对技术的适应性如何？遵循以用户为中心的设计过程，是文档作者与用户交流和讨论需求的良好方式，这种方法会产生更好的文档。

Redish（2012）鼓励作者按标题和子标题来组织文档。标题可按照时间或顺序、任务、人群、所提供的信息类型和提出的问题来组织。当今的在线世界是敏捷信息开发的一部分，技术信息的发展正经历着诸多变化。开发周期短，竞争残酷。20 世纪 90 年代后期以来，技术交流的趋势是基于标准来撰写文档，如达尔文信息分类体系架构（DITA）。DITA 标准（http://dita.xml.org）强调基于三种信息类型来开发和组织内容：概念、任务和参考信息。这些信息类型代表了可以复用的"内容块"，更重要的是它们可以跨平台发布（见图 14.2）。坚持一个标准也可实现组织内部和外部不同群体间的内容共享，例如训练小组可借用技术写作小组的内容。

用户会以不同的认识水平与文档交互。用户会在文档中寻找与完成任务相关的信息。用户需要理解文档解释的内容，然后将这种理解应用于促使他们查阅文档的任务。在这一过程中，会出现很多让人误解的地方，导致用户的认知负担加重。此外，用户可能正处于高压环境下，因为界面不让他们完成任务。

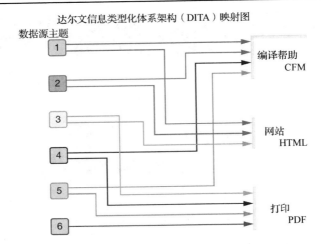

图 14.2　　在创作过程中，将文档内容作为创建的单源主题，可达到复用目的。各种文档的最终产品（编译后的帮助、网站、打印）由单源主题组合得到

　　遣词造句与文档的整体结构同样重要。糟糕的遣词造句会破坏设计良好的手册，就像走音会破坏优美的奏鸣曲一样。*The Elements of Style*（Strunk et al., 2000）和 *On Writing Well*（Zinsser, 2006）是两本经典的参考图书。近期关于写作出版的新书有 *Everybody Writes*（Handley, 2014），*Every Page Is Page One*（Baker, 2013），*Designing for Digital Reading*（Pearson et al., 2014），*Conversation and Community*（Gentle, 2012），*Designing Information*（Katz, 2012），*The Essentials of Technical Communication*（Tebeaux and Dragga, 2014），*Solving Problems in Technical Communication*（Johnson-Eilola and Selber, 2013），*The Sense of Style*（Pinker, 2014）。专业书籍如 *The Global English Style Guide*（Kohl, 2008）可以帮助全球读者写作，*Reader Centric Writing for Digital Media*（Hailey, 2015）则提出了改善网络媒体内容的理论框架。不同企业的样式指南代表了在确保一致性和高质量方面的有益尝试（见第 1 章）。当然，任何指南都不能把平凡之人变成伟大作家。写作是具有高度创造性的艺术，精彩的内容和优秀的文档撰写人员都不可或缺。

　　侧重于技术交流的专业交流者可获得大量资源，他们具有各种可供选择的机会与场合，如正式的课程和学位课程，专业培训和研讨会。有些书籍会介绍撰写文档（和 Web 内容）和教学的技巧。IEEE 的专业沟通学会、ACM 的沟通设计特别兴趣小组（SIGDOC）、技术沟通协会（STC），都提供理论出版物和实践信息。Redish（2010）探讨了"技术沟通"和"可用性"相互影响。如何改善众包情形下的文档写作研究也正在进行（Bernstein et al., 2015）。

14.2.2　网页写作

　　针对网页写作文档时，一定要了解它与传统写作的差异。在移动设备上使用网页时，屏幕可能很小，因此屏幕空间至关重要。设计师要认识到这一点，让每个单词都发挥作用。新闻工作中存在关于倒金字塔写作风格优缺点的讨论。在倒金字塔写作风格中，首先出现的是最重要的信息，然后出现的是其他信息，最后出现的是最不重要的信息（Redish, 2012）。这种方法适用于网站，因为用户通常不会使用滚动功能。

　　在网络环境中，更好地了解用户的阅读模式很重要。眼动跟踪用户如何查看页面的研究表明，用户阅读通常遵循 F 形模式（见图 14.3），它说明用户不会逐字阅读在线文本。首段中应包含最重要的信息。阅读重要信息后，用户倾向于继续浏览页面的左下方，因此左下方也应包含重要信息。

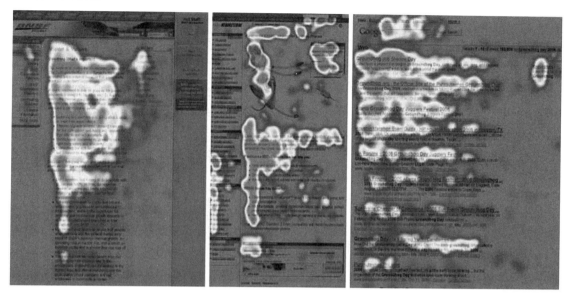

图 14.3   在眼动跟踪研究的热点图中，红色表示用户最爱看的区域，黄色表示较少浏览的部分，蓝色表示最少浏览的内容，灰色表示不浏览的区域。左图是一家公司的网站上"关于我们"的文章，中图是电子商务网站上的一个产品页面，右图为一个搜索引擎结果页面（来源：https://www.nngroup.com/articles/f-shaped-pattern-reading-web-content/, Jakob Nielsen）

Leslie O'Flahavan（ewriteonline.com 的创始人）提出的另一种方法是"一口饭，一份快餐，一顿大餐"，它描述了呈现给读者的不同数量的内容。"一口饭"是指标题或要点；"一份快餐"要详细一些，可能是指一篇总结或一些令人信服的观点；"一顿大餐"则指整篇文章。阅读内容的方式正在发生变化，无疑这会影响到内容的撰写方式。今天，读者不仅想要查看内容，而且想要很容易地与朋友、同事等分享内容。因此，网页内容必须能流畅地跨平台发布。

框 14.1 中给出了针对网页写作时应遵循的一些设计原则。了解用户查阅网站的原因很重要。用户可能是为内容而来，此时他们不会仔细思考网站的设计。用户是为求解问题或寻求帮助信息而来时，信息就应是易被找到并易于理解的。要将每次网页内容的访问，都视为网站访问者（用户）发起的第一次对话。要尽可能多地获取关于用户的信息。

> **框 14.1   一些有帮助的网页写作建议（Redish, 2012）**
>
> - 将大段文章拆分为多个较小的段落，并冠以清晰的标题
> - 从关键信息开始
> - 写短句子和短段落
> - 使用列表和表格，表格在移动设备上效果不好
> - 写有意义的链接（而不是仅写"请点击这里"）
> - 举例说明你的内容

14.3   访问文档

此前的研究已经证实，设计良好的文档非常有效。然而，尽管用户手册已有了改进，但大多数用户会尽可能地避免使用手册。用户阅读此类文档时，会选择"满意"、跳过、浏览和略读（Mehlenbacher，2009）。用户通常不希望阅读难以浏览的冗长用户手册，而希望迅速且方便地访问有助于完成手头任务的说明（Redish，2012）。即使遇到了问题，很多用户也不愿意查阅纸质文档，而仅把它当作最后的手段。尽管指南的独特优势改进了在线内容的设计，但研究表明，文档使用的效率依然很低（Novick et al.，2007）。

HTML Help、Java Help 和 DITA（达尔文信息分类体系结构）等标准格式，推动了相关软件工具的开发，如 Adobe RoboHelp（http://adobe.com/products/robohelp.html）和 oXygen Web Help（https://www.oxygenxml.com/xml_author/webhelp.html）。这些工具以多种格式为跨平台创建交互式在线帮助的团队提供了方便。把文档放在网上这种方法，已成为在访问文档时充分利用在线环境的最佳手段之一。用户可以采用多种方式来搜索和遍历不同于纸质文档的在线信息。另外，在线文档的另一个优点是能够提供上下文相关。此外，还可为不同用户群定制不同的文档，如残疾用户、国际用户和不同年龄段的用户。

14.3.1   在线文档

生产和运输成本低的 CD-ROM，最先推动了硬件供应商编写在线文档，此时的在线文档是与纸质文档或使用手册相同的副本。今天，大多数制造商直接将用户文档放到网上，不再提供纸质文档。现代设计假定在线文档或 Web 文档是可用的，并且通常采用标准的浏览界面来降低学习成本。移动设备的小屏幕限制了在线文档的可用性，但制造商仍会优先考虑提供在线帮助说明来作为印刷文档的补充。为保证信息的及时性，用户通常会参考制造商的网站，因为网站上随时可以下载使用手册和其他文档，如常见问题解答（FAQ）。

在线文档（尤其是使用手册）的重要特性之一是，具有设计良好的目录，它位于显示面的一侧。选择章节或访问目录时（见图 12.5），可立即显示相应的页面。使用扩展或收缩目录（常用加号和减号表示），或使用多个窗格来立即显示多个层级的内容，对用户而言很有帮助。对用户而言，能方便地用超链接查看大量在线文档至关重要。

尽管在线文档和纸质文档通常源于同一个文档（通常是 XML 或 XHTML 文档），但今天的在线文档通常与纸质文档不同，主要原因是在线文档的访问便利性、具有导航功能并能在线交互（见框 14.2）。另一方面，纸质文档提供的本地补充信息，通常出现在页边空白处，或包含在适于粘贴的小纸条上。有些印刷文档仍采用传统的塑封包装，常用页面经常出现折角和磨损现象。访问在线文档时，用户能进行注解、查找同义词、替换措辞甚至翻译，因此在线文档的价值也正不断体现。用户可能还需要一些允许回溯的服务，如支持书签和自动保存历史记录等。设计人员设计适合电子媒体的在线文档时，利用文本突出显示、颜色、声音、动画等，可提升用户的阅读效率。只能访问内网时，可能需要为用户提供脱机文档。研究人员警告称，无论是采用印刷形式还是采用在线形式，都要重视文档的措辞（Redish，2012）。

框 14.2　在线文档的优点

- **物理优势**。可在上网的电子设备上随时使用，不会丢失或放错地方，不需要物理空间，能迅速更新。
- **导航功能**。可提供索引和其他搜索工具，可链接到其他外部资源。
- **交互式服务**。可添加书签、注释和标签；可包含图形、声音、颜色和动画；可为残疾用户提供屏幕阅读器或其他工具。

14.3.2　在线帮助

用户在解决特定问题时通常想要获得帮助，他们希望能够直接跳转到所需的信息。使用传统的在线文档时，用户需要输入关键词或选择帮助菜单项，然后在系统按字母顺序显示的主题列表中，点击相关内容来新闻记者帮助信息。虽然这种方法行得通，但对于不知道使用何种术语来查找相关信息的用户来说，这种方式令人沮丧。例如，他们此时会看到一些熟悉的术语（搜索、查询、选择、浏览、查找、显示、信息或视图），但不知道如何进行选择。更糟的是，在线文档可能不提供完成特定任务（如转换图形格式）的单一命令，而需要组合使用多个命令。对于经验丰富的用户而言，简要描述界面对象和动作的在线帮助非常有效（见图 14.4），但它不适用于新用户。

有时，简单的列表（如键盘快捷键、菜单项或鼠标快捷键）可提供必需的信息。列表中的每项都附有功能说明。然而，很多设计人员认识到，这类列表会让人不知所措，用户通常需要的是完成特定任务的信息（如信封打印）。

微软公司多数产品的在线帮助和支持中心，采用主题方式来让用户查找相关的文章。用户可以浏览按照层次列出主题的目录，或搜索文章中的文本。遵照微软公司目前提供的查找方法，用户可在搜索框中输入自然语言，然后在给出的关键词中进行选择，最后查看已分类的主题列表。

交互式帮助　考虑上下文的最简方法是监视光标的位置，并为光标下方的图标提供帮助信息。用户很容易理解这种受控的交互式帮助，并且使用起来也很有趣。这种信息具备三大特性：方便获取、简明扼要、不受干扰（Sherwin, 2015）。用户移动光标到一个小图标上，然后点击帮助键，或让鼠标悬停在图标上几秒钟，就会出现该图标的信息。在这种技术的通用版本中，用户只需将光标移动到期望位置和悬停在图标上，就会出现一个图标式的解释弹出框（通常称为工具提示、屏幕提示或气球帮助，见图 14.5）。另外，所有气球可能会同时显示，因此用户能同时看到所有解释（见图 14.6）。另一种方法是，把显示器的部分空间留给帮助功能，用户悬停或选择界面部件或图标时，就自动更新这一区域。还有一种方法是，使用两台显示器，其中一台显示器显示用户活动，另一台显示器显示帮助信息视频和帮助页面（Matejka et al., 2011）。用户控制的帮助还可用于更复杂的项目，如控制面板或窗体。有了这些功能后，用户就可在更窄的窗口内显示更多的帮助信息。让用户控制这些动作，对动作的破坏性会更少。设计人员可创建小的重叠帮助窗口，而让用户调整其大小，最小化、关闭或移动该窗口（Sherwin, 2015）。

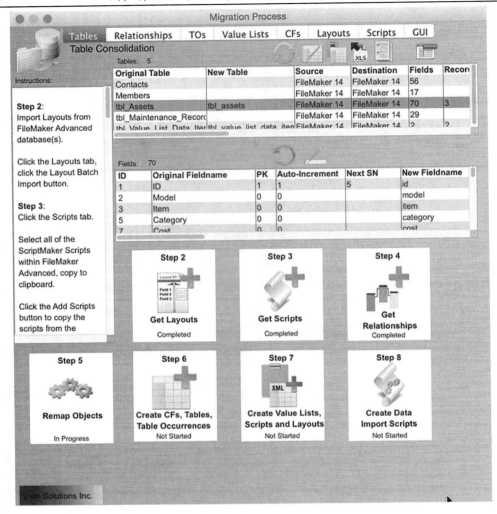

图 14.4　该图详细说明了数据库迁移时的各个步骤。每个步骤的细节可在左侧找到。实际动作
　　　　和活动位于中间。底部是所涉步骤的路线图，且每个步骤都标记了状态（完成、进行
　　　　中、未开始）。新手很容易插入详细信息的链接（http://www.fmpromigrator.com）

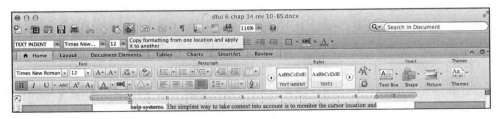

图 14.5　Microsoft Word 中的一个小工具提示或悬浮帮助。将鼠标
　　　　（光标）移至特定图标上，屏幕上就会出现图标的解释

　　系统初始化帮助　　另一种方法是提供系统初始化帮助，这种帮助通常称为"智能帮助"，
它利用交互史、用户群体模型和任务表示来猜测用户的需求。通过记录用户动作，有些研究
人员认为他们能提供有效的系统引导，如建议用户重新定义页边距。有些基于计算机的智能
用户界面研究成果喜忧参半。

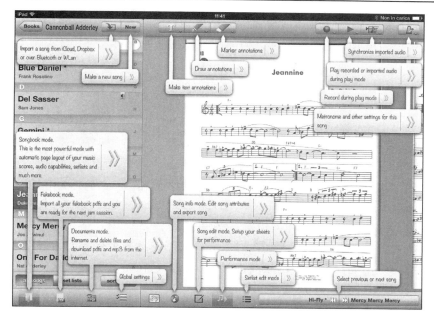

图 14.6　这个复杂的音乐界面上提供了许多交互式帮助信息。图中显示了所有打开的帮助气球。这里使用了几个标准图标，如新建、导入、记录和播放，其他特定图标解释了使用工具时的各种可用模式

14.4　纸面阅读与显示器阅读的比较

纸张印刷的历史已有 500 多年。人们对纸面和颜色、字形、字宽、字符清晰度、文本与纸张的对比度、列宽、页边距、行距甚至室内照明等进行了大量试验，得出很有吸引力的阅读格式。

阅读计算机显示的内容会造成视觉疲劳，但疲劳的原因也与休息方式、中断及任务的多样性紧密相关。即使用户未察觉到视觉疲劳或压力，他们使用显示器工作的效率也会低于使用纸质文档的工作效率。

随着移动设备、平板电脑、专用电子书阅读器和基于 Web 的图书馆变得越来越普遍，人们对采用显示器进行阅读的兴趣正在增加。他们可以把定制的晨

图 14.7　用户可在多种媒体上浏览新闻网站。显示内容需要根据用户所用的媒体进行调整（动态调整）。注意，图中笔记型电脑上的显示是横向的（水平），但在桌面电脑上的显示上是纵向的（垂直）。手机的有些内容可能无法在首屏上查看，而需要滚动或选择链接来显示详细信息。应在不同大小的设备上测试和审查内容格式

报下载到袖珍电子设备上，然后在拥挤的地铁中阅读。用户特别期待了解旅游景点时，会在电子设备上安装城市指南（见图 14.7）。用户需要在线阅读大量资料时，应使用分辨率高且幅面大的显示器。其他的一些研究建议如下：计划使用电子文本取代纸质文档时，应考虑使用响应时间快、刷新速率高、白底黑字及页面大小的显示器。有些应用程序提供专用的阅读视

图，它会限制功能的数量，为文本腾出空间。动态调整时要考虑显示器的大小，采用文档分页而非滚动方式更为可取。在线文档应使用清晰且不凌乱的无衬线字体（见图 14.8）。弱视用户也青睐于这种字体。

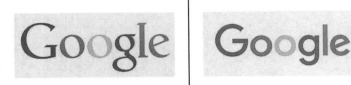

图 14.8　2015 年 9 月，谷歌公司更改了其徽标。新徽标（右侧）使用了无
衬线字体。更改字体的原因是，需要让徽标在移动设备的小屏幕
上更易缩放。这种字体在屏幕上显示时会更整洁，也更易于阅读

　　免费或付费大型在线图书馆，大大改进了人们的阅读体验。例如，古登堡档案馆或国会图书馆，都是免费使用的；而众多出版商提供的服务，通常是付费的。报纸和学术期刊出版商为满足在线访问和收回成本的需求，正在不断改进文档。文档可塑性（自适应网页设计）正成为一种需求。自动感知阅读文档的正确方向的能力，也正成为一种标准功能。内容设计人员在组织材料时，必须保证它们能在不同大小显示器上以不同大小的字体显示。设计人员需要针对目标受众（如不同年龄和不同教育水平的用户）的需求进行适当的调整（见图 14.9）。

图 14.9　美国国家卫生研究院为老年人设立的网站（http://www.nihseniorhealth.gov）提供多个控件
来调整文本的大小和对比度。网站采用无衬线字体，且字号大于 Web 上的典型字号。
网站还提供多种信息导航方式（按字母表顺序、按类别等）和调整字号与对比度的控件

14.4.1　屏幕延伸阅读

　　早期显示器并不总能为阅读提供最佳分辨率，但今天许多阅读设备上使用的数字墨水技术改变了这种状况。然而，研究人员仍在试图了解显示器延伸阅读时会出现的问题。

皂尤研究中心（2014）指出，50%的美国人都有一台专用于阅读的手持式设备（见图 14.10）。另一个发现是，阅读电子书的那些人，会阅读各种格式的书籍。人们喜欢电子书，是因为它们具有访问便捷性和便携性。在某些情况下，印刷书籍仍是首选，如儿童读物。长时间阅读时，人们通常更喜欢纸质版图书（Stone and Baker-Eveleth, 2013）。

Johnson（2014）指出，阅读是一种人工技能，须通过教学和实践才能获得。设计师应认识到，糟糕的设计不仅会导致阅读困难，而且会干扰整个阅读过程。支持阅读的一些准则如下：

图 14.10　尽管传统书籍在运输和不同地点阅读方面相对容易，但电子书已变得非常方便（包括在床上阅读）。电子书轻便，字号可以调整，加上现有技术消除了眩光，因此甚至可在阳光明媚的海滩阅读

- 不使用不常见或不熟悉的词汇
- 避免使用难以阅读的字形（如字母全部大写）
- 避免在杂乱的背景上显示文本
- 避免重复信息
- 不让文本居中显示

挪威针对十年级学生阅读理解的一项研究，比较了纸质阅读与 PDF 阅读。研究发现，纸质阅读的学生成绩更好。用户在阅读纸质图书时，能更好地理解所读内容在页面上的位置，因此为读者提供了空间线线索（Mangen et al., 2013）。用户在线阅读的方式与纸质阅读的方式存在差异（见 14.2.2 节），在线阅读时通常会略读信息。在西方文化中，用户从左到右阅读，用户向下移动页面时，扫描每行的时间会变短（见图 14.2）。

人们从不同的信息源持续获取海量信息时，没人知道下一步会发生什么。Maryanne Wolf 于 2007 年发布其成果时，电子浪潮才刚刚开始。研究表明，随着网络上出现越来越多的阅读内容，人们的阅读能力似乎正在降低，甚至正在失去深度阅读的能力（Konnikova 引述 Wolf, 2014）。其他研究如 Chen and Chen（2014）表明，协同阅读注释系统能够增强数字阅读。Baron（2015）补充道，技术正在重塑阅读的内涵，因此需要创新型设备来支持在线阅读（见图 14.11）。

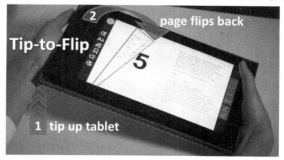

图 14.11　支持传统阅读方式的电子书设备，可让用户翻页浏览内容。图中，用户显示了此前被"书签"标记的页面，把拇指放到书页的边缘即可完成"书签"标记。仅通过倾斜并不能从当前页翻到前一页，而须用拇指点击设备的边缘确认该动作，才能返回到书签的位置。这些动作体现了交互思想，同时也是一种显式行为，进而能保证用户把手放到设备上时，不会因为误碰而触发意外动作（Yoon et al., 2015）

14.5　在线教程和动画演示

在线教程是一种交互式培训环境，在这种环境下，用户可浏览与实际任务场景相关的用户界面图标与动作的说明。采用电子媒体教育用户如何掌握界面的方法有很多。根据界面的复杂度和用户准备花在了解教程方面的时间，扩展基于计算机的培训模块，采用独特的动画演示，或由熟知的人员录制问候语，会提升用户的体验。但也存在一些挑战，如为不同需求的用户准备不同的材料。本节回顾从文字/图形教程到动画演示的在线可能性。

更为雄心勃勃的培训方法是，基于学习模式的复杂模型来设计教程，以便指导用户和纠错。这种方法取得了较好的成效，但要最终取得成功，仍需经历多年的开发、测试和改进。成功的设计应提供明确的挑战、有帮助的工具及良好的反馈。与之相反，YouTube 的许多教程通常非常简洁。

14.5.1　在线教程

Adobe PhotoShop 软件包的入门教程中，给出了用户需要遵循的准确步骤，并采用了演示视频来显示需要执行的操作。用户只需按空格键，就能快速浏览演示视频。有些用户很喜欢这种指导方法。然而，这种防止用户犯错并阻止用户探索的严格执行顺序，会拖慢有些用户的节奏。自动教程可用 Autodemo 和 Show Me How Videos 等软件工具创建。Autodemo 已与几家世界级公司签约，为各种网站提供导航的具体说明。Autodesk 公司于在线教程领域贡献卓著，并仍在开展大量的研究。在线教程的 4 个新兴方向是：游戏化、社区输入教程、利用转移效应和实践分布（Cockburn et al., 2014）。

这些公司的最大优势，是可于在线教程中执行实践任务。用户的积极参与，可精简使用手册，尤其是在线教程。

另一个有吸引力的变体是启动提示：用户每次启动界面时，都会弹出一个说明某个功能的对话框。有些系统会监视用户的行为，且仅为不被该用户用到的功能显示启动提示。当然，用户能在任何时候关闭这些提示。

交互式教程的创作者必须处理教学设计中的常见问题和计算机环境的新问题。供用户练习的常见任务库，对用户而言有很大的帮助。文字处理软件的示例文档、演示软件的幻灯片和地理信息系统的地图，都可帮助用户体验这些应用程序。这里强烈建议对这些教程进行反复测试和改进。

可用的教程多种多样（公司制作的教程和自己动手制作的教程），普通用户通常很难评估教程的质量。研究文献中鲜有关于质量度量的信息。单一的评级似乎无法对质量进行评价，因此需要使用多个标准（学习性、吸引力、流畅性、乐趣、写作风格、错误预测、图像帮助）（Lount and Bunt, 2014）。今天，教程不再只是学习软件的单一入口。多数用户会上网查看他人对教程的评论。若能提供一组标签注释（见图 14.12），让用户标记自己的意见并放到教程中的特定位置，将很有帮助（Bunt et al., 2014）。另一种方法是提供"社区强化"教程，更多的用户在工作中使用这种教程时，会不断地改进和发展（Lafreniere et al., 2013）。

使用一些自动化工具可以改进教程的质量。MixT 可通过用户的演示和动作，自动生成分步教程（Chi et al., 2012）；视频编辑系统 DemoCut 可提升蓝领人员的业余培训质量（Chi et al.,

2013）。EverTutor 可在智能手机上基于用户的演示生成互动教程（Wang et al., 2014）。设计人员仍需努力工作来持续提升教程的质量（Wakkary et al., 2015）。

14.5.2　动画演示和多媒体

动画演示已演化为一种现代高科技艺术形式（见 12.4 节）。制造商最初设计它们的主要目的，是通过广告公司创作的最好动画、彩色图形、声音和信息，来炫耀系统的特性，进而吸引软件或硬件的潜在用户。演示重点在于建立产品的正面形象。演示和视频文件已成为培训用户时的标准技术。增强现实的出现，则改进了这些技术（Mohr et al., 2015，见 7.6 节）。动画的重点在于演示循序渐进的过程并解释动作的结果（Woolf, 2008）。自动的节奏和人工控制，可分别用来满足不动手的和动手的用户。用户通过标准的回放功能，可控制停止、重放或跳过某些部分，进而提升教程的可接受性。

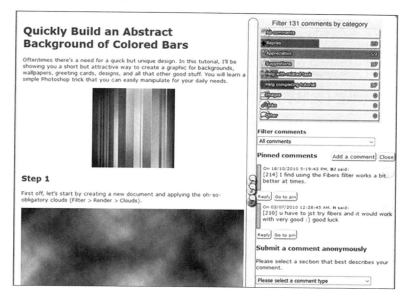

图 14.12　这是称为标签注释的一种专用界面。在图像右侧可看到注释部分。用户在右上角可以按类别筛选注释，并用不同的颜色对其分类。用户可以插入评论，且可匿名发布（Bunt et al., 2014）

动画演示可准备为幻灯片、屏幕截图动画或用户使用设备的视频。幻灯片适合于表单填写或基于菜单的界面，动画适合于演示直接操纵交互，如拖放操作、缩放图框或做手势。采用 Camtasia Studio 和 Flash 等标准工具，可轻易地创作屏幕截图动画。用户可以保存动画，添加注解或旁白。研究表明，用户更喜欢录制语音说明，因为它可使演示更生动、更紧凑。然而，为满足残疾用户的需要，还须提供脚本和子标题。此外，录制有人操作界面的视频，有助于了解使用什么样的硬件，如演示绘图系统中的双手操作，或展开电话键盘附件的操作。

今天，越来越复杂的界面经常让新用户不知所措。虽然出色的文档能够帮助他们了解界面，但有时需要简化这些界面。多层界面设计就是一种较好的方法，随着用户越来越熟练，多层界面设计能够展开，并深入挑战和激励用户。专家用户可快速跳转到更深的层次，而新手最初面对的是一个简化界面（Hwang and Yu, 2011）。计算机游戏设计人员在推动动画演示艺术方面值得尊敬，他们用生动的介绍和片花演示了如何玩游戏。为使得游戏看起来极具吸引力和挑战性，演示和预览须在 30 秒时间内清楚地介绍游戏。在设计教程时，还可采用包含竞争的游戏化方式（Li et al., 2014）。

Autodesk 和 Adobe 都提供能创建动画的产品，还存在其他产品，如 Cinema 4D、Toon Boom Studio 和 Blender。市场会随着产品的更替而变化，因此具体用途通常控制着最佳选择。

14.6   在线社区和其他用户支持

研究表明，与采用自然语言和计算机对话来获得帮助这种方式相比，与人在线沟通更为有效。这类公共方法可采用电子邮件、聊天或即时消息等技术手段来提问和应答（Novick et al., 2007）。问题发送到指定咨询台、职员或粘贴到讨论板上后，数秒或数分钟或数小时内就可收到回复。有些应用程序（如 Oracle 的 RightNow）可由电子邮件、聊天、文本、用户论坛等收集信息，进而形成可与客户共享的信息，以解决并回答有关产品的问题。采用这种方式，用户可在其他用户的帮助下解决问题。

由于软件维护部门和咨询工作人员的成本要最小化，在线社区（见第 11 章）正越来越有吸引力。很多应答人员能从帮助他人和展示自身方面获得满足感，有些人会因期望获得职位来回答问题。当然，广播帮助请求的缺点是，用户须公开自身知识的不足，有时甚至存在得到错误建议的风险，但优点是可由一位专家用户来解决这个问题。

今天，很多网站都提供电子邮件联系信息或聊天应用（见第 5 章），而不再使用书面地址或电话号码。此外，为防止基本问题占用工作人员的资源，咨询台的管理人员通常会把常见问题及其答案放到 FAQ 文件中。新用户可浏览已讨论过的典型问题。这些文件可被搜索，且通常是按照问题类型或分层方案来组织的。另外，个人的分享活动也会成为候选建议（见图 14.13）。

图 14.13   多个用户共用一台设备时，人们更喜欢面对面的帮助

今天，到网上查找各种类型的信息已是标准做法。人们通常更愿意使用谷歌的简单搜索界面，其中包含大量的信息，但用户必须意识到，并非所有信息都是正确有效的（见第 15 章）。

虽然各大公司通常会通过在线设备提供信息和建议，但人们仍乐于向办公室里的"大师"

求助（Novick and Wark, 2006b）。人际沟通可消除使用传统文档的一些障碍：可快速处理缺乏了解的问题，避免出错，还能提供其他线索。

14.7　开发过程

　　要在预算内及时创建成功的文档，就要分清优秀文档和拙劣文档的不同。类似于项目开发，创建文档也需要进行管理，即要确定创建人员，同时做好进度管理（见框 14.3）。

　　尽早启动创建过程尤为重要。创建产品功能规范时，要尽量纳入技术专家，这样做的优点是：用户代表早期就可参与，能写出更好的功能规范，可在产品文档中复用功能规格内容。在构建界面之前开始写作文档，会有充足的时间来审核、测试和改进。此外，与软件的正式说明相比，用户文档要更完整、更易于理解。执行者阅读正式规范说明时，可能会漏掉或误解某些设计要求。编写良好的用户文档和其他资料，可澄清设计。文档内容的作者，会成为刺激团队的有效批评者、审查者和提问者。完成软件之前的几个月，文档是向潜在用户、执行者和项目经理传达设计者意图的最好方式。开发过程中会产生大量的文件，因此可能需要为大型项目指定一名文档专家（van Loggem, 2013）。

框 14.3　开发过程指南

- 寻找职业作家和撰稿人
- 尽早准备用户文档（在实现之前）
- 建立指南文档，并跨部门协调和集成
- 彻底审查草稿
- 实地测试早期版本
- 为读者提供反馈机制
- 定期修改以反映变化

　　对软件设计人员和文档作者而言，进行有用户参与的非正式走查，通常很有启发性。这个过程要求潜在用户通读文档，并大声描述所看到的内容，同时指出缺少的内容。让用户参与现场试验，可进一步识别用户文档和软件中存在的问题。现场试验的范围不定，从 6 人工作半小时到数千人工作几个月不等。一种简单且有效的策略是，让参加现场试验的用户在使用文档时，标出打印错误、让人误解的信息和令人困惑的章节。使用协同审查工具还可提供一些历史线索，并鼓励利益相关者参与审查过程。

　　软件及其文档的开发很少一次性完成，而要经历持续的改进。软件及其文档的每个版本都会消除一些已知错误，添加改进内容和扩展功能。用户若能够与作者沟通，就能快速进行改进。尽可能保留用户使用帮助材料的日志和客服信息的日志，有助于确定系统的哪些部分需要修改。

　　一般来说，开发工作由不同的团队完成，这些团队位于公司的不同部门，某些工作可能还会外包。让用户看到流畅的整体视图很重要，这意味着用户会注意到常见的颜色、标识、术语和风格。必须建立一套标准化的指南（见 3.2 节），并遵照执行。文档、相关软件和所有套件须以集成系统的方式呈现。了解文档的目标用户很重要。例如，内容编写者要了解他们是为开发人员还是为用户编写文档，还要了解一些特殊要求，如年龄、阅读水平、语言水平、文化差异等。开发文档时，要不断地从可用性测试中汲取经验和教训（Redish, 2010；见第 5 章）。

从业人员的总结

撰写纸质或在线帮助文档时，要有充足的人力、费用和时间。优质的内容对客户的成功至关重要。具体实施项目前，应完成文档和在线帮助的开发，以便为开发团队定义界面并留出足够的测试时间。所有文档和在线帮助，均应针对特定的用户群。教学实例应真实，要能鼓励用户积极探索，要使用一致的术语，要能识别错误和纠错。应尽可能使用动画进行演示。在线指导中包含真实用户提供的帮助信息，就会多一些人情味。通过新闻组、在线社区、电子邮件、聊天室、博客、即时通信工具等，可降低开发成本，同时可使得文档易于访问。文档应尽可能由熟悉内容的专业人士创建。

研究人员的议程

在线资料的主要优点是能进行快速检索和遍历。但问题是，如何能方便地利用这一优势但不至于让新手不知所措？动画和集成演示的认知模型可为学习提供方便，但要用它来指导设计人员，仍需要深入研究。记录并研究在线帮助系统的用户导航，才能更好地理解什么样的策略最为有效。需要直接将更好的策略整合到提供帮助的用户界面中。层次化设计有助于用户进行选择，但它仍有待于测试和优化。要深入了解用户使用电子文档时的阅读模型，并开展针对特殊人群的研究。

今天，多数文档提供的建议均基于人们早期针对计算机交互的研究。早期的计算机并不具备复杂的界面，而今天使用这些设备的用户背景纷繁多样，因此有必要为今天的软件开发现代文档。今天的用户使用软件时，并不会按照规定的要求进行，因此需要对文档进行创新。要建立评价文档质量的指标。从微观人机交互到宏观人机交互设计是一种质变，因此需要开展更多的工作，设计出新型阅读设备，并与已有的资源整合。只有这样，阅读本身才不会沦为肤浅的活动。最后，要多留意文化程度较低的用户。

万维网资源

- ACM SIGDOC: http://sigdoc.acm.org/
- Communication Design Quarterly: http://writethedocs.org
  http://www.agilemodeling.com/essays/agileDocumentationBestPractices.htm
  http://www.smashingmagazine.com/2012/07/writing-effective-wordpress-documentation/
- IEEE Professional Communication Society: http://pcs.ieee.org/
- Society for Technical Communication: http://www.stc.org/
- Usability.gov:http://www.usability.gov/how-to-and-tools/methods/writing-for-the-web.html
- Shirley Kaiser: http://websitetips.com/webcontent/
- Leslie O'Flahavan: http://ewriteonline.com/

参考文献

Baker, Mark, *Every Page Is Page One: Topic-Based Writing for Technical Communication and the Web,* XML Press (2013).

Baron, Naomi, *Words on Screen: The Fate of Reading in a Digital World,* Oxford University Press (2015).

Bernstein, Michael S., Little, Greg, Miller, Robert C., Hartmann, Björn, Ackerman, Mark S., Karger, David R., Crowell, David, and Panovich, Katrina, Soylent: A word processor with a crowd inside, *Communications of the ACM* 58, 8 (2015), 85–94.

Bunt, Andrea, Dubois, Patrick, Lafreniere, Ben, Terry, Michael, and Cormack, David, TaggedComments: Promoting and integrating user comments in online application tutorials, *Proceedings of the ACM Conference on Human Factors in Computing Systems,* ACM Press (2014), 4037–4046.

Chen, Chih-Ming, and Chen, Fang-Ya, Enhancing digital reading performance with a collaborative reading annotation system, *Computers & Education* 77 (2014), 67–81.

Chi, Pei-Yu (Peggy), Liu, Joyce, Linder, Jason, Dontcheva, Mira, Li, Wilmot, and Hartmann, Björn, DemoCut: Generating concise instructional videos for physical demonstrations, *Proceedings of the Symposium on User Interface Software & Technology (UIST),* ACM Press (2013), 141–150.

Chi, Pei-Yu (Peggy), Ahn, Sally, Ren, Amanda, Dontcheva, Mira, Li, Wilmot, and Hartmann, Björn, MixT: Automatic generation of step-by-step mixed media tutorials, *Proceedings of the Symposium on User Interface Software & Technology (UIST),* ACM Press (2012), 93–102.

Cockburn, Andy, Gutwin, Carl, Scarr, Joey, and Malacria, Sylvain, Supporting novice to expert transitions in user interfaces, *ACM Computing Surveys* 47, 2, article 31 (November 2014).

Earle, Ralph H., Rosso, Mark A., and Alexander, Kathryn, User preferences of software documentation genres, *Proceedings International Conference on Documentation,* ACM Press (2015).

Frampton, Beth, Use as directed: Developing effective operations and maintenance manuals, *Intercom,* STC (June 2008), 6–9.

Gentle, Anne, *Conversation and Community: The Social Web for Documentation,* 2nd Edition, XML Press (2012).

Hackos, JoAnn, Changing times, changing skills, *Communication Design Quarterly 3,* 2 (February 2015).

Hailey, David, *ReaderCentric Writing for Digital Media: Theory and Practice,* Baywood Publishing Company (2015).

Handley, Ann, *Everybody Writes: Your Go-To Guide to Creating Ridiculously Good Content,* Wiley (2014).

Hwang, T. K. Philip, and Yu, Horng-Yi, Accommodating both expert users and novice users in one interface by utilizing multi-layer interface in complex function products, in Rau, P. L. P. (Editor), Internationalization, *Design, HCII, LNCS 6777,* Springer-Verlag (2011), 159–165.

Johnson, Jeff, *Designing with the Mind in Mind,* 2nd Edition, Morgan Kaufmann (2014). Johnson-Eilola, Johndan, and Selber, Stuart A. (Editors), *Solving Problems in Technical Communication,* University of Chicago Press (2013).

Katz, Joel, *Designing Information: Human Factors and Common Sense in Information Design,* Wiley (2012).

Kohl, John R., *The Global English Style Guide: Writing Clear, Translatable Documentation for a Global Market,* SAS Institute (2008).

Konnikova, Maria, Being a better online reader, *The New Yorker* (July 16, 2014).

Lafreniere, Ben, Grossman, Tovi, and Fitzmaurice, George, Community enhanced tutorials: Improving tutorials with multiple demonstrations, *Proceedings of the ACM Conference on Human Factors in Computing Systems,* ACM Press (2013), 1779–1788.

Li, Wei, Grossman, Tovi, and Fitzmaurice, George, CADament: A gamified multiplayer software tutorial system,

Proceedings of the ACM Conference on Human Factors in Computing Systems, ACM Press (2014).

Lount, Matthe, and Bunt, Andrea, Characterizing web-based tutorials: Exploring quality, community, and showcasing strategies, *Proceedings International Conference on Documentation,* ACM Press (2014).

Mangen, Anne, Walgermo, Bente R., and Brønnick, Kolbjørn, Reading linear texts on paper versus computer screen? Effects on reading comprehension, *International Journal of Education Research 58* (2013), 61–68.

Matejka, Justin, Grossman, Tovi, and Fitzmaurice, George, Ambient help, *Proceedings of the ACM Conference on Human Factors in Computing Systems,* ACM Press (2011), 2751–2760.

Mehlenbacher, Brad, Multidisciplinary and 21st century communication design, *Proceedings International Conference on Documentation,* ACM Press (2009), 59–65.

Mohr, Peter, Kerble, Bernhard, Donoser, Michael, Schmalstieg, Dieter, and Kalkofen, Denis, Retargeting technical documentation to augmented reality, *Proceedings of the ACM Conference on Human Factors in Computing Systems,* ACM Press (2015), 3337–3346.

Nielsen, Jakob, F-shaped pattern for reading web content, *Jakob Neilsen's Alertbox* (April 17, 2006). Available at http://www.useit.com/alertbox/reading_pattern.html.

Novick, David G., Elizalde, Edith, and Bean, Nathaniel, Toward a more accurate view of when and how people seek help with computer applications, *Proceedings International Conference on Documentation,* ACM Press, New York (2007), 95–102.

Novick, David G., and Ward, Karen, What users say they want in documentation, *Proceedings International Conference on Documentation,* ACM Press, New York (2006a), 84–91.

Novick, David G., and Ward, Karen, Why don't people read the manual, *Proceedings International Conference on Documentation,* ACM Press, New York (2006b), 11–18.

Pearson, Jennifer, Buchanan, George, and Thimbleby, Harold, *Designing for Digital Reading,* Synthesis Lectures on Information Concepts, Retrieval, and Services, #29, Morgan & Claypool (2014).

Pew Research Center, *E-Reading Rises as Device Ownership* Jumps (January 2014). Available at http://pewinternet.org/Reports/2014/E-Reading-Update.asp.

Pinker, Steven, *The Sense of Style: The Thinking Person's Guide to Writing in the 21st Century,* Viking/Penguin Group (2014).

Redish, J. C., Technical communication and usability: Intertwined strands and mutual influences, *IEEE Transactions on Professional Communication 53,* 3 (September 2010), 191–201.

Redish, Janice (Ginny), *Letting Go of the Words: Writing Web Content That Works,* 2nd Edition, Morgan Kaufmann (2012).

Sherwin, Katie, Pop-ups and adaptive help get a refresh, Nielsen/Norman Group (March 15, 2015). Available at http://www.nngroup.com/articles/pop-up-adaptive-help/.

Stone, Robert W., and Baker-Eveleth, Lori, Students' expectation, confirmation, and continuance intention to use electronic textbooks, *Computers in Human Behavior 29* (2013), 984–990.

Strunk, Jr., William, White, E. B., and Angell, Roger, *The Elements of Style,* 4th Edition, Allyn & Bacon, New York (2000).

Tebeaux, Elizabeth, and Dragga, Sam, *The Essentials of Technical Communication,* 3rd Edition, Oxford University Press (2014).

van Loggem, Brigit, User documentation: The Cinderella of information systems, in Rocha, A., et al. (Editors), *Advances in Information Systems and Technologies,* Springer-Verlag (2013), 167–177.

Wakkary, Ron, Schilling, Markus Lorenz, Dalton, Matthew A., Hauser, Sabrina, Desjardins, Audrey, Zhang, Xiao, and Lin, Henry W. J., Tutorial authorship and hybrid designers: The joy (and frustration) of DIY tutorials, *Proceedings of the ACM Conference on Human Factors in Computing Systems,* ACM Press (2015), 609–618.

Wang, Cheng-Yao, Chu, Wei-Chen, Chen, Hou-Ren, Hsu, Chun-Yen, and Chen, Mike Y., EverTutor: Automatically creating interactive guided tutorials on smartphones by user demonstration, *Proceedings of the ACM Conference on Human Factors in Computing Systems,* ACM Press (2014), 4027–4036.

Wolf, MaryAnne, *Proust and the Squid: The Story and Science of the Reading Brain,* Harper (2007).

Woolf, Beverly, *Building Intelligent Interactive Tutors: Student-Centered Strategies for Revolutionizing E-Learning,* Morgan Kaufmann, San Francisco, CA (2008).

Yoon, Dongwook, Hinckley, Ken, Benko, Hrvoje, Guimbretière, François, Irani, Pourang, Pahud, Michel, Gavriliu, Marcel, Sensing Tablet Grasp + Micro-mobility for Active Reading. *Proceedings of the 28th Annual ACM Symposium on User Interface Software & Technology* (2015), 477–487.

Zinsser, William, *On Writing Well, Thirtieth Anniversary Edition*, Harper Collins, New York (2006).

第15章 信息搜索

为找到这棵树，大地和海洋之神找遍了自然界，但一切只是徒劳，因为它生长在人脑中。

——William Blake, *Songs of Innocence and Experience*, 1789

15.1 引言

过去20年间，用户进行搜索的方式发生了巨大的变化（Hearst, 2009, 2011; Nudelman, 2011; Wilson, 2011; Russell-Rose and Tate, 2013）。今天，不同层次的大量用户都能对海量档案进行搜索，例如从孩子准备学校的报告，到研究人员查询最新的成果或咨询专家。本章主要介绍网页或数据库中文本和多媒体的搜索，但此处介绍的许多规则也适用于文档或通讯簿的搜索。

该领域的术语"漩涡"丰富多彩。早期术语"信息提取"（常用于文献和文本的文档系统）和"数据库管理"（常用于按属性和关键词分类的结构化数据库系统）正被"信息搜索""过滤""协同过滤""释意"和"视觉分析"等代替。用户往往会在查找信息时变换策略，这种行为称为"浆果采摘"。计算机科学家今天关注的是大数据的数据挖掘与深度学习。重新定位经前看到的信息时，用户更喜欢根据搜索进行导航。信息查找规则大不相同（如跟踪链接、导航文件结构或历史记录），尤其是用户记不住搜索时所用的关键词时（见第8章）。

本章回顾适用于新用户和常用用户的界面，以及适用于任务新手和专家的界面。既不会吓到新用户，又能提供性能卓越的搜索功能，仍是一项挑战。一般情况下，先为用户展示简单搜索界面，同时提供高级搜索链接（见图15.1和图15.2）。简单界面中只包括一个字段，在字段中输入关键词，点击按钮即可开始搜索。用户了解如何使用界面后，就能调整控制面板请求其他功能。经验丰富的用户，可能需要范围广泛且选项很多的搜索工具，以便在长时间的信息收集过程中修改日益复杂的查询计划。

> **参见：**
>
> 第8章　流畅的导航
> 第9章　表述性人类和命令语言
> 第16章　数据可视化
> 其他章节中显示搜索界面的一些图片

通过采用统计排序和万维网超链接结构中隐藏的信息，万维网搜索引擎和用户界面的性能已得到了极大改进（Liu, 2009）。万维网上包含大量冗余信息，因此搜索结果总能返回一些相关的文档，进而让用户找到答案或通过链接定位答案。例如，要查找信息搜索方面的专家，用户可能会先找到关于该主题的一些文章，然后找到主要的期刊、期刊编辑及其个人网页。随着公众转向万维网预订旅行套餐、购买食品、搜索儿童数字图书馆和其他内容，数据库搜索已变得非常普遍。专业数据库可帮助律师查找相关的法庭判例，或帮助科学家查找所需的科学数据。持续不断的评估将导致进一步的发展（Schuth et al., 2015）。

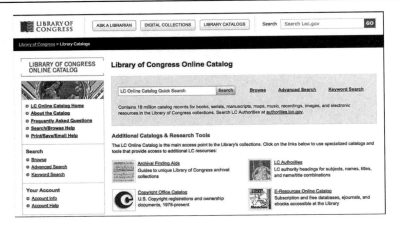

图 15.1　美国国会图书馆在线目录首页（https://catalog.loc.gov），页面顶端显示了简单的搜索框，用户可在不同集合中通过各种方法选择感兴趣的项目。它还为经验丰富的搜索者提供高级搜索界面

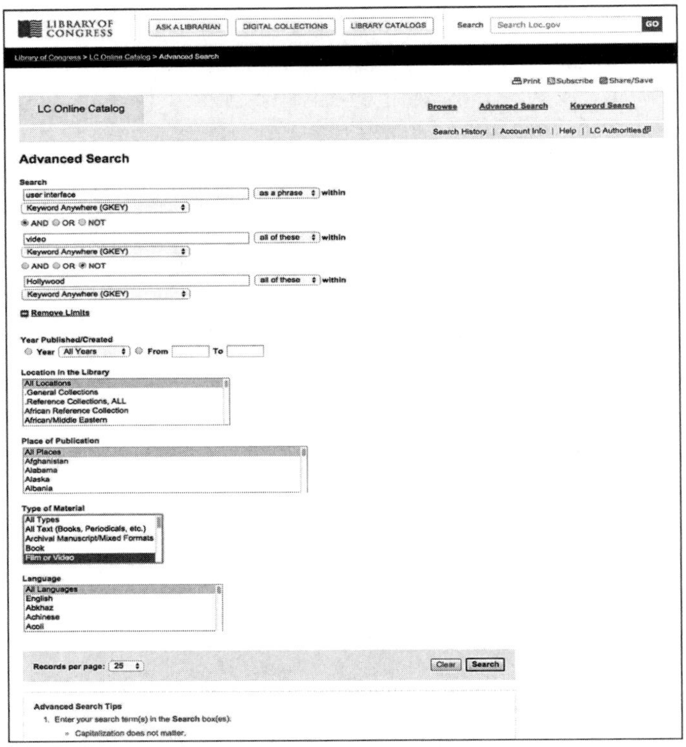

图 15.2　美国国会图书馆在线目录的高级搜索界面。整个页面用于控制和提示搜索。使用复选框、文本字段和菜单，可以形成布尔查询，缩小搜索范围，并基于元数据应用过滤器。普通用户可注册账户并保存结果，保留搜索历史记录以便于重新搜索

　　为便于讨论，这里介绍几个术语。出租电影、预订航班、购买鲜花或书籍、阅读相关评论时，感兴趣的对象存储在结构化的关系数据库、文本文档库、多媒体文档库或非结构化 Web 文档中。结构化关系数据库由关系组成，关系包含条目（通常称为记录），每个条目有多个属性（通常称为字段），每个属性则有属性值。

　　库由一组集合（每个库中的集合通常多达几百个）及该库的一些描述性属性或元数据（如

名称、位置和所有者）组成。每个集合也有名称、其他一些描述性属性（如位置、媒体类型、馆长、捐赠人、日期、地理覆盖范围）和一组条目（每个集合中的条目数量通常为 10～100000）。集合中的条目数量变化很大，但通常存在覆盖所有条目的超属性集。属性可能为空、单值、多值或冗长的文本。多媒体文档库由文档集合组成，文档集合可以包含图像、扫描文档、声音、视频、动画、数据集等。一个集合通常只被一个库所有，一个条目通常只属于一个集合。数字图书馆通常是一组经过仔细挑选和分类的集合，数字档案馆通常为更松散的组织形式。目录保存关于库中条目的元数据，并把用户指向适当的位置（例如，NASA 的全球变化总目录可以帮助科学家查找 NASA 档案中的数据集）。万维网等非结构化集合中的条目，不具有属性或具有的属性较少：可能只包括格式或创建日期。今天，已出现了自动提取特征的工具，但由于界面设计人员可使用动态创建的元数据，因此准确性往往会成为问题。

动作可分解为浏览任务或搜索任务（Russell-Rose and Tate, 2013）。任务范围可从特定事实发现（已知项搜索）到扩展事实发现（未知项搜索）。相对非结构化任务包括：主题信息可用性探索、已知集合的开放式浏览，或问题的复杂分析，它们也称为探索性搜索。

下面是一些任务的例子：

● **特定事实发现（已知项搜索）**

马里兰州的安纳波利斯，有哪些三间卧室的房子可供出售？

如何更换轮胎？

● **扩展事实发现**

Peace Is Every Step 一书作者的视频文件有哪些？

如何比较上次选举以来马里兰州和弗吉尼亚州的失业率？

● **可用性探索**

在国家档案馆中能得到什么家谱信息？

ACM 数字图书馆中有关于语音识别的最新调查报告吗？

● **开放式浏览和问题分析**

Mathew Brady Civil War 摄影展表现了妇女在战争中的作用吗？

有没有帮助病人治疗纤维肌痛的新疗法？

用户了解自身对信息的需求后，第一步是决定到哪里搜索信息。将信息需求（用任务域陈述）转换为界面动作，认知上要迈出了一大步。完成这种认知后，用户就能采用查询语言或一系列鼠标操作来表达这些动作。

补充的检索工具，如集合内容的描述、目录、索引描述和主题分类，可帮助用户查找所需的信息。仔细了解当前任务和未来潜在的搜索请求，可帮助提供热门主题列表和有用的分类方案。美国国会研究服务局维护了覆盖所有国会议案的 80 个热门主题列表，且其立法索引表中有 5000 条术语；美国国家医学图书馆维护了医学主题词表（MeSH），在多达 12 级的层次结构中有 27000 个条目，基因本体数据库有 15000 多个按 19 级层次结构组织的基因，其中很多基因出现在多个节点上。

15.2 节介绍五阶段搜索框架和指导搜索界面设计的一些实例；15.3 节介绍动态查询和分页检索；15.4 节介绍多媒体文件和其他专业搜索；15.5 节探讨搜索的社会性。

15.2　五阶段搜索框架

设计高级界面时，采用五阶段搜索框架有助于协调设计，进而满足不同用户的需求。动作的五个阶段（详见框 15.1）如下：

1. 构想。表达搜索。
2. 发起动作。启动搜索。
3. 评审结果。阅读消息和结果。
4. 细化。构想下一步。
5. 使用。编辑或传播结果。

信息查找是一个迭代的过程，因此五个阶段可重复多次，直到满足用户需求。用户可能看不到所有五个阶段，但对结果不满意时，应有额外的选项来改变查询。

框 15.1　阐明用户界面的五阶段搜索框架

1. 构想
- 使用简单和高级搜索
- 采用结构化字段（如年、媒体或位置）对搜索进行限制
- 识别短语以便能输入姓名，如"乔治·华盛顿"
- 放宽搜索约束条件，容纳更多的变化（如语音变化）
- 控制初始结果集的大小
- 仔细使用来源的范围
- 提供建议、提示和常见来源

2. 发起动作
- 用带有一致标签的按钮来触发显式动作（如"搜索"）
- 通过改变参数和立即更新结果来触发隐式动作
- 用自动完成功能引导用户重复以往成功的查询

3. 评审结果
- 保持检索词和约束可见
- 提供结果的概述（如总数）
- 采用元数据（通过属性值、主题等）对结果进行分类
- 为每个项目结果提供描述性预览
- 在结果中显示检索词
- 允许检查选定的项目
- 适当时提供可视化（如地图和时间表）
- 允许调整结果集的大小和显示哪些字段
- 允许更改排序（字母顺序、时间顺序、相关性排序等）

4. 细化
- 引导用户逐步完善有意义的消息

- 使搜索参数方便更改
- 提供相关的搜索
- 为错误校正提供建议（不强迫修正）

5. 使用
- 在可能的情况下将操作嵌入结果中
- 允许保存查询、设置和结果，并可对它们进行注释，将结果发送到其他应用中
- 探索收集显式反馈（评级、评论、喜好等）

15.2.1　构想

构想阶段包括识别信息源（如在哪里搜索）。用户可能希望将搜索限制在部分航班或特定的旅行网站中，或将文本搜索限制在帮助文档范围内，而非在整个网络中搜索（见图 15.3），或仅搜索购物网站上的女装（如女士衬衫）。这一过程也称范围界定，资源的这种限制可以获得更好的结果。清楚地显示信息的来源很重要。

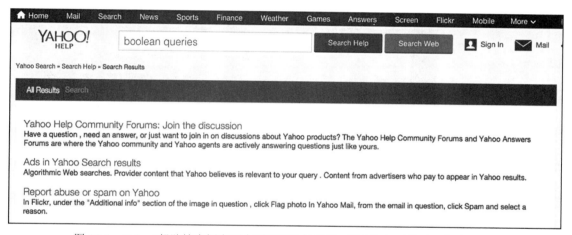

图 15.3　Yahoo!帮助搜索框有两个不同颜色的按钮，用于搜索两种不同的信息源：
紫色表示从帮助信息搜索，蓝色表示从因特网搜索。按下紫色按钮，显示
结果局限于帮助信息中的内容，并显示在紫色标记下方。使用蓝色按钮
搜索，会跳转到不同的网页（正常搜索），帮助用户追踪搜索的信息源

即使技术上可行，全库或全网搜索也不可取。用户更喜欢将搜索限制到某个库或某个库的一个子集（如在国会或维基百科图书中的手稿集中搜索）。用户可以指定关键字/短语和结构化字段，如发布年份、卷号或语言，以进一步限制搜索范围。多数情况下，一个文本框和一些菜单就已足够，但通过填写表单（见 8.6 节），用户可在数据库中指定更详细的搜索（例如，在当地机场和新奥尔良机场之间，在某个日期范围内搜索三个直达航班）。

数据库检索过程中（见图 15.2），用户通常会搜索包含有意义短语（如"国内战争""环境保护署""一氧化碳"）的条目。因此，可用多个输入字段来输入多个短语。业已证明，搜索知识要比直接搜索某个单词更为准确，而且短语也方便名称的搜索（如搜索 George Washington 时，不应出现 George Bush 或 Washington D. C.）。能指定布尔运算、相似度限制或其他组合策略时，应能让用户表示它们。用户或服务提供商还应能控制敏感词列表。

　　用户无法把握字段的准确值（如待搜索的术语，或名称的拼写或大小写）时，应允许界面接受变体来放宽搜索的限制。在文本文档的搜索中，高级搜索界面应允许用户控制变体大写（区分大小写）、词干（关键词 teach 检索变体的后缀，如 teacher、teaching 或 teaches）、部分匹配（关键词 biology 检索 sociobiology 和 astrobiology）、语音变体（关键词 Johnson 检索 Jonson、Jansen 和 Johnsson）、同义词（关键词 cancer 检索 malignant neoplasm）、缩写（关键词 IBM 检索 International Business Machines，反之亦然）及词典中的广义或狭义术语（关键短语 New England 返回 Vermont、Maine、Rhode Island、New Hampshire、Massachusetts 和 Connecticut）。

　　在一个简单的项目列表中搜索时（如在联系人列表中搜索人名），结果列表可显示为用户类型。列表会快速缩小，用户不必输入完整的人名就可以选择想要的条目。集合很大时，可以选择使用自动完成功能来搜索项目，进而显示与已输入文本相匹配的常见搜索短语（见图 15.4）。用户继续输入时，自动生成列表会不断更新，因此有助于用户回忆感兴趣的短语、控制拼写错误，并加快查询启动过程。

 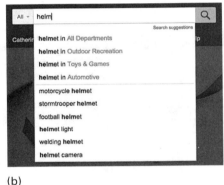 

(a)　　　　　　　　　　(b)　　　　　　　　　　　　　　　(c)

图 15.4　自动完成建议可提高数据输入速度并将用户引向成功的查询。(a)在移动电话通讯簿中，输入一个字符可对包含该字符的所有人名进行过滤，列表会随着用户类型不断更新；(b)在 Amazon 的搜索框中输入 helm，显示建议 helmet light 或 welding helmet，但也包括将搜索范围限制到相关部门的建议；(c)在 Adobe 网站上，建议包括产品（如输入 video 的前几个字符，会给出包含多个视频编辑工具的建议）

　　移动应用程序可使用上下文信息来缩小自动完成建议，如位置信息。例如，在地图上搜索时，可将先前的搜索历史缩小到与当前位置相关的历史记录。这样，即使用户忘记了医生的姓名或确切的地址，也能找到医生办公室的确切位置。这一应用整合了位置信息、历史记录和自动完成，令人印象深刻。

　　针对需要额外控制的常规用户，可提供高级命令语言来搜索数据库（如 SQL，见 15.4 节）。另一方面，（放在搜索框旁的）典型短语、至经常搜索项目（如销售或热门话题）的链接、精心设计的提示，会使新用户受益。用户可通过无缝集成的导航搜索和浏览器，切换到选择菜单。这样做的好处是，用户在想不出搜索短语或在开始组合查询语句之前，就能通过查看示例内容来更好地了解可用选项（见 15.3 节和图 12.1 中 NASA 的 Earthdata 搜索界面）。

15.2.2　发起动作

　　第二阶段是发起动作，它可能是显式的，也可能是隐式的。许多系统会提供搜索按钮来显式启动。空间有限时，可利用已成为搜索标准图标的放大镜。启动搜索所要做的事情，是在键盘上按下回车键，或在语音交互过程中暂停。

另一种很有吸引力的选择是隐式发起动作，此时构想阶段对每个组件的改变，都能立即产生新的搜索结果（见图 13.2）。用户调整查询窗口组件来产生持续更新的动态查询（Shneiderman, 1994），已在分面浏览中广泛采用，因此体现了隐式发起的优点（见 15.3 节）。

15.2.3 评审结果

第三阶段是评审结果，用户可以在文本列表（见图 15.5）、地图（见图 15.6）、时间轴（见图 1.7 中的 HIPMUNK）或其他专业展示中查看结果。未找到项目时，应明确地给出不成功的提示。提示信息措辞准确（见 12.8 节中的错误信息）且提供了有用的建议时，用户一般不会放弃搜索（如退出购物网站不再回来）。

图 15.5　Google 搜索结果列表。顶部显示概要信息（搜索结果的总数）。每个结果都含有预览信息（或片段）。搜索项已突出显示，包括搜索项 HCIL 的展开变体 Human-Computer Interaction Lab。为帮助用户判断信息的可靠性，添加了顶级组织的名称（此处为 National Center for Biotechnology Information）

在列表中显示结果时，常见的做法是返回约 20 个结果，拥有较高带宽或较大显示器的用户，可能希望返回更多的结果。预览包括仔细选取的文本样本（或片段，见图 15.5）、人工生成的摘要、图片，或自动生成的概要。预览可帮助用户选择结果的一个子集，用户了解项目内容时，还能帮助他们定义更有成效的查询（Greene et al., 2000）。允许用户控制结果的排序（如按字母表、年代、相关性或知名度排序），也有助于产生更有效的结果。用户能控制结果集的大小和显示的字段时，能更好地满足信息搜索的需要。

在片段或其他预览中，突出显示检索项有助于用户衡量结果的价值。先前的访问会标出。网站地址的 URL 应部分可见，需要时应提供组织的名称，以便帮助用户衡量信息的可靠性。在数据库搜索中，预览信息可能会指出项目属于哪个集合，或哪些集合包含照片和重要属性（见图 15.6）。

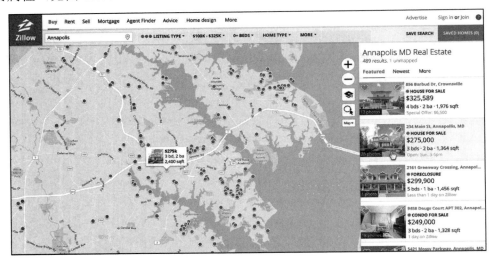

图 15.6　在房地产网站 Zillow 上搜索 Annapolis 时，地图上返回的一系列房屋和
　　　　点。两个窗口会协同变化，将光标悬停在结果列表中的房屋上时，地图
　　　　上会指示房屋的位置；点击房屋时，所有细节会显示在一个重叠的窗口中

为条目和集合创建额外的预览和概览代理，有助于浏览结果。图形概览可指定范围、大小或结构，并帮助评估集合的相关度（如使用地图、时间轴或图表）。包含实例的预览可吸引用户并帮助他们定义富有成效的查询（Greene et al., 2000）。

结果数量巨大且元数据可用时，一种有效的策略是为有效类别中的项目数量提供概览（见 15.3 节中的分面搜索）。例如，搜索图书馆目录时，可以指定图书、期刊文章或新闻文章的数量（见图 15.7），并允许用户过滤结果。没有可用的元数据时，一种策略是根据内容分析来自动聚类结果（见 http://www.yippy.com 上的 Yippy）。采用这种策略时，用户可查看按层次组织主题的树形结构，但质量和聚类的适当标记并不高，因此这种策略的支持者正在减少。

为帮助用户识别出感兴趣的条目，一般需要访问整个文档，并突出显示搜索项。对大文档而言，自动滚动到关键词首次出现的位置是有帮助的。沿滚动条放置标记，进而指出搜索项出现的其他位置也是有帮助的（见图 9.8）。评审文档内的结果时，常见问题之一是，让搜索框隐藏在文档中找到搜索项的位置。

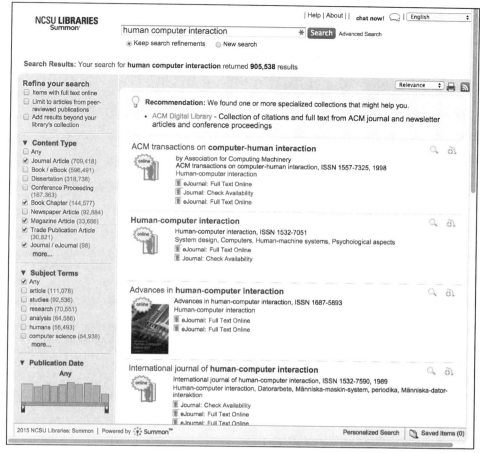

图 15.7　在大学图书馆目录中，搜索"human computer interaction"会返回大量结果。左侧是分类结果的数量，它按内容类型、主题词或发布日期组织。该对话框提供结果的概览，揭示了搜索完成的方式（如默认搜索不返回学位论文），还可进一步细化搜索。使用右上角的菜单，可按相关性或日期对结果排序。按 Chat now 按钮可以获得帮助，它允许用户与图书馆员聊天（http://www.lib.ncsu.edu）

15.2.4　细化

第四个阶段是细化。搜索界面应提供有意义的消息，要能解释搜索结果并支持逐步细化。例如，关键短语拼错时，应提出改正建议，如询问"你的意思是 fibromyalgia（纤维肌痛）吗？"。使用多个短语时，应首先显示和识别包含所有短语的条目，然后显示包含子集的条目。改变搜索参数对搜索结果进行细化（如搜索时包括时间段、地点等），让搜索项一直保持激活状态，有助于搜索的逐步细化。还应提供清除这些搜索项的方便方法，并且不应要求用户每次都从头开始。

15.2.5　使用

最后一个阶段是结果的使用。结果可以合并和保存，通过电子邮件传播或通过社交媒体分享。用户可能会将结果输入到目录工具书中，或新结果可用时收到通知。有时，直接的答案或动作可嵌入结果列表（见图 15.8），多数情况下，搜索只是更复杂分析工具的组件之一。例如，律师在审查此前的诉讼或收集案件的支持材料时，可获得强大的环境。情报分析人员可能会使用 Uncharted Software 的 nSPace 工具（见图 15.9）来准备证据材料。一次可以指定多个搜索，并自动地提取名称、日期、地点和组织。分析人员可审查文档并将信息导出到 Sandbox 中（见图 15.10），然后整理找到的证据，最后生成报告。

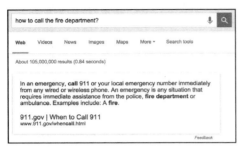

图 15.8　在用户不离开搜索结果页面的前提下，要尽可能为用户提供信息或简单的操作。
在左侧，Google Search 的用户可在结果列表顶部找到问题的答案。在右侧，查找
食品的 Peapod 购物者可在搜索"grape"后，直接从结果列表中指定数量并购买

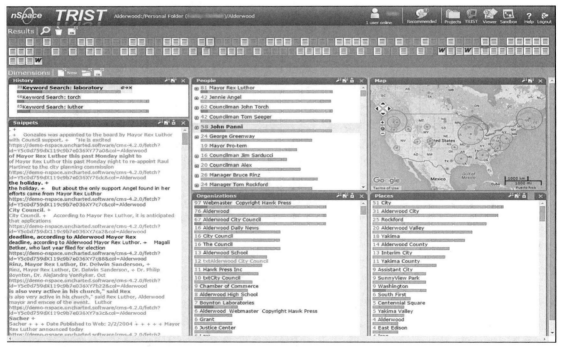

图 15.9　分析人员使用 Uncharted Software 公司的 nSPace TRIST 生成实证报告。在这起（虚构的）
刑事调查中，用户正在审查一组文档（显示为顶部的图标）。左侧显示了三次搜索的历
史记录。已自动提取了姓名、地点和组织。这里选取的搜索项是"Laboratory"和"John
Panni"。左下角显示的是片段。分析人员使用 TRIST 定义兴趣维度，并在 Sandbox 中快
速识别感兴趣的文档（见图 15.10）（http://uncharted.software/nspace; Chien et al., 2008）

　　许多搜索都与过去完成的搜索相关。用户通常会多次搜索相同的信息，或继续前一天启动的搜索。搜索历史、书签、标签及结果中历史搜索的标识（如"您已访问过此网页 2 次，

最后的访问时间是 1/6/2016"），都有助于用户重新找到信息。视觉上对访问的链接进行区分，可以提醒用户已访问过哪些链接。

　　使用五阶段框架，设计人员可使搜索过程对用户而言更可见、更易于理解和更可控。五个阶段经常会重复多次，直到满足用户的需求为止。

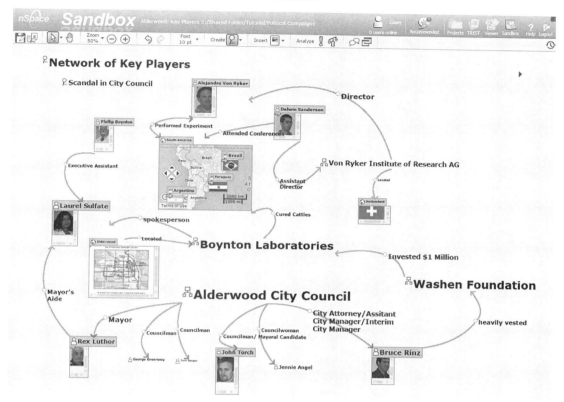

图 15.10　多名分析人员使用 Uncharted Software 公司的 nSpace Sandbox 组织并显示研究收集的证据。节点和链路图、自动源归因、递归证据编组和时间轴构建等工具，都支持分析和上报

15.3　动态查询和分面搜索

　　表格填写界面会使得用户把时间浪费在确定查询语句上，导致查询结果不准确。早期关于动态查询和查询预览的研究工作，表明对查询应用直接操纵原理很有帮助（Shneiderman, 1994; Greene et al., 2000）。元数据可用时，动态查询界面提供：（1）可能动作的视觉表示（如表示每个选择字段的菜单、滑动条或按钮）；（2）查询对象的视觉表示（如项目列表、地图或其他可视概览）；（3）快速动作、增量动作和撤销动作及即时反馈。动态查询方法很有吸引力，因为它可防止错误并促进用户的探索（见图 15.11）。在查询预览的早期工作中，通常使用条形图来显示每个字段的属性值分布。这种方法消除了零命中查询，因为用户只能选择导致某些结果的值，从而为分面浏览奠定了基础（通常使用更紧凑的数字计数，而不采用条形图来提供关于可用性的预览信息）。预览信息不必限制条目的总数。例如，在图 15.12 中给出的例子中，预览的是平均价格，但用户仍然可以判断各条目是否可用。

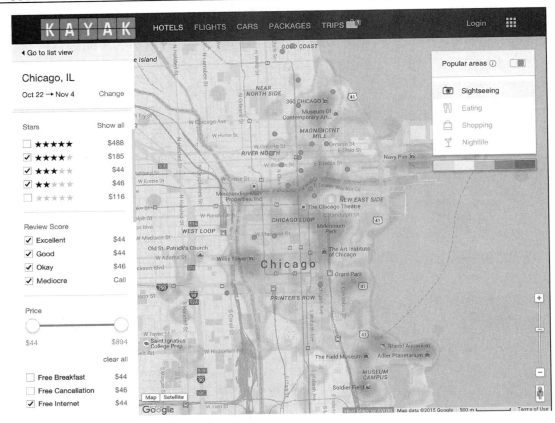

图 15.11　Kayak 旅游网站上的酒店搜索界面。通过填写表单提供位置（芝加哥）和日期后，结果显示在传统列表或地图上。地图提供酒店的大致位置，且可以缩放搜索结果。它还增加了受到人们欢迎的可视化景点。左侧的菜单用于缩小分类值，并为数值提供滑动条。价格很重要，因此为每个类别提供平均价格

　　有时，可视化表示某些值能简化字段值的规范。例如，在日历上选择日期或从飞机布局图中选择座位，就很有用。例如，用户在马里兰州安纳波利斯附近寻找销售信息时，最初需要一个位置搜索框，显示该地区的地图后，就应允许用户选择邻近那些不了解的城市。可视化搜索界面提供上下文，可为用户提供关于结果属性的分类或数值信息，因此有助于用户细化需求，在全局范围内进行搜索，降低出错率。

　　分面搜索最初出现于 Flamenco 工具中（Yee et al., 2003）。它紧密整合了分类浏览和关键词搜索（即导航和搜索）。分面搜索采用分层面元数据来显示同步菜单（见 8.2.4 节），并动态更新计数作为结果预览。用户可

图 15.12　预览航班的价格，可用来指导用户缩小起飞时间范围。预览消除了空结果集，并避免了高昂的费用（http://www.kayak.com）

用通过同步菜单沿多个概念维度来显式地导航，进而在浏览过程中逐渐缩小或扩大查询范围。这种方法首先显示结构，并以可识别的结构组织结果，为使用元数据的顺序及何时导航与搜索提供了控制和灵活性。计数动态更新，避免了空结果集的出现。搜索过程中可以随时添加

搜索项。条目可属于多个类别,但所有数值要划分到少数类别中。

在图 15.7 给出的库示例中,用户首先从书籍中开始搜索 human computer interaction(人机交互),然后扩展到书籍和论文,或缩小到最近的搜索项。在图 15.13 给出的购物示例中,用户可以搜索 REI tents(REI 帐篷),再查看结果。然后将搜索范围缩小至三人帐篷,选择"背包"可进一步缩小范围。也可以扩大查询范围,显示三人和四人帐篷。由于结果中只有一项三人帐篷可售,因此用户可以切换到其他品牌。

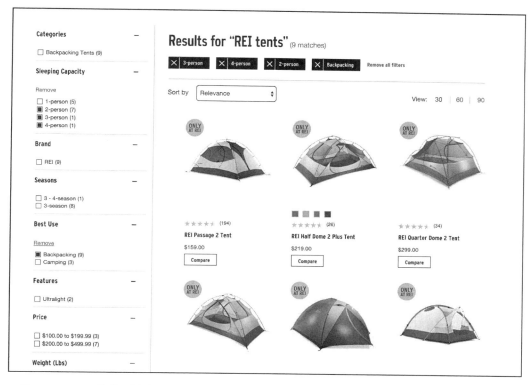

图 15.13　REI 的分面搜索界面。用户搜索 REI tents(REI 帐篷),然后为多个类别选择值,浏览到了不同的帐篷。顶部的黑色选定过滤器,可让用户轻易地查看和清除约束条件

有些界面中仅包含了很少的分面浏览特性。例如,有些搜索有时仅允许在一个菜单中进行细化(如国际儿童数字图书馆,http://www.icdlbooks.org),而不像多数购物网站那样允许同时使用多个菜单。有些界面在搜索项更改时,会重置所有过滤器,以便使分类与返回项匹配。空间非常有限时,甚至可能不会显示计数(如在小型移动设备上)。图 15.14 描述了移动搜索界面采用过滤器菜单来模拟分面浏览的方式,这些菜单可滑动打开,且与结果列表部分重叠。用户选择某个类别值时(如条件更新),可看到正在更新的结果列表。

搜索界面之间缺乏一致性,意味着用户每次使用不同的应用程序时,必须学习如何进行搜索。汽车用户界面演化的类比,可明确标准化搜索界面的需求。早期的制造商提供了许多控件,且不同制造商的设计也不相同,有些设计甚至非常危险,如刹车踏板离油门很远。此外,如果习惯驾驶刹车踏板位于油门踏板左侧的车,那么驾驶两个踏板位置相反的车时,就很危险。为实现汽车的良好设计保持一致性,人们花费了近半个世纪的时间,希望我们能够尽快实现搜索界面的一致性。

15.4　命令语言和"自然"语言查询

表单填写、动态查询和分面搜索允许用户使用非常复杂的查询，甚至使用布尔查询（在属性值之间进行"或"运算或"与"运算），有些用户可能还希望更多地控制自己的查询。正则表达式可让用户指定变体模式，如键入*terror*时，返回带有 terrorist、terrorism 或 anti-terrorism 的文档（见图 9.8）。对于结构化关系数据库系统的搜索而言，底层查询机制即结构化查询语言（SQL）仍是通用标准。使用 SQL，专家用户可写出与指定出版日期、语言或出版商等属性匹配的查询，如下所示：

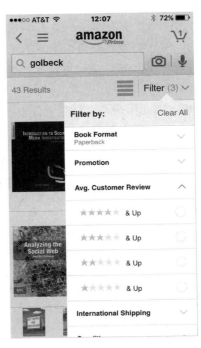

图 15.14　在 Amazon 应用中搜索 golbeck，可滚动结果或使用过滤菜单，菜单左滑，与结果列表部分重叠。Filter(3)表示已使用三个过滤器，结果减少到了 43 项

SELECT DOCUMENT#

FROM JOURNAL-DB

WHERE (DATE >= 2004 AND DATE <= 2008)

　　AND (LANGUAGE = ENGLISH OR FRENCH)

　　AND (PUBLISHER = ASIST OR HFES OR ACM)

SQL 功能强大，但熟练使用并不容易，并且在查询中会频繁出现错误。

在 ProQuest Dialog 和 OCLC FirstSearch 等商业信息搜索系统中，可以使用复杂的布尔查询进行过滤。布尔查询可包含带有括号的复杂布尔表达式，但因难于使用而无法普及。为降低指定复杂布尔表达式的负担，人们提出了大量的改进建议，但大部分建议因使用非正式英语，改进效果并不明显。例如，List all employees who live in New York and Boston（列出所有生活在纽约和波士顿的雇员）这类查询，通常产生一个空列表，因为其中的 and 会被系统解释为"交"，即要搜索的雇员要同时满足住在这两个城市的条件！而在日常英语中，and 的含义通常为"或"；在布尔表达式中，AND 通常表示两个集合的交集。类似地，表达式 I'd like Russian or Italian salad dressing（我喜欢俄罗斯或意大利的色拉调料）中的 or 表示其中的一种而非两种，而在布尔表达式中，OR 表示包含，用于扩展选择结果。

具有自然语言查询功能的网页搜索（如"如何修理轮胎？"）对用户很有吸引力，尤其是在使用口语交互或搜索网络时（见第 9 章中关于人类语言技术的详细讨论）。计算机理解这种查询的能力有限，但大量可用语料库的出现使得搜索引擎在寻找答案时，不再通过理解问题的意义进行查询，而使用查询扩展、跟踪大量用户的交互并使用统计方法进行查询。通常情况下，我们可以简单地实现类似自然语言的查询，因为其他用户已提出了相同的问题，且可检索到人们提供的答案（详细讨论见 9.4 节）。例如，数千个网络用户问过"如何维修公寓？"，因此很容易找到答案。即使用户没有足够的词汇形成查询，较长的自然语言查询也有可能提供有用的答案。Hearst（2011）给出了一个很好的例子："搜索者需要一台设备把 Wii 和 DVD 播放器连接到电视，而不知道该设备的名称时，关键字查询可能会失败。但查询"如何将 Wii 和 DVD 连接到电视"时，答疑网站上会给出完美的匹配结果。

　　使用应用范围不广的专业语料库和系统，也能获得可接受的结果。例如，使用"租户因暖气不足起诉房东失败的案例"这种查询来查找法律条文时，系统可根据语法解析文本，找出分类辞典中的同义词（"租户"替换为"租房者"），处理单数与复数，并处理其他一些问题，如拼写错误或外来语。然后，分析器将该查询拆分为多个标准部分，如原告、被告和原因，并找出所有有意义的法律条文。

　　人类语言技术的详细探讨见第 9 章。

15.5　多媒体文档搜索和其他专用搜索

　　结构化数据库和文本集合界面进展巨大。然而，发展中的多媒体文档库搜索界面无疑会取得更大的成功。查找图像、视频、声音文件或动画等条目时，多数系统会采用搜索说明文档中的文本或搜索关键词、标记和元数据的方式。例如，照片库的搜索可按日期、摄影师、媒体、位置或标题文字来进行。但在没有标题和标记的情况下，查找某个剪彩仪式或某种花朵就会非常困难。多媒体文档的协同标记正在改变用户搜索照片、视频、地图和网页的方式。自动生成的元数据虽然不如人工生成的数据准确，但总比没有元数据要好，并且这些数据有助于计算机对结果进行初始过滤。多媒体文档搜索界面必须集成强大的注解和索引工具、过滤集合的搜索算法及查看搜索结果的专用浏览技术。搜索的类型包括如下几种。

15.5.1　图像搜索

　　标记自由女神图像后，图像的查找较为简单，但仅凭照片的像素很难完成搜索。图像分析人员将这一任务描述为按图像内容查询或 QBIC（Datta et al., 2008; Heesch; 2008）。方向、焦距和亮度不变时，基本可以识别图像中的自由女神的轮廓，但在巨大的照片库中进行这种识别很困难。一种发展前景较好的方法是搜索独特的局部特征（如火炬或王冠上的 7 个尖穗），或搜索独特的质地或颜色，如搜索红色、白色和蓝色来查找美国国旗。当然，挑选出英国、法国和其他类似颜色的国旗也不容易！

　　根据相似度进行搜索的成功率更高，此时用户能够提供一幅图像并检索具有类似特征（如 Google Images）或草图（如 Retrievr, http://labs.systemone.at/retrievr/）的条目。查询结果有好有坏，但错误有助于用户拓宽搜索范围。照片与名画或独特的马赛克匹配时，结果可能会令人满意。处理诸如玻璃花瓶或血细胞图像这类有限集时，专用搜索算法会带来满意的结果。错误消息对话框的屏幕截图也可提供帮助（Yeh et al., 2011）。

　　照片标记最先出现于 Adobe Photoshop Album 等商业工具中，今天已在 Facebook、Flickr 和 Picasa 等在线工具中广泛使用。今天的相机可提供位置信息，并且类似于脸部识别，普通图像分类的自动标记已越来越实用（例如，见图 15.15）。对大型照片库和文本数据进行分析，还可帮助人们对照片的内容做出假设（例如，若几千人在社交媒体或网页上的几幅非常相似的照片旁提及了"自由女神像"，则可以用它标记这些照片）。了解照片的拍摄方式和原因，及其共享与使用情况，有助于进一步标记照片（Sandhaus, 2011）。总之，人工确认的自动标记（及自动标记失败时的手动标记）会使得搜索成功。快速浏览结果并平滑地缩放也很重要。

15.5.2　视频搜索

使用手机录制视频正变得越来越方便，且视频共享服务随手可得，这些变化使得视频内容显著增加（如 YouTube 和 Vimeo）。许多视频短小精悍、内容集中，因此通过标题文字进行搜索通常很有效。然而，识别包含对象、操作或感兴趣事件的视频仍很困难（Snoek, 2008; Schoeffman, 2015）。视频分析建立在图像分析的进步之上，但挑战要多得多，如跟踪不同场景之间的人或物及基于多帧信息的识别等。分析场景中的文本、语音和演讲稿，有助于促进大规模数字视频的搜索。最后，结果可用时，描述视频中发现的特征的自动文本摘要可能很有用（Xu et al., 2015），但用户可能需要快速审查视频本身。较长的视频可分割为场景或剪辑，以便进行场景跳读。研究人员正在探索根据视频相似性来浏览结果列表的新方法（见图 15.16）。

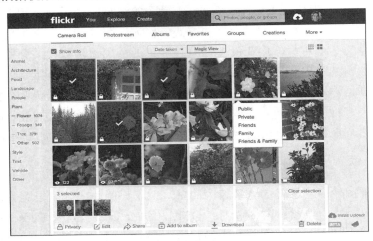

图 15.15　Flickr 的 Magic View 自动为每张照片生成主题标签。这里用户选择了带花的照片。选取了准备共享的三张照片。隐私设置可见，并可通过菜单更改

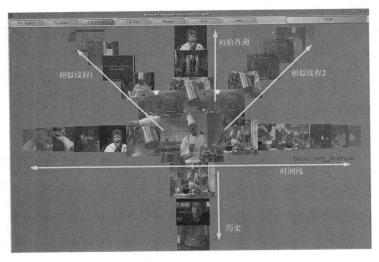

图 15.16　MediaMill 语义视频搜索引擎 ForkBrowser（de Rooij, 2008），允许用户沿不同维度浏览视频集，进而探索视频集的不同特性

15.5.3　音频搜索

今天，音乐信息检索（MIR）系统已能使用音频输入，即用户能使用音乐内容进行查询（Schedl, 2014）。用户对着系统唱出、演奏或截取一段想要的音乐后，系统就会返回最为类似的条目（如使用 Shazam 或 Soundhound 软件，见图 8.7）。系统现在能识别音乐人，如"找到麦当娜"。尽管在电话录音数据库中查找所说的单词或短语仍很困难，但这种查找已有可能。此外，"发音人识别"（也称为语音生物识别）技术也正随着 Nuance 或 LexisNexis 系统的出现而崭露头角（参见第 9 章）。

15.5.4　地理信息搜索

地理信息正越来越多地用于通知搜索（De Sabbata et al., 2015）。地面或车辆上的传感器提供查询信息，如找到离机场 10 分钟距离内的所有企业。移动设备和数字个人助理（DPA）可用当前位置和移动方向来通知像"最近的加油站在哪里？"这样的搜索。显示地图的用户界面，可让用户在额外的地理信息和知识环境下考虑结果。例如，一家室外餐厅太靠近嘈杂的公路，或只能通过收费公路才能到达时，就可能不是最好的选择。使用地名索引来处理时变名称并考虑空间同义词很重要（Samet et al., 2014），但用户创建的地理信息（如用于描述照片集或推文中地点的词汇）会使得空间搜索更加"自然"，因为这种信息可以描述没有精确边界的术语，如"市中心""西端"等。地理信息很复杂，因此挑战很多：确定在地图上显示什么，设计可以归纳结果的动态图例（Dykes et al., 2010），改善与地图的交互（Willett et al., 2015）。

15.5.5　多语种搜索

有些情况下，用户希望能够搜索多语种集合（Oard, 2009）。当前的网页搜索引擎仅提供基本的翻译工具，但原型系统允许用户搜索不了解的语言或印刷文档的多语种集合，并为查看结果提供专门的浏览器（如 http://www.2lingual.com）。翻译系统的目的，是识别那些翻译质量高的文档。

15.5.6　其他专用搜索

人们正在设计许多其他搜索界面来处理专用的数据类型，如事件序列、图形、结构文档布局、工程图等。例如，分析人员可以使用图 15.17 所示的图形搜索框来查找感兴趣的患者记录或学生记录（Monroe et al., 2013）。

15.6　社交搜索

Evans and Chi（2010）把社交搜索定义为："利用人际交往的搜索行为的总称。人际交往可以是显式的或隐式的、同一地点的或远程的、同步的或异步的"。用户可在 Yelp 上显式地搜索餐馆评论，并通过数千位评论者提供的评级来过滤结果，也可在 Facebook

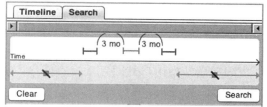

图 15.17　EventFlow 图形搜索界面允许用户在时间轴上放置点事件或间隔图标来指定事件序列。图标用分色图例说明。用户可以指定没有事件（用划销表示）或添加时间约束（http://www.cs.umd.edu/hcil/eventflow）。

或 Twitter 等社交媒体网站向朋友和同事提供建议（例如，"我在芝加哥，你能推荐什么爵士乐场地？"）。先前用户的累计使用情况，也可通过显式过滤器的形式显示，如"观看最多"和"分享最多"按钮是有帮助的和可理解的。社交书签和排名允许 Diggs、Reddit 或 Delicious 这类网站收集成千上万人的建议（即群体智慧），并按人气对搜索结果排序。

他人留下的隐式使用线索包括：页面排名的使用、花在页面上的时间、鼠标轨迹，甚至选择结果或基于相似性提供建议的算法的社交媒体连接。早期的个性化搜索，需要用户使用自动应用于流信息的一组搜索项来创建档案，如电子邮件消息、报纸上的故事或科学期刊上的文章。相比之下，当前的个性化搜索会根据用户的购物史、发帖史和交互史（通常在网站之间共享）自动构建用户档案，比较这些档案后，就可提出个性化建议。这是一种隐式搜索，因为无须指定任何查询即可显示结果。博客或搜索门户上的企业广告，社交媒体上机器人传播的新闻也是一种个性化的隐式搜索（Lokot and Diakopoulos, 2016），都可视为个性化的隐式搜索。这类过滤结果的危险是，可能会形成阻断新想法、主题、产品和重要信息的过滤气泡（Pariser, 2012）。一般情况下，用户知道使用何种信息来得出建议，使得社交网站上朋友的建议更易接受时，用户就会更加满意。

协同过滤与推荐系统允许用户群组合他们的评级，进而在大集合中互相帮助查找感兴趣条目（Ekstrand et al., 2011）。每个用户都可根据自己的兴趣来评价条目，系统然后根据相似度来推荐新条目。例如，若 Joe 高度评价了六部电影，则算法会将他与其他高度评价相同六部电影的人匹配，并推荐他们喜欢的其他电影（如 Netflix 中的电影）。稍有变化的另一种社交推荐方法是，根据某种产品的购买记录来推荐另一种产品，因为其他用户同时购买了这两种产品（如 Amazon）。这些较有吸引力的策略在简要介绍语句的帮助下，可让多数用户理解，因而得到了广泛使用。

类似于 Pandora 或 Last.fm 这样的音乐推荐系统，展示了个性化推荐系统的魅力。例如，Last.fm（见图 15.18）根据用户收听的曲目记录，为每个用户的喜好创建档案。用户生成的标签会对艺术家和音频文件分类，并帮助网站生成类似的艺术家或音频文件的建议。播放新建议的音频文件时，用户可提供显式的反馈（喜欢）或隐式的反馈（跳过音频文件）。整合个人喜好（如歌曲或艺术家）并协同过滤推荐曲目后，列表会迅速增长。因此更流畅的搜索方法替代了经典的搜索表单界面。推荐人显示为黑盒时，挑战依然存在，即用户可能会对建议感到困惑。研究人员正在探索让用户更好地指导推荐过程的方法（Harper et al., 2015）。

移动个人助理正在整合个性化搜索和建议（见第 9 章），甚至会在用户提问之前就能回答一些常见的问题，并触发一些提示警告，例如"你该出发去巴尔的摩赴会"。

Yahoo! Answers 或 Ask.fm 中的人工问答，可由用户输入问题，然后由数千个其他用户来回答。再后根据答案的质量进行投票，最优秀的答案排到顶端。

协同搜索是指用户共同完成搜索任务。例如，远程的家庭成员可能会协同制订假期计划。协同搜索是一个活跃的研究领域，但由于未在商业上取得成功，因此用户只能以小组的形式进行传统搜索，而无法享受专业协同工具带来的好处。共享文档（如 Google Docs）有助于收集和整理结果，需要通过电子邮件、短信或社交媒体的方式进行补充时，共享文档同样帮助很大。研究人员正在探索管理工作分工的方法（例如，一个人进行一般性搜索和分类，第二个人审查结果、组织线索或证据，第三个人研究线索）。提高用户彼此对工作进度的了解，让结果和搜索历史在会话和协作者之间持续存在，都是挑战（Morris, 2013; Shah, 2014）。在追踪罪犯、了解食物中毒方面，需要对协助分析人员团队展开深入研究。随着团队越来越多地处理大型任务，社交发现框架（Shneiderman, 2011）可能有助于建议如何集中力量创建更好的辞典或索引，进而标记文档或对象，整合多个搜索结果建议。

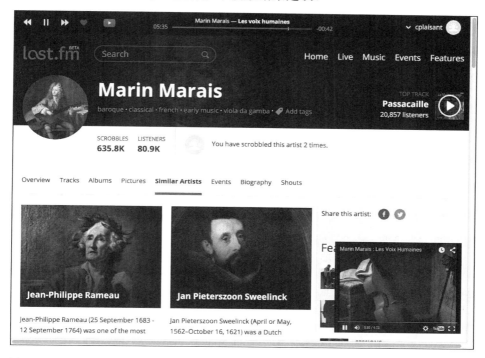

图 15.18 Last.fm 是使用自动创建的播放列表的在线电台示例。过程如下：用户首先选择起点（如喜欢的歌曲或艺术家），然后点击它或跳过音频文件为建议提供反馈

从业人员的总结

尽管社交媒体正在改变信息送达用户的方式，但搜索界面仍是很多应用程序中至关重要的组件。数字图书馆和多媒体数据库的改进用户界面，催生了很多有吸引力的新产品。针对复杂的文本、声音、图形、图像和视频数据库的灵活查询正在出现，协同标记和推荐让人们抛弃了传统的搜索框。分面搜索和直接操纵的形式化查询方法，有效地整合了搜索和浏览。问题和答案的海量数据库，使得自然语言查询规范成了一种更为有效的方法。随着个人数字助理的普及，搜索和推荐彼此不断演化。高级搜索界面要为用户提供额外的控制，甚至提供强大的命令语言。

研究人员的议程

虽然计算机导致了信息爆炸，但它也是查找、分类、过滤和呈现相关条目的魔镜。在复杂的结构化文档、图像库及声音或视频文件中进行搜索的需求，为改进用户界面提供了重大机遇。我们需要更好地了解社交和个性化搜索的优缺点。元数据的自动生成技术正在改进，但当自动化失败时，帮助人类确认和手动标记的解决方案，可能会推动更成功应用的发展。最后，协同搜索界面可为团队产生更丰富的结果，并形成更独到的见解。

万维网资源

- 美国国会图书馆目录：https://catalog.loc.gov；示例集合：www.loc.gov/pictures
- Dan Russell 关于搜索的研究博客：http://searchresearch1.blogspot.com
- Marti Hearst 关于搜索界面的图书：http://searchuserinterfaces.com
- 使用地图查询界面的新闻搜索报亭：http://newsstand .umiacs.umd.edu/
- 多语种搜索示例：http://www.2lingual.com

参考文献

Chien, L., Tat, A., Proulx, P., Khamisa, A., and Wright, W., Grand Challenge Award 2008: Support for diverse analytic techniques, nSpace2 and GeoTime visual analytics, *IEEE Visual Analytics Science and Technology Conference* (2008), 19–24.

Datta, R., Joshi, D., Li, J., and Wang, J. Z., Image retrieval: Ideas, influences, and trends of the new age, *ACM Computing Survey 40*, 2 (2008), 1–60.

Dykes, J., Wood, J., and Slingsby, A., Rethinking map legends with visualization, *IEEE Transactions on Visualization and Computer Graphics 16*, 6 (2010), 890–899.

Ekstrand, M., D., John T. Riedl, J. T., and Konstan, J. A., Collaborative filtering recommender systems, *Foundations and Trends in Human-Computer Interaction 4*, 2 (2011), 81–173.

Evans, B. M., and Chi, E. H., An elaborated model of social search, *Information Processing & Management* (2010), 31 pages.

Greene, S., Marchionini, G., Plaisant, C., and Shneiderman, B., Previews and overviews in digital libraries: Designing surrogates to support visual information-seeking, *Journal of the American Society for Information Science 51*, 3 (2000), 380–393.

Harper, F. M., Xu, F., Kaur, H., Condiff, K., Chang, S., and Terveen, L., Putting users in control of their recommendations, *Proceedings of the 9th ACM Conference on Recommender Systems*, ACM (2015), 3–10.

Hearst, M. A., *Search User Interfaces*, Cambridge University Press, New York (2009). Hearst, M. A., "Natural" search user interfaces, *Communications of the ACM 54*, 11 (2011), 60–67. Heesch, D., A survey of browsing models for content based image retrieval, *Multimedia Tools and Applications 40* (2008), 261–284.

Liu, T.-Y., Learning to rank for information retrieval, *Foundations and Trends® in Information Retrieval 3*, 3, Now Publishers (2009), 225–331.

Lokot, T., and Diakopoulos, N., News bots: Automating news and information dissemination on Twitter, *Digital Journalism* (2016).

Monroe, M., Lan, R., Morales del Olmo, J., Plaisant, C., Shneiderman, B., and Millstein, J., The challenges of specifying intervals and absences in temporal queries: A graphical language approach, *Proceedings of the ACM Conference on Human Factors in Computing Systems*, ACM Press, New York (2013), 2349–2358.

Morris, M. R., Collaborative search revisited, *Proceedings of the 2013 ACM Conference on Computer Supported Cooperative Work* (2013), 1181–1192.

Nudelman, G., *Designing Search: UX Strategies for eCommerce Success*, Willey (2011). Oard, D. W., Multilingual information access, in Bates, M., and Maack, M. N. (Editors), *Encyclopedia of Library and Information Sciences*, 3rd Edition, Taylor & Francis (2009).

Pariser, E., *The Filter Bubble, What the Internet is Hiding from You*, The Penguin Press (2012). de Rooij, O., Snoek, C., and Worring, M., Balancing thread based navigation for targeted video search, *Proceedings ACM International Conf. Image and Video Retrieval*, ACM Press, New York (2008), 485–494.

Russell-Rose, and Tate, T., *Designing the Search Experience: The Information Architecture of Discovery*, Morgan Kaufmann (2013).

De Sabbata, S., Mizzaro, S., and Reichenbacher, T., Geographic dimensions of relevance, *Journal of Documentation 71*, 4 (2015), 650–666.

Samet, H., Sankaranarayanan, J., Lieberman, M., Adelfio, M. D., Fruin, B., C., Lotkowski, J. M., Panozzo, D., Sperling, J., and Teitler, B. E., Reading news with maps by exploiting spatial synonyms, *Communications of the ACM 57*, 10 (2014), 64–77.

Sandhaus, P., and Boll, S., Semantic analysis and retrieval in personal and social photo collections, *Multimedia Tools and Applications 51*, 1 (2011), 5–33.

Schedl, M., Gómez, E., and Urbano, J., Music information retrieval: Recent developments and applications, *Foundations and Trends® in Information Retrieval, 8*, 2–3, Now Publishers (2014), 127–261.

Schoeffmann, K., Hudelist, M., and Huber, J., Video interaction tools: A survey of recent work, *ACM Computing Surveys 48*, 1 (2015), Article 14.

Schuth, A., Hofmann, K., and Radlinski, F., Predicting search satisfaction metrics with interleaved comparisons, *Proceedings of ACM Conference on Research and Development in Information Retrieval*, ACM Press, New York (2015), 463–472.

Shah, C., Capra, R., and Hansen, P., Special issue on collaborative information seeking, *IEEE Computer 47*, 3 (2014).

Shneiderman, B., Dynamic queries for visual information seeking, *IEEE Software 11*, 6 (1994), 70–77.

Shneiderman, B., Social discovery in an information abundant world: Designing to create capacity and seek solutions, *Information Services & Use 31* (2011), 3–13.

Snoek, C. G. M., and Worring, M., Concept-based video retrieval, *Foundations and Trends® in Information Retrieval 2*, 4, Now Publishers (2008), 215–322.

Willett, W., Jenny, B., Isenberg, T., and Dragicevic, P., Lightweight relief shearing for enhanced terrain perception on interactive maps, *Proceedings of the ACM Conference on Human Factors in Computing Systems*, ACM Press, New York (2015), 3563–3572.

Wilson, M., *Search User Interface Design*, Morgan & Claypool Publishers (2011).

Xu, S., Li, H., Chang, X., Yu, S., Du, X., Li, X., Jiang, L., Mao, Z., Lan, Z., Burger, S., and Hauptmann, A., Incremental multimodal query construction for video search, *Proceedings of the 5th ACM on International Conference on Multimedia Retrieval* (2015), 675–678.

Yee, K.-P., Swearingen, K., Li, K., and Hearst, M., Faceted metadata for image search and browsing, *Proceedings of the ACM Conference on Human Factors in Computing Systems*, ACM Press, New York (2003), 401–408.

Yeh, T., White, B., Pedro, J. S., Katz, B., and Davis, L. S., A case for query by image and text content: searching computer help using screenshots and keywords, *Proceedings of the 20th International Conference on World Wide Web*, ACM, Hyderabad, India (2011), 775–784.

第16章　数据可视化

> 真正的发现之旅，不是探索新的领地，而是拥有能看见新世界的双眼。
>
> Marcel Proust

16.1　引言

今天的用户，不论是处理专业问题，还是出于娱乐目的，比以往任何时候都需要处理更大和更复杂的数据量。例如，业务分析人员要处理数百万条销售记录，才能确定有效的商业策略；普通用户在家要度过一个完美的夜晚，也需要先浏览大量的电影，查看上百条社交媒体信息，才能持续与朋友圈同步，或浏览成千上万的产品评论找到合适的烤面包机。不管应用程序是什么，选择如何表示数据的媒介最终决定了人们使用数据执行特定任务的难易程度。这意味着成功的设计人员，应基于用户的需求来选择数据呈现的方式。

对许多任务和数据类型来说，最好的表示媒介是可视化显示！例如，建筑物的蓝图、地图和数字照片，最好在计算机屏幕上显示为二维图片，而非坐标、颜色和形状列表。类似地，对于单个数字而言，文本是最佳的呈现方式（如产品成本、到超市的距离或批准率）。表示数据集中的多个相关点时，通常要采用柱状图、折线图或散点图，如多种产品的平均评价、时变股票值或收入和工作年限的关系。这种数据驱动图片的想法，称为可视化，是一种放大认知的数据的图形化表示（Card, 2012; Ware, 2013）。可视化通过利用人类视觉系统的巨大带宽，可让人"利用视觉进行思考"。这种想法可追溯到 1786 年 William Playfair 的折线图和柱状图、1869 年 Charles Minard 的流程图、1857 年 Florence Nightingale 的玫瑰图，以及 1854 年 John Snow 的霍乱疫情图（见图 16.6）（Tufte, 2001; Friendly, 2006）。

根据诺尔曼的"动作鸿沟"理论，宏观人机交互理论应描述用户的心智模型和交互系统状态之间的鸿沟（见第 3 章）。可视化减少了评估分歧，因为精心设计的图形表示能优化多个感知任务。基于这一概念，16.2 节首先介绍典型任务，即人们倾向于采用可视化分析方法进行工作。然后，16.3 节评述典型数据类型和为其设计的可视化技术示例。这种基于示例的框架很有必要，因为可视化规则方兴未艾，在选择最佳视觉表示方面还缺少特定的宏观 HCI 理论。这些理论可最大限度地弥合数据集和任务的评估鸿沟。相反，可视化设计本质上往往是经验性的。

参见：

第 7 章　直接操纵与沉浸式环境

第 8 章　流畅的导航

第 10 章　设备

第 11 章　沟通与协作

第 15 章　信息搜索

与过去的静态可视化相比，基于计算机的可视化具有可交互的优点，它超越了白纸黑字的静态表示，开启了广阔新机遇。与上述讨论类似，通过让用户能更容易地执行任务，有效的可视化交互方法可最小化"执行鸿沟"——用户意图与系统行为之间的差别。然而，可视化交互在许多方面不同于典型的界面和用户应用程序。

20 世纪末开辟可视化领域以来的 20 多年间，发生了很多事情：计算机变得更快，出现了智能手机、平板电脑、显示墙和其他新型显示设备，社会上充斥着各个领域的海量数据，同时新一代移动设备和普适计算已使得"计算融入生活中的各个方面"（Dourish and Bell, 2011）。这意味着可视化研究人员传统上坚信正确的原则已发生改变。16.4 节回顾数据可视化研究人员和从业者面临的若干挑战。

16.2　数据可视化中的任务

为什么人们希望与数据交互？务实的设计人员会从用户想要执行的任务开始，决定如何采用交互式视觉表示来支持这些任务。在过去 20 年间，确定这种数据分析任务的标准集合，是可视化社区的活跃研究领域之一。这一领域影响深远的努力，是 1996 年 Shneiderman 的视觉信息探索箴言："首先概述，接着缩放和过滤，最后按需提供细节"。在与数据交互的过程中，这一箴言仍能准确地捕获高级释意过程（Klein, 2006）。Amar 等（2005）另辟蹊径地研究了这一问题（即从下到上而非从上到下），给出了人们通常执行的 10 个低级分析任务：检索值、过滤、计算导出值、查找极值、排序、确定范围、表征分布、发现异常、聚类和相关。Munzner（2014）采用抽象可视化任务类型学（关注在所有抽象层面与数据交互的原因、内容和途径），缩小了高级释意和低级分析任务间的鸿沟。

虽然这些研究为用户如何使用数据提供了必要的理论基础，但并未为寻求构建新型可视化工具的设计人员提供具体的指导。为实现这一目标，本节提出一种交互式动力学分类，这种分类可结合分析任务与用户在可视化工具中的实际操作（Heer and Shneiderman, 2012）。这种分类由 12 种任务组成，分为 3 个高级类别，如框 16.1 所示：（1）数据和视图规范（可视化、过滤、排序和派生）；（2）视图操作（选择、导航、协调和组织）；（3）过程和出处（记录、注释、共享和指导）。这三个类别合并了支持迭代视觉分析的关键任务，包括可视化创建、交互式查询、多视图协调、历史和协作。

下面介绍 12 种任务，并对每种任务给出若干示例，以展示主流商业可视化工具的思想。尽管这里的介绍不是很详细，但对于设计师们如何为界面建模，进而提升复杂海量数据的体验，仍能给出实用且可操作的证据。

框 16.1　可视化的 12 种任务分为 3 个高级类别［改编自 Heer and Shneiderman（2012）］	
任务分类	**任务类型**
数据和视图规范	选择视觉编码来**可视化**数据
	过滤数据，聚集于相关条目
	对条目**排序**，以揭示其模式
	由源数据**派生**出模型值
视图操作	**选取**需要突出显示、过滤和操作的条目

	通过**导航**来了解高级模式和低级细节
	协调关联搜索
	组织多个窗口和工作区
过程和出处	**记录**重览、审核和共享的分析历史
	注释文档的查找模式
	共享视图和注释，促进合作
	通过分析任务或案例**指导**用户

16.2.1　数据和视图规范

任何数据可视化工具的核心功能，都是使用可视化表示来可视化数据的基本操作、过滤无关信息，并对信息进行排序。用户还需要由输入数据中生成新数据，如归一化值、统计摘要和合计。这 4 种任务解释如下。

- 选择视觉编码来可视化数据。为特定数据集选择视觉编码是可视化工具的基本操作。实用可视化工具的一种常用方法，是简单地提供图表的调色板，以便用户轻松地选择最适合自己的数据图表（见图 16.1）。Microsoft Excel 和 Tableau 都提供这样的调色板。此外，Tableau 还提供一个称为"给我看"的新功能，它能根据数据结构自动选择最合适的可视化形式（Mackinlay et al., 2007）。

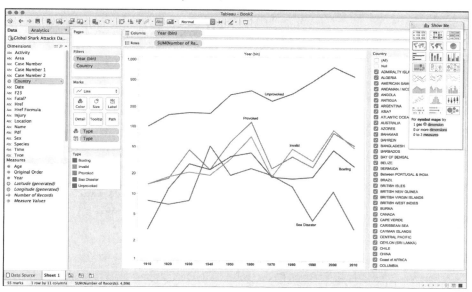

图 16.1　Tableau Desktop 应用程序中用于鲨鱼攻击数据集的可视化调色板（右上）。工具中的"给我看"功能（Mackinlay et al., 2007），自动突出显示了用于所选数据的合适图表

- 过滤数据，聚集于相关条目。虽然数据集概览对于用户熟悉可视化很重要，但在用户详细研究数据时，从视图中消除无关信息也非常关键。过滤方法有多种，如直接圈出重要对象（Choi et al., 2015），采用动态查询来选择各个数据维度上的间隔和数值。

图 15.10 显示了 Kayak 旅游网站上带有集成过滤界面的酒店搜索界面，它通过改变价格区间滑块并通过复选框来选择功能（评论得分、免费早餐、免费互联网等），来动态地查询与过滤标准匹配的酒店。过滤变化时，结果随随之动态更新。

- 对条目排序，以揭示其模式。根据某些维度（如年龄、收入或价格）排序数据项，对于揭示数据中隐藏的模式至关重要。单击标题类别对项目列表进行排序通常很容易。
- 由源数据派生出模型值。原始数据集通常可用由其计算得到的数据来扩充，如统计（平均值、中值）、变换，甚至强大的数据挖掘方法。事实上，作为交互系统中用户回路一部分计算数据，虽然刚刚出现，但已成长为一个研究领域，称为视觉分析（Keim et al., 2008）。该领域中，计算方法与用户协同工作。

16.2.2　视图操作

可视化的大部分价值来自能够在屏幕上操作视图，包括选择选项和区域的能力、在大型可视化中浏览视窗端口的位置、协调多个视图（这样就能从多个透视图查看数据），以及组织生成的仪表板和工作区。

- 选取需要突出显示、过滤和操作的条目。指向有趣选项或区域在日常沟通中很常见，因为它显示了会话和动作的主题。在可视化工具中，常用的选取形式包括点击（通过鼠标或触摸）、鼠标悬停和区域选择（如矩形和椭圆区域，或自由形式的套索）（见图 16.2）。

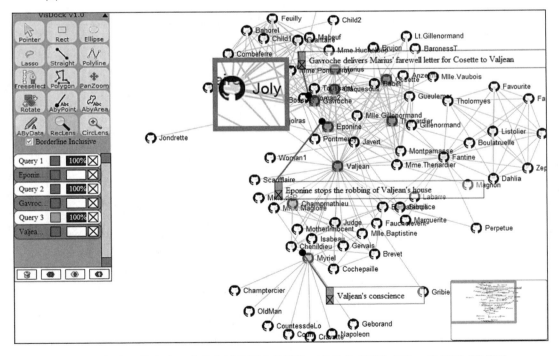

图 16.2　社交网络中交互式节点链接图中的选取工具和数据感知标注，表示了《悲惨世界》中的所有人物。角色出现在书中的同一章时，会链接在一起。文本注释使用红线连接到节点，并且会在图形布局更改时保持连接。左上角的工具栏是 VisDock 工具包的一部分，它提供注释、导航和选择工具（Choi et al., 2015）

- 通过导航来了解高级模式和低级细节。与屏幕上的舒适显示相比，可视化通常包含更多的信息，原因在于像素的绝对数量或较高的视觉混淆。对于这种密集的信息空间，平移和缩放等导航操作可让用户控制可视化视窗的大小和位置（见图 16.2 中工具栏中的导航工具，或图 15.11 中的地图控件）。这不足为奇，因为许多普通应用程序如 Google Maps、Adobe Photoshop 和 Microsoft Word 中，缩放和平移操作也很常见。

- 协调关联搜索视图。每种可视化技术都有其优缺点，实用可视化工具通常包含同一数据集的多个视图，每个视图显示数据集的特定方面。以这种方式使用多个视图时，如在可视化仪表板中（Few, 2013），在一个视图中选择项目时，会突出显示其他视图中的相关项目（见图 16.3）。更多相关信息见 12.3.1 节。

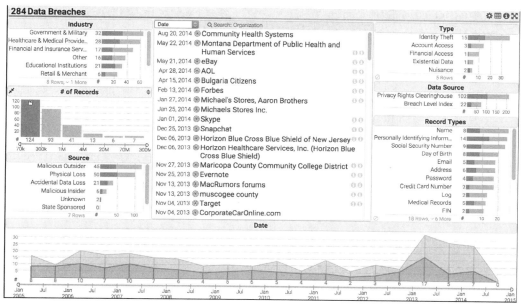

图 16.3　检测美国 284 个数据泄露的 Keshif（http://keshif.me/）多视图可视化工具，能在不同视图中显示数据的不同方面（Yalcin, 2016）。在一个视图中选定选项后，在其他视图中会突出显示结果。例如，在标题为 "# of Records" 的视图中把鼠标悬停在 "70k-300k" 上时，会在其他视图中以橙色显示 124 个数据泄露，并在底部显示时间线

- 组织多个窗口和工作区。引入数据集的多个视图，在使得用户可用简单且熟悉的可视化来探索复杂数据的同时，还引入了满足用户需求的视图组织和布局。许多工具允许用户拖放视图，如图 16.3 所示的 Keshif 工具。

16.2.3　过程和出处

前两类任务处理的是创建、操作和查看可视化的机制，第三类任务则是用于建立、解释和记录探索过程的高级任务。更确切地说，这里的任务包括记录分析、注释可视化中的感兴趣区域、与同事共享视图，以及通过展示分析结果来指导他人的能力。

- 记录重览、审核和共享的分析历史。可视化工具不仅能帮助用户由数据收集想法，而且还能为记录这些想法及通往这些想法的路径提供支持机制。几种工具提供的一种方

法是，自动记录交互历史，以便允许用户查看和重览这些交互过程，甚至与他人共享交互过程（见图 16.4）。

- 注释文档的查找模式。大多数可视化仅以只读方式使用数据，因为目的是让数据通知用户的搜索。然而，有些工具允许用户用与可视化关联的文本或图形注释来添加元数据（见图 16.2）。文本注释构成标签、标题或注释，而图形注释是草图、突出显示或手写笔记。要达到实用目的，注释应该是数据感知的，以便与底层数据点相关联，而不只是绘制为可视化顶部的透明层（Heer and Shneiderman, 2012; Choi et al., 2015）。对可视化进行过滤或重组时，在这种透明层上进行注释毫无意义。

- 共享视图和注释，促进合作。数据分析通常是一项社会活动，要求多个用户（实际团队中的用户或互联网上的分散用户）协同工作（Heer et al., 2009）。其含义非常明确：为支持整个生命周期的分析，可视化分析工具应支持社交互动。这就要求视图能在可视化工具或某些高级共享机制（如网上书签和发布可视化工具）中，将图表导出为可共享的格式（如 PDF、PNG、JPG 等）和多种数据集（如 CSV、JSON、XLS 等）（见图 16.5）。

- 通过分析任务或案例指导用户。随着使用可视化工具的普通用户的增多，他们越来越需要更好地理解和分析数据，如他们的社交网络数据、个人财务数据或本地社区数据。类似地，复杂现象也能采用可视化、注释和文本描述的组合方式来解释（见图 16.6）。

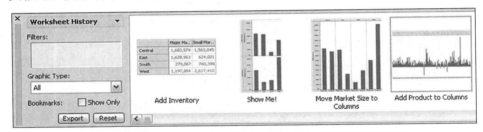

图 16.4　漫画布局中使用此前可视化状态缩略图组织的图形历史界面（Heer et al., 2008）。标签描述了所执行的动作

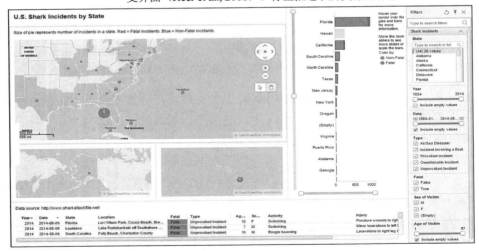

图 16.5　Spotfire 工具在网上发布的鲨鱼攻击事件可视化仪表板。用户与仪表板交互时，视图会随之动态更新。该工具还支持书签（存储具体见解的状态）及在社交媒体平台 Facebook、Twitter 和 LinkedIn 上共享分析

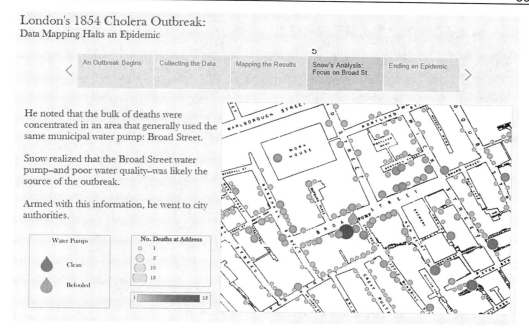

图 16.6　Jon Snow 医生用于查找病源的 1854 年伦敦霍乱疫情网络可视化显示。这个可视
　　　　 化显示在 Tableau 中创建，使用了由数据构造叙述的故事点功能。顶部的 5 个水
　　　　 平列表框是故事的要点，从左到右移动到每个点，可自动地引导观众浏览故事

16.3　数据类型可视化

针对要表示的给定数据和用户想要执行的任务，可视化领域目前缺少推荐最佳可视化技术的统一理论。此外，大多数数据类型没有从符号形式到视觉形式的直接映射。莎士比亚的完整作品、美国几千个气象站上百年收集的温度数据，人们随时间升职或降职的组织结构图等，都无法以图形方式简单地显示。最后，所有可视化技术都有自身的优缺点。因此，为数据集和任务选择适当的可视化技术，很大程度上是一个设计问题，它类似于整体的交互设计。

为帮助设计人员找到合适的可视化技术，本节介绍 7 种常见的数据类型及可视化显示这些数据的代表性技术（见框 16.2）。与任务部分（见 16.2 节）类似，本节仅提供一些设计选择的具体例子和指南。

● **一维线性数据**。线性数据是一维的（如程序源代码、文本文档、辞典、字母表和名称列表等），它可以顺序方式组织。文本更是线性数据，因为它可按顺序读取，因此难点在于不读取所有数据就可表示数据及改变可视化的并行特性。标签云和文字云要根据其使用频率，来调整社交标签与文字的比例及它们在二维空间中的位置。标签云和文字云最早出现在社交照片共享网站 Flickr 上后（Viégas and Wattenberg, 2008），就迅速成为最常见的文本可视化技术（见图 16.7）。更高级的文本可视化充分利用了位置、短语和关系，Axis Maps 创建的印刷地图（见图 16.9）就是这样的一个例子，后来被 Afzal 等人（2012）重复利用。

框 16.2　数据类型及与之相关的可视化技术

数据类型	可视化技术和系统
一维线性	标签云，Wordle，PhraseNets，并行标签云
二维空间	地理信息系统（GIS），自组织映射
三维立体	立体渲染，医学可视化，分子可视化
多维	Tableau，平行坐标，散点矩阵
时序	Google Finance，EventFlow，LifeLines，TimeSearcher
树形	树图，兴趣度树，空间树
网络	节点连接图，邻接矩阵，NodeXL，Cytoscape

图 16.7　标记云汇总协作标记应用中所用的热门标记，文字云显示文本集中文字使用情况的统计信息。https://www.jasondavies.com/wordcloud/ 上的在线生成器生成的文字云，显示了本章中最常用的文字

- 二维地图数据。平面数据包括地图、平面布局图和报纸版面。集合中的每个条目覆盖整个区域的某个部分，可以是矩形或其他形状。每个条目都有任务域属性（如名称、所有者和数值）和界面域特征（如形状、大小、颜色和不透明度）。很多系统采用多层方法来处理地图数据，但每层都是二维的。用户任务包括查找邻近条目、包含某些条目的区域和两个条目之间的路径，以及执行 7 种基本任务。典型的例子是地理信息系统，如 Google Earth 和 Esri ArcGIS，但 John Snow 的例子（见图 16.6）、2012 年纽约时报选举图（见图 16.8）和印刷图（见图 16.9），也是二维地图。

- 三维立体数据。现实世界的物体，如分子、人体和建筑物，具有体积，且与其他条目关系复杂。为处理这些复杂的三维关系，人们构建了计算机辅助医学影像、建筑图、机械设计、化学结构建模和科学仿真（见图 16.10）。用户的任务通常是处理连续变量，如温度或密度。结果常用体积和表面积来表示，用户主要关注左/右、上/下和内/外关系。在三维应用程序中观察物体时，用户必须处理查看对象时自身所处的位置和方向，同时要处理遮挡与导航等问题。第 7 章详细介绍了三维沉浸式环境中的挑战和机遇。

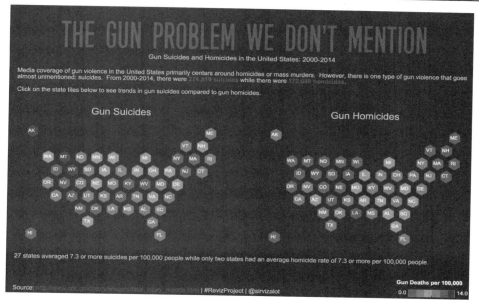

图 16.8　2000—2014 年美国因枪支导致死亡（自杀或他杀）的可视化地理信息，采用的是疾
　　　　病控制和预防中心（CDC）的数据。地图中未使用实际的地理边界来表示各州，转而
　　　　采用了着色的统一六边形来表示各州，六边形的颜色范围显示在右下角。这种表示的
　　　　好处是，可防止整个地图的可视外观被各个州占满。将六边形放在该州的位置上，可
　　　　在很大程度上保留原地图的拓扑结构（https://public.tableau.com/profile/matt.chambers#!/
　　　　vizhome/TheGunProblemWeDontMention/TheGunProblemWeDontMention）

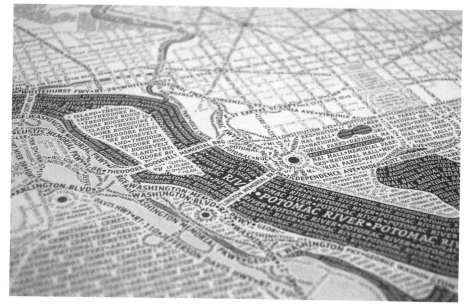

图 16.9　Axis Map 创建的华盛顿特区印刷地图。印刷地图完全由文字构成的"形状"组成，形状使
　　　　用了街道、公园、公路、海岸线和社区的彩色标签。熟练的制图师经过数百小时的艰苦创作，
　　　　才完成了这幅地图，但 Afzal 等（2012）后来提出了一种只需几分钟就可完成的自动方法

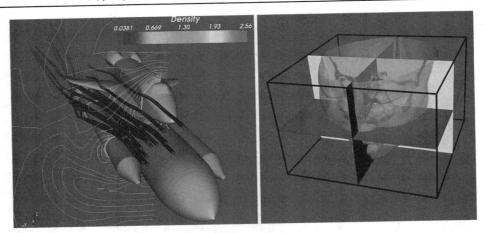

图 16.10　使用 Kitware 公司（http://www.kitware.com/）的商业软件开发库 Visualization
　　　　　Toolkit（VTK）创建的两个三维视图。左图是由彩虹色条表示的航天飞
　　　　　机周围的流密度图像，右图是使用剖面数据生成的人体头部 CT 扫描图像

● 多维数据。数据集的维数使得人们无法用简单的三维图形来表达时（见图 16.10），就
　称为多维数据集。这种数据通常出现在关系数据库和电子表格中，其中列表示数据维
　度，行表示数据点或数据项。大部分多维可视化工具可使用多个视图来显示数据的不
　同方面，进而管理数据的不同维度，如 Microsoft Excel 和 Tableau（见图 16.1）。在 Tableau
　中可以连接多个图表（见 16.2.2 节）。分析人员使用 Tableau，可把多个视图组合到可
　视化仪表板中（Few, 2013）。因此，随着新数据的进入，就可更容易地帮助用户了解
　视图。有些可视化技术会在同一视图中显示大量的数据维度，最知名的是平行坐标图
　（Inselberg, 2009）。在平行坐标图中，每个平行垂直轴表示一个维度，每个条目则是连
　接每个维度中的值的线条（见图 16.11）。

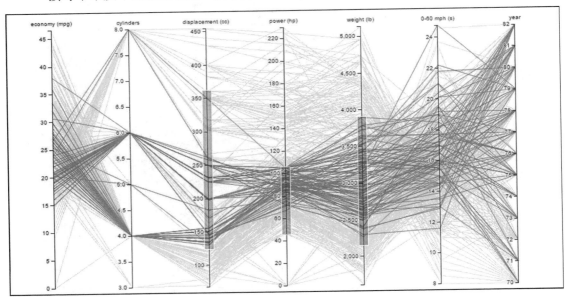

图 16.11　20 世纪 70 年代到 80 年代，使用 D3 库创建的汽车平行坐标可视化。这种可视化
　　　　　支持轴过滤，即在维度轴上选择数值范围，过滤不满足所有标准（灰线）的汽车

- 时序数据。实际上，所有数据集都有时间分量，它会随时间收集数据点，如心电图、股市价格或天气数据。时序数据与一维数据的不同在于，它们与时间点与时间间隔的关系不同，有时是线性的，有时是周期性的，有时是分化的（Aigner et al., 2008）。数据要么是连续的（见图 16.12），要么是离散的（见图 16.13），它包括开始时间和结束时间，且可能是重叠的。频繁的任务包括查找某段时期或某个时刻之前、之后或之内的所有事件，并在某些情况下比较周期性现象。Gapminder 工具（见图 12.9）使用动画和轨迹来显示时序数据。

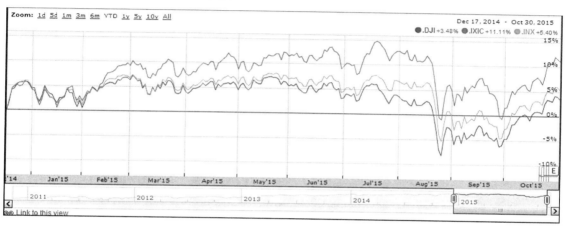

图 16.12　Google Finance 线条图显示了三个股票市场指数初以来的表现：道琼斯工业平均指数（DJI，蓝色）、纳斯达克综合指数（IXIC，红色）和标准普尔 500 指数（INX，黄色）。底部的概述窗口显示了 2011—2015 年的数据。拖动窗口可以平移和调整细节视图（顶部）

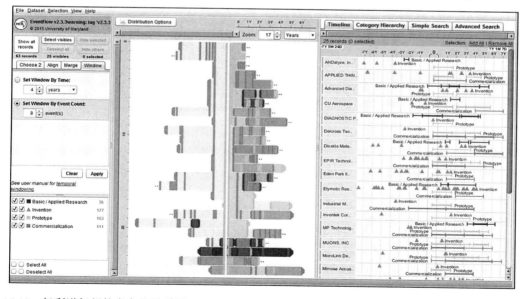

图 16.13　伊利诺伊州的多家公司采用 EventFlow（http://www.cs.umd.edu/hcil/eventflow）时序事件可视化系统来显示创新活动。活动类型包括研究、发明、原型化和商业化。时间线（右图）显示了每家公司的活动顺序，概述面板（中部）汇总了首个原型开发活动对应的所有记录。在显示的多数序列中，公司的首个原型要在两个或多个专利之后，且最后一个专利要比首个原型早一年

● **树形数据**。层次结构或树是条目集，除根之外的每个条目都有一个至父条目的链接。条目和父子之间的链接具有多个属性。交互可用于条目、链接和结构属性，例如，公司组织图的层次结构是深还是浅？每名经理要管理多少雇员？表示树的界面可以使用缩进标签的外观，或更加图形化的外观，如节点链接图。树图是一种空间填充方法，它能在固定的矩形空间中显示任意大小的树（Shneiderman et al., 2012）。树图方法已经成功用于多个应用程序，从美国的预算草案到股票市场数据（见图 16.14）。

图 16.14　标准普尔 500 指数市场监测的可视化操作（http://www.visualaction.com/），它是一种基于网络的树形图，显示了纽约证券交易所和纳斯达克股票市场构成标准普尔 500 指数的 500 家大型公司的股票表现

● **网络数据**。与树形结构不同，网络不存在单一的根，它表示的是条目之间的随机关系。除了树形任务外，网络用户通常希望知道连接两个条目或遍历整个网络的最短路径或最小成本路径。节点链接图是一种的界面表示（见图 16.2），但其布局算法在显示大网络时通常很复杂，会使得用户交互受限，因此过滤十分重要。另一种选择是显示邻接矩阵，矩阵的每个单元表示一个潜在的链接及其属性值。由于关系和用户任务的复杂性，网络可视化仍有待进一步完善。社交网络如 NodeXL 的可视化工具，催生了人们对于该主题的新兴趣（见图 16.15 和图 11.1）。

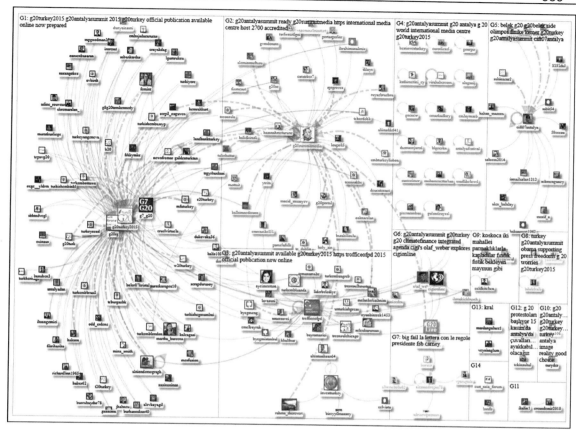

图 16.15　采用 NodeXL（https://nodexl.codeplex.com/）构建的可视化社交网络，显示了由 191
个推特用户于 2015 年 11 月 9 日针对主题标签"#G20AntalyaSummit"发布的推文。
主题标签是 2015 年 11 月 15—16 日在土耳其安塔利亚举行的 2015 年 G20 峰会。
图中已根据推文内容对用户进行了分组，并把它们放到了框图中。社会学家将
NodeXL 插入 Microsoft Excel 中后，能使用熟悉的界面来收集、分析和可视化网络图

16.4　数据可视化的挑战

上面介绍的任务和数据类型任务分类，有助于数据可视化领域的组织。商业可视化工具
正越来越多地采用这些技术。此外，介绍可视化的图书 [面向学生和研究人员图书如 Munzner
（2014）和 Ware（2013），面向设计师和从业人员的图书如 Yau（2013）和 Few（2013, 2015）]
也在不断增加，因此有助于进一步增加可视化的受众。然而，为创建成功的工具，研究人员
和从业者仍面临诸多挑战：

● **导入和清理数据。**确定如何组织输入数据才能获得期望结果时，要做的思考和工作还
有很多。保证数据格式正确、滤掉错误条目、规范属性值和处理缺失数据，都是繁重的
任务。这类活动也称数据争夺（Kandel et al., 2011），催生了 Trifacta Wrangler（https://
www.trifacta.com/）、Datawatch Monarch（http://www.datawatch.com）等商业产品。

● **集成数据挖掘。**数据可视化和数据挖掘源于两个独立的研究领域。可视化研究人员坚

信将用户包含在回路中很重要。数据挖掘研究人员则认为，能依靠统计算法和机器学习来寻找感兴趣的模式。有些消费者的购买模式，如暴风雪前的购买需求高峰，或购买啤酒和椒盐饼之间的相关性，进行合适的可视化后，就会凸显。在消费者的购买欲望或购买产品的人口统计方面，统计测试有助于发现更微妙的趋势。越来越多的研究人员正结合这两种方法来创建视觉工具，进而用强大的算法来辅助用户。这一研究领域通常称为视觉分析，它协同考虑了人的因素和计算机的能力。

- **查看大数据。** 数据可视化的普遍挑战是对海量数据的管理。许多工具（即使是商业工具）在保持实时交互的同时，也只能处理几千或几万个条目。即使工具是为管理更大的数据集设计的，很快也会出现两个额外限制：屏幕上显示数据的可用像素数量，实践中用户感知的各个点的数量。大型显示器能弥补第一个限制（见第 10 章），但人类感知上的限制更难避免。因此，聪明的可视化设计人员和研究人员，必须转而使用数据抽象（Shneiderman, 2008; Elmqvist and Fekete, 2010），对各个点进行分割、聚类或取样，形成更小、更易于管理的数量。交互式大数据分析方面的最新进展（Fisher et al., 2012）是研究这些问题的解决方案，包括部分查询、增量可视化和流数据。

- **实现通用性。** 不论用户的背景、技术缺陷和残疾程度如何，可视化工具都应是可用的。然而，对于设计人员而言，这仍是一项巨大的挑战（Plaisant, 2005）。例如，弱视用户可能需要使用基于文本的替代视觉显示方案。听觉显示技术使用非语音音频来传达数据，可用于表示图形、散点图、表格和更复杂的数据。感觉显示（见图 10.25 和图 10.26）也可用于传达数据，但目前还无法广泛使用，即使 3D 打印正在使得这种"物理"可视化（Jansen et al., 2013）越来越实用。还可以为色盲用户提供替代的调色板或工具来定制显示颜色。例如，流行的红/绿调色板可由备选的蓝/黄调色板替代。ColorBrewer（见图 12.10）和 VisCheck（http://vischeck.com/）提供了适用于色盲用户的配色方案指南。

- **支持临时用户。** 可视化的最初使用者是科学家、医生和工程师。到目前为止，出现了许多面向科学、工程、医学、商业和新闻领域专业人士的工具。然而，随着公共数据的兴起，以及基于 Web 的强大可视化工具包（如 D3）的出现（Bostock et al., 2011），可视化软件将走出办公室，进入全球数百万人的厨房、客厅和卧室。这种发展称为临时可视化（Pousman et al., 2007），因为它包含了非专家用户，这些用户会为了不同的目标，按照个人相关性来探索数据，而不按照典型专业应用中工作驱动的相关性来探索数据，如意识、反思和社会观察。对于可视化而言，接受这种更具包容性的使用者，意味着持续产生影响的潜力是多方面的。事实上，随着可视化不断吸引临时用户，我们会发现一个新的用户群体：他们由于工作原因使用可视化工具，并希望在自身的领域内成为专家，但在可视化的使用中基本未受过培训，也没有资源达到专业水平。这样的数据爱好者或临时专家，表明可视化在未来会更广泛的受众。

- **传播和讲故事。** 今天，可视化的潜在用户数量正快速增长，因此需要更好地传达视觉分析的结果，而不能诉诸以往过于复杂的可视化表示方式。专注于"传播"的做法，可使得可视化研究人员和从业人员采用讲故事的方式来创建可视化的叙述，即通过地点、人物和情节来描述他们的发现（Segel and Heer, 2010; Kosara and Mackinlay, 2013）。事实上，Tableau 于 2013 年发布了新的故事点模式（见图 16.6），以帮助人们创建这些数据的故事。

- 适配任何设备。更好的性能、先进的图形、触摸显示器、移动计算和自然界面……总之，引入可视化以来的 25 年间，计算领域发生了翻天覆地的变化。然而，可视化正令人吃惊地抗拒着个人计算机现状的诸多挑战（Lee et al., 2012）。承认技术的革命性飞跃，在许多方面会对可视化产生同样的变革。首先，许多新计算平台中包含多用户大型显示器（见图 10.19、图 10.20、图 10.21 和图 10.22），这会促进协作与社交可视化（Isenberg et al., 2011）。其次，移动设备可随时随地对数据应用普适计算（Elmqvist and Irani, 2013）。第三，基于笔、触摸或手势的新一代交互，几乎是"自然"的，可增加流畅性和灵活性，能更自由地进行表达，并减少人、技术和数据之间的间接交互（Lee et al., 2012）。事实上，可视化的概念甚至超越了数字设备，并具有了物理形式（参见图 10.25 的左侧）。
- 评估。信息可视化系统十分复杂。分析通常并不是孤立的短期过程，而是用户从不同角度长期观察相同数据的过程（Carpendale, 2008）。看到可视化结果之前，用户或许能够描述和回答从未料到的问题。最后，虽然发现的内容会产生巨大影响，但它们极少出现，且不太可能在研究过程中被人们观察到。如 Saraya, North and Duca（2005）所述，第一步是基于直觉的研究。案例研究报告的是在自然环境中完成真实任务的用户。报告既能描述发现、用户之间的协同、数据清理的挫折和数据探索的兴奋，也能给出所用的频度和收益（Perer and Shneiderman, 2008）。案例研究不足的原因是，它们非常耗时且不可重复，或无法应用到其他领域。

从业人员的总结

数据可视化正走出实验室并以大量的商业产品形式出现，如 TableauSoftware、TIBCO Spotfire、Trifacta Wrangler、Datawatch、IBM Cognos、Visual Action 和 Macrofocus。同时，Web 已成为主要的可视化平台，D3 工具包已成为基于 Web 的可视化标准，且商业工具通常提供使用 Web 来发布、共享和讨论可视化的机制。尽管只要科学社区提出建议，实用工具就会越来越多地提供交互和视觉表示，但成功的设计师仍然需要熟悉标准数据驱动的任务和可视化技术，以便进行导航并选择最合适的产品。

研究人员的议程

随着数据可视化逐步成为主流，其不断增大的曝光度和影响力，要求研究人员进行更基础、更简约和更可用的研究，并在商业化工具中采用这些成果，同时还要考虑互联网上的信息图和基于网络的可视化。数据可视化的未来挑战，包括数据集可视化之前的数据争夺改进问题，在分析推理过程中结合自动算法与人工处理，利用大数据来求解真实世界中的棘手问题。这种扩大的吸引力还意味着可视化的几个社会因素比以往任何时候都重要，包括通用性、临时用户、多设备平台。最后，类似于所有的人机交互界面，只有在可度量的情况下才能进行改进，因此评估仍然是对可视化研究人员和实践者的挑战。

万维网资源

- Crossfilter，用于多变量过滤的 JavaScript 库：http://square.github.io/crossfilter/
- Cytoscape，图形可视化平台：http://www.cytoscape.org/
- D3，基于 Web 的可视化工具包：http://d3js.org/
- Flowingdata，展示有效的可视化和分析：http://flowingdata.com/
- Gephi，图形可视化平台：http://gephi.github.io/
- ggplot2，图形语法的 R 实现：HTTP://ggplot2.org
- Keshif，用于多维数据的多视图数据挖掘工具：http://keshif.me/
- Lyra，无编程要求的可视化设计平台：http://idl.cs.washington.edu/projects/lyra/
- NodeXL，用于图形可视化的 Excel 插件：https://nodexl.codeplex.com /
- Polymaps，用于创建动态映射的 JavaScript 库：http://polymaps.org /
- Processing.js，Processing 库的 JavaScript 端口：http://processingjs.org/
- Raphaël，用于矢量图形的 JavaScript 库：http://raphaeljs.com/
- SHIVA，在线可视化的 Web 应用程序：http://www.viseyes.org/
- Vega，可视化的声明语法：https://vega.github.io/
- VisDock，用于可视化交互的 JavaScript 库：https://goo.gl/4l4pu1

参考文献

Afzal, Shehzad, Maciejewski, Ross, Jang, Yun, Elmqvist, Niklas, and Ebert, David S., Spatial text visualization using automatic typographic maps, *IEEE Transactions on Visualization and Computer Graphics 18,* 12 (2012), 2556–2564.

Aigner, Wolfgang, Miksch, Silvia, Müller, Wolfgang, Schumann, Heidrun, and Tominski, Christian, Visual methods for analyzing time-oriented data, *IEEE Transactions on Visualization and Computer Graphics 14,* 1 (2008), 47–60.

Amar, Robert, Eagan, James, and Stasko, John T., Low-level components of analytic activity in information visualization, *Proceedings of the IEEE Symposium on Information Visualization*, IEEE Computer Society, Washington, DC (2005), 111–117.

Bostock, Michael, Ogievetsky, Vadim, and Heer, Jeffrey, D3: Data-driven documents, *IEEE Transactions on Visualization and Computer Graphics 17,* 12 (2011), 2301–2309.

Card, Stuart, Information visualization, in Jacko, Julie (Editor), *The Human-Computer Interaction Handbook*, 3rd Edition, CRC Press, Boca Raton, FL (2012), 515–548.

Carpendale, Sheelagh, Evaluating information visualizations, in Kerren, Andreas, Stasko, John T., Fekete, Jean-Daniel, and North, Chris (Editors), *Information Visualization: Human-Centered Issues and Perspectives, Lecture Notes in Computer Science* 4950, Springer, Berlin (2008), 19–45.

Choi, Jungu, Park, Deok Gun, Wong, Yuet Ling, Fisher, Eli, and Elmqvist, Niklas, VisDock: A toolkit for cross-cutting interactions in visualization, *IEEE Transactions on Visualization and Computer Graphics 21,* 9 (2015), 1087–1100.

Dourish, Paul, and Bell, Genevieve, *Divining a Digital Future: Mess and Mythology in Ubiquitous Computing*, MIT

Press (2011).

Elmqvist, Niklas, and Fekete, Jean-Daniel, Hierarchical aggregation for information visualization: Overview, techniques, and design guidelines, *IEEE Transactions on Visualization and Computer Graphics 16,* 3 (2010), 439–454.

Elmqvist, Niklas, and Irani, Pourang, Ubiquitous analytics: Interacting with big data anywhere, anytime, *IEEE Computer 46,* 4 (2013), 86–89.

Few, Stephen, *Information Dashboard Design: Displaying Data for At-a-Glance Monitoring,* 2nd Edition, Analytics Press, Burlingame, CA (2013).

Few, Stephen, *Signal: Understanding What Matters in a World of Noise,* Analytics Press, Burlingame, CA (2015).

Fisher, Danyel, DeLine, Rob, Czerwinski, Mary, and Drucker, Steven, Interacting with big data analytics, *ACM Interactions 19,* 3 (2012), 50–59.

Friendly, Michael, A brief history of data visualization, in Chen, Chun-houh, Härdle, Wolfgang, and Unwin, Antony (Editors), *Handbook of Data Visualization,* Springer Verlag, Berlin (2006), 15–56.

Hansen, Derek, Shneiderman, Ben, and Smith, Marc A., *Analyzing Social Media Networks with NodeXL: Insights from a Connected World,* Morgan Kaufmann Publishers, Burlington, MA (2010).

Heer, Jeffrey, Mackinlay, Jock D., Stolte, Chris, and Agrawala, Maneesh, Graphical histories for visualization: Supporting analysis, communication, and evaluation, *IEEE Transactions on Visualization and Computer Graphics 14,* 6 (2008), 1189–1196.

Heer, Jeffrey, and Shneiderman, Ben, Interactive dynamics for visual analysis, *Communications of the ACM 55,* 4 (April 2012), 45–54.

Heer, Jeffrey, Viégas, Fernanda, and Wattenberg, Martin, Voyagers and voyeurs: Supporting asynchronous collaborative information visualization, *Communications of the ACM 52,* 1 (2009), 87–97.

Inselberg, Alfred, *Parallel Coordinates: Visual Multidimensional Geometry and Its Applications,* Springer-Verlag, New York (2009).

Isenberg, Petra, Elmqvist, Niklas, Scholtz, Jean, Cernea, Daniel, Ma, Kwan-Liu, and Hagen, Hans, Collaborative visualization: Definition, challenges, and research agenda, *Information Visualization 10,* 4 (2011), 310–326.

Jansen, Yvonne, Dragicevic, Pierre, and Fekete, Jean-Daniel, Evaluating the efficiency of physical visualizations, *Proceedings of the ACM Conference on Human Factors in Computing Systems,* ACM Press, New York (2013), 2593–2602.

Kandel, Sean, Heer, Jeffrey, Plaisant, Catherine, Kennedy, Jessie, van Ham, Frank, Henry Riche, Nathalie, Weaver, Chris, Lee, Bongshin, Brodbeck, Dominique, and Buono, Paolo, Research directions for data wrangling: Visualizations and transfor-mations for usable and credible data, *Information Visualization 10,* 4 (2011), 271–288.

Keim, Daniel, Andrienko, Gennady, Fekete, Jean-Daniel, Görg, Carsten, Kohlhammer, Jörn, and Melançon, Guy, Visual analytics: Definition, process and challenges, in Kerren, Andreas, Stasko, John T., Fekete, Jean-Daniel, and North, Chris (Editors), *Information Visualization: Human-Centered Issues and Perspectives, Lecture Notes in Computer Science* 4950, Springer, Berlin (2008), 154–175.

Klein, Gary, Moon, Brian, and Hoffman, Robert R., Making sense of sensemaking 2: A macrocognitive model, *IEEE Intelligent Systems 21,* 5 (2006), 88–92.

Kosara, Robert, and Mackinlay, Jock D., Storytelling: The next step for visualization, *IEEE Computer 46,* 5 (2013), 44–50.

Lee, Bongshin, Isenberg, Petra, Riche, Nathalie, and Carpendale, Sheelagh, Beyond mouse and keyboard: Expanding design considerations for information visualization interactions, *IEEE Transactions on Visualization and Computer Graphics 18,* 12 (2012), 2689–2698.

Mackinlay, Jock D., Hanrahan, Pat, and Stolte, Chris, Show me: Automatic presentation for visual analysis, *IEEE Transactions on Visualization and Computer Graphics 13*, 6 (2007), 1137–1144.

Munzner, Tamara, *Visualization Analysis and Design*, CRC Press, Boca Raton, FL (2014). Perer, Adam, and Shneiderman, Ben, Integrating statistics and visualization: Case studies of gaining clarity during exploratory data analysis, *Proceedings of the ACM Conference on Human Factors in Computing Systems*, ACM Press, New York (2008), 265–274.

Plaisant, Catherine, Information visualization and the challenge of universal access, in Dykes, Jason, MacEachren, Alan M., and Kraak, Menno-Jan (Editors), *Exploring Geovisualization*, Elsevier, Amsterdam, Netherlands (2005).

Pousman, Zachary, Stasko, John T., and Mateas, Michael, Casual information visualization: Depictions of data in everyday life, *IEEE Transactions on Visualization and Computer Graphics 13*, 6 (2007), 1145–1152.

Saraiya, Purvi, North, Chris, and Duca, Karen, An insight-based methodology for evaluating bioinformatics visualization, *IEEE Transactions on Visualization and Computer Graphics 11*, 4 (2005), 443–456.

Segel, Edward, and Heer, Jeffrey, Narrative visualization: Telling stories with data, *IEEE Transactions on Visualization and Computer Graphics 16*, 6 (2010), 1139–1148.

Shneiderman, Ben, Extreme visualization: Squeezing a billion records into a million pixels, *Proceedings of the ACM SIGMOD Conference on the Management of Data*, ACM Press, New York (2008), 3–12.

Shneiderman, Ben, Dunne, Cody, Sharma, Puneet, and Wang, Ping, Innovation trajectories for information visualizations: Comparing treemaps, cone trees, and hyperbolic trees, *Information Visualization 11*, 2 (2012), 87–105.

Tufte, Edward R., *The Visual Display of Quantitative Information*, 2nd Edition, Graphics Press, Cheshire, CT (2001).

Viégas, Fernanda, and Wattenberg, Martin, Tag clouds and the case for vernacular visualization, *ACM Interactions 15*, 4 (2008), 49–52.

Ware, Colin, *Information Visualization: Perception for Design*, 3rd Edition, Morgan Kaufmann, Waltham, MA (2013).

Yalcin, M. Adil, Elmqvist, Niklas, and Bederson, Ben, AggreSet: Rich and scalable set exploration using visualizations of element aggregations, *IEEE Transactions on Visualization and Computer Graphics 22*, 1 (2016), 688–697.

Yau, Nathan, *Data Points: Visualization That Means Something*, John Wiley & Sons, Indianapolis, IN (2013).

后记　用户界面对社会及个人的影响

> 机器本身既不会提出要求，也不会做出承诺：提了要求和信守承诺是一种人文精神。要再次征服机器，使之服务于人类，首先就须了解它、同化它。到目前为止，我们已接受了机器，但并未完全了解它。

Lewis Mumford，Technics and Civilization, 1934

　　过去 40 年间，人机交互（HCI）研究人员和用户体验人员，采用移动设备、笔记本电脑应用、网页工具和云计算资源，武装了数十亿人。设计的界面不仅能挽救生命、帮扶家庭和社区、推动创意、促进教育，还能促进政治参与、公民科学、体育参与度、娱乐体验等。

　　当然，糟糕的设计会让用户受挫，不仅会泄露用户的隐私，还会造成广泛的损害。未来面临的挑战是在增加积极成果的同时，减少破坏。摩尔定律表明，计算机芯片集成度的快速提升，会大幅提高计算机的性能，同时存储容量增大，成本大幅度降低。在为数十亿用户带来网络和移动设备的能力方面，人机交互设计的作用和摩尔定律一样强大。本章探讨人机交互研究人员、设计人员和开发人员未来面临的巨大挑战（A.1 节），并对一些潜在危险提出警示（A.2 节）。

　　人机交互领域内部开发了许多理论、原则和指南，因此有助于改进手机、触摸屏设备、商业工具、图像和视频编辑工具等的性能。从业人员为收集需求、探索设计、进行测试、提炼原型、监控使用、持续改进，也开发了大量方法。无论是对新手和专家、不同文化程度的用户，还是对儿童和老人及残疾用户，用户界面设计师已使得其产品具有了可访问性。然而，仍有许多工作亟待完成。

A.1　未来的界面和巨大的挑战

　　记者询问人机交互研究人员的一个基本问题是：下一件大事是什么？一个流行的学派声称，未来的创新会在先进的技术发展中出现，并且会遵循摩尔定律。持这一观点的人员认为，开发新设备会涌现出新进展，特别是开发那些普及和流行的设备。也就是说，这些设备会无处不在，且又小又便宜。其次，新设备是可穿戴的、移动的、个人的和便携的，即用户会一直带着它们。第三，新设备是嵌入式的、上下文感知的和环绕的，表明它们内置于我们的环境中（因此不可见），需要时即可访问，并能响应用户的需求。最后，一些新设备标识为感知的和多形态的，表明它们能感知用户的需求，能通过视觉、听觉、触觉、手势和其他刺激进行交互。这一学派的学生已产生了很多创新，如监测人体健康的微型医疗传感器、让人们远离危险的隐藏探测器和有着丰富体验的娱乐设备。技术发展是新思想的源泉，构成富媒体形态后会极具吸引力。

　　用户界面正在持续广泛传播，因此设置一些重大挑战会对指导未来的研究、设计和商业发展方向大有裨益。作为人机交互的研究人员，我们深刻认识到了当今的重大问题：日益增长的人口需要消耗自然资源，繁荣的城市需要住房和交通，兴旺的家庭需要教育和安全，人们不断提升的期望会给医疗保健和社会系统带来压力。国家在优先保证经济发展、政治参与、公民权利、防止腐败与浪费时，需要在安全性和过度监督之间保持平衡。

在解决这些问题时，如果研究人员、设计人员和开发人员能深入了解用户的愿望、欲望，进而希望他们对社区有所贡献，就要能创造出建设性的产品和服务。同时，这些前瞻性的创新要求他们对个人和社区保持敏感，尊重个体差异，并遵守道德准则。

基于上述考虑，下面列出人机交互研究人员、设计人员和开发人员面临的 16 个巨大挑战。

1. 开发人类需求手册。20 世纪 40 年代，美国心理学家 Abraham Maslow 提出了需求层次理论。然而，设计师在改进设计、发明新工具或服务时，详细的人类需求手册会为其提供指导和灵感。

2. 从用户体验转变为社区体验。用户体验设计师巧妙地发明了界面和进程，能够为工作、交流和娱乐提供帮助。今天，机会女神正向社区体验设计、社交媒体参与、博弈论机制和激励策略招手，以多种建设性方式吸引越来越多的社区。成功的案例（如维基百科或公民科学项目）显示了一些可能，但社区体验设计严重缺乏，因此提出了如何产生更一致的成功结果的问题。这种转变，体现在从强调微观人机交互向强调宏观人机交互的理论中。

3. 完善说服理论。在戒烟、减肥、药物依赖和癌症预防方面，说服理论可能会提升效果。说服策略的周期表可为设计人员记录动机的微观结构，进而为个人、朋友、家人、同事、邻居及公众和市场创造应用程序。

4. 鼓励资源保护。为减少水资源、能源和自然资源的使用，在增大再生能源生产的同时，我们需要有效的策略来削减因此人口增长导致的需求增加。用户界面和社区参与，会在提供激励策略的反馈中发挥关键作用。

5. 构建学习型医疗体系。对于人机交互研究人员和设计人员而言，帮助构建大规模医疗保健系统是一个巨大的机遇。这种系统可以帮助患者恢复健康，帮助医生提供医疗服务，帮助供应商在降低成本的同时提高护理质量。宏观人机交互的思想和大数据分析工具，可在多个层面提供深刻的见解。这些想法可与利益相关者共享，但要想在这种庞大的系统中产生有意义的变化，仍然是一个挑战。自下而上的策略可以促进患者和临床医生的参与。然而，对于政策制定、应付恶意行为和引导持续发展而言，自上而下的管理是必要的。

6. 推进医疗器械设计。研究人员一直在快速地开发医疗器械，开发出的器械远不止助听器、起搏器、人体传感器和数据记录工具。植入人体的胰岛素泵、视觉恢复系统、假肢、脑机接口和纳米设备的成熟，导致人们出现了对监测性能的用户界面的需求。

7. 支持成功的老龄化策略。数量不断增长的老年人，希望在年龄增长的同时保持身体健康而不依赖于他人。老年人能从界面中获益：从传感器收集数据、鼓励健康的饮食和锻炼、促进社会联系，并允许看护人的适度参与。物联网的发展应如何帮助老年人提高生活质量、更长时间地保证他们的独立性呢？

8. 促进终身学习。传统的教育系统，正扩展到包括网上学习（大规模开放网络课程，MOOC）、及时培训、通过游戏学习及各种社会化学习。对大量的不同用户来说，针对各种年龄、动机和文化，开发出一套行之有效的方法，将有助于这些系统的成功。

9. 促进快速界面学习。多层次的用户界面通过一些基本功能，可帮助新用户成长为专家。此后，用户可根据需要调整其使用高级功能的进度。多层次的用户界面，也为多样化的用户和残疾用户简化了设计。

10. 设计新的商业模式。现有商业模式被新模式取代时，用户界面在保证产品服务和销售方面，会发挥关键作用，如出租车、度假屋出租。用户体验的目的是促进信任、解决冲突并使得消费者评论的反馈更为坦诚时，商业和消费者之间紧密的业务联系，及消费者之间更低的沟通障碍，会保证这种新的可能性。

11. 设计新颖的输入/输出设备。随着用户逐渐从键盘输入转换为手势输入、语音输入和肢体动作输入，用户将需要可靠的机制表达他们的意图。触觉和触摸环境的扩展提供了新的可能。照相机和摄像机、3D 扫描仪和传感器可以提升记录、分析和共享丰富数据流的能力。同样，随着输出显示多样性的扩大，微观触觉反馈设备、噪声发生器、投影显示屏和大型公用显示器向设计者发起了挑战，而为了适应当前的任务，需要适当地提供信息速率和内容。透明眼镜、沉浸式护目镜和环境设备，在由私人使用向公众展示的转变中，提供了新的可能性。3D 打印和新颖的制造方法，使得生产实物成为可能，如珠宝、食品和更大的物体（如椅子、汽车和建筑构件）。

12. 增加分析的明晰性。大数据运动正在生成大量各异的数据。分析这些数据，能更好地了解商业、社区繁荣/衰退、学习或公共卫生的无形过程。整合良好的可视化界面，并采用统计技术来了解这些过程，可让人们更加自信地做出决策，进而提高个人、社区和全世界的福祉。

13. 加深理解、同情和关怀。在适当的情况下表达对他人的理解，人际关系会更顺畅。同样，富有同情心和关怀的行为，也会使得个人、家庭和社区的生活更美好。理解和鼓励这样的行为，可以让很多人的生活更加充满希望。

14. 网络空间安全。用户在进行交易、政治参与及使用工具的活动中，都会受到犯罪活动和侵犯隐私行为的威胁与破坏。设计可用的隐私和安全策略，有助于确保利益不受侵害。

15. 鼓励反思、冷静和留心。新颖的界面以一种冷静而又用心的态度，鼓励人们对以往的经历及预期行为进行反思，因此提升了用户的生活经验、创意过程和自我意识。

16. 明确责任并问责。界面可将决定和决定产生的结果进行可视化，有时还能公开这些结果，进而让用户更了解其责任。因此，界面能够促进更为得体的行为举止，减少蓄意的偏见或欺诈。虽然机器的自主性被一些设计人员视为目标，但在许多情况下，首选方法可能是在提高自动化水平的同时，确保人类的控制权。同样，算法责任界面可让用户更好地了解搜索、推荐及其他算法的底层计算过程，进而更好地控制自身的行为。

毫无疑问，在人机交互研究中，还会出现其他的机会和一些意想不到的进展。对这些复杂社会性技术系统开展研究，需要有新思路。与微观人机交互研究有关的传统受控实验方法，需要补充反复且深入的案例研究，这是宏观人机交互研究的一部分。应通过跨学科方法来解决这些问题，如自然科学、工程学和设计学。

A.2　信息时代的十大顽疾

摆在我们面前的现实问题：这些工具是否能延长我们的寿命并提升生命的价值？

—Lewis Mumford，*Technics and Civilization*，1934

我们不能天真地认为用户界面的广泛使用只会带来益处。信息和通信技术的广泛传播，也可能会对个人、组织、政党或社会产生压力。因此，我们应理解那些害怕计算机、机器人和其他技术的人员的担忧。用户无法完成任务时，会感到沮丧；网络故障导致航线或其他系统关闭时，会产生中断。这些事件当然会引发人们的忧虑。此外，还需要解决垃圾邮件、恶意病毒、色情和其他让人心烦的事情，只有这样用户才能受益于先进的技术。

用户界面设计人员，需要对危险充满警惕，并做出深思熟虑的决定。使用信息和通信技术的潜在危险和现实危险如下。

1. 焦虑。许多人害怕使用计算机或移动设备，或在使用这些设备时很紧张。他们会经历计算机震惊（computer shock）、网页忧虑（web worry）或网络神经症（network neurosis）。这样的焦虑包括害怕弄坏机器、担心无法控制、担心看起来愚蠢或无能。这些焦虑真实存在，因此必须坦然面对而不能置之不理，并且积极的经验通常有助于克服这些焦虑。问题是，能否建立更好的用户界面，减少用户的焦虑？

2. 疏远。人们在计算机和移动设备上所花的时间越来越多，而与他人的联系越来越少。总体而言，计算机用户群体要比其他群体更内向，且在技术上会投入更多的时间，因此更为孤立。专注的游戏玩家很少与其他人沟通。如果一个人每天 8 小时处理电子邮件而不与同事或家人沟通，那么情感如何维持？能构造出鼓励人们进行更多建设性人际交往的用户界面吗？

3. 信息匮乏的少数群体。有些乌托邦空想家认为，信息和通信技术会消除贫富差距，纠正社会不公现象。然而，这些工具对底层民众依然不利。这或许可以解释计算机技能不足的人为何无法在学校取得成功或找不到工作的原因。若能认识到富有社区（或国家）和贫困社区间的差异，并提供相应的访问、培训、帮助和服务来缩小差距，则可能克服这些鸿沟。能构建让低技能工人以专业水平完成任务的用户界面吗？能为社会的每个成员提供培训和教育机会吗？

4. 个人的无力。处理特殊情况的代价高昂，因此大型组织往往缺乏人情味。在努力获取个性化服务和个人关注时，可能会使用户产生挫折感，这时他们会向遇到的人员、组织发泄愤怒，或向使用受限技术发泄不满。试图了解自身的社保账户状态或希望银行解释账户问题的人员，最清楚问题所在。用户存在语言或听力障碍时，或存在身体或认知障碍时，尤其会表现出不满。应如何设计用户界面，才会让人觉得更有控制力并能充分地自我实现呢？

5. 令人困惑的复杂度和速度。政府机构针对计算机制订的税收、福利和保险条例，过于复杂且变化太快，因此个人很难做出明智的选择。即使是知识渊博的技术用户，也往往会淹没在新软件包、移动设备和网页服务的洪流中。简单化是一个浅显易懂的原则，但它常常被人忽视。坚守基本设计原则，是通向更安全、更理智、更简单和更舒缓的世界的唯一途径。

6. 组织脆弱性。组织为使得自身不再脆弱，会越来越依赖于更加复杂的技术。网络出现故障、出现安全漏洞或遭到病毒攻击时，会中断许多人的工作。对于基于计算机的航空服务、通信或电网而言，发生故障就意味着服务会在短时间内大面积关闭。网络有许多入口，因此少数几人就能破坏一家大型组织。开发人员能预见这些危险并实现健壮的容错设计吗？

7. 侵犯隐私。信息的集中和高效的检索系统，使得人们的隐私更易遭到侵犯。当然，如果管理人员能够致力于隐私保护，那么精心设计的计算机系统就有可能比纸质系统更加安全。牺牲机密性，航空公司、电信公司、银行、医院、法院就可能会暴露个人的很多信息。管理者能够通过寻找相关的政策，降低来自网络犯罪、政府或公司的隐私威胁吗？

8. 失业和裁员。随着自动化程度的提高，生产力和整体就业率可能会提高，但有些工作可能会变得无足轻重，甚至有淘汰的风险。再培训可帮助部分员工，但有些人很难改变自己的工作方式。在经济衰退时期，低收入文员可能会被裁，收入较高的机器操作人员也可能被裁，因为他们的工作已外包到了海外，或能自动完成。雇主可以制订劳工政策，确保再培训和就业吗？

9. 缺乏专业的责任制。匿名组织既可以客观地回应出现的问题，也可以否认自己的责任。技术和组织非常复杂，员工会有足够的机会将责任推卸给他人或计算机："对不起，计算机不让我们为你办理抵押贷款"。电子医疗系统、无人驾驶汽车的设计人员和用户，或与国防相关的用户界面，能逃避做出决定的责任吗？用户界面会变得比人的语言或专业人士的判断更值得信赖吗？用户界面很复杂或让人疑惑时，用户和设计人员就会将责任归咎于机器，但随着设计的改进，用户和设计人员终究会赢得荣誉，并担起相应的责任。

10. 恶化的人类形象。随着智能界面、智能机器和专家系统的发展，机器似乎实际上取代了人类的能力。这些误导性的词语，不仅会引发人们对计算机和机器人的焦虑，而且还会破坏我们对人类自身及其能力的认识。有些行为心理学家认为人类不仅仅是机器，有些人工智能研究人员认为可以实现许多人类能力的自动化操作。人类具有无穷的创造力，人与人之间可以建立深度信任和理解。机器人场景适用于医疗服务、老年护理和战争中，这些场景能与人类的同情心和判断联系在一起吗？

毫无疑问，顽疾和问题还有很多。每种情况对设计师而言都是一个警告。每个设计都是以积极和建设性方式应用技术的机会。目前还不存在能够防止信息时代十大顽疾的方法。即使是好心的设计人员，也可能会在不经意间传播这些玩疾。然而，警觉且专注的设计人员的安全意识正在提高，因此可以降低这些危险。下面是预防这些顽疾并降低其影响的一些策略。

● 以人为本的参与式设计。将注意力集中于用户及其必须完成的任务上。让用户成为关注的中心，在设计过程中纳入他们，并建立胜任、熟练掌握、明确和可预测的感觉。构建有条理的菜单，提出具体且有建设性的指示和信息，开发可理解的显示，提供信息反馈，能够预防错误，并确保适当的响应时间。

- 组织的支持。除界面设计外，组织还必须支持用户。要应用以人为本的设计策略，从用户处获得持续的评估与反馈。这些技巧包括个人访谈、小组讨论、在线调查、在线社区讨论等。

- 工作设计。欧洲的工会一直活跃在为计算机用户制定规则的第一线，以防止工人出现疲劳、压力或倦怠。规则可能包括限制使用时间、保证休息时间、方便轮岗和支持教育。同样，关于生产率或错误率，经协商得出的措施，也可帮助奖励模范工人并指导培训。为使管理者和员工都能成为周到计划的受益者，必须慎重地对待工作的监督或度量。

- 教育。现代生活和用户界面的复杂性，使得教育成为关键。各类学校、学院和雇主都在培训中发挥着作用。因此，要特别重视继续教育和在职培训。

- 反馈、识别和奖励。用户社区正积极投身于提供用户生成内容和参与管理的工作。他们帮助制定了促进彼此尊重的社区规范，因此管理者与设计者之间的沟通，可以改进设计，并帮助其他用户学习。要为建设性贡献颁发各种奖项，如针对专业贡献的ACM 奖、针对有效设计的威比奖。

- 提高公共意识。知识丰富的信息与通信技术的消费者和用户，对整个社区都是有益的。专业学会（如 ACM、IEEE、HFES 和 UXPA）用户组，可通过公共关系、消费者教育和职业道德标准，起到关键作用。

- 立法。虽然在隐私权、信息获取权和计算机犯罪的立法方面，已取得很大进展，但仍有很多工作要做。在监管、工作规范和标准化方面采取谨慎的步骤，是非常有益的。限制性立法的危害依然存在，但在确保员工安全和健康的前提下，周到的法律保护仍会刺激发展。

- 先进的研究。个人、组织和政府，都可以支持研究，形成新的想法，使技术的危险性降到最低，并传播交互系统的优点。认知行为、个体差异、社区演变和组织变化的改进理论，有助于指导设计者和实施者。

从业人员的总结

成功的交互式用户界面，会为设计人员带来丰厚的回报。然而，达到更高目标的唯一有效手段，是有效工具的广泛使用。用户界面不仅仅是技术工件。交互式系统通过计算机网络连通后，创造了人类社会性技术系统。正如 Marshall McLuhan 指出的，"媒介即信息"。因此，每个交互式用户界面，都是设计人员发给用户的一段消息。然而，这样的消息往往很"残酷"，即设计人员并不关心用户，这可从乱七八糟的出错信息中看出。复杂的菜单、杂乱的屏幕、眼花缭乱的对话框，都增大了用户的挫折感。

多数设计人员都希望表达更亲切的关怀信息。设计人员、实施人员和研究人员，正在学习如何通过测试良好的有效用户界面，向用户传达温馨的问候。

对接收者而言，品质上乘的信息非常重要，因为这种信息会使得接收者感觉良好，对设计人员满怀感激之情，并希望自己在工作中脱颖而出。与以往任何时候相比，用户界面设计人员面临的挑战更大，因此肩负着人际关系发展的重任。我们应充分利用这一机会，创造更美好的世界。

研究人员的议程

为实现更高层次的目标，如和平的世界、良好的医疗、高效的能源、充足的营养和安全的交通，界面设计人员的工作可以再进一步。除了这些让人心驰神往的目标外，设计人员还应在推进全民教育、人际沟通和言论自由等方面有所作为。如果设计人员能够明确可测量的目标、获得专业人士的参与并收集用户的反馈，用户界面就能帮助用户实现这些高层次目标。设计过程中包括许多因素，如充分关注用户之间的个体差异，支持社会结构和组织结构，可靠性设计和安全性设计，让老年人、残疾人和文化水平较低的用户也能访问等。

我们希望新式设备具有广泛的可用性，能支持创造性工作。这些愿景，开启了无数雄心勃勃的研究项目。

有些领域的变革会产生深远影响，因此非常有吸引力的备选研究领域：预防恐怖袭击、灾害应对、国际发展、医学信息学、电子商务和政府服务等。设计人员要为不同用户提供新型服务，就要具备有效的理论并进行严谨的实证研究。

万维网资源

- 许多巨大挑战正等待着热情洋溢的研究人员：

  http://www.engineeringchallenges.org/challenges.aspx

  https://sustainabledevelopment.un.org/

- 道德标准、社会影响和公共政策，正努力让计算和信息服务物尽其用：

  http://www.acm.org/about/code-of-ethics

  http://www.sigcas.org/

  http://www.ieee.org/about/corporate/governance/p7-8.html